HZ BOOKS

华 章 图 书

一本打开的书，一扇开启的门，
通向科学殿堂的阶梯，托起一流人才的基石。

计算机类专业
系统能力培养
系列

深入理解大数据
大数据处理与编程实践

UNDERSTANDING BIG DATA
BIG DATA PROCESSING AND PROGRAMMING

主编：黄宜华（南京大学）　　　副主编：苗凯翔（英特尔公司）

机械工业出版社
China Machine Press

图书在版编目（CIP）数据

深入理解大数据：大数据处理与编程实践 / 黄宜华主编 . —北京：机械工业出版社，2014.7
（2020.11 重印）

（计算机类专业系统能力培养系列教材）

ISBN 978-7-111-47325-1

I. ①深…　II. ①黄…　III. ①数据管理 – 高等学校 – 教材　IV. ① TP274

中国版本图书馆 CIP 数据核字（2014）第 145263 号

　　本书从 Hadoop MapReduce 并行计算技术与系统的基本原理剖析着手，在系统介绍基本工作原理、编程模型、编程框架和接口的基础上，着重系统化地介绍 MapReduce 并行算法设计与编程技术，较为全面地介绍了基本 MapReduce 算法设计、高级 MapReduce 编程技术以及一系列较为复杂的机器学习和数据挖掘并行化算法，并引入来自 Intel Hadoop 系统的一系列增强功能以及深度技术剖析；最后，为了提高读者的算法设计与编程实战能力，本书较为详细地介绍了一系列综合性和实战性大数据处理和算法设计问题，这些问题来自课程同学参加的全国性大数据大赛中的获奖算法、课程中的优秀课程设计以及来自本团队的科研课题及业界实际的大数据应用实战案例。书中第 8 章和第 10 章的所有算法均有完整实现代码可供下载学习。

　　本书是国内第一本基于多年课堂教学实践总结和撰写而成的大数据处理和并行编程技术书籍，因此，本书非常适合高等院校作为 MapReduce 大数据并行处理技术课程教材使用，同时也很适合于高等院校学生作为自学 MapReduce 并行处理技术的参考书。与此同时，由于本书包含了很多来自业界实际产品的深度技术内容、并包括了丰富的算法设计和编程实战案例，因此，本书也很适合作为 IT 和其他应用行业专业技术人员进行大数据处理应用开发和编程实现时的参考手册。

深入理解大数据：大数据处理与编程实践

主　编：黄宜华（南京大学）　副主编：苗凯翔（英特尔公司）

出版发行：机械工业出版社（北京市西城区百万庄大街 22 号　邮政编码：100037）

责任编辑：姚　蕾	责任校对：董纪丽
印　　刷：中国电影出版社印刷厂	版　　次：2020 年 11 月第 1 版第 8 次印刷
开　　本：186mm×240mm　1/16	印　　张：32.5
书　　号：ISBN 978-7-111-47325-1	定　　价：79.00 元

凡购本书，如有缺页、倒页、脱页，由本社发行部调换

客服热线：（010）88378991　88361066　　　　投稿热线：（010）88379604

购书热线：（010）68326294　88379649　68995259　　读者信箱：hzjsj@hzbook.com

本书编写组

主　编：　黄宜华　　　南京大学教授

副主编：　苗凯翔　　　英特尔中国大数据首席技术官

编　委：　**南京大学**

顾　荣	赵　博	金　磊
仇红剑	赵　頔	沈　仪
韦永壮	唐　云	筥　庆
陈　虎	李相臣	彭　岳
王　刚	姬　浩	张同宝

英特尔公司

姜伟华	杜竟成	陈建忠
陈新江	王星宇	王　毅
周　珊	Manoj Shanmugasundaram	

北京神州立诚科技有限公司

萧少聪	韩小姣

南京大学

intel

英特尔公司

推荐序一

（中国工程院院士、中国计算机学会大数据专家委员会主任　李国杰[⊖]）

　　数据是与自然资源、人力资源一样重要的战略资源，掌控数据资源的能力是国家数字主权的体现。大数据研究和应用已成为产业升级与新产业崛起的重要推动力量，如果落后就意味着失守战略性新兴产业的制高点。近年来，大数据浪潮席卷全球，引起世界各国的高度关注，美国等发达国家出台了发展大数据的国家计划，全世界著名 IT 企业都在积极推动大数据技术的研发和应用，国内外很多高校和研究机构都在从事大数据技术和数据科学的研究。

　　学术界已总结了大数据的许多特点，包括体量巨大、速度极快、模态多样、潜在价值大等。对于处理大数据的技术人员，首先面对的困难是过去熟悉的处理系统和软件对付不了大数据，需要学会使用大数据处理和分析平台，进一步的需求是掌握大数据并行处理的算法和程序设计的方法。

　　Google 公司是大数据处理的先驱，其三大核心技术 MapReduce、GFS 和 BigTable 奠定了大数据分布式处理的基础。MapReduce 是一种分布式运算技术，也是简化的分布式编程模式。在 Google 公司三大核心技术基础上，Apache 社区开发的开源软件 Hadoop 是实现 MapReduce 计算模型的分布式并行编程框架。Hadoop 还提供一个分布式文件系统（HDFS）及分布式数据库（HBase），将数据部署到各个计算节点上。Hadoop 的独特之处在于它的编程模型简单，用户可以很快地编写和测试分布式系统。2008 年以来，Hadoop 逐渐被互联网企业广泛接纳，这一开源的生态环境已成为大数据处理的主流和事实标准。

　　一般而言，大数据处理有三种模式：离线计算、在线处理和流计算。Hadoop 是目前使用较广泛的离线计算应用框架，在线处理与流计算尚未形成广泛使用的开源生态环境。大数据处理平台还在不断发展之中，2013 年出现的 Spark 在全面兼容 Hadoop 的基础上，通过更多的利

　　⊖ 李国杰院士，中国计算机学会大数据专家委员会主任，是我国计算机界的老一辈科学家，在并行处理、计算机体系结构、人工智能、组合优化等方面成果卓著，荣获过多项国家级奖励，领导中科院计算所和曙光公司为发展我国高性能计算机产业、研制龙芯高性能通用 CPU 芯片做出了重要贡献，对国内计算机科技、教育和产业的发展也提出过有影响的政策建议。

用内存处理大幅提高了系统性能。Spark 等新框架的出现并不是取代 Hadoop，而是扩大了大数据技术的生态环境，促使生态环境向良性化和完整化发展。

目前国内外大数据技术人才十分短缺。据麦肯锡公司预计，美国到 2018 年大数据分析技术人才缺口将达 19 万人。中国巨大的人口基数会带来更为巨量的数据，未来几年国内也将需要数十万以上的大数据技术人才。技术市场大规模的人才需求对高校大数据技术人才培养提出了很大的挑战。

作为国内最早从事大数据技术教学与研究的教师之一，南京大学黄宜华教授 2010 年就在 Google 公司资助下开设了"MapReduce 大规模数据并行处理技术"研究生课程，并组织成立了南京大学 PASA 大数据技术实验室，开展了一系列大数据技术研究工作。在多年课程教学和科研工作基础上，以理论联系实际的方式，结合学术界的教学科研成果与来自业界的系统研发经验，他组织撰写了这本专业技术教材——《深入理解大数据》，着重介绍目前主流的 Hadoop MapReduce 大数据处理与编程技术。

与市场上现有的一些大数据处理和编程书籍相比，该书有较大的特色。该书较为全面地介绍了大数据处理相关的基本概念和原理，着重介绍了 Hadoop MapReduce 大数据处理系统的组成结构、工作原理和编程模型。在此基础上，该书由浅入深、循序渐进，重点介绍和分析了基于 MapReduce 的各种大数据并行处理算法和程序设计的思想方法，并辅以经过完整实现和验证的各种算法代码的分析介绍，内容涵盖了常用的基本算法以及较为复杂的机器学习和数据挖掘算法的设计与实现。该书还通过一系列来自全国性大赛获奖算法、部分优秀课程设计、部分科研成果、以及业界实际的大数据应用编程实战案例，较为深入地阐述了相关的大数据并行处理和编程技术。

作为国内第一本经过多年课堂教学实践总结而成的大数据并行处理和编程技术书籍，该书很适合高等院校作为 MapReduce 大数据并行处理技术课程的教材，同时也很适合于作为大数据处理应用开发和编程专业技术人员的参考手册。

此外，我很高兴地看到，该书已纳入了教育部计算机类专业教学指导委员会制定的计算机类专业系统能力培养计划，作为"计算机类专业系统能力培养系列教材"。从计算技术的角度看，大数据处理是一种涉及到几乎所有计算机技术层面的综合性计算技术，涉及到计算机软硬件技术的方方面面，因此，大数据处理是一门综合性、最能体现计算机系统能力培养的课程。为此，把大数据处理纳入计算机类专业系统能力培养课程体系中第三层次的核心课程，作为一门起到一定"收官"作用的综合性课程，这是在计算机系统能力培养方面的一个很好的尝试。

中国工程院院士

中国计算机学会大数据专家委员会主任

李国杰

2014 年 7 月，于北京

推荐序二

大数据处理技术——信息时代的金钥匙

可以毫不夸张地说，我们现在正处在信息爆炸的时代！随着移动互联网和物联网的迅猛发展，数据正在以前所未有的规模急剧增长。海量数据的收集、存储、处理、分析以及由此而产生的信息服务正在成为全球信息技术发展的主流。如果说大数据是信息时代的"石油"，那么大数据处理就是信息时代对这些数据"石油"的开采、运输、加工和提炼过程。可以预见，我们未来的生活将会像我们依赖石油化工产品一样依赖丰富多彩的大数据分析应用和信息服务。

在这一轮大数据的发展和变革中，中国以其过去三十几年信息化和近几年移动互联网和物联网发展所积累的基础，正面临着前所未有的良好发展机遇。与西方发达国家相比，中国在大数据技术发展方面有不少自身独特的优势：中国巨大的人口基数孕育着巨大的技术市场，同时也造就巨大的数据资源。因此，在这一轮新的变革中，一方面，我们面临着很多技术挑战，需要努力学习国外先进的技术和经验，需要去不断探索和发现很多新的数据分析应用商业模式；但另一方面，上述的一些独特优势，加上大数据领域目前还处于初期阶段，这些因素使得我们有很好的机会和一定的优势与其他发达市场一道，探索如何通过大数据技术来进一步提高数据信息分析应用的技术水平与服务质量，并以此改善我们的生活。因此，在大数据的研究与应用方面，中国和西方发达国家可以齐头并进、互相借鉴。

我很欣慰地看到，作为国内最早从事大数据技术研究和教学的团队之一，南京大学黄宜华教授和他的大数据实验室同仁们在大数据技术领域已经进行了多年系统深入的研究工作，取得了卓有成效的研究成果。我和黄教授相识于两年多前的中国大数据技术大会上，黄教授的学识和为人令人钦佩。此后我们在大数据研究方面展开了建设性的合作。

英特尔作为一家全球领先的计算技术公司，长期以来始终以计算技术的创新为己任。在大数据处理技术方面，我们也竭尽全力发挥出我们在软硬件平台的组合优势引领大数据技术的全面发展和推广。让人欣喜的是，英特尔中国团队是英特尔 Hadoop 系统开发的主力军。这也为我们与黄教授的合作创造了得天独厚的条件。

这本《深入理解大数据》的力作正是我们双方在大数据领域共同努力的结晶，是以学术界和业界完美结合的方式，在融合了学术界系统化的研究教学工作和业界深度的系统和应用研发工作基础上，成功打造出的一本大数据技术佳作。

本书在总结多年的技术研发和教学内容的基础上，深入浅出地概括了大数据的基本概念和技术内容，然后重点介绍了主流大数据处理系统 Hadoop 的基本原理和架构；在此基础上逐章详细介绍了 Hadoop 平台下大数据分布存储、并行化计算和算法设计等一系列重要技术及其编程方法，尤其是详细介绍了大量实际的大数据处理算法设计和编程实现方法。相信这是一本适合软件技术人员和 IT 行业管理人员理解和掌握大数据技术的不可多得的技术书籍，也是一本适合于在校大学生和研究生学习和掌握大数据处理和编程技术的好教材。

在未来十年里，我们将看到数以十亿计的移动设备、可穿戴设备和智能终端设备融入我们生活的方方面面，沉浸式计算体验（Immersive Computing Experience）将成为我们生活的常态。随之应运而生的海量数据，大数据的存储和处理将分布于数据生命周期的各个阶段，因此，我们需要更多、更便捷的大数据处理方法和能力。显然，这并非一个算法、一个软件或一个高性能处理器所能单独完成的事情。我们需要以开放和软硬件结合的综合性体系架构，来实现大规模的大数据分析处理系统的部署和使用。基于英特尔架构优化的 Hadoop 平台是一个很好的开端。

大数据技术带来的变革方兴未艾，我们正在打造开启信息技术新时代的金钥匙。我也衷心地希望这本书能成为读者打开大数据技术之门的钥匙！

英特尔亚太研发有限公司总经理

何京翔

推荐序三

据预测，到 2020 年，全球包含 PC、平板电脑、智能手机等联网设备将超过 300 亿台。实际上，随着物联网技术与可穿戴设备的飞速发展，终端设备会远远大于这个数量。随之而来各种应用也会爆炸式增长。大量应用会产生巨量的数据，数据内容的种类也会非常多样化，比如大量的普通数据、医疗影像数据以及越来越多城市摄像头所录下的视频数据等。

根据国际分析机构 IDC 的统计，全球不同设备产生的数据量，到 2020 年预计将会突破 40ZB。如此海量、持续、细粒度、多样化的数据，让各个行业都看到了数据的巨大潜在价值，这将大力推动大数据技术和应用的发展，为当今和未来的科技和经济发展以及社会的生产和生活带来重大影响。

目前，全球的大数据市场规模很大，并保持了 30% 以上的年增长率。在中国，据 2012 年的统计，中国占据全球数据总量的 13%；而据预计，随着中国的不断发展，作为全球第二大经济体，中国将拥有全球最高的终端设备出货量以及全球最高的物联网的用户数，并且我们的增长速度也将超过全球。到 2020 年，中国的整个数据量将超过 8ZB，也就是说，数据增长率将是 2012 年的 23 倍。虽然中国的大数据解决方案才刚刚起步，但是预计在未来五年内中国大数据市场将会保持 50% 的增长率。大数据市场在未来几年将拥有整体 IT 市场 4 倍的增长速度、服务器市场 5 倍的增长速度，并且将远远高于云计算市场的增长速度。大数据市场在中国的 IT 行业已经变得越来越重要。

近年来，大数据的各种应用层出不穷。在政府行业的"平安城市"项目中，很多摄像头在收集视频数据，通过这些视频数据的管理和分析，可有效预防犯罪、保障社会公共安全。此外，互联网舆情分析、地震预测、气象分析、人口信息综合分析等，也都是政府民生相关的大数据应用领域。

在金融行业，很多行业用户使用大数据解决方案，对海量结构化交易数据进行实时入库处理，并提供并发查询，进行金融欺诈分析监测以预防金融犯罪；还可以通过数据分析挖掘以进行精准的金融营销，通过对金融分析发现更多的投资组合、避免投资风险等。

电信行业也开始使用大数据解决方案，提供对上亿电话通联详单数据的快速查询和分析，并可以通过对电信用户数据的分析，提供基于 LBS（基于位置的服务）的数据分析服务，进行电信产品和服务的精准营销、精准广告投放和促销等。

零售行业也开始使用大数据解决方案，通过对用户的交易数据进行关联性分析挖掘以决定商品在货架上的摆放位置，在方便用户购物的同时、提高用户的购买量。

交通领域也逐步采用智能交通管理方案，通过对道路的交通状况进行分析预测，实现智能化道路交通管理和分流，对违章进行自动检测和处理，完成套牌车辆检测、区域分析以及其他异常行为的检测、分析和预警。其他还有像铁路、航空等交通行业的客票和货运处理、物流管理等，都将成为典型的大数据应用领域。

在医疗行业，对于医疗影像（如 X 光片、CT 片等）、就诊、用药、手术、住院状况等医疗数据的信息化管理要求越来越高。同时目前医疗行业也开始关注如何通过对医疗大数据进行融合分析，为医生提供辅助诊断、医疗方案推荐、药物疗效分析、病因分析、专家治疗经验共享等基于大数据的智能化诊疗服务。

大数据广泛的应用前景代表了 IT 行业的未来。近年来，大数据的巨大应用需求推动了大数据处理技术取得了长足的进步和发展。但是，大数据的 4V 特性（大体量、多样性、时效性、以及精确性）决定了大数据处理仍然面临着巨大的技术困难和挑战，因此，我们还需要大力推动大数据技术的研发和应用。这就需要培养更多熟练掌握大数据处理技术的专业人才。而今天的人才市场上还极为缺乏这种熟练掌握大数据技术的专业人才。

为此，需要让更多的专业技术人员学习和掌握大数据技术，这正是我们编写这本 Hadoop 大数据处理技术书籍的主要动机和目的。本书希望通过对目前最为主流、最广为业界接受使用的 Hadoop 大数据处理和编程技术的深入介绍，对 IT 专业技术人员与学生学习和掌握大数据技术术起到较大的帮助作用！

英特尔中国大数据首席技术官

苗凯翔博士

2014 年 3 月 20 日，于上海

丛书序言

——计算机专业学生系统能力培养和系统课程设置的研究

未来的 5 ~ 10 年是中国实现工业化与信息化融合，利用信息技术与装备提高资源利用率、改造传统产业、优化经济结构、提高技术创新能力与现代管理水平的关键时期，而实现这一目标，对于高效利用计算系统的其他传统专业的专业人员需要了解和掌握计算思维，对于负责研发多种计算系统的计算机专业的专业人员则需要具备系统级的设计、实现和应用能力。

1. 计算技术发展特点分析

进入本世纪以来，计算技术正在发生重要发展和变化，在上世纪个人机普及和 Internet 快速发展基础上，计算技术从初期的科学计算与信息处理进入了以移动互联、物物相联、云计算与大数据计算为主要特征的新型网络时代，在这一发展过程中，计算技术也呈现出以下新的系统形态和技术特征。

（1）四类新型计算系统

1）**嵌入式计算系统**　在移动互联网、物联网、智能家电、三网融合等行业技术与产业发展中，嵌入式计算系统有着举足轻重和广泛的作用。例如，移动互联网中的移动智能终端、物联网中的汇聚节点、"三网融合"后的电视机顶盒等是复杂而新型的嵌入式计算系统；除此之外，新一代武器装备，工业化与信息化融合战略实施所推动的工业智能装备，其核心也是嵌入式计算系统。因此，嵌入式计算将成为新型计算系统的主要形态之一。在当今网络时代，嵌入式计算系统也日益呈现网络化的开放特点。

2）**移动计算系统**　在移动互联网、物联网、智能家电以及新型装备中，均以移动通信网络为基础，在此基础上，移动计算成为关键技术。移动计算技术将使计算机或其他信息智能终端设备在无线环境下实现数据传输及资源共享，其核心技术涉及支持高性能、低功耗、无线连接和轻松移动的移动处理机及其软件技术。

3）**并行计算系统** 随着半导体工艺技术的飞速进步和体系结构的不断发展，多核/众核处理机硬件日趋普及，使得昔日高端的并行计算呈现出普适化的发展趋势；多核技术就是在处理器上拥有两个或更多一样功能的处理器核心，即将数个物理处理器核心整合在一个内核中，数个处理器核心在共享芯片组存储界面的同时，可以完全独立地完成各自操作，从而能在平衡功耗的基础上极大地提高 CPU 性能；其对计算系统微体系结构、系统软件与编程环境均有很大影响；同时，云计算也是建立在廉价服务器组成的大规模集群并行计算基础之上。因此，并行计算将成为各类计算系统的基础技术。

4）**基于服务的计算系统** 无论是云计算还是其他现代网络化应用软件系统，均以服务计算为核心技术。服务计算是指面向服务的体系结构（SOA）和面向服务的计算（SOC）技术，它是标识分布式系统和软件集成领域技术进步的一个里程碑。服务作为一种自治、开放以及与平台无关的网络化构件可使分布式应用具有更好的复用性、灵活性和可增长性。基于服务组织计算资源所具有的松耦合特征使得遵从 SOA 的企业 IT 架构不仅可以有效保护企业投资、促进遗留系统的复用，而且可以支持企业随需应变的敏捷性和先进的软件外包管理模式。Web 服务技术是当前 SOA 的主流实现方式，其已经形成了规范的服务定义、服务组合以及服务访问。

（2）"四化"主要特征

1）**网络化** 在当今网络时代，各类计算系统无不呈现出网络化发展趋势，除了云计算系统、企业服务计算系统、移动计算系统之外，嵌入式计算系统也在物联时代通过网络化成为开放式系统。即，当今的计算系统必然与网络相关，尽管各种有线网络、无线网络所具有的通信方式、通信能力与通信品质有较大区别，但均使得与其相联的计算系统能力得以充分延伸，更能满足应用需求。网络化对计算系统的开放适应能力、协同工作能力等也提出了更高的要求。

2）**多媒体化** 无论是传统 Internet 应用服务，还是新兴的移动互联网服务业务，多媒体化是其面向人类、实现服务的主要形态特征之一。多媒体技术是利用计算机对文本、图形、图像、声音、动画、视频等多种信息进行综合处理、建立逻辑关系和人机交互作用的新技术。多媒体技术使计算机可以处理人类生活中最直接、最普遍的信息，从而使得计算机应用领域及功能得到了极大的扩展，使计算机系统的人机交互界面和手段更加友好和方便。多媒体具有计算机综合处理多种媒体信息的集成性、实时性与交互性特点。

3）**大数据化** 随着物联网、移动互联网、社会化网络的快速发展，半结构化及非结构化的数据呈几何倍增长。数据来源的渠道也逐渐增多，不仅包括了本地的文档、音视频，还包括网络内容和社交媒体；不仅包括 Internet 数据，更包括感知物理世界的数据。从各种类型的数据中快速获得有价值信息的能力，称为大数据技术。大数据具有体量巨大、类型繁多、价值密度低、处理速度快等特点。大数据时代的来临，给各行各业的数据处理与业务发展带来重要变革，也对计算系统的新型计算模型、大规模并行处理、分布式数据存储、高效的数据处理机制等提出了新的挑战。

4）智能化　无论是计算系统的结构动态重构，还是软件系统的能力动态演化；无论是传统 Internet 的搜索服务，还是新兴移动互联的位置服务；无论是智能交通应用，还是智能电网应用，无不显现出鲜明的智能化特征。智能化将影响计算系统的体系结构、软件形态、处理算法以及应用界面等。例如，相对于功能手机的智能手机是一种安装了开放式操作系统的手机，可以随意安装和卸载应用软件，具备无线接入互联网、多任务和复制粘贴以及良好用户体验等能力；相对于传统搜索引擎的智能搜索引擎是结合了人工智能技术的新一代搜索引擎，不仅具有传统的快速检索、相关度排序等功能，更具有用户角色登记、用户兴趣自动识别、内容的语义理解、智能信息化过滤和推送等功能，其追求的目标是根据用户的请求从可以获得的网络资源中检索出对用户最有价值的信息。

2. 系统能力的主要内涵及培养需求

（1）主要内涵

计算机专业学生的系统能力的核心是掌握计算系统内部各软件/硬件部分的关联关系与逻辑层次；了解计算系统呈现的外部特性以及与人和物理世界的交互模式；在掌握基本系统原理的基础上，进一步掌握设计、实现计算机硬件、系统软件以及应用系统的综合能力。

（2）培养需求

要适应"四类计算系统，四化主要特征"的计算技术发展特点，计算机专业人才培养必须"与时俱进"，体现计算技术与信息产业发展对学生系统能力培养的需求。在教育思想上要突现系统观教育理念，在教学内容中体现新型计算系统原理，在实践环节上展现计算系统平台技术。

要深刻理解系统化专业教育思想对计算机专业高等教育过程所带来的影响。系统化教育和系统能力培养要采取系统科学的方法，将计算对象看成一个整体，追求系统的整体优化；要夯实系统理论基础，使学生能够构建出准确描述真实系统的模型，进而能够用于预测系统行为；要强化系统实践，培养学生能够有效地构造正确系统的能力。

从系统观出发，计算机专业的教学应该注意教学生怎样从系统的层面上思考（设计过程、工具、用户和物理环境的交互），讲透原理（基本原则、架构、协议、编译以及仿真等），强化系统性的实践教学培养过程和内容，激发学生的辩证思考能力，帮助他们理解和掌控数字世界。

3. 计算机专业系统能力培养课程体系设置总体思路

为了更好地培养适应新技术发展的、具有系统设计和系统应用能力的计算机专门人才，我们需要建立新的计算机专业本科教学课程体系，特别是设立有关系统级综合性课程，并重新规划计算机系统核心课程的内容，使这些核心课程之间的内容联系更紧密、衔接更顺畅。

我们建议把课程分成三个层次：计算机系统基础课程、重组内容的核心课程、侧重不同计算系统的若干相关平台应用课程。

第一层次核心课程包括："程序设计基础（PF）"、"数字逻辑电路（DD）"和"计算机系统基础（ICS）"。

第二层次核心课程包括："计算机组成与设计（COD）"、"操作系统（OS）"、"编译技术（CT）"和"计算机系统结构（CA）"。

第三层次核心课程包括："嵌入式计算系统（ECS）"、"计算机网络（CN）"、"移动计算（MC）"、"并行计算（PC）"和"大数据并行处理技术（BD）"。

基于这三个层次的课程体系中相关课程设置方案如下图所示。

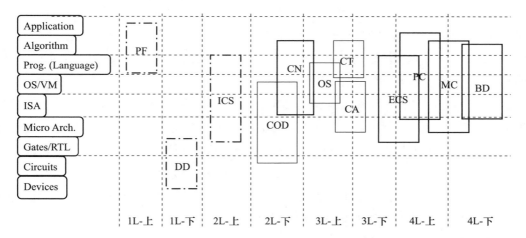

图中左边部分是计算机系统的各个抽象层，右边的矩形表示课程，其上下两条边的位置标示了课程内容在系统抽象层中的涵盖范围，矩形的左右两条边的位置标示了课程大约在哪个年级开设。点划线、细实线和粗实线分别表示第一、第二和第三层次核心课程。

从图中可以看出，该课程体系的基本思路是：先讲顶层比较抽象的编程方面的内容；再讲底层有关系统的具体实现基础内容；然后再从两头到中间，把顶层程序设计的内容和底层电路的内容按照程序员视角全部串起来；在此基础上，再按序分别介绍计算机系统硬件、操作系统和编译器的实现细节。至此的所有课程内容主要介绍单处理器系统的相关内容，而计算机体系结构主要介绍各不同并行粒度的体系结构及其相关的操作系统实现技术和编译器实现技术。第三层次的课程没有先后顺序，而且都可以是选修课，课程内容应体现第一和第二层次课程内容的螺旋式上升趋势，也即第三层次课程内容涉及的系统抽象层与第一和第二层次课程涉及的系统抽象层是重叠的，但内容并不是简单重复，应该讲授在特定计算系统中的相应教学内容。例如，对于"嵌入式计算系统（ECS）"课程，虽然它所涉及的系统抽象层与"计算机系统基础

（ICS）"课程涉及的系统抽象层完全一样，但是，这两门课程的教学内容基本上不重叠。前者着重介绍与嵌入式计算系统相关的指令集体系结构设计、操作系统实现和底层硬件设计等内容，而后者着重介绍如何从程序员的角度来理解计算机系统设计与实现中涉及的基础内容。

与传统课程体系设置相比，最大的不同在于新的课程体系中有一门涉及计算机系统各个抽象层面的能够贯穿整个计算机系统设计和实现的基础课程："计算机系统基础（ICS）"。该课程讲解如何从程序员角度来理解计算机系统，可以使程序员进一步明确程序设计语言中的语句、数据和程序是如何在计算机系统中实现和运行的，让程序员了解不同的程序设计方法为什么会有不同的性能等。

此外，新的课程体系中，强调课程之间的衔接和连贯，主要体现在以下几个方面。

1）"计算机系统基础"课程可以把"程序设计基础"和"数字逻辑电路"之间存在于计算机系统抽象层中的"中间间隔"填补上去并很好地衔接起来，这样，到 2L- 上结束的时候，学生就可以通过这三门课程清晰地建立单处理器计算机系统的整机概念，构造出完整的计算机系统的基本框架，而具体的计算机系统各个部分的实现细节再通过后续相关课程来细化充实。

2）"数字逻辑电路"、"计算机组成与设计"、"嵌入式计算系统"中的实验内容之间能够很好地衔接，可以规划一套承上启下的基于 FPGA 开发板的综合实验平台，让学生在一个统一的实验平台上从门电路开始设计基本功能部件，然后再以功能部件为基础设计 CPU、存储器和外围接口，最终将 CPU、存储器和 I/O 接口通过总线互连为一个完整的计算机硬件系统。

3）"计算机系统基础"、"计算机组成与设计"、"操作系统"和"编译技术"之间能够很好地衔接。新课程体系中"计算机系统基础"和"计算机组成与设计"两门课程对原来的"计算机系统概论"和"计算机组成原理"的内容进行了重新调整和统筹规划，这两门课程的内容是相互密切关联的。对于"计算机系统基础"与"操作系统"、"编译技术"的关系，因为"计算机系统基础"以 Intel x86 为模型机进行讲解，所以它为"操作系统"（特别是 Linux 内核分析）提供了很好的体系结构基础。同时，在"计算机系统基础"课程中为了清楚地解释程序中的文件访问和设备访问等问题，会从程序员角度简单引入一些操作系统中的相关基础知识。此外，在"计算机系统基础"课程中，会讲解高级语言程序如何进行转换、链接以生成可执行代码的问题；"计算机组成与设计"中的流水线处理等也与编译优化相关，而且"计算机组成与设计"以 MIPS 为模型机进行讲解，而 MIPS 模拟器可以为"编译技术"的实验提供可验证实验环境，因而"计算机系统基础"和"计算机组成与设计"两门课程都与"编译技术"有密切的关联。"计算机系统基础"、"计算机组成与设计"、"操作系统"和"编译技术"这四门课程构成了一组计算机系统能力培养最基本的核心课程。

从"计算机系统基础"课程的内容和教学目标以及开设时间来看，位于较高抽象层的先行课（如程序设计基础和数据结构等课程）可以按照原来的内容和方式开设和教学，而作为新的"计算机系统基础"和"计算机组成与设计"先导课的"数字逻辑电路"，则需要对传统的教学内容，特别是实验内容和实验手段方面进行修改和完善。

有了"计算机系统基础"和"计算机组成与设计"课程的基础，作为后续课程的操作系统、编译原理等将更容易被学生从计算机系统整体的角度理解，课程内容方面不需要大的改动，但是操作系统和编译器的实验要以先行课程实现的计算机硬件系统为基础，这样才能形成一致的、完整的计算机系统整体概念。

本研究还对 12 门课程的规划思路、主要教学内容及实验内容进行了研究和阐述，具体内容详见公开发表的研究报告。

4. 关于本研究项目及本系列教材

机械工业出版社华章公司在较早的时间就引进出版了 MIT、UC-Berkeley、CMU 等国际知名院校有关计算机系统课程的多种教材，并推动和组织了计算机系统能力培养相关的研究，对国内计算机系统能力培养起到了积极的促进作用。

本项研究是教育部 2013 ~ 2017 年计算机类专业教学指导委员会"计算机类专业系统能力培养研究"项目之一，研究组成员由国防科技大学王志英、北京航空航天大学马殿富、西北工业大学周兴社、南开大学吴功宜、武汉大学何炎祥、南京大学袁春风、北京大学陈向群、中国科技大学安虹、天津大学张刚、机械工业出版社华章公司温莉芳等组成，研究报告分别发表于中国计算机学会《中国计算机科学技术发展报告》及《计算机教育》杂志。

本系列教材编委会在上述研究的基础上对本套教材的出版工作经过了精心策划，选择了对系统观教育和系统能力培养有研究和实践的教师作为作者，以系统观为核心编写了本系列教材。我们相信本系列教材的出版和使用，将对提高国内高校计算机类专业学生的系统能力和整体水平起到积极的促进作用。

"计算机类专业系统能力培养系列教材"编委会组成如下：

主　任　王志英

副主任　马殿富

委　员　周兴社　吴功宜　何炎祥　袁春风　陈向群　安　虹　温莉芳

秘　书　姚　蕾

此外，本系列教材的出版得到赛灵思电子科技有限公司和英特尔有限公司的支持。

"计算机类专业系统能力培养系列教材"编委会

2014 年 5 月

前　言

　　2012 年以来，大数据（Big Data）技术在全世界范围内迅猛发展，在全球学术界、工业界和各国政府得到了高度关注和重视，掀起了一场可与 20 世纪 90 年代的信息高速公路相提并论的发展热潮。

　　大数据技术如此重要，已经被我国政府提升到国家重大发展战略的高度。2014 年我国政府工作报告中指出："设立新兴产业创业创新平台，在新一代移动通信、集成电路、大数据、先进制造、新能源、新材料等方面赶超先进，引领未来产业发展"。由此可见，大数据已经被我国政府列为推动国家科技创新和引领经济结构优化升级、赶超国际先进水平、引领国家未来产业发展的战略性计划。两会期间，CCTV 中央电视台的新闻报道开创性地引入了大数据新闻报道手段，以大数据说话，高频率使用大数据报道两会重大新闻，引起了全国民众的普遍关注和兴趣。

　　大数据也同样成为各发达国家政府高度关注的战略性高科技技术和产业。2012 年 3 月，美国总统奥巴马签署并发布了一个"大数据研究发展创新计划"（Big Data R&D Initiative），投资 2 亿美元启动大数据技术和工具研发，这是继 1993 年美国宣布"信息高速公路"计划后的又一次重大科技发展部署。美国政府认为大数据是"未来的新石油"，将大数据研究上升为国家意志，认为大数据将对未来的科技与经济发展带来重大影响，一个国家拥有数据的规模和运用数据的能力将成为综合国力的重要组成部分，对数据的占有和控制也将成为国家间和企业间新的争夺焦点。在随后的近两年里，英国、法国、德国、日本等发达国家政府都纷纷推出了相应的大数据发展战略计划。

　　《大数据时代》一书的作者、英国牛津大学教授、被誉为"大数据时代预言家"的维克托·迈尔－舍恩伯格认为："大数据开启了一次重大的时代转型"，认为大数据将带来巨大的变革，改变我们的生活、工作和思维方式，改变我们的商业模式，影响我们的经济、政治、科技和社会等各个层面。他认为，大数据将成为企业的核心竞争力，成为一种商业资本，成为企业的重要资产。

　　大数据技术最大的推动力来自于行业应用需求。过去几年来，随着计算机和信息技术的迅猛发展和普及应用，行业应用系统的规模迅速扩大，行业应用所产生的数据量呈爆炸性增长。动辄达到 PB 级规模的行业 / 企业大数据已经远远超出了现有传统的计算技术和信息系统的处理能力。另一方面，人们发现，大数据在带来巨大技术挑战的同时，也带来巨大的商业价值，带来巨大的技术创新与商业机遇。大数据巨大的应用需求和隐含的深度价值极大地推动了大数据技术的快速发展，促进了大数据所涉及到的各个技术层面和系统平台方面的长足发展。

在大数据处理的众多技术和系统中，起到开创性作用、最为主流的当数 Google 公司在 2003 年发明的 MapReduce 技术以及随后在 2007 年由开源组织 Apache 推出的开源的 Hadoop MapReduce 技术和系统。目前，Hadoop 已经成为全世界最为成功和最广为接受使用的主流大数据处理技术平台，在国内外几乎所有知名 IT 和互联网企业中都得到推广使用，成为了事实上的大数据处理工业标准。

除了知名 IT 和互联网企业外，大数据技术的迅猛发展与行业应用需求的快速增长，也推动了其他各个行业对相关大数据处理与应用技术的高度关注。近年来，国内外越来越多的典型行业开始制定和启动了行业大数据处理应用开发计划，期冀使用大数据处理技术管理和分析企业大数据。然而，目前国内外的实际状况是，由于 MapReduce 等相关大数据处理技术发展较新，除了知名 IT 和互联网企业能娴熟运用外，目前大多数应用行业普遍不熟悉这方面的技术，即使很多中小规模的软件公司也不掌握这方面的开发技术，大多刚刚开始关注和学习这方面的技术。同时，由于国内外绝大多数高校对大数据技术的关注较晚，有关大数据方面的课程教学和人才培养工作未能跟上技术市场的变化和需求。这些因素使得目前技术市场上大数据技术人才严重短缺。

幸运的是，本团队早在 2010 年开始即开始关注大数据处理技术，并开展了系统的大数据技术教学和研究工作。2009 年底，Google 中国公司大学合作部在清华大学举行了 MapReduce 海量数据处理技术培训班。培训班结束后，在 Google 中国公司大学合作部精品课程计划资助下，由本人负责在南京大学建设了 MapReduce 大规模数据并行处理技术课程，并自 2011 年开始为南京大学计算机系研究生开设了该课程，使我们成为国内最早系统性从事 MapReduce 大规模数据并行处理技术教学的院校之一。课程开设后取得非常好的教学效果。课程同学组队参加了 2012 年由中国云计算产业联盟主办的首届"中国云计算·移动互联网创新大赛"，夺得 4 个大数据赛题全部 17 个奖项中的 8 项大奖，获得奖金 20 万元；在 2013 年由中国计算机学会主办的"第一届中国大数据技术创新大赛"上夺得大赛唯一的一项一等奖，获得奖金 10 万元。本书的很多章节内容正是在总结所开设课程内容、上述大赛获奖算法以及部分同学的优秀课程设计内容基础上组织形成。

为了满足专业技术人员学习 MapReduce 相关技术的需求，近几年来，国内陆续推出了一些有关 Hadoop MapReduce 的编程技术书籍，为计算机专业人员学习和掌握 Hadoop 编程技术提供了很有价值的学习资料。然而，目前出版的这些书籍，大多是参照 Hadoop 官方技术文档和资料整理编写而成，主要集中在对 Hadoop 编程接口以及简单编程示例的介绍，对 MapReduce 技术背后系统的工作原理、编程模型、设计思想以及编程和算法设计方法介绍不够深入和系统，使得这些编程手册性的技术书籍不太适宜作为高校课程教学或者初学者自学时的教材使用。

　　根据近 5 年来我们开展 Hadoop MapReduce 大数据并行处理技术课程教学中所发现的问题和总结出的经验，相对而言，Hadoop MapReduce 的基本工作原理、编程接口和简单示例程序都比较容易学习和理解。但是，学习者和程序员普遍感到困惑的是，针对稍微复杂一些的实际的大数据处理和算法设计问题（如设计实现一个机器学习和数据分析算法），由于 MapReduce 并行程序设计与传统的程序设计技术方法有较大的不同，如何依据数据本身的特点以及 MapReduce 并行程序设计思想和并行算法设计方法，对这些实际问题分析并理清其 MapReduce 程序或算法设计思路、并最终完成编程实现，对此大家普遍感到有一定的困难和障碍。另一方面，在我们接触到的一些对 Hadoop 已有一定编程经验、希望对开源 Hadoop 系统的优化增强功能和深度技术做进一步了解的技术人员中，会感到现有的书籍资料中大多找不到这方面的技术内容。

　　为此，我们在总结多年来 MapReduce 并行处理技术课程教学经验和成果的基础上，与业界著名企业 Intel 公司的大数据技术和产品开发团队和资深工程师联合，以学术界的教学成果与业界高水平系统研发经验完美结合，在理论联系实际的基础上，在基础理论原理、实际算法设计方法以及业界深度技术三个层面上，精心组织材料编写完成了本书。

　　全书从 Hadoop MapReduce 技术与系统的基本原理剖析着手，在系统介绍基础理论原理、设计思想和编程模型的基础上，介绍编程框架与接口，然后着重系统化地介绍 MapReduce 并行算法设计与编程技术，由浅入深，循序渐进，较为全面地介绍和覆盖了基本 MapReduce 算法设计、高级 MapReduce 编程技术以及一系列较为复杂的机器学习和数据挖掘并行化算法，并介绍了来自 Intel Hadoop 系统产品的一系列增强功能及其深度的技术剖析；最后，为了给读者进一步介绍一些综合性和实战性的算法设计和编程案例，本书收集了一系列实战性的大数据处理和算法设计问题，这些问题来自本课程同学参加的全国性大数据大赛中的获奖算法、本课程中的优秀课程设计以及来自本团队的科研课题及业界实际的大数据应用实战案例。

　　与市场上现有的一些同类书籍相比，本书主要有三大特点：第一个特点是，对 MapReduce 的基本工作原理和编程模型等基础理论原理有较为系统深入的阐述，让读者对 MapReduce 技术有一个理论上的深入理解，为后期学习和合理运用算法设计方法打下一个较为坚实的理论基础；第二个特点是，对于那些看懂了基本原理和接口、却苦于难以下手去具体设计和编程实现实际大处理处理算法问题的读者来说，本书会重点给他们讲解 MapReduce 并行程序和算法设计思路和方法，重点介绍和展示如何根据大数据问题本身的特点和 MapReduce 并行程序设计特点，将一个大数据问题或算法转化为 MapReduce 并行化算法设计思路和实现方法，然后再辅以详细的程序实现代码加以分析介绍；第三个特点是，对于那些有较好基础、希望了解更深入技术的读者来说，本书引入了开源技术书籍资料中所没有的来自业界产品的增强功能和深度技术内容。

　　本书共分 11 章，分为两大部分，其中第一部分包括第 1 ~ 7 章，主要介绍 Hadoop 系统的相关技术内容；第二部分包括第 8 ~ 11 章，主要介绍 MapReduce 的编程和算法设计。

第 1 章 大数据处理技术简介，简要介绍大数据并行处理技术的基本概念和技术内容，MapReduce 并行计算技术设计思想和功能特点，以及 Hadoop 系统的基本组成和构架。

第 2 章 Hadoop 系统的安装和操作管理，介绍 Hadoop 系统的安装和操作管理方法。

第 3 章 大数据存储——分布式文件系统 HDFS，介绍分布式文件系统 Hadoop HDFS 的基本组成和工作原理、HDFS 文件系统操作命令、HDFS 的基本编程接口和编程示例。

第 4 章 Hadoop MapReduce 并行编程框架，介绍 Hadoop MapReduce 并行编程模型、框架、基本构架和工作过程以及 MapReduce 编程接口。

第 5 章 分布式数据库 HBase，介绍分布式数据库 HBase 的基本功能特点和组成结构、数据模型、HBase 的安装与操作、HBase 的编程接口和编程示例，并深度介绍 HBase 的读写操作特性和 HBase 的一些高级功能。

第 6 章 分布式数据仓库 Hive，介绍分布式数据仓库 Hive 的基本功能特点和结构组成、数据模型、Hive 的安装和操作、Hive 的查询语言 HiveQL 以及 Hive JDBC 编程技术。

第 7 章 Intel Hadoop 系统优化与功能增强，介绍 Hadoop Intel 系统优化与功能增强以及 Intel Hadoop 系统的安装管理，然后详细介绍和解读 Intel Hadoop 系统 HDFS 的高级功能扩展、HBase 的高级功能扩展与编程示例以及 Hive 的高级功能扩展与编程示例。

第 8 章 MapReduce 基础算法程序设计，介绍 MapReduce 的基础算法设计，包括 WordCount、矩阵乘法、关系代数运算、单词共现算法、文档倒排索引、PageRank 网页排名算法以及专利文献分析算法设计方法和编程实现。本章所有算法均有完整实现代码供下载学习。

第 9 章 MapReduce 高级程序设计技术，介绍 MapReduce 高级程序设计技术，包括复合键值对的使用、用户定制数据类型、用户定制输入输出格式、用户定制 Partitioner 和 Combiner、组合式 MapReduce 计算作业、多数据源的连接、全局参数 / 数据文件的传递与使用以及关系数据库的连接与访问技术。

第 10 章 MapReduce 数据挖掘基础算法，介绍基于 MapReduce 的机器学习和数据挖掘并行化算法设计方法和编程实现，包括 K-Means 聚类算法、最近邻分类算法、朴素贝叶斯分类算法、决策树分类算法、频繁项集挖掘算法以及隐马尔科夫模型和最大期望算法。本章所有算法均有完整实现代码供下载学习。

第 11 章 大数据处理算法设计与应用编程案例，介绍大数据处理算法与基本应用编程案例的算法设计和编程实现，包括基于 MapReduce 的搜索引擎算法、基于 MapReduce 的大规模短文本多分类算法、基于 MapReduce 的大规模基因序列比对算法、基于 MapReduce 的大规模城市路径规划算法、基于 MapReduce 的大规模重复文档检测算法、基于内容的并行化图像搜索算法与引擎、基于 MapReduce 的大规模微博传播分析、基于关联规则挖掘的图书推荐算法、以及基于 Hadoop 的城市智能交通综合应用案例。

本书由南京大学计算机系 PASA 大数据实验室黄宜华教授担任主编、并负责全书内容的组织和编审，Intel 公司大数据软件部首席工程师苗凯翔担任副主编。其余作者主要来自南京大学计算机系 PASA 大数据实验室以及 Intel 公司大数据软件部；此外，北京神州立诚科技有限公司也参加了部分章节的编写。

本书第 1 章由黄宜华、周珊编写完成，第 2 章由仇红剑编写完成，第 3 章由赵頔编写完成，第 4 章由黄宜华、沈仪和赵博编写完成，第 5 章由姜伟华、杜竟成编写完成，第 6 章由萧少聪、韩小姣编写完成，第 7 章由陈建忠、王星宇、王毅、Manoj Shanmugasundaram 编写完成，第 8 章由唐云、金磊编写完成，第 9 章由黄宜华编写完成，第 10 章由金磊、赵頔、仇红剑、顾荣编写完成，第 11 章由顾荣、赵博、韦永壮、笪庆、陈虎、李相臣、彭岳、王刚、姬浩、张同宝、陈新江编写完成。

衷心感谢 Intel 公司大数据软件部参编工程师在本书写作过程中的共同努力和辛苦付出！特别感谢 Intel 公司 Evelyn Yan（颜历）、Kally Wang（王星宇）、Yale Wang（王毅）在本书写作过程中所做的大量组织协调工作！也感谢本团队所在南京大学计算机系 PASA 大数据实验室所有参编作者的辛苦努力和付出！感谢机械工业出版社华章分社在本书编写和出版过程中的大力支持和帮助！

Google 中国公司大学合作部在过去的几年中为我们开设大数据技术课程给予了大力的支持和帮助，在此，谨向 Google 中国公司表示衷心的感谢！同时也要衷心感谢清华大学郑纬民教授和陈康副教授，他们为 2009 年 Google 公司的技术培训提供了全部课件并进行了主讲，使我们获益匪浅，该课件也为后期本课程的建设提供了良好的基础。此外，也要衷心感谢南京大学计算机软件新技术国家重点实验室，早在 2010 年即投入 100 万元资助购建了一个科研教学专用的 MapReduce 大数据并行处理集群，为几年来本团队的教学科研和本系其他诸多课题组的研究工作提供了良好的计算设施和条件。

本书是国内第一本经过多年课堂教学实践后撰写而成的大数据处理和并行编程技术书籍，因此，本书非常适合于高等院校作为 MapReduce 大数据并行处理技术课程教材使用，同时也很适合于高等院校学生作为自学 MapReduce 并行处理技术的参考书。与此同时，由于本书包含很多来自业界实际产品的深度技术内容，并包括了丰富的算法设计和编程实战案例，因此本书也非常适合于作为 IT 和其他应用行业专业技术人员从事大数据处理应用开发和编程工作时的参考手册。

书中第 8 章和第 10 章全部算法设计的程序代码都经过本团队完整编程实现并运行通过，源码可在与本书配套的南京大学 PASA 大数据实验室（PASA：Parallel Algorithms，Systems，and Applications）网站上下载：http://pasa-bigdata.nju.edu.cn/links.html。

由于作者水平有限，书中难免会有不准确甚至错误之处。不当之处敬请读者批评指正，并将反馈意见发送到邮箱：feedback_bigdata@163.com，以便我们再版时修正错误。

南京大学计算机科学与技术系 PASA 大数据实验室

黄宜华

2014 年 3 月 18 日，于南京

目　录

第一部分　Hadoop 系统

第二部分　MapReduce 的编程和算法设计

附　　录

第一部分

Hadoop 系统

第 1 章
大数据处理技术简介

近年来，大数据技术在全世界迅猛发展，引起了全世界的广泛关注，掀起了一个全球性的发展浪潮。大数据技术发展的主要推动力来自并行计算硬件和软件技术的发展，以及近年来行业大数据处理需求的迅猛增长。其中，大数据处理技术最直接的推动因素，当数 Google 公司发明的 MapReduce 大规模数据分布存储和并行计算技术，以及 Apache 社区推出的开源 Hadoop MapReduce 并行计算系统的普及使用。为此，本书将重点介绍目前成为大数据处理主流技术和平台 Hadoop MapReduce 并行处理和编程技术。

本章将简要介绍大数据处理相关的基本概念、技术及发展状况。大数据处理的核心技术是分布存储和并行计算，因此，本章首先简要介绍并行计算的基本概念和技术；在此基础上，将简要介绍 MapReduce 的基本概念、功能和技术特点；最后本章将进一步简要介绍开源 Hadoop 系统的基本功能特点和组成。

1.1 并行计算技术简介

1.1.1 并行计算的基本概念

随着信息技术的快速发展，人们对计算系统的计算能力和数据处理能力的要求日益提高。随着计算问题规模和数据量的不断增大，人们发现，以传统的串行计算方式越来越难以满足实际应用问题对计算能力和计算速度的需求，为此出现了并行计算技术。

并行计算（Parallel Computing）是指同时对多条指令、多个任务或多个数据进行处理的一种计算技术。实现这种计算方式的计算系统称为并行计算系统，它由一组处理单元组成，这组处理单元通过相互之间的通信与协作，以并行化的方式共同完成复杂的计算任务。实现并行计算的主要目的是，以并行化的计算方法，实现计算速度和计算能力的大幅提升，以解决传统的串行计算所难以完成的计算任务。

现代计算机的发展历程可分为两个明显不同的发展时代：串行计算时代和并行计算时代。并行计算技术是在单处理器计算能力面临发展瓶颈、无法继续取得突破后，才开始走上了快速发展的通道。并行计算时代的到来，使得计算技术获得了突破性的发展，大大提升了计算能力和计算规模。

1. 单处理器计算性能提升达到极限

纵观计算机的发展历史，日益提升计算性能是计算技术不断追求的目标和计算技术发展的主要特征之一。自计算机出现以来，提升单处理器计算机系统计算速度的常用技术手段有以下几个方面。

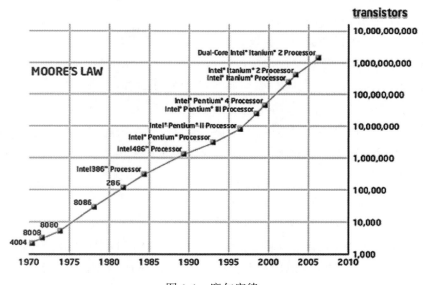

图 1-1　摩尔定律

1）提升计算机处理器字长。随着计算机技术的发展，单处理器字长也在不断提升，从最初的 4 位发展到如今的 64 位。处理器字长提升的每个发展阶段均有代表性的处理器产品，如 20 世纪 70 年代出现的最早的 4 位 Intel 微处理器 4004，到同时代以 Intel 8008 为代表的 8 位处理器，以及 20 世纪 80 年代 Intel 推出的 16 位字长 80286 处理器，以及后期发展出的 Intel 80386/486/Pentium 系列为主的 32 位处理器等。2000 年以后发展至今，出现了 64 位字长的处理器。目前，32 位和 64 位处理器是市场上主流的处理器。计算机处理器字长的发展大幅提升了处理器性能，推动了单处理器计算机的发展。

2）提高处理器芯片集成度。1965 年，戈登·摩尔（Gordon Moore）发现了这样一条规律：半导体厂商能够集成在芯片中的晶体管数量大约每 18 ～ 24 个月翻一番，其计算性能也随着翻一番，这就是众所周知的摩尔定律。在计算技术发展的几十年中，摩尔定律一直引导着计算机产业的发展。

3）提升处理器的主频。计算机的主频越高，指令执行的时间则越短，计算性能自然会相应提高。因此，在 2004 年以前，处理器设计者一直追求不断提升处理器的主频。计算机主频从 Pentium 开始的 60MHz，曾经最高可达到 4GHz ～ 5GHz。

4）改进处理器微架构。计算机微处理器架构的改进对于计算性能的提升具有重大的作用。例如，为了使处理器资源得到最充分利用，计算机体系结构设计师引入了指令集并行技术（Instruction-level Parallelism，ILP），这是单处理器并行计算的杰出设计思想之一。实现指令级并行最主要的体系结构技术就是流水线技术（Pipeline）。

在 2004 年以前，以上这些技术极大地提高了微处理器的计算性能，但此后处理器的性能不再像人们预期的那样能够继续提高。人们发现，随着集成度的不断提高以及处理器频率的不断提升，单核处理器的性能提升开始接近极限。首先，芯片的集成度会受到半导体器件制造工艺的限制。目前集成电路已经达到十多个纳米的极小尺度，因此，芯片集成度不可能无限制提高。与此同时，根据芯片的功耗公式 $P=CV^2f$（其中，P 是功耗；C 是时钟跳变时门电路电容，与集成度成正比；V 是电压，f 是主频），芯片的功耗与集成度和主频成正比，芯片集成度和主频的大幅提高导致了功耗的快速增大，进一步导致了难以克服的处理器散热问题。而流水线体系结构技术也已经发展到了极致，2001 年推出的 Pentium4（CISC 结构）已采用了 20 级复杂流水线技术，因此，流水线为主的微体系结构技术也难以有更大提升的空间。

由图 1-2 可以看出，从 2004 年以后，微处理器的主频和计算性能变化逐步趋于平缓，不再随着集成度的提高而提高。如图 1-3a 所示，在 2005 年以前，人们预期可以一直提升处理器主频。但 2004 年 5 月 Intel 处理器 Tejas 和 Jayhawk（4GHz）因无法解决散热问题最终放弃，标志着升频技术时代的终结。因此，随后人们修改了 2005 年后微处理器主频提升路线图，基本上以较小的幅度提升处理器主频，而代之以多核实现性能提升，如图 1-3b 所示。

2. 多核计算技术成为必然发展趋势

2005 年，Intel 公司宣布了微处理器技术的重大战略调整，即从 2005 年开始，放弃过去不断追求单处理器计算性能提升的战略，转向以多核微处理器架构实现计算性能提升。自此

Intel 推出了多核 / 众核构架，微处理器全面转入了多核计算技术时代。多校计算技术的基本思路是：简化单处理器的复杂设计，代之以在单个芯片上设计多个简化的处理器核，以多核 / 众核并行计算提升计算性能。

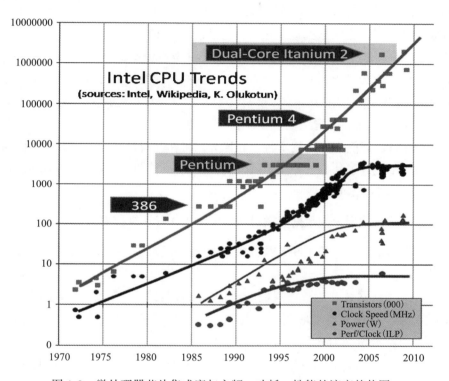

图 1-2　微处理器芯片集成度与主频、功耗、性能的演变趋势图

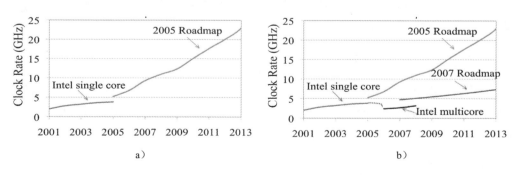

图 1-3　2005 年前后人们预期的主频提升路线图

（注：插图引自 Edward L. Bosworth, The Power Wall, 2010）

自 Intel 在 2006 年推出双核的 Pentium D 处理器以来，已经出现了很多从 4 核到 12 核的多核

处理器产品，如 2007 年 Intel 推出的主要用于个人电脑的 4 核 Core 2 Quad 系列以及 2008 ~ 2010 年推出的 Core i5 和 i7 系列。而 Intel 服务器处理器也陆续推出了 Xeon E5 系列 4-12 核的处理器，以及 Xeon E7 系列 6-10 核处理器。

除了多核处理器产品外，众核处理器也逐步出现。NVIDIA GPU 是一种主要面向图形处理加速的众核处理器，在图形处理领域得到广泛应用。2012 年年底 Intel 公司发布了基于集成众核架构（Intel® MIC Architecture，Intel® Many Integrated Core Architecture）的 Xeon Phi 协处理器，这是一款真正意义上通用性的商用级众核处理器，可支持使用与主机完全一样的通用的 C/C++ 编程方式，用 OpenMP 和 MPI 等并行编程接口完成并行化程序的编写，完成的程序既可在多核主机上运行，也可在众核协处理器上运行。众核计算具有体积小、功耗低、核数多、并行处理能力强等技术特点和优势，将在并行计算领域发挥重要作用。众核处理器的出现进一步推进了并行计算技术的发展，从而使并行计算的性能发挥到极致，更加明确地体现了并行计算技术的发展趋势。

3. 大数据时代日益增大的数据规模迫切需要使用并行计算技术

随着计算机和信息技术的不断普及应用，行业应用领域计算系统的规模日益增大，数据规模也急剧增大。

全球著名的互联网企业的数据规模动辄达到数百至数千 PB 量级，而其他的诸如电信、电力、金融、科学计算等典型应用行业和领域，其数据量也高达数百 TB 至数十 PB 的规模。如此巨大的数据量使得传统的计算技术和系统已经无法应对和满足计算需求。巨大的数据量会导致巨大的计算时间开销，使得很多在小规模数据时可以完成的计算任务难以在可接受的时间内完成大规模数据的处理。超大的数据量或计算量，给原有的单处理器和串行计算技术带来巨大挑战，因而迫切需要出现新的技术和手段以应对急剧增长的行业应用需求。

1.1.2　并行计算技术的分类

并行计算技术发展至今，出现了各种不同的技术方法，同时也出现了不同的分类方法，包括按指令和数据处理方式的 Flynn 分类、按存储访问结构的分类、按系统类型的分类、按应用的计算特征的分类、按并行程序设计方式的分类。

1. Flynn 分类法

1966 年，斯坦福大学教授 Michael J. Flynn 提出了经典的计算机结构分类方法，从最抽象的指令和数据处理方式进行分类，通常称为 Flynn 分类。Flynn 分类法是从两种角度进行分类，一是依据计算机在单个时间点能够处理的指令流的数量；二是依据计算机在单个时间点能够处理的数据流的数量。任何给定的计算机系统均可以依据处理指令和数据的方式进行分类。图 1-4 所示为 Flynn 分类下的几种不同的计算模式。

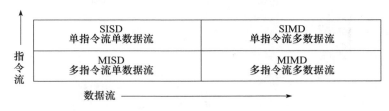

图 1-4　Flynn 分类法

1）单指令流单数据流（Single Instruction stream and Single Data stream，SISD）：SISD 是传统串行计算机的处理方式，硬件不支持任何并行方式，所有指令串行执行。在一个时钟周期内，处理器只能处理一个数据流。很多早期计算机均采用这种处理方式，例如最初的 IBM PC 机。

2）单指令流多数据流（Single Instruction stream and Multiple Data stream，SIMD）：SIMD 采用一个指令流同时处理多个数据流。最初的阵列处理机或者向量处理机都具备这种处理能力。计算机发展至今，几乎所有计算机都以各种指令集形式实现 SIMD。较为常用的有，Intel 处理器中实现的 MMXTM、SSE（Streaming SIMD Extensions）、SSE2、SSE3、SSE4 以及 AVX（Advanced Vector Extensions）等向量指令集。这些指令集都能够在单个时钟周期内处理多个存储在寄存器中的数据单元。SIMD 在数字信号处理、图像处理、多媒体信息处理以及各种科学计算领域有较多的应用。

3）多指令流单数据流（Multiple Instruction stream and Single Data stream，MISD）：MISD 采用多个指令流处理单个数据流。这种方式实际很少出现，一般只作为一种理论模型，并没有投入到实际生产和应用中。

4）多指令流多数据流（Multiple Instruction Stream and Multiple Data Stream，MIMD）：MIMD 能够同时执行多个指令流，这些指令流分别对不同数据流进行处理。这是目前最流行的并行计算处理方式。目前较常用的多核处理器以及 Intel 最新推出的众核处理器都属于 MIMD 的并行计算模式。

2. 按存储访问结构分类

按存储访问结构，可将并行计算分为以下几类：

1）共享内存访问结构（Shared Memory Access）：即所有处理器通过总线共享内存的多核处理器，也称为 UMA 结构（Uniform Memory Access，一致性内存访问结构）。SMP（Symmetric Multi-Processing，对称多处理器系统）即为典型的内存共享式的多核处理器构架。图 1-5 即为共享内存访问结构示意图。

2）分布式内存访问结构（Distributed Memory Access）：图 1-6 所示为分布式内存访问结构的示意图，其中，各个分布式处理器使用本地独立的存储器。

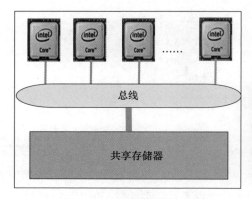

图 1-5　共享内存访问结构

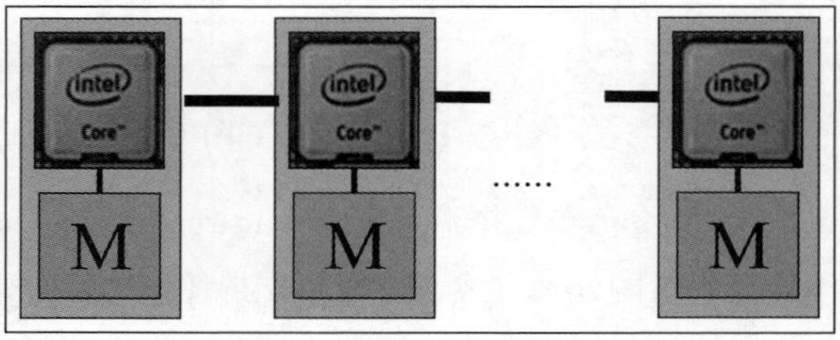

图 1-6　分布式内存访问结构

3）分布共享式内存访问结构（Distributed and Shared Memory Access）：是一种混合式的内存访问结构。如图 1-7 所示，各个处理器分别拥有独立的本地存储器，同时，再共享访问一个全局的存储器。

分布式内存访问结构和分布共享式内存访问结构也称为 NUMA 结构（Non-Uniform Memory Access，非一致内存访问结构）。在多核情况下，这种内存访问架构可以充分扩展内存带宽，减少内存冲突开销，提高系统扩展性和计算性能。

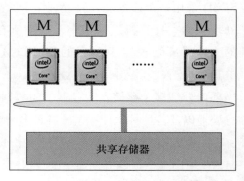

图 1-7　分布共享式内存访问结构

3. 按系统类型分类

按并行计算系统类型，可将并行计算分为以下类型：

1）多核 / 众核并行计算系统（Multi-Core/Many-Core）或芯片级多处理系统（Chip-level Multiprocessing，CMP）。

2）对称多处理系统（Symmetric Multi Processing，SMP），即多个相同类型处理器通过总线连接、并共享存储器构成的一种并行计算系统。

3）大规模并行处理系统（Massive Parallel Processing，MPP），以专用内联网连接一组处理器形成的一种并行计算系统。

4）集群（Cluster），以网络连接的一组普通商用计算机构成的并行计算系统。

5）网格（Grid），用网络连接远距离分布的一组异构计算机构成的并行计算系统。

4. 按应用的计算特征分类

按应用的计算特征，可将并行计算分为以下类型：

1）数据密集型并行计算（Data-Intensive Parallel Computing），即数据量极大、但计算相对简单的并行计算。

2）计算密集型并行计算（Computation-Intensive Parallel Computing），即数据量相对不大、但计算较为复杂的并行处理。较为传统的高性能计算领域大部分都是这一类型，例如三维建模与渲染、气象预报、生命科学等科学计算。

3）数据密集与计算密集混合型并行计算，具备数据密集和计算密集双重特征的并行计算，如 3D 电影渲染等。

5. 按并行程序设计方式分类

按并行程序设计方式，可将并行计算分为以下几类：

1）共享存储变量方式（Shared Memory Variables）：这种方式通常被称为多线程并行程序设计。多线程并行方式发展至今，应用非常广泛，同时也出现了很多代表性的并行编程接口，包括开源的和一些商业版本的并行编程接口，例如最常用的有 pthread，OpenMP，Intel TBB 等。其中，pthread 是较为低层的多线程编程接口；而 OpenMP 采用了语言扩充的方法，简单易用，不需要修改代码，仅需添加指导性语句，应用较为广泛；而 Intel TBB 是一种很适合用 C++ 代码编程的并行程序设计方法，提供了很多方便易用的并行编程接口。本书的附录 A 将较为详细地介绍 OpenMP 的技术特点和编程方法。共享存储变量方式可能引起数据的不一致性，从而导致数据和资源访问冲突，因此一般都需要引入同步控制机制。

2）消息传递方式（Message Passing）：从广义上来讲，对于分布式内存访问结构的系统，为了分发数据实现并行计算、随后收集计算结果，需要在各个计算节点或者计算任务间进行数据通信。这种编程方式有时候可狭义地理解为多进程处理方式。最常用的消息传递方式是 MPI（Message Passing Interface，消息传递并行编程接口标准）。MPI 广泛应用于科学计算的各个领域，并体现了其高度的可扩展性，能充分利用并行计算系统的硬件资源，发挥其计算性能。具体有关 MPI 技术的介绍，请阅读本书的附录 B：MPI 并行程序设计简介。

3）MapReduce 并行程序设计方式：Google 公司提出的 MapReduce 并行程序设计模型，是目前主流的大数据处理并行程序设计方法，可广泛应用于各个领域的大数据处理，尤其是搜索引擎等互联网行业的大规模数据处理。本书后续重点探讨的数据处理技术正是基于这种方式的并行程序设计技术。

4）其他新型并行计算和编程方式：由于 MapReduce 设计之初主要致力于大数据的线下批处理，因而其难以满足高实时性和高数据相关性的大数据处理需求。为此，近年来，逐步出现了多种其他类型的大数据计算模式和方法。这些新型计算模式和方法包括：实时流式计算、迭代计算、图计算以及基于内存的计算等。

1.1.3 并行计算的主要技术问题

依赖于所采用的并行计算体系结构，不同类型的并行计算系统在硬件构架、软件构架和并行算法方面会涉及到不同的技术问题，但概括起来，主要包括以下技术问题。

1. 多处理器 / 多节点网络互连技术

对于大型的并行处理系统，网络互连技术对处理器能力影响很大。典型的网络互连结构包括共享总线连接、交叉开关矩阵、环形结构、Mesh 网络结构、互联网络结构等。

2. 存储访问体系结构

存储访问体系结构主要研究不同的存储结构以及在不同存储结构下的特定技术问题，包括共享数据访问与同步控制、数据通信控制和节点计算同步控制、Cache 的一致性、数据访问 / 通信的时间延迟等技术问题。

3. 分布式数据与文件管理

并行计算的一个重要问题是，在大规模集群环境下，如何解决大规模数据的存储和访问管理问题。在大规模集群环境下，解决大数据分布存储管理和访问问题非常关键，尤其是数据密集型并行计算，数据的存储访问对并行计算的性能至关重要。目前比较理想的解决方法是提供分布式数据和文件管理系统，代表性的系统有 Google GFS（Google File System）、Lustre、HDFS（Hadoop Distributed File System）等。这些分布式文件系统各有特色，适用于不同领域。

4. 并行计算的任务划分和算法设计

并行计算的任务分解和算法设计需要考虑的是如何将大的计算任务分解成子任务，继而分配给各节点或处理器并行处理，最终收集局部结果进行整合。一般有算法分解和数据划分两种并行计算形式，尤其是算法分解，可有多种不同的实现方式。

5. 并行程序设计模型和语言

根据不同的硬件构架，不同的并行计算系统可能需要不同的并行程序设计模型、方法和语言。目前主要的并行程序设计语言和方法包括共享内存式并行程序设计、消息传递式并行程序设计、MapReduce 并行程序设计以及近年来出现的满足不同大数据处理需求的其他并行计算和程序设计方法。而并行程序设计语言通常可以有不同的实现方式，包括：语言级扩充（即使用编译指令在普通的程序设计语言中增加一些并行化编译指令，如 OpenMP 提供

C、C++、Fortran 语言扩充）、并行计算库函数与编程接口（使用函数库提供并行计算编程接口，如 MPI、CUDA 等）以及能提供诸多自动化处理能力的并行计算软件框架（如 Hadoop MapReduce 并行计算框架等）。

6. 并行计算软件框架设计和实现

现有的 OpenMP、MPI、CUDA 等并行程序设计方法需要程序员考虑数据存储管理、数据和任务划分、任务的调度执行、数据同步和通信、结果收集、出错恢复处理等几乎所有技术细节，非常繁琐。为了进一步提升并行计算程序的自动化并行处理能力，编程时应该尽量减少程序员对很多系统底层技术细节的考虑，使得编程人员能从底层细节中解放出来，更专注于应用问题本身的计算和算法实现。目前已发展出多种具有自动化并行处理能力的计算软件框架，如 Google MapReduce 和 Hadoop MapReduce 并行计算软件框架，以及近年来出现的以内存计算为基础、能提供多种大数据计算模式的 Spark 系统等。

7. 数据访问和通信控制

并行计算目前存在多种存储访问体系结构，包括共享存储访问结构、分布式存储访问结构以及分布共享式存储访问结构。不同存储访问结构下需要考虑不同的数据访问、节点通信以及同步控制等问题。例如，在共享存储访问结构系统中，多个处理器访问共享存储区，可能导致数据访问的不确定性，从而需要引入互斥信号、条件变量等同步机制，保证共享数据访问的正确性，同时需解决可能引起的死锁问题。而对于分布式存储访问结构系统，数据可能需要通过主节点传输到其他计算节点，由于节点间的计算速度不同，为了保证计算的同步，需要考虑计算的同步问题。

8. 可靠性与容错性技术

对于大型的并行计算系统，经常发生节点出错或失效。因此，需要考虑和预防由于一个节点失效可能导致的数据丢失、程序终止甚至系统崩溃的问题。这就要求系统考虑良好的可靠性设计和失效检测恢复技术。通常可从两方面进行可靠性设计：一是数据失效恢复，可使用数据备份和恢复机制，当某个磁盘出错或数据损毁时，保证数据不丢失以及数据的正确性；二是系统和任务失效恢复，当某个节点失效时，需要提供良好的失效检测和隔离技术，以保证并行计算任务正常进行。

9. 并行计算性能分析与评估

并行计算的性能评估较为常用的方式是通过加速比来体现性能提升。加速比指的是并行程序的并行执行速度相对于其串行程序执行加速了多少倍。这个指标贯穿于整个并行计算技术，是并行计算技术的核心。从应用角度出发，不论是开发还是使用，都希望一个并行计算程序能达到理想的加速比，即随着处理能力的提升，并行计算程序的执行速度也需要有相应的提升。并行计算性能的度量有以下两个著名的定律：

1）Amdal 定律：在一定的程序可并行化比例下，加速比不能随着处理器数目的增加而无限上升，而是受限于程序的串行化部分的比例，加速比极限是串行比例的倒数，反映了固定负载的加速情况。Amdal 定律的公式是：

$$S = \frac{1}{(1-P) + \dfrac{P}{N}}$$

其中，S 是加速比，P 是程序可并行部分的比例，N 是处理器数量。图 1-8 所示是在程序不同的可并行化比例下、在不同处理器数量下的加速比，由图示结果可见，在固定的程序可并行化比例下，加速比提升会有一个上限，处理器数量的增加并不能无限制地带来性能提升。

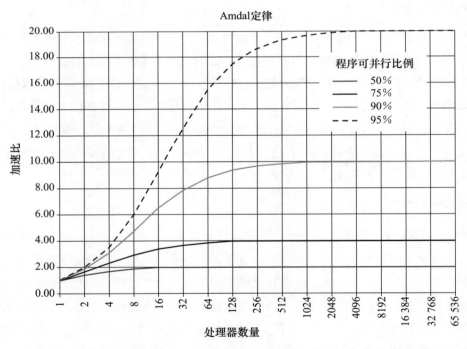

图 1-8 Amdal 定律在程序不同的可并行化比例和不同处理器数量下的加速比

2）Gustafson 定律：在放大系统规模的情况下，加速比可与处理器数量成比例地线性增长，串行比例不再是加速比的瓶颈。这反映了对于增大的计算负载，当系统性能未达到期望值时，可通过增加处理器数量的方法应对（如图 1-9 和 1-10 所示）。

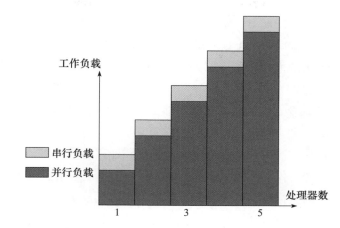

图 1-9　Gustafson 定律：处理器与工作负载

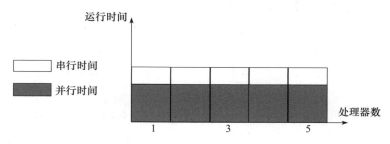

图 1-10　Gustafson 定律：处理器与运行时间

1.2　大数据处理技术简介

1.2.1　大数据的发展背景和研究意义

近几年来，随着计算机和信息技术的迅猛发展和普及应用，行业应用系统的规模迅速扩大，行业应用所产生的数据呈爆炸性增长。动辄达到数百 TB 甚至数十至数百 PB 规模的行业 / 企业大数据已远远超出了现有传统的计算技术和信息系统的处理能力，因此，寻求有效的大数据处理技术、方法和手段已经成为现实世界的迫切需求。百度目前的总数据量已超过 1000PB，每天需要处理的网页数据达到 10PB ～ 100PB；淘宝累计的交易数据量高达 100PB；Twitter 每天发布超过 2 亿条消息，新浪微博每天发帖量达到 8000 万条；中国移动一个省的电话通联记录数据每月可达 0.5PB ～ 1PB；一个省会城市公安局道路车辆监控数据三年可达 200 亿条、总量 120TB。据世界权威 IT 信息咨询分析公司 IDC 研究报告预测：全世界数据量未来 10 年将从 2009 年的 0.8ZB 增长到 2020 年的 35ZB（1ZB=1000EB=1000000PB），10 年将增长 44 倍，年均增长 40%。

早几年人们把大规模数据称为"海量数据"，但实际上，大数据（Big Data）这个概念早在 2008 年就已被提出。2008 年，在 Google 成立 10 周年之际，著名的《自然》杂志出版了一期专刊，专门讨论未来的大数据处理相关的一系列技术问题和挑战，其中就提出了"Big Data"的概念。

随着大数据概念的普及，人们常常会问，多大的数据才叫大数据？其实，关于大数据，难以有一个非常定量的定义。维基百科给出了一个定性的描述：大数据是指无法使用传统和常用的软件技术和工具在一定时间内完成获取、管理和处理的数据集。进一步，当今"大数据"一词的重点其实已经不仅在于数据规模的定义，它更代表着信息技术发展进入了一个新的时代，代表着爆炸性的数据信息给传统的计算技术和信息技术带来的技术挑战和困难，代表着大数据处理所需的新的技术和方法，也代表着大数据分析和应用所带来的新发明、新服务和新的发展机遇。

由于大数据处理需求的迫切性和重要性，近年来大数据技术已经在全球学术界、工业界和各国政府得到高度关注和重视，全球掀起了一个可与 20 世纪 90 年代的信息高速公路相提并论的研究热潮。美国和欧洲一些发达国家政府都从国家科技战略层面提出了一系列的大数据技术研发计划，以推动政府机构、重大行业、学术界和工业界对大数据技术的探索研究和应用。

早在 2010 年 12 月，美国总统办公室下属的科学技术顾问委员会（PCAST）和信息技术顾问委员会（PITAC）向奥巴马和国会提交了一份《规划数字化未来》的战略报告，把大数据收集和使用的工作提升到体现国家意志的战略高度。报告列举了 5 个贯穿各个科技领域的共同挑战，而第一个最重大的挑战就是"数据"问题。报告指出："如何收集、保存、管理、分析、共享正在呈指数增长的数据是我们必须面对的一个重要挑战"。报告建议："联邦政府的每一个机构和部门，都需要制定一个'大数据'的战略"。2012 年 3 月，美国总统奥巴马签署并发布了一个"大数据研究发展创新计划"（Big Data R & D Initiative），由美国国家科学基金会（NSF）、卫生健康总署（NIH）、能源部（DOE）、国防部（DOD）等 6 大部门联合，投资 2 亿美元启动大数据技术研发，这是美国政府继 1993 年宣布"信息高速公路"计划后的又一次重大科技发展部署。美国白宫科技政策办公室还专门支持建立了一个大数据技术论坛，鼓励企业和组织机构间的大数据技术交流与合作。

2012 年 7 月，联合国在纽约发布了一本关于大数据政务的白皮书《大数据促发展：挑战与机遇》，全球大数据的研究和发展进入了前所未有的高潮。这本白皮书总结了各国政府如何利用大数据响应社会需求，指导经济运行，更好地为人民服务，并建议成员国建立"脉搏实验室"（Pulse Labs），挖掘大数据的潜在价值。

由于大数据技术的特点和重要性，目前国内外已经出现了"数据科学"的概念，即数据处理技术将成为一个与计算科学并列的新的科学领域。已故著名图灵奖获得者 Jim Gray 在

2007 年的一次演讲中提出，"数据密集型科学发现"（Data-Intensive Scientific Discovery）将成为科学研究的第四范式，科学研究将从实验科学、理论科学、计算科学，发展到目前兴起的数据科学。

为了紧跟全球大数据技术发展的浪潮，我国政府、学术界和工业界对大数据也予以了高度的关注。央视著名"对话"节目 2013 年 4 月 14 日和 21 日邀请了《大数据时代——生活、工作与思维的大变革》作者维克托·迈尔–舍恩伯格，以及美国大数据存储技术公司 LSI 总裁阿比分别做客"对话"节目，做了两期大数据专题谈话节目"谁在引爆大数据"、"谁在掘金大数据"，国家央视媒体对大数据的关注和宣传体现了大数据技术已经成为国家和社会普遍关注的焦点。

而国内的学术界和工业界也都迅速行动，广泛开展大数据技术的研究和开发。2013 年以来，国家自然科学基金、973 计划、核高基、863 等重大研究计划都已经把大数据研究列为重大的研究课题。为了推动我国大数据技术的研究发展，2012 年中国计算机学会（CCF）发起组织了 CCF 大数据专家委员会，CCF 专家委员会还特别成立了一个"大数据技术发展战略报告"撰写组，并已撰写发布了《2013 年中国大数据技术与产业发展白皮书》。

大数据在带来巨大技术挑战的同时，也带来巨大的技术创新与商业机遇。不断积累的大数据包含着很多在小数据量时不具备的深度知识和价值，大数据分析挖掘将能为行业 / 企业带来巨大的商业价值，实现各种高附加值的增值服务，进一步提升行业 / 企业的经济效益和社会效益。由于大数据隐含着巨大的深度价值，美国政府认为大数据是"未来的新石油"，对未来的科技与经济发展将带来深远影响。因此，在未来，一个国家拥有数据的规模和运用数据的能力将成为综合国力的重要组成部分，对数据的占有、控制和运用也将成为国家间和企业间新的争夺焦点。

大数据的研究和分析应用具有十分重大的意义和价值。被誉为"大数据时代预言家"的维克托·迈尔–舍恩伯格在其《大数据时代》一书中列举了大量详实的大数据应用案例，并分析预测了大数据的发展现状和未来趋势，提出了很多重要的观点和发展思路。他认为："大数据开启了一次重大的时代转型"，指出大数据将带来巨大的变革，改变我们的生活、工作和思维方式，改变我们的商业模式，影响我们的经济、政治、科技和社会等各个层面。

由于大数据行业应用需求日益增长，未来越来越多的研究和应用领域将需要使用大数据并行计算技术，大数据技术将渗透到每个涉及到大规模数据和复杂计算的应用领域。不仅如此，以大数据处理为中心的计算技术将对传统计算技术产生革命性的影响，广泛影响计算机体系结构、操作系统、数据库、编译技术、程序设计技术和方法、软件工程技术、多媒体信息处理技术、人工智能以及其他计算机应用技术，并与传统计算技术相互结合产生很多新的研究热点和课题。

大数据给传统的计算技术带来了很多新的挑战。大数据使得很多在小数据集上有效的传统的串行化算法在面对大数据处理时难以在可接受的时间内完成计算；同时大数据含有较多噪音、样本稀疏、样本不平衡等特点使得现有的很多机器学习算法有效性降低。因此，微软全球副总裁陆奇博士在 2012 年全国第一届"中国云 / 移动互联网创新大奖赛"颁奖大会主题报告中指出："大数据使得绝大多数现有的串行化机器学习算法都需要重写"。

大数据技术的发展将给我们研究计算机技术的专业人员带来新的挑战和机遇。目前，国内外 IT 企业对大数据技术人才的需求正快速增长，未来 5 ~ 10 年内业界将需要大量的掌握大数据处理技术的人才。IDC 研究报告指出，"下一个 10 年里，世界范围的服务器数量将增长 10 倍，而企业数据中心管理的数据信息将增长 50 倍，企业数据中心需要处理的数据文件数量将至少增长 75 倍，而世界范围内 IT 专业技术人才的数量仅能增长 1.5 倍。"因此，未来十年里大数据处理和应用需求与能提供的技术人才数量之间将存在一个巨大的差距。目前，由于国内外高校开展大数据技术人才培养的时间不长，技术市场上掌握大数据处理和应用开发技术的人才十分短缺，因而这方面的技术人才十分抢手，供不应求。国内几乎所有著名的 IT 企业，如百度、腾讯、阿里巴巴和淘宝、奇虎 360 等，都大量需要大数据技术人才。

1.2.2　大数据的技术特点

大数据具有五个主要的技术特点，人们将其总结为 5V 特征（见图 1-11）：

1）Volume（大体量）：即可从数百 TB 到数十数百 PB、甚至 EB 的规模。

2）Variety（多样性）：即大数据包括各种格式和形态的数据。

3）Velocity（时效性）：即很多大数据需要在一定的时间限度下得到及时处理。

4）Veracity（准确性）：即处理的结果要保证一定的准确性。

5）Value（大价值）：即大数据包含很多深度的价值，大数据分析挖掘和利用将带来巨大的商业价值。

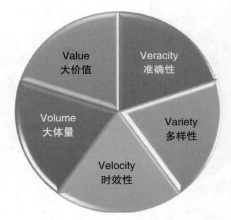

图 1-11　大数据的 5V 特征

传统的数据库系统主要面向结构化数据的存储和处理，但现实世界中的大数据具有各种不同的格式和形态，据统计现实世界中 80% 以上的数据都是文本和媒体等非结构化数据；同时，大数据还具有很多不同的计算特征。我们可以从多个角度分类大数据的类型和计算特征。

1）从数据结构特征角度看，大数据可分为结构化与非结构化 / 半结构化数据。

2）从数据获取处理方式看，大数据可分为批处理与流式计算方式。

3）从数据处理类型看，大数据处理可分为传统的查询分析计算和复杂数据挖掘计算。

4）从大数据处理响应性能看，大数据处理可分为实时／准实时与非实时计算，或者是联机计算与线下计算。前述的流式计算通常属于实时计算，此外查询分析类计算通常也要求具有高响应性能，因而也可以归为实时或准实时计算。而批处理计算和复杂数据挖掘计算通常属于非实时或线下计算。

5）从数据关系角度看，大数据可分为简单关系数据（如 Web 日志）和复杂关系数据（如社会网络等具有复杂数据关系的图计算）。

6）从迭代计算角度看，现实世界的数据处理中有很多计算问题需要大量的迭代计算，诸如一些机器学习等复杂的计算任务会需要大量的迭代计算，为此需要提供具有高效的迭代计算能力的大数据处理和计算方法。

7）从并行计算体系结构特征角度看，由于需要支持大规模数据的存储和计算，因此目前绝大多数大数据处理都使用基于集群的分布式存储与并行计算体系结构和硬件平台。MapReduce 是最为成功的分布式存储和并行计算模式。然而，基于磁盘的数据存储和计算模式使 MapReduce 难以实现高响应性能。为此人们从分布计算体系结构层面上又提出了内存计算的概念和技术方法。

1.2.3　大数据研究的主要目标、基本原则和基本途径

1. 大数据研究的主要目标

大数据研究的主要目标是，以有效的信息技术手段和计算方法，获取、处理和分析各种应用行业的大数据，发现和提取数据的深度价值，为行业提供高附加值的应用和服务。因此，大数据研究的核心目标是价值发现，而其技术手段是信息技术和计算方法，其效益目标是为行业提供高附加值的应用和服务。

2. 大数据研究的基本特点

大数据研究具有以下几方面的主要特点：

1）大数据处理具有很强的行业应用需求特性，因此大数据技术研究必须紧扣行业应用需求。

2）大数据规模极大，超过任何传统数据库系统的处理能力。

3）大数据处理技术综合性强，任何单一层面的计算技术都难以提供理想的解决方案，需要采用综合性的软硬件技术才能有效处理。

4）大数据处理时，大多数传统算法都面临失效，需要重写。

3. 大数据研究的基本原则

大数据研究的基本原则是：

1）应用需求为导向：由于大数据问题来自行业应用，因此大数据的研究需要以行业应用问题和需求为导向，从行业实际的应用需求和存在的技术难题入手，研究解决有效的处理技术和解决方案。

2）领域交叉为桥梁：由于大数据技术有典型的行业应用特征，因此大数据技术研究和应用开发需要由计算技术人员、数据分析师、具备专业知识的领域专家相互配合和协同，促进应用行业、IT 产业与计算技术研究机构的交叉融合，来提供良好的大数据解决方法。

3）技术综合为支撑：与传统的单一层面的计算技术研究和应用不同，大数据处理是几乎整个计算技术和信息技术的融合，只有采用技术交叉融合的方法才能提供较为完善的大数据处理方法。

4. 大数据研究的基本途径

大数据处理有以下三个基本的解决途径：

1）寻找新算法降低计算复杂度。大数据给很多传统的机器学习和数据挖掘计算方法和算法带来挑战。在数据集较小时，很多的 $O(n)$、$O(nlogn)$、$O(n^2)$ 或 $O(n^3)$ 等线性或多项式复杂度的机器学习和数据挖掘算法都可以有效工作，但当数据规模增长到 PB 级尺度时，这些现有的串行化算法将花费难以接受的时间开销，使得算法失效。因此，需要寻找新的复杂度更低的算法。

2）寻找和采用降低数据尺度的算法。在保证结果精度的前提下，用数据抽样或者数据尺度无关的近似算法来完成大数据的处理。

3）分而治之的并行化处理。除上述两种方法外，目前为止，大数据处理最为有效和最重要的方法还是采用大数据并行化算法，在一个大规模的分布式数据存储和并行计算平台上完成大数据并行化处理。

1.2.4 大数据计算模式和系统

MapReduce 计算模式的出现有力推动了大数据技术和应用的发展，使其成为目前大数据处理最成功的主流大数据计算模式。然而，现实世界中的大数据处理问题复杂多样，难以有一种单一的计算模式能涵盖所有不同的大数据计算需求。研究和实际应用中发现，由于 MapReduce 主要适合于进行大数据线下批处理，在面向低延迟和具有复杂数据关系和复杂计算的大数据问题时有很大的不适应性。因此，近几年来学术界和业界在不断研究并推出多种不同的大数据计算模式。

所谓大数据计算模式，是指根据大数据的不同数据特征和计算特征，从多样性的大数据计算问题和需求中提炼并建立的各种高层抽象（Abstraction）和模型（Model）。传统的并行计算方法主要从体系结构和编程语言的层面定义了一些较为底层的抽象和模型，但由于大数据处理问题具有很多高层的数据特征和计算特征，因此大数据处理需要更多地结合其数据特征和计算特性考虑更为高层的计算模式。

根据大数据处理多样性的需求，目前出现了多种典型和重要的大数据计算模式。与这些计算模式相适应，出现了很多对应的大数据计算系统和工具，如表 1-1 所示。

表 1-1　大数据计算模式及其对应的典型系统和工具

大数据计算模式	典型系统和工具
大数据查询分析计算	HBase，Hive，Cassandra，Premel，Impala，Shark，Hana，Redis，等
批处理计算	MapReduce，Spark，等
流式计算	Scribe，Flume，Storm，S4，Spark Steaming，等
迭代计算	HaLoop，iMapReduce，Twister，Spark，等
图计算	Pregel，Giraph，Trinity，PowerGraph，GraphX，等
内存计算	Dremel，Hana，Redis，等

1. 大数据查询分析计算模式与典型系统

由于行业数据规模的增长已大大超过了传统的关系数据库的承载和处理能力，因此，目前需要尽快研究并提供面向大数据存储管理和查询分析的新的技术方法和系统，尤其要解决在数据体量极大时如何能够提供实时或准实时的数据查询分析能力，满足企业日常的管理需求。然而，大数据的查询分析处理具有很大的技术挑战，在数量规模较大时，即使采用分布式数据存储管理和并行化计算方法，仍然难以达到关系数据库处理中小规模数据时那样的秒级响应性能。

大数据查询分析计算的典型系统包括 Hadoop 下的 HBase 和 Hive、Facebook 公司开发的 Cassandra、Google 公司的 Dremel、Cloudera 公司的实时查询引擎 Impala；此外为了实现更高性能的数据查询分析，还出现了不少基于内存的分布式数据存储管理和查询系统，如 Apache Spark 下的数据仓库 Shark、SAP 公司的 Hana、开源的 Redis 等。

2. 批处理计算模式与典型系统

最适合于完成大数据批处理的计算模式是 MapReduce，这是 MapReduce 设计之初的主要任务和目标。MapReduce 是一个单输入、两阶段（Map 和 Reduce）的数据处理过程。首先，MapReduce 对具有简单数据关系、易于划分的大规模数据采用"分而治之"的并行处理思想；然后将大量重复的数据记录处理过程总结成 Map 和 Reduce 两个抽象的操作；最后 MapReduce 提供了一个统一的并行计算框架，把并行计算所涉及到的诸多系统层细节都交给计算框架去完成，以此大大简化了程序员进行并行化程序设计的负担。

MapReduce 的简单易用性使其成为目前大数据处理最成功的主流并行计算模式。在开源社区的努力下，开源的 Hadoop 系统目前已成为较为成熟的大数据处理平台，并已发展成一个包括众多数据处理工具和环境的完整的生态系统。目前几乎国内外的各个著名 IT 企业都在使用 Hadoop 平台进行企业内大数据的计算处理。此外，Spark 系统也具备批处理计算的能力。

3. 流式计算模式与典型系统

流式计算是一种高实时性的计算模式，需要对一定时间窗口内应用系统产生的新数据完成实时的计算处理，避免造成数据堆积和丢失。很多行业的大数据应用，如电信、电力、道路监控等行业应用以及互联网行业的访问日志处理，都同时具有高流量的流式数据和大量积累的历史数据，因而在提供批处理计算模式的同时，系统还需要能具备高实时性的流式计算能力。流式计算的一个特点是数据运动、运算不动，不同的运算节点常常绑定在不同的服务器上。

Facebook 的 Scribe 和 Apache 的 Flume 都提供了一定的机制来构建日志数据处理流图。而更为通用的流式计算系统是 Twitter 公司的 Storm、Yahoo 公司的 S4 以及 Apache Spark Steaming。

4. 迭代计算模式与典型系统

为了克服 Hadoop MapReduce 难以支持迭代计算的缺陷，工业界和学术界对 Hadoop MapReduce 进行了不少改进研究。HaLoop 把迭代控制放到 MapReduce 作业执行的框架内部，并通过循环敏感的调度器保证前次迭代的 Reduce 输出和本次迭代的 Map 输入数据在同一台物理机上，以减少迭代间的数据传输开销；iMapReduce 在这个基础上保持 Map 和 Reduce 任务的持久性，规避启动和调度开销；而 Twister 在前两者的基础上进一步引入了可缓存的 Map 和 Reduce 对象，利用内存计算和 pub/sub 网络进行跨节点数据传输。

目前，一个具有快速和灵活的迭代计算能力的典型系统是 Spark，其采用了基于内存的 RDD 数据集模型实现快速的迭代计算。

5. 图计算模式与典型系统

社交网络、Web 链接关系图等都包含大量具有复杂关系的图数据，这些图数据规模很大，常常达到数十亿的顶点和上万亿的边数。这样大的数据规模和非常复杂的数据关系，给图数据的存储管理和计算分析带来了很大的技术难题。用 MapReduce 计算模式处理这种具有复杂数据关系的图数据通常不能适应，为此，需要引入图计算模式。

大规模图数据处理首先要解决数据的存储管理问题，通常大规模图数据也需要使用分布式存储方式。但是，由于图数据具有很强的数据关系，分布式存储就带来了一个重要的图划分问题（Graph Partitioning）。根据图数据问题本身的特点，图划分可以使用"边切分"和"顶点切分"两种方式。在有效的图划分策略下，大规模图数据得以分布存储在不同节点上，并在每个节点上对本地子图进行并行化处理。与任务并行和数据并行的概念类似，由于图数据并行处理的特殊性，人们提出了一个新的"图并行"（Graph Parallel）的概念。事实上，图并行是数据并行的一个特殊形式，需要针对图数据处理的特征考虑一些特殊的数据组织模型和计算方法。

目前已经出现了很多分布式图计算系统，其中较为典型的系统包括 Google 公司的 Pregel、Facebook 对 Pregel 的开源实现 Giraph、微软公司的 Trinity、Spark 下的 GraphX，以及 CMU 的 GraphLab 以及由其衍生出来的目前性能最快的图数据处理系统 PowerGraph。

6. 内存计算模式与典型系统

Hadoop MapReduce 为大数据处理提供了一个很好的平台。然而，由于 MapReduce 设计之初是为大数据线下批处理而设计的，随着数据规模的不断扩大，对于很多需要高响应性能的大数据查询分析计算问题，现有的以 Hadoop 为代表的大数据处理平台在计算性能上往往难以满足要求。随着内存价格的不断下降以及服务器可配置的内存容量的不断提高，用内存计算完成高速的大数据处理已经成为大数据计算的一个重要发展趋势。例如，Hana 系统设计者总结了很多实际的商业应用后发现，一个提供 50TB 总内存容量的计算集群将能够满足绝大多数现有的商业系统对大数据的查询分析处理要求，如果一个服务器节点可配置 1TB ～ 2TB 的内存，则需要 25 ～ 50 个服务器节点。目前 Intel Xeon E-7 系列处理器最大可支持高达 1.5TB 的内存，因此，配置一个上述大小规模的内存计算集群是可以做到的。

1.2.5　大数据计算模式的发展趋势

近几年来，由于大数据处理和应用需求急剧增长，同时也由于大数据处理的多样性和复杂性，针对以上的典型的大数据计算模式，学术界和工业界不断研究推出新的或改进的计算模式和系统工具平台。目前主要有以下三方面的重要发展趋势和方向：Hadoop 性能提升和功能增强，混合式大数据计算模式，以及基于内存计算的大数据计算模式和技术。

1. Hadoop 性能提升和功能增强

尽管 Hadoop 还存在很多不足，但由于 Hadoop 已发展成为目前最主流的大数据处理平台、并得到广泛的使用，因此，目前人们并不会抛弃 Hadoop 平台，而是试图不断改进和发展现有的平台，增加其对各种不同大数据处理问题的适用性。目前，Hadoop 社区正努力扩展现有的计算模式框架和平台，以便能解决现有版本在计算性能、计算模式、系统构架和处理能力上的诸多不足，这正是目前 Hadoop2.0 新版本"YARN"的努力目标。目前不断有新的计算模式和计算系统出现，预计今后相当长一段时间内，Hadoop 平台将与各种新的计算模式和系统共存，并相互融合，形成新一代的大数据处理系统和平台。

2. 混合式计算模式

现实世界大数据应用复杂多样，可能会同时包含不同特征的数据和计算，在这种情况下单一的计算模式多半难以满足整个应用的需求，因此需要考虑不同计算模式的混搭使用。

混合式计算模式可体现在两个层面上。一个层面是传统并行计算所关注的体系结构与低层并行程序设计语言层面计算模式的混合，例如，在体系结构层，可根据大数据应用问题的需要搭建混合式的系统构架，如 MapReduce 集群 +GPU–CUDA 的混合，或者 MapReduce 集群 + 基于 MIC（Intel Xeon Phi 众核协处理系统）的 OpenMP/MPI 的混合模型。

混合模型的另一个层面是以上所述的大数据处理高层计算模式的混合。比如，一个大数据应用可能同时需要提供流式计算模式以便接收每天产生的大量流式数据，这些数据得到保存后成为历史数据，此时会需要提供基于 SQL 或 NoSQL 的数据查询分析能力以便进行日常的数据查询分析；进一步，为了进行商业智能分析，可能还需要进行基于机器学习的深度数据挖掘分析，此时系统需要能提供线下批处理计算模式以及复杂机器学习算法的迭代计算模式；一些大数据计算任务可能还直接涉及到复杂图计算或者间接转化为图计算问题。因此，很多大数据处理问题都需要有多种混合计算模式的支持。此外，为了提高各种计算模式处理大数据时的计算性能，各种计算模式都在与内存计算模式混合，实现高实时性的大数据查询和计算分析。

混合计算模式之集大成者当属 UC Berkeley AMPLab 研发、现已成为 Apache 开源项目的Spark 系统，其涵盖了几乎所有典型的大数据计算模式，包括迭代计算、批处理计算、内存计算、流式计算（Spark Streaming）、数据查询分析计算（Shark）以及图计算（GraphX），提供了优异的计算性能，同时还保持与 Hadoop 平台的兼容性。

3. 内存计算

为了进一步提高大数据处理的性能，目前已经出现一个基本共识，即随着内存成本的不断降低，内存计算将成为最终跨越大数据计算性能障碍、实现高实时高响应计算的一个最有效的技术手段。因此，目前越来越多的研究者和开发者在关注基于内存计算的大数据处理技术，不断推出各种基于内存计算的计算模式和系统。

内存计算是一种在体系结构层面上的解决方法，因此可以适用于各种不同的计算模式，从基本的数据查询分析计算，到批处理计算和流式计算，再到迭代计算和图计算，都可以基于内存计算加以实现，因此我们可以看到各种大数据计算模式下都有基于内存计算实现的系统，比较典型的系统包括 SAP 公司的 Hana 内存数据库、开源的键值对内存数据库 Redis、微软公司的图数据计算系统 Trinity、Apache Spark 等。

1.2.6　大数据的主要技术层面和技术内容

大数据是诸多计算技术的融合。从大的方面来分，大数据技术与研究主要分为大数据基础理论、大数据关键技术和系统、大数据应用以及大数据信息资源库等几个重要方面。

从信息系统的角度来看，大数据处理是一个涉及整个软硬件系统各个层面的综合性信息处理技术。从信息系统角度可将大数据处理分为基础设施层、系统软件层、并行化算法层以及应用层。图 1-12 所示是从信息处理系统角度所看到的大数据技术的主要技术层面和技术内容。

应用层	大数据行业应用/服务层	电信/公安/商业/金融/遥感遥测/勘探/生物医药……
		领域应用/服务需求和计算模型
	应用开发层	分析工具/开发环境和工具/行业应用系统开发
并行化算法层	应用算法层	社会网络，排名与推荐，商业智能，自然语言处理，生物信息媒体分析检索，Web挖掘与检索，大数据分析与可视化计算…
	基础算法层	并行化机器学习与数据挖掘算法
系统软件层	并行编程模型与计算框架层	并行计算模型与系统 批处理计算，流式计算，图计算，迭代计算 内存计算，混合式计算，定制式计算……
	大数据存储管理层	大数据查询（SQL，NoSQL NewSQL） 大数据存储（DFS，HBase RDFDB，MemD，RDB） 大数据采集与预处理
基础设施层	并行构架和资源平台层	集群，众核，GPU，混合式构架（如集群+众核，集群+GPU）云计算资源与支撑平台

图 1-12　从信息处理系统角度看大数据的主要技术层面与技术内容

1. 基础设施层

基础设施层主要提供大数据分布存储和并行计算的硬件基础设施和平台。目前大数据处理通用化的硬件设施是基于普通商用服务器的集群，在有特殊的数据处理需要时，这种通用化的集群也可以结合其他类型的并行计算设施一起工作，如基于众核的并行处理系统（如GPU 或者 Intel 新近推出的 MIC），形成一种混合式的大数据并行处理构架和硬件平台。此外，随着云计算技术的发展，也可以与云计算资源管理和平台结合，在云计算平台上部署大数据基础设施，运用云计算平台中的虚拟化和弹性资源调度技术，为大数据处理提供可伸缩的计算资源和基础设施。

2. 系统软件层

在系统软件层，需要考虑大数据的存储管理和并行化计算系统软件。

（1）分布式文件系统与数据查询管理系统

大数据处理首先面临的是如何解决大数据的存储管理问题。为了提供巨大的数据存储能力，人们的普遍共识是，利用分布式存储技术和系统提供可扩展的大数据存储能力。

首先需要有一个底层的分布式文件系统，以可扩展的方式支持对大规模数据文件的有效存储管理。但文件系统主要是以文件方式提供一个最基础性的大数据存储方式，其缺少结构化／半结构化数据的存储管理和访问能力，而且其编程接口对于很多应用来说还是太底层了。传统的数据库技术主要适用于规模相对较小的结构化数据的存储管理和查询，当数据规模增大或者要处理很多非结构化或半结构化数据时，传统数据库技术和系统将难以胜任。现实世界中的大数据不仅数据量大，而且具有多样化的形态特征。据统计，现实世界 80% 的数据都是非结构化或半结构化的。因此，系统软件层还需要研究解决大数据的存储管理和查询问题。由于 SQL 不太适用于非结构化／半结构化数据的管理查询，因此，人们提出了一种 NoSQL 的数据管理查询模式。但是，人们发现，最理想的还是能提供统一的数据管理查询方法，能对付各种不同类型的数据的查询管理。为此，人们进一步提出了 NewSQL 的概念和技术。

（2）大数据并行计算模式和系统

解决了大数据的存储问题后，进一步面临的问题是，如何能快速有效地完成大规模数据的计算。大数据的数据规模之大，使得现有的串行计算方法难以在可接受的时间里快速完成大数据的处理和计算。为了提高大数据处理的效率，需要使用大数据并行计算模型和框架来支撑大数据的计算处理。目前最主流的大数据并行计算和框架是 Hadoop MapReduce 技术。与此同时，近年来人们开始研究并提供不同的大数据计算模型和方法，包括高实时低延迟要求的流式计算，具有复杂数据关系的图计算，面向基本数据管理的查询分析类计算，以及面向复杂数据分析挖掘的迭代和交互计算等。在大多数场景下，由于数据量巨大，大数据处理通常很难达到实时或低延迟响应。为了解决这个问题，近年来，人们提出了内存计算的概念和方法，尽可能利用大内存完成大数据的计算处理，以实现尽可能高的实时或低延迟响应。目前 Spark 已成为一个具有很大发展前景的新的大数据计算系统和平台，正受到工业界和学术界的广泛关注，有望成为与 Hadoop 并存的一种新的计算系统和平台。

3. 并行化算法层

基于以上的基础设施层和系统软件层，为了完成大数据的并行化处理，进一步需要考虑的问题是，如何能对各种大数据处理所需要的分析挖掘算法进行并行化设计。

大数据分析挖掘算法大多最终会归结到基础性的机器学习和数据挖掘算法上来。然而，面向大数据处理时，绝大多数现有的串行化机器学习和数据挖掘算法都难以在可接受的时间内有效完成大数据处理，因此，这些已有的机器学习和数据挖掘算法都需要进行并行化的设计和改造。

除此以外，还需要考虑很多更贴近上层具体应用和领域问题的应用层算法，例如，社会网络分析、分析推荐、商业智能分析、Web 搜索与挖掘、媒体分析检索、自然语言理解与分析、语义分析与检索、可视化分析等，虽然这些算法最终大都会归结到底层的机器学习和数据挖掘算法上，但它们本身会涉及到很多高层的特定算法问题，所有这些高层算法本身在面向大数据处理时也需要考虑如何进行并行化算法设计。

4. 应用层

基于上述三个层面，可以构建各种行业或领域的大数据应用系统。大数据应用系统首先需要提供和使用各种大数据应用开发运行环境与工具；进一步，大数据应用开发的一个特别问题是，需要有应用领域的专家归纳行业应用问题和需求、构建行业应用和业务模型，这些模型往往需要专门的领域知识，没有应用行业领域专家的配合，单纯的计算机专业专业技术人员往往会无能为力，难以下手。只有在领域专家清晰构建了应用问题和业务模型后，计算机专业人员才能顺利完成应用系统的设计与开发。行业大数据分析和价值发现会涉及到很多复杂的行业和领域专业知识，这一特征在今天的大数据时代比以往任何时候都更为突出，这就是为什么我们在大数据研究原则中明确提出，大数据的研究应用需要以应用需求为导向、领域交叉为桥梁，从实际行业应用问题和需求出发，由行业和领域专家与计算机技术人员相互配合和协同，以完成大数据行业应用的开发。

1.3　MapReduce 并行计算技术简介

1.3.1　MapReduce 的基本概念和由来

1. 什么是 MapReduce

MapReduce 是面向大数据并行处理的计算模型、框架和平台，它隐含了以下三层含义：

1）MapReduce 是一个基于集群的高性能并行计算平台（Cluster Infrastructure）。它允许用市场上普通的商用服务器构成一个包含数十、数百至数千个节点的分布和并行计算集群。

2）MapReduce 是一个并行计算与运行软件框架（Software Framework）。它提供了一个庞大但设计精良的并行计算软件框架，能自动完成计算任务的并行化处理，自动划分计算数据和计算任务，在集群节点上自动分配和执行任务以及收集计算结果，将数据分布存储、数据通信、容错处理等并行计算涉及到的很多系统底层的复杂细节交由系统负责处理，大大减少了软件开发人员的负担。

3）MapReduce 是一个并行程序设计模型与方法（Programming Model & Methodology）。它借助于函数式程序设计语言 Lisp 的设计思想，提供了一种简便的并行程序设计方法，用 Map 和 Reduce 两个函数编程实现基本的并行计算任务，提供了抽象的操作和并行编程接口，以简单方便地完成大规模数据的编程和计算处理。

2. MapReduce 的由来

MapReduce 最早是由 Google 公司研究提出的一种面向大规模数据处理的并行计算模型和方法。Google 公司设计 MapReduce 的初衷主要是为了解决其搜索引擎中大规模网页数据的并行化处理。Google 公司发明了 MapReduce 之后首先用其重新改写了其搜索引擎中的 Web 文档索引处理系统。但由于 MapReduce 可以普遍应用于很多大规模数据的计算问题，因此自发明 MapReduce 以后，Google 公司内部进一步将其广泛应用于很多大规模数据处理问题。到目前为止，Google 公司内有上万个各种不同的算法问题和程序都使用 MapReduce 进行处理。

2003 年和 2004 年，Google 公司在国际会议上分别发表了两篇关于 Google 分布式文件系统和 MapReduce 的论文，公布了 Google 的 GFS 和 MapReduce 的基本原理和主要设计思想。2004 年，开源项目 Lucene（搜索索引程序库）和 Nutch（搜索引擎）的创始人 Doug Cutting 发现 MapReduce 正是其所需要的解决大规模 Web 数据处理的重要技术，因而模仿 Google MapReduce，基于 Java 设计开发了一个称为 Hadoop 的开源 MapReduce 并行计算框架和系统。自此，Hadoop 成为 Apache 开源组织下最重要的项目，自其推出后很快得到了全球学术界和工业界的普遍关注，并得到推广和普及应用。

MapReduce 的推出给大数据并行处理带来了巨大的革命性影响，使其已经成为事实上的大数据处理的工业标准。尽管 MapReduce 还有很多局限性，但人们普遍公认，MapReduce 是到目前为止最为成功、最广为接受和最易于使用的大数据并行处理技术。MapReduce 的发展普及和带来的巨大影响远远超出了发明者和开源社区当初的意料，以至于马里兰大学教授、2010 年出版的《Data-Intensive Text Processing with MapReduce》一书的作者 Jimmy Lin 在书中提出：MapReduce 改变了我们组织大规模计算的方式，它代表了第一个有别于冯·诺依曼结构的计算模型，是在集群规模而非单个机器上组织大规模计算的新的抽象模型上的第一个重大突破，是到目前为止所见到的最为成功的基于大规模计算资源的计算模型。

1.3.2 MapReduce 的基本设计思想

面向大规模数据处理，MapReduce 有以下三个层面上的基本设计思想。

1. 对付大数据并行处理：分而治之

一个大数据若可以分为具有同样计算过程的数据块，并且这些数据块之间不存在数据依赖关系，则提高处理速度的最好办法就是采用"分而治之"的策略进行并行化计算。MapReduce 采用了这种"分而治之"的设计思想，对相互间不具有或者有较少数据依赖关系的大数据，用一定的数据划分方法对数据分片，然后将每个数据分片交由一个节点去处理，最后汇总处理结果。

2. 上升到抽象模型：Map 与 Reduce

（1）Lisp 语言中的 Map 和 Reduce

MapReduce 借鉴了函数式程序设计语言 Lisp 的设计思想。Lisp 是一种列表处理语言。它是一种应用于人工智能处理的符号式语言，由 MIT 的人工智能专家、图灵奖获得者 John McCarthy 于 1958 年设计发明。

Lisp 定义了可对列表元素进行整体处理的各种操作，如：

（add#（1 2 3 4）#（4 3 2 1））将产生结果：#（5 5 5 5）

Lisp 中也提供了类似于 Map 和 Reduce 的操作，如：

（map'vector#+#（1 2 3 4）#（4 3 2 1））

通过定义加法 map 运算将两个向量相加产生与前述 add 运算同样的结果 #（5 5 5 5）。

进一步，Lisp 也可以定义 reduce 操作进行某种归并运算，如：

（reduce#'+#（1 2 3 4））通过加法归并产生累加结果 10。

（2）MapReduce 中的 Map 和 Reduce

MPI 等并行计算方法缺少高层并行编程模型，为了克服这一缺陷，MapReduce 借鉴了 Lisp 函数式语言中的思想，用 Map 和 Reduce 两个函数提供了高层的并行编程抽象模型和接口，程序员只要实现这两个基本接口即可快速完成并行化程序的设计。

与 Lisp 语言可以用来处理列表数据一样，MapReduce 的设计目标是可以对一组顺序组织的数据元素 / 记录进行处理。现实生活中，大数据往往是由一组重复的数据元素 / 记录组成，例如，一个 Web 访问日志文件数据会由大量的重复性的访问日志构成，对这种顺序式数据元素 / 记录的处理通常也是顺序式扫描处理。图 1-13 描述了典型的顺序式大数据处理的过程和特征：

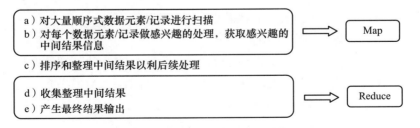

图 1-13　典型的顺序式大数据处理过程和特征

MapReduce 将以上的处理过程抽象为两个基本操作，把上述处理过程中的前两步抽象为 Map 操作，把后两步抽象为 Reduce 操作。于是 Map 操作主要负责对一组数据记录进行某种重复处理，而 Reduce 操作主要负责对 Map 的中间结果进行某种进一步的结果整理和输出。以这种方式，MapReduce 为大数据处理过程中的主要处理操作提供了一种抽象机制。

3. 上升到构架：以统一构架为程序员隐藏系统层细节

MPI 等并行计算方法缺少统一的计算框架支持，程序员需要考虑数据存储、划分、分发、结果收集、错误恢复等诸多细节；为此，MapReduce 设计并提供了统一的计算框架，为程序员隐藏了绝大多数系统层面的处理细节，程序员只需要集中于应用问题和算法本身，而不需要关注其他系统层的处理细节，大大减轻了程序员开发程序的负担。

MapReduce 所提供的统一计算框架的主要目标是，实现自动并行化计算，为程序员隐藏系统层细节。该统一框架可负责自动完成以下系统底层相关的处理：

1）计算任务的自动划分和调度。

2）数据的自动化分布存储和划分。

3）处理数据与计算任务的同步。

4）结果数据的收集整理（sorting，combining，partitioning，等）。

5）系统通信、负载平衡、计算性能优化处理。

6）处理系统节点出错检测和失效恢复。

1.3.3　MapReduce 的主要功能和技术特征

1. MapReduce 的主要功能

MapReduce 通过抽象模型和计算框架把需要做什么（What need to do）与具体怎么做（How to do）分开了，为程序员提供了一个抽象和高层的编程接口和框架，程序员仅需要关心其应用层的具体计算问题，仅需编写少量的处理应用本身计算问题的程序代码；如何具体完成这个并行计算任务所相关的诸多系统层细节被隐藏起来，交给计算框架去处理：从分布代码的执行，到大到数千、小到数个节点集群的自动调度使用。

MapReduce 提供了以下的主要功能：

1）数据划分和计算任务调度：系统自动将一个作业（Job）待处理的大数据划分为很多个数据块，每个数据块对应于一个计算任务（Task），并自动调度计算节点来处理相应的数据块。作业和任务调度功能主要负责分配和调度计算节点（Map 节点或 Reduce 节点），同时负责监控这些节点的执行状态，并负责 Map 节点执行的同步控制。

2）数据 / 代码互定位：为了减少数据通信，一个基本原则是本地化数据处理，即一个计算节点尽可能处理其本地磁盘上所分布存储的数据，这实现了代码向数据的迁移；当无法进行这种本地化数据处理时，再寻找其他可用节点并将数据从网络上传送给该节点（数据向代码迁移），但将尽可能从数据所在的本地机架上寻找可用节点以减少通信延迟。

3）系统优化：为了减少数据通信开销，中间结果数据进入 Reduce 节点前会进行一定的合并处理；一个 Reduce 节点所处理的数据可能会来自多个 Map 节点，为了避免 Reduce 计算阶段发生数据相关性，Map 节点输出的中间结果需使用一定的策略进行适当的划分处理，保证相关性数据发送到同一个 Reduce 节点；此外，系统还进行一些计算性能优化处理，如对最慢的计算任务采用多备份执行、选最快完成者作为结果。

4）出错检测和恢复：以低端商用服务器构成的大规模 MapReduce 计算集群中，节点硬件（主机、磁盘、内存等）出错和软件出错是常态，因此 MapReduce 需要能检测并隔离出错节点，并调度分配新的节点接管出错节点的计算任务。同时，系统还将维护数据存储的可靠性，用多备份冗余存储机制提高数据存储的可靠性，并能及时检测和恢复出错的数据。

2. MapReduce 的主要技术特征

MapReduce 设计上具有以下主要的技术特征 [⊖]：

1）向"外"横向扩展，而非向"上"纵向扩展

即 MapReduce 集群的构建完全选用价格便宜、易于扩展的低端商用服务器，而非价格昂贵、不易扩展的高端服务器。对于大规模数据处理，由于有大量数据存储需要，显而易见，基于低端服务器的集群远比基于高端服务器的集群优越，这就是为什么 MapReduce 并行计算集群会基于低端服务器实现的原因。

2）失效被认为是常态

MapReduce 集群中使用大量的低端服务器，因此，节点硬件失效和软件出错是常态，因而一个良好设计、具有高容错性的并行计算系统不能因为节点失效而影响计算服务的质量，任何节点失效都不应当导致结果的不一致或不确定性；任何一个节点失效时，其他节点要能够无缝接管失效节点的计算任务；当失效节点恢复后应能自动无缝加入集群，而不需要管理员人工进行系统配置。MapReduce 并行计算软件框架使用了多种有效的错误检测和恢复机制，如节点自动重启技术，使集群和计算框架具有对付节点失效的健壮性，能有效处理失效节点的检测和恢复。

3）把处理向数据迁移

传统高性能计算系统通常有很多处理器节点与一些外存储器节点相连，如用存储区域网络（Storage Area，SAN Network）连接的磁盘阵列，因此，大规模数据处理时外存文件数据 I/O 访问会成为一个制约系统性能的瓶颈。为了减少大规模数据并行计算系统中的数据通信开销，代之以把数据传送到处理节点（数据向处理器或代码迁移），应当考虑将处理向数据靠

⊖ 引自马里兰大学 Jimmy Lin 教授所著图书《Data-Intensive Text processing with MapReduce》。

拢和迁移。MapReduce 采用了数据 / 代码互定位的技术方法，计算节点将首先尽量负责计算其本地存储的数据，以发挥数据本地化特点，仅当节点无法处理本地数据时，再采用就近原则寻找其他可用计算节点，并把数据传送到该可用计算节点。

4）顺序处理数据、避免随机访问数据

大规模数据处理的特点决定了大量的数据记录难以全部存放在内存，而通常只能放在外存中进行处理。由于磁盘的顺序访问要远比随机访问快得多，因此 MapReduce 主要设计为面向顺序式大规模数据的磁盘访问处理。为了实现面向大数据集批处理的高吞吐量的并行处理，MapReduce 可以利用集群中的大量数据存储节点同时访问数据，以此利用分布集群中大量节点上的磁盘集合提供高带宽的数据访问和传输。

5）为应用开发者隐藏系统层细节

软件工程实践指南中，专业程序员认为之所以写程序困难，是因为程序员需要记住太多的编程细节（从变量名到复杂算法的边界情况处理），这对大脑记忆是一个巨大的认知负担，需要高度集中注意力；而并行程序编写有更多困难，如需要考虑多线程中诸如同步等复杂繁琐的细节。由于并发执行中的不可预测性，程序的调试查错也十分困难；而且，大规模数据处理时程序员需要考虑诸如数据分布存储管理、数据分发、数据通信和同步、计算结果收集等诸多细节问题。MapReduce 提供了一种抽象机制将程序员与系统层细节隔离开来，程序员仅需描述需要计算什么（What to compute），而具体怎么去计算（How to compute）就交由系统的执行框架处理，这样程序员可从系统层细节中解放出来，而致力于其应用本身计算问题的算法设计。

6）平滑无缝的可扩展性

这里指出的可扩展性主要包括两层意义上的扩展性：数据扩展和系统规模扩展性。理想的软件算法应当能随着数据规模的扩大而表现出持续的有效性，性能上的下降程度应与数据规模扩大的倍数相当；在集群规模上，要求算法的计算性能应能随着节点数的增加保持接近线性程度的增长。绝大多数现有的单机算法都达不到以上理想的要求；把中间结果数据维护在内存中的单机算法在大规模数据处理时很快失效；从单机到基于大规模集群的并行计算从根本上需要完全不同的算法设计。奇妙的是，MapReduce 在很多情形下能实现以上理想的扩展性特征。多项研究发现，对于很多计算问题，基于 MapReduce 的计算性能可随节点数目增长保持近似于线性的增长。

1.4 Hadoop 系统简介

1.4.1 Hadoop 的概述与发展历史

Hadoop 系统最初的源头来自于 Apache Lucene 项目下的搜索引擎子项目 Nutch，该项目的负责人是 Doug Cutting。2003 年，Google 公司为了解决其搜索引擎中大规模 Web 网页数据的处理，研究发明了一套称为 MapReduce 的大规模数据并行处理技术，并于 2004 年在著名的 OSDI 国际会议上发表了一篇题为"MapReduce:Simplified Data Processing on Large Clusters"的论文，简要介绍 MapReduce 的基本设计思想。论文发表后，Doug Cutting 受到了很大启发，他发现 Google MapReduce 所解决的大规模搜索引擎数据处理问题，正是他同样面临并急需解决的问题。因而，他尝试依据 Google MapReduce 的设计思想，模仿 Google MapReduce 框架的设计思路，用 Java 设计实现出了一套新的 MapReduce 并行处理软件系统，并将其与 Nutch 分布式文件系统 NDFS 结合，用以支持 Nutch 搜索引擎的数据处理。2006 年，他们把 NDFS 和 MapReduce 从 Nutch 项目中分离出来，成为一套独立的大规模数据处理软件系统，并使用 Doug Cutting 小儿子当时呀呀学语称呼自己的玩具小象的名字"Hadoop"命名了这个系统。2008 年他们把 Hadoop 贡献出来，成为 Apache 最大的一个开源项目，并逐步发展成熟，成为一个包含了 HDFS、MapReduce、HBase、Hive、Zookeeper 等一系列相关子项目的大数据处理平台和生态系统。

Hadoop 开源项目自最初推出后，经历了数十个版本的演进。它从最初于 2007 年推出的 Hadoop-0.14.X 测试版，一直发展到 2011 年 5 月推出了经过 4500 台服务器产品级测试的最早的稳定版 0.20.203.X。到 2011 年 12 月，Hadoop 又在 0.20.205 版基础上发布了 Hadoop1.0.0，该版本到 2012 年 3 月发展为 Hadoop1.0.1 稳定版。1.0 版继续发展，到 2013 年 8 月发展为 Hadoop1.2.1 稳定版。

与此同时，由于 Hadoop1.X 以前版本在 MapReduce 基本构架的设计上存在作业主控节点（JobTracker）单点瓶颈、作业执行延迟过长、编程框架不灵活等较多的缺陷和不足，2011 年 10 月，Hadoop 推出了基于新一代构架的 Hadoop0.23.0 测试版，该版本系列最终演化为 Hadoop2.0 版本，即新一代的 Hadoop 系统 YARN。2013 年 10 月 YARN 已经发展出 Hadoop2.2.0 稳定版。

1.4.2　Hadoop 系统分布式存储与并行计算构架

图 1-14 展示了 Hadoop 系统的分布式存储和并行计算构架。从硬件体系结构上看，Hadoop 系统是一个运行于普通的商用服务器集群的分布式存储和并行计算系统。集群中将有一个主控节点用来控制和管理整个集群的正常运行，并协调管理集群中各个从节点完成数据存储和计算任务。每个从节点将同时担任数据存储节点和数据计算节点两种角色，这样设计的目的主要是在大数据环境下实现尽可能的本地化计算，以此提高系统的处理性能。为了能及时检测和发现集群中某个从节点发生故障失效，主控节点采用心跳机制（Heartbeat）定期检测从节点，如果从节点不能有效回应心跳信息，则系统认为这个从节点失效。

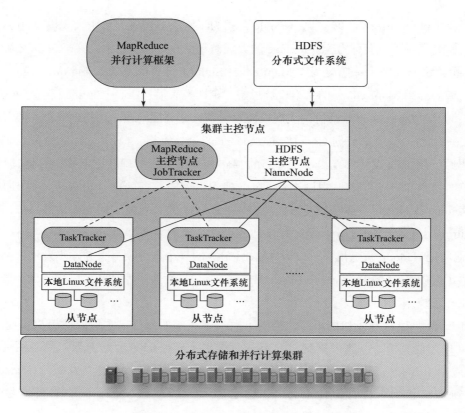

图 1-14 Hadoop 系统分布式存储与并行计算构架

从软件系统角度看，Hadoop 系统包括分布式存储和并行计算两个部分。分布式存储构架上，Hadoop 基于每个从节点上的本地文件系统，构建一个逻辑上整体化的分布式文件系统，以此提供大规模可扩展的分布式数据存储功能，这个分布式文件系统称为 HDFS（Hadoop Distributed File System），其中，负责控制和管理整个分布式文件系统的主控节点称为 NameNode，而每个具体负责数据存储的从节点称为 DataNode。

进一步，为了能对存储在 HDFS 中的大规模数据进行并行化的计算处理，Hadoop 又提供了一个称为 MapReduce 的并行化计算框架。该框架能有效管理和调度整个集群中的节点来完成并行化程序的执行和数据处理，并能让每个从节点尽可能对本地节点上的数据进行本地化计算，其中，负责管理和调度整个集群进行计算的主控节点称为 JobTracker，而每个负责具体的数据计算的从节点称为 TaskTracker。JobTracker 可以与负责管理数据存储的主控节点 NameNode 设置在同一个物理的主控服务器上，在系统规模较大、各自负载较重时两者也可以分开设置。但数据存储节点 DataNode 与计算节点 TaskTracker 会配对地设置在同一个物理的从节点服务器上。

Hadoop 系统中的其他子系统，例如 HBase、Hive 等，将建立在上述 HDFS 分布式文件系统和 MapReduce 并行化计算框架之上。

1.4.3　Hadoop 平台的基本组成与生态系统

Hadoop 系统运行于一个由普通商用服务器组成的计算集群上，该服务器集群在提供大规模分布式数据存储资源的同时，也提供大规模的并行化计算资源。

在大数据处理软件系统上，随着 Apache Hadoop 系统开源化的发展，在最初包含 HDFS、MapReduce、HBase 等基本子系统的基础上，至今 Hadoop 平台已经演进为一个包含很多相关子系统的完整的大数据处理生态系统。图 1-15 展示了 Hadoop 平台的基本组成与生态系统。

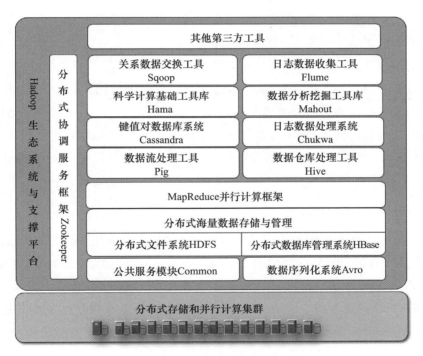

图 1-15　Hadoop 平台的基本组成与生态系统

1. MapReduce 并行计算框架

MapReduce 并行计算框架是一个并行化程序执行系统。它提供了一个包含 Map 和 Reduce 两阶段的并行处理模型和过程，提供一个并行化编程模型和接口，让程序员可以方便快速地编写出大数据并行处理程序。MapReduce 以键值对数据输入方式来处理数据，并能自动完成数据的划分和调度管理。在程序执行时，MapReduce 并行计算框架将负责调度和分配计算资源，划分和输入输出数据，调度程序的执行，监控程序的执行状态，并负责程序执行时各计算节点的同步以及中间结果的收集整理。MapReduce 框架提供了一组完整的供程序员开发 MapReduce 应用程序的编程接口。

2. 分布式文件系统 HDFS

HDFS（Hadoop Distributed File System）是一个类似于 Google GFS 的开源的分布式文件系统。它提供了一个可扩展、高可靠、高可用的大规模数据分布式存储管理系统，基于物理上分布在各个数据存储节点的本地 Linux 系统的文件系统，为上层应用程序提供了一个逻辑上成为整体的大规模数据存储文件系统。与 GFS 类似，HDFS 采用多副本（默认为 3 个副本）数据冗余存储机制，并提供了有效的数据出错检测和数据恢复机制，大大提高了数据存储的可靠性。

3. 分布式数据库管理系统 HBase

为了克服 HDFS 难以管理结构化 / 半结构化海量数据的缺点，Hadoop 提供了一个大规模分布式数据库管理和查询系统 HBase。HBase 是一个建立在 HDFS 之上的分布式数据库，它是一个分布式可扩展的 NoSQL 数据库，提供了对结构化、半结构化甚至非结构化大数据的实时读写和随机访问能力。HBase 提供了一个基于行、列和时间戳的三维数据管理模型，HBase 中每张表的记录数（行数）可以多达几十亿条甚至更多，每条记录可以拥有多达上百万的字段。

4. 公共服务模块 Common

Common 是一套为整个 Hadoop 系统提供底层支撑服务和常用工具的类库和 API 编程接口，这些底层服务包括 Hadoop 抽象文件系统 FileSystem、远程过程调用 RPC、系统配置工具 Configuration 以及序列化机制。在 0.20 及以前的版本中，Common 包含 HDFS、MapReduce 和其他公共的项目内容；从 0.21 版本开始，HDFS 和 MapReduce 被分离为独立的子项目，其余部分内容构成 Hadoop Common。

5. 数据序列化系统 Avro

Avro 是一个数据序列化系统，用于将数据结构或数据对象转换成便于数据存储和网络传输的格式。Avro 提供了丰富的数据结构类型，快速可压缩的二进制数据格式，存储持久性数据的文件集，远程调用 RPC 和简单动态语言集成等功能。

6. 分布式协调服务框架 Zookeeper

Zookeeper 是一个分布式协调服务框架，主要用于解决分布式环境中的一致性问题。

Zookeeper 主要用于提供分布式应用中经常需要的系统可靠性维护、数据状态同步、统一命名服务、分布式应用配置项管理等功能。Zookeeper 可用来在分布式环境下维护系统运行管理中的一些数据量不大的重要状态数据，并提供监测数据状态变化的机制，以此配合其他 Hadoop 子系统（如 HBase、Hama 等）或者用户开发的应用系统，解决分布式环境下系统可靠性管理和数据状态维护等问题。

7. 分布式数据仓库处理工具 Hive

Hive 是一个建立在 Hadoop 之上的数据仓库，用于管理存储于 HDFS 或 HBase 中的结构化 / 半结构化数据。它最早由 Facebook 开发并用于处理并分析大量的用户及日志数据，2008 年 Facebook 将其贡献给 Apache 成为 Hadoop 开源项目。为了便于熟悉 SQL 的传统数据库使用者使用 Hadoop 系统进行数据查询分析，Hive 允许直接用类似 SQL 的 HiveQL 查询语言作为编程接口编写数据查询分析程序，并提供数据仓库所需的数据抽取转换、存储管理和查询分析功能，而 HiveQL 语句在底层实现时被转换为相应的 MapReduce 程序加以执行。

8. 数据流处理工具 Pig

Pig 是一个用来处理大规模数据集的平台，由 Yahoo! 贡献给 Apache 成为开源项目。它简化了使用 Hadoop 进行数据分析处理的难度，提供一个面向领域的高层抽象语言 Pig Latin，通过该语言，程序员可以将复杂的数据分析任务实现为 Pig 操作上的数据流脚本，这些脚本最终执行时将被系统自动转换为 MapReduce 任务链，在 Hadoop 上加以执行。Yahoo! 有大量的 MapReduce 作业是通过 Pig 实现的。

9. 键值对数据库系统 Cassandra

Cassandra 是一套分布式的 K-V 型的数据库系统，最初由 Facebook 开发，用于存储邮箱等比较简单的格式化数据，后 Facebook 将 Cassandra 贡献出来成为 Hadoop 开源项目。Cassandra 以 Amazon 专有的完全分布式 Dynamo 为基础，结合了 Google BigTable 基于列族（Column Family）的数据模型，提供了一套高度可扩展、最终一致、分布式的结构化键值存储系统。它结合了 Dynamo 的分布技术和 Google 的 Bigtable 数据模型，更好地满足了海量数据存储的需求。同时，Cassandra 变更垂直扩展为水平扩展，相比其他典型的键值数据存储模型，Cassandra 提供了更为丰富的功能。

10. 日志数据处理系统 Chukwa

Chukwa 是一个由 Yahoo！贡献的开源的数据收集系统，主要用于日志的收集和数据的监控，并与 MapReduce 协同处理数据。Chukwa 是一个基于 Hadoop 的大规模集群监控系统，继承了 Hadoop 系统的可靠性，具有良好的适应性和扩展性。它使用 HDFS 来存储数据，使用 MapReduce 来处理数据，同时还提供灵活强大的辅助工具用以分析、显示、监视数据结果。

11. 科学计算基础工具库 Hama

Hama 是一个基于 BSP 并行计算模型（Bulk Synchronous Parallel，大同步并行模型）的计算框架，主要提供一套支撑框架和工具，支持大规模科学计算或者具有复杂数据关联性的图计算。Hama 类似 Google 公司开发的 Pregel，Google 利用 Pregel 来实现图遍历（BFS）、最短路径（SSSP）、PageRank 等计算。Hama 可以与 Hadoop 的 HDSF 进行完美的整合，利用 HDFS 对需要运行的任务和数据进行持久化存储。由于 BSP 在并行化计算模型上的灵活性，Hama 框架可在大规模科学计算和图计算方面得到较多应用，完成矩阵计算、排序计算、PageRank、BFS 等不同的大数据计算和处理任务。

12. 数据分析挖掘工具库 Mahout

Mahout 来源于 Apache Lucene 子项目，其主要目标是创建并提供经典的机器学习和数据挖掘并行化算法类库，以便减轻需要使用这些算法进行数据分析挖掘的程序员的编程负担，不需要自己再去实现这些算法。Mahout 现在已经包含了聚类、分类、推荐引擎、频繁项集挖掘等广泛使用的机器学习和数据挖掘算法。此外，它还提供了包含数据输入输出工具，以及与其他数据存储管理系统进行数据集成的工具和构架。

13. 关系数据交换工具 Sqoop

Sqoop 是 SQL-to-Hadoop 的缩写，是一个在关系数据库与 Hadoop 平台间进行快速批量数据交换的工具。它可以将一个关系数据库中的数据批量导入 Hadoop 的 HDFS、HBase、Hive 中，也可以反过来将 Hadoop 平台中的数据导入关系数据库中。Sqoop 充分利用了 Hadoop MapReduce 的并行化优点，整个数据交换过程基于 MapReduce 实现并行化的快速处理。

14. 日志数据收集工具 Flume

Flume 是由 Cloudera 开发维护的一个分布式、高可靠、高可用、适合复杂环境下大规模日志数据采集的系统。它将数据从产生、传输、处理、输出的过程抽象为数据流，并允许在数据源中定义数据发送方，从而支持收集基于各种不同传输协议的数据，并提供对日志数据进行简单的数据过滤、格式转换等处理能力。输出时，Flume 可支持将日志数据写往用户定制的输出目标。

1.4.4　Hadoop 的应用现状和发展趋势

Hadoop 因其在大数据处理领域具有广泛的实用性以及良好的易用性，自 2007 年推出后，很快在工业界得到普及应用，同时得到了学术界的广泛关注和研究。在短短的几年中，Hadoop 很快成为到目前为止最为成功、最广泛接受使用的大数据处理主流技术和系统平台，并且成为一种大数据处理事实上的工业标准，得到了工业界大量的进一步开发和改进，并在业界和应用行业尤其是互联网行业得到了广泛的应用。由于在系统性能和功能方面存在不足，Hadoop 在发展过程中进行了不断的改进，自 2007 年推出首个版本以来，目前已经先后推出数十个版本。

但是，由于其最初面向高吞吐率线下批处理的设计目标，以及起初系统构架设计上的诸多先天性的不足，尽管 Hadoop 开源社区一直致力于不断改进和完善系统，但是 Hadoop1.X 以前版本一直存在不少广为诟病的缺陷，包括主控节点单点瓶颈易造成系统拥堵和失效，作业执行响应性能较低难以满足高实时低延迟数据查询分析处理需求，固定的 Map 和 Reduce 两阶段模型框架难以提供灵活的编程能力、难以支持高效的迭代计算、流式计算、图数据计算等不同的计算和编程模式。

为此，在 Hadoop0.20 版本推出之后，Hadoop 开源社区开始设计全新构架的新一代 Hadoop 系统，并于 2011 年 10 月推出了基于新一代构架的 Hadoop0.23.0 测试版，该版本后演化为 Hadoop2.0 版本，即新一代的 Hadoop 系统 YARN。YARN 构架将主控节点的资源管理和作业管理功能分离设置，引入了全局资源管理器（Resource Manager）和针对每个作业的应用主控管理器（Application Master），以此减轻原主控节点的负担，并可基于 Zookeeper 实现资源管理器的失效恢复，以此提高了 Hadoop 系统的高可用性（High Availability，HA）。YARN 还引入了资源容器（Resource Container）的概念，将系统计算资源统一划分和封装为很多资源单元，不再像此前版本那样区分 Map 和 Reduce 计算资源，以此提高计算资源的利用率。此外，YARN 还能容纳 MapReduce 以外的其他多种并行计算模型和框架，提高了 Hadoop 框架并行化编程的灵活性。

与此同时，由于 Hadoop 系统和框架对于不同大数据计算模式支持能力上的不足，在 Hadoop 开源社区之外，人们在不断研究推出可支持不同的大数据计算模式的系统。其中，目前最广为关注的当数加州大学伯克利分校 AMP 实验室（Algorithms，Machines，and People Lab）研究开发的 Spark 系统，该系统可广泛支持批处理、内存计算、流式计算、迭代计算、图数据计算等众多计算模式。然而，由于 Hadoop 系统在大规模数据分布存储和批处理能力，以及在系统的可扩展性和易用性上仍然具有不少其他系统所难以具备的优点，并且由于近几年来业界和应用行业在 Hadoop 开发和应用上已有大量的前期投入和上线应用系统，以及

Hadoop 所形成的包含各种丰富的工具软件的完整生态环境，同时也随着 Hadoop 自身向新一代系统的演进和不断改进，在今后相当长一段时间内，Hadoop 系统将继续保持其在大数据处理领域的主流技术和平台的地位，同时其他各种新的系统也将逐步与 Hadoop 系统相互融合和共存。

在开源 Hadoop 系统发展的同时，工业界也有不少公司基于开源的 Hadoop 系统进行一系列的商业化版本开发，他们针对开源系统在系统性能优化、系统可用性和可靠性以及系统功能增强方面进行大量的研究和产品开发工作，形成商业化的发行版。最广为大家熟知的是 Hadoop 系统的创始者组织成立的 Cloudera 公司，研究开发了 Hadoop 商业发行版 CDH，并在美国诸多的行业得到很好的推广应用。Intel 公司自 2009 年以来也研究开发了 Intel 发行版 Hadoop 系统 IDH，在中国诸多大型应用行业得到了良好的推广应用，本书第 7 章将详细介绍 Intel Hadoop 系统在性能优化和功能增强方面的主要技术内容和使用方法。

Hadoop 系统的安装与操作管理

可以用三种不同的方式安装 Hadoop。本章将分别介绍这几种方法在 Linux 环境下的安装和运行，并介绍基本的 MapReduce 程序开发过程、远程作业提交与执行方法以及如何查看作业执行结果。

2.1 Hadoop 系统安装方法简介

Hadoop 可以用三种不同的方式进行安装。第一种方式是单机方式，它允许在一台运行 Linux 或 Windows 下虚拟 Linux 的单机上安装运行 Hadoop 系统。该方式通常适用于程序员先在本地编写和调试程序。第二种方式是单机伪分布方式，它允许在一台运行 Linux 或 Windows 下虚拟 Linux 的单机上，用伪分布方式，以不同的 Java 进程模拟分布运行环境中的 NameNode、DataNode、JobTracker、TaskTracker 等各类节点。第三种方式是集群分布模式，它是在一个真实的集群环境下安装运行 Hadoop 系统，集群的每个节点可以运行 Linux 或 Windows 下的虚拟 Linux。单机和单机伪分布模式下编写调试完成的程序通常不需修改即可在真实的分布式 Hadoop 集群下运行，但通常需要修改配置。

在 Windows 下安装运行 Hadoop，首先需要安装 Cygwin 来模拟 Linux 环境。通常，如果用户需要在自己的 Windows 环境单机上安装运行 Hadoop 时可以这样做；但如果是真实的集群环境建议不要用这种方式，因为 Windows 环境下模拟虚拟 Linux 环境运行 Hadoop 会比较复杂，而且运行效率将大为下降。

2.2 单机和单机伪分布式 Hadoop 系统安装基本步骤

默认情况下，Hadoop 被配置成一个以非分布式模式运行的独立 Java 进程，适合程序员在本地做编程和调试工作。Hadoop 也可以在单节点上以伪分布式模式运行，用不同的 Java 进程模拟分布式运行中的各类节点（NameNode、DataNode、JobTracker、TaskTracker 和 Secondary NameNode）。

2.2.1　安装和配置 JDK

Hadoop 是以 Java 语言写成，因而需要在本地计算机上预先安装 Java 6 或者更新版本。尽管其他 Java 安装包也声称支持 Hadoop，但使用最广的仍然要数 Sun 的 JDK。

在这里，我们采用的版本为 jdk-6u23-linux-x64。安装步骤如下：

1）将 jdk-6u23-linux-x64-rpm.bin 拷贝到所需要的安装目录下，如 /usr/jdk。

2）执行 ./jdk-6u23-linux-x64-rpm.bin 安装文件。

3）配置 JAVA_HOME 以及 CLASS_PATH，vi 进入 /etc/profile，在文件最后加上如下语句：

```
JAVA_HOME=/usr/java/jdk1.6.0
PATH=$JAVA_HOME/bin:$PATH
CLASSPATH=.:$JAVA_HOME/lib/dt.jar:$JAVA_HOME/lib/tools.jar
export JAVA_HOME PATH CLASSPATH
```

保存退出，执行以下命令使得配置文件生效。

```
$source /etc/profile
```

4）执行以下命令查看当前版本配置是否生效。

```
$java -version
```

5）查看 CLASSPATH 有无生效，可编写 HelloWorld 类至当前目录，执行以下命令分别进行编译和执行，查看结果是否正确。

```
$javac HelloWorld.java
$java HelloWorld
```

2.2.2　创建 Hadoop 用户

为 Hadoop 创建一个专门的用户，例如 hadoop：hadoop-user（用户名：用户组）。可以在安装系统的时候就创建，也可以在安装好之后用如下命令创建：

```
#groupadd hadoop-user
#useradd -g hadoop-user hadoop
#passwd hadoop
```

2.2.3　下载安装 Hadoop

从 Apache Hadoop 发布页面（http://hadoop.apache.org/coases.html）下载一个稳定的发布包

（通常被打包成一个 gzipped tar 文件），再解压缩到本地文件系统中。在这里采用的 Hadoop
版本是 Hadoop-1.2.1。

```
$tar -xzvf hadoop-1.2.1.tar.gz
```

2.2.4　配置 SSH

为了保证在远程管理 Hadoop 节点以及 Hadoop 节点间用户共享访问时的安全性，Hadoop
系统需要配置和使用 SSH（安全外壳协议）。在单机模式下无需任何守护进程，因此不需要进
行 SSH 设置，但是在单机伪分布模式和集群分布模式下需要进行 SSH 设置。

Hadoop 需要通过 SSH 来启动 Slave 列表中各台主机的守护进程。但由于 SSH 需要用户
密码登录，因此为了在系统运行中完成节点的免密码登录和访问，需要将 SSH 配置成免密码
登录方式。

配置 SSH 的主要工作是创建一个认证文件，使得用户以 public key 方式登录，而不用手
工输入密码。配置基本配置步骤如下。

1）生成密钥对，执行如下命令：

```
$ssh-keygen -t rsa
```

2）然后一直按 <Enter> 键，就会按照默认的选项将生成的密钥对保存在 .ssh/id_rsa 文件
中，如图 2-1 所示。

```
Generating public/private rsa key pair.
Enter file in which to save the key (/root/.ssh/id_rsa):
Enter passphrase (empty for no passphrase):
Enter same passphrase again:
Your identification has been saved in /root/.ssh/id_rsa.
Your public key has been saved in /root/.ssh/id_rsa.pub.
The key fingerprint is:
7b:f7:71:14:6a:48:b5:18:a1:5b:09:66:c8:67:7f:69 root@TS-DEV
The key's randomart image is:
+--[ RSA 2048]----+
|     . .+ o..     |
|      oooo = .    |
|     o..= = ...   |
|      +..E. .     |
|     S.  oo  .    |
|      . . .  .    |
|       . . . o    |
|        . .       |
+-----------------+
```

图 2-1　将密钥对保存在 .ssh/id.rsa 文件中

3）进入 .ssh 目录，执行如下命令：

```
$cp id_rsa.pub authorized_keys
```

4）此后执行如下命令：

```
$ssh localhost
```

5）测试一下能否登录，是否可实现用 SSH 连接并且不需要输入密码。

2.2.5　配置 Hadoop 环境

切换到 Hadoop 的安装路径找到 hadoop-1.2.1 下的 conf/hadoop-env.sh 文件夹，使用 vi 或文本编辑器打开，添加如下语句：

```
$export JAVA_HOME=/usr/java/jdk1.6.0
```

Hadoop-1.2.1 的配置文件是 conf/core-site.xml、conf/hdfs-site.xml 和 conf/mapred-site.xml。其中 core-site.xml 是全局配置文件，hdfs-site.xml 是 HDFS 的配置文件，mapred-site.xml 是 MapReduce 的配置文件。以下列出几个示例配置文件。

core-site.xml 的文档内容如下所示：

```
<?xml version="1.0"?>
<?xml-stylesheet type="text/xsl" href="configuration.xsl"?>
<!-- Put site-specific property overrides in this file. -->
<configuration>
<property>
<name>hadoop.tmp.dir</name>
<value>/tmp/hadoop/hadoop-${user.name}</value>
</property>
<property>
<name>fs.default.name</name>
<value>hdfs:// localhost:9000</value>
<!—注意这里要填写自己的 IP-->
</property>
</configuration>
```

hdfs-site.xml 的文档内容如下所示：

```
<?xml version="1.0"?>
<?xml-stylesheet type="text/xsl" href="configuration.xsl"?>
<!-- Put site-specific property overrides in this file. -->
<configuration>
<property>
<name>dfs.namenode.name.dir</name>
<value>/home/hadoop/hadoop_dir/dfs/name</value>
</property>
<property>
<name>dfs.datanode.data.dir</name>
<value>file:// /home/hadoop/hadoop_dir/dfs/data</value>
</property>
<property>
<name>dfs.replication</name>
<value>1</value>
</property>
</configuration>
```

mapred-site.xml 的文档内容如下所示：

```
<?xml version="1.0"?>
<?xml-stylesheet type="text/xsl" href="configuration.xsl"?>
<!-- Put site-specific property overrides in this file. -->
<configuration>
<property>
<name>mapred.job.tracker</name>
<value>localhost:9001</value>
<!—注意这里要填写自己的 IP-->
</property>
<property>
<name>mapreduce.cluster.local.dir</name>
<value>/home/hadoop/hadoop_dir/mapred/local</value>
</property>
<property>
<name>mapreduce.jobtracker.system.dir</name>
<value>/home/hadoop/hadoop_dir/mapred/system</value>
</property>
</configuration>
```

2.2.6　Hadoop 的运行

1. 格式化 HDFS 文件系统

在初次安装和使用 Hadoop 之前，需要格式化分布式文件系统 HDFS。使用如下命令格式化分布式文件系统：

```
$bin/hadoop namenode -format
```

2. 启动 Hadoop 环境

启动 Hadoop 守护进程，命令如下：

```
$bin/start-all.sh
```

成功执行后将在本机上启动 NameNode、DataNode、JobTracker、TaskTracker 和 Secondary NameNode 五个新的 Java 进程。

3. 停止 Hadoop 守护进程

最后需要停止 Hadoop 守护进程，命令如下：

```
$bin/stop-all.sh
```

2.2.7　运行测试程序

下面用一个程序测试能否运行任务，示例程序是一个 Hadoop 自带的 PI 值的计算。第一个参数是指要运行的 map 的次数，第二个参数是指每个 map 任务取样的个数。

```
$hadoop jar $HADOOP_HOME/hadoop-examples-1.2.1.jar \
pi2 5
```

2.2.8　查看集群状态

当 Hadoop 启动之后，可以用 jps 命令查看一下它是不是正常启动。

```
$jps
4706 JobTracker
4582 SecondaryNameNode
4278 NameNode
4413 DataNode
4853 TaskTracker
4889 Jps
```

如果显示以上的信息，则表示 Hadoop 已正常启动。

2.3　集群分布式 Hadoop 系统安装基本步骤

　　Hadoop 安装时对 HDFS 和 MapReduce 的节点允许用不同的系统配置方式。在 HDFS 看来，节点分别为主控节点 NameNode 和数据存储节点 DataNode，其中 NameNode 只有一个，DataNode 可以有多个。在 MapReduce 看来，节点又可以分为作业主控节点 JobTracker 和任务执行节点 TaskTracker，其中 JobTracker 只有一个，TaskTracker 可以有多个。NameNode 和 JobTracker 可以部署在不同的机器上，也可以部署在同一台机器上，但一般中小规模的集群通常都把 NameNode 和 JobTracker 安装配置在同一个主控服务器节点上。部署 NameNode 和 JobTracker 的机器是 Master（主服务器），其余的机器都是 Slaves（从服务器）。详细的安装和配制过程如下。

2.3.1　安装和配置 JDK

　　集群分布式 Hadoop 系统的安装首先也需要在每台机器上安装 JDK。和单机伪分布式一样，我们采用的版本为 jdk-6u23-linux-x64。在集群中的每台机器上安装 JDK，步骤如下：

　　1）将 jdk-6u23-linux-x64-rpm.bin 拷贝到所需要的安装目录下，如 /usr/jdk。

　　2）执行 ./jdk-6u23-linux-x64-rpm.bin 安装文件。

　　3）配置 JAVA_HOME 以及 CLASS_PATH，vi 进入 /etc/profile，在文件最后加上如下语句：

```
JAVA_HOME=/usr/java/jdk1.6.0
PATH=$JAVA_HOME/bin:$PATH
CLASSPATH=.:$JAVA_HOME/lib/dt.jar:$JAVA_HOME/lib/tools.jar
export JAVA_HOME PATH CLASSPATH
```

保存退出，执行 source /etc/profile 使得配置文件生效。

4）执行 java-version 查看当前版本配置有没有生效。

5）执行以下命令分别进行编译和执行，查看结果是否正确。

```
$javac HelloWorld.java
$java HelloWorld
```

2.3.2　创建 Hadoop 用户

在所有机器上建立相同的用户名，例如名为"hadoop"的用户名。这一步使用如下命令实现：

```
#useradd -m hadoop
#passwd hadoop
```

成功建立 Hadoop 用户后，输入的密码就是该用户的密码。

2.3.3　下载安装 Hadoop

和单机伪分布式一样，从 Apache Hadoop 发布页面（http://hadoop.apache.org/coases.html）下载一个稳定的发布包，再解压缩到本地文件系统中。在这里采用的 Hadoop 版本是 Hadoop-1.2.1。

```
$tar -xzvf hadoop-1.2.1.tar.gz
```

2.3.4　配置 SSH

该配置主要是为了实现在机器之间访问时免密码登录。在所有机器上建立 .ssh 目录，执行如下命令：

```
$mkdir .ssh
```

在 NameNode 上生成密钥对，执行如下命令：

```
$ssh-keygen -t rsa
```

然后一直按 <Enter> 键，就会按照默认的选项将生成的密钥对保存在 .ssh/id_rsa 中。接着执行如下命令：

```
$cd ~/.ssh
$cp id_rsa.pub authorized_keys
$scp authorized_keys datanode1:/home/hadoop/.ssh
$scp authorized_keys datanode2:/home.hadoop/.ssh
```

最后进入所有机器的 .ssh 目录，改变 authorized_keys 文件的许可权限：

```
$chmod 644 authorized_keys
```

这时从 NameNode 向其他机器发起 SSH 连接，只要在第一次登录时需要输入密码，以后则不再需要输入密码。

2.3.5 配置 Hadoop 环境

要在所有机器上配置 Hadoop，首先在 NameNode 上进行配置，执行如下的解压缩命令：

```
$tar –xzvf /home/hadoop/hadoop-1.2.1.tar.gz
```

Hadoop 的配置文件主要存放在 hadoop 安装目录下的 conf 目录中，主要有以下几个配置文件要修改：

conf/hadoop-env.sh：Hadoop 环境变量设置。

conf/core-site.xml：主要完成 NameNode 的 IP 和端口设置。

conf/hdfs-site.xml：主要完成 HDFS 的数据块副本等参数设置。

conf/mapred-site.xml：主要完成 JobTracker IP 和端口设置。

conf/masters：完成 Master 节点 IP 设置。

conf/slaves：完成 Slaves 节点 IP 设置。

1. 编辑 core-site.xml、hdfs-site.xml 和 mapred-site.xml

core-site.xml 的文档内容如下所示：

```
<?xml version="1.0"?>
<?xml-stylesheet type="text/xsl" href="configuration.xsl"?>
<!-- Put site-specific property overrides in this file. -->
<configuration>
<property>
<name>hadoop.tmp.dir</name>
<value>/tmp/hadoop/hadoop-${user.name}</value>
</property>
<property>
<name>fs.default.name</name>
<value>hdfs://192.168.1.253:9000</value>
<!—注意这里要填写自己的 IP-->
</property>
</configuration>
```

hdfs-site.xml 的文档内容如下所示：

```
<?xml version="1.0"?>
<?xml-stylesheet type="text/xsl" href="configuration.xsl"?>
<!-- Put site-specific property overrides in this file. -->
<configuration>
<property>
<name>dfs.namenode.name.dir</name>

<value>/home/hadoop/hadoop_dir/dfs/name</value>
</property>
```

```
<property>
<name>dfs.datanode.data.dir</name>
<value>file:// /home/hadoop/hadoop_dir/dfs/data</value>
</property>
<property>
<name>dfs.replication</name>
<!- 副本数根据集群中 Slave 节点的数目而定，一般小于 Slave 节点数 -->
<value>1</value>
</property>
</configuration>
```

mapred-site.xml 的文档内容如下所示：

```
<?xml version="1.0"?>
<?xml-stylesheet type="text/xsl" href="configuration.xsl"?>
<!-- Put site-specific property overrides in this file. -->
<configuration>
<property>
<name>mapred.job.tracker</name>
<value>192.168.1.253:9001</value>
<!—注意这里要填写自己的 IP-->
</property>
<property>
<name>mapreduce.cluster.local.dir</name>
<value>/home/hadoop/hadoop_dir/mapred/local</value>
</property>
<property>
<name>mapreduce.jobtracker.system.dir</name>
<value>/home/hadoop/hadoop_dir/mapred/system</value>
</property>
</configuration>
```

2. 编辑 conf/masters

修改 conf/masters 文件为 Master 的主机名，每个主机名一行，此处即为 NameNode。

3. 编辑 conf/slaves

加入所有 Slaves 的主机名，即 datanode1 和 datanode2。

4. 把 Hadoop 安装文件复制到其他节点上

要把 Hadoop 安装文件复制到其他节点上，需要执行如下命令：

```
$scp -r hadoop-1.2.1 datanode1:/home/hadoop
$scp -r hadoop-1.2.1 datanode2:/home/hadoop
```

5. 编辑所有机器的 conf/hadoop-env.sh

将 JAVA_HOME 变量设置为各自的 Java 安装的根目录。

至此，Hadoop 已经在集群上部署完毕。如果要新加入或删除节点，仅需修改所有节点的 master 和 slaves 配置文件。

2.3.6　Hadoop 的运行

1. 格式化 HDFS 文件系统

在初次安装和使用 Hadoop 之前，需要格式化分布式文件系统 HDFS，操作命令如下：

```
$bin/hadoop namenode -format
```

2. 启动 Hadoop 环境

启动 Hadoop 守护进程。在 NameNode 上启动 NameNode、JobTracker 和 Secondary NameNode，在 datanode1 和 datanode2 上启动 DataNode 和 TaskTracker，并用如下 jps 命令检测启动情况：

```
$bin/start-all.sh
$jps
```

Namenode 节点上启动正常结果如下所示：

```
$jps
14730 SecondaryNameNode
15099 Jps
14375 NameNode
14825 JobTracker
```

用户也可以根据自己的需要来执行如下命令：

1）start-all.sh：启动所有的 Hadoop 守护进程，包括 NameNode、DataNode、JobTracker 和 TaskTracker。

2）stop-all.sh：停止所有的 Hadoop 守护进程。

3）start-mapred.sh：启动 Map/Reduce 守护进程，包括 JobTracker 和 TaskTracker。

4）stop-mapred.sh：停止 Map/Reduce 守护进程。

5）start-dfs.sh：启动 Hadoop DFS 守护进程，包括 NameNode 和 DataNode。

6）stop-dfs.sh：停止 Hadoop DFS 守护进程。

要停止 Hadoop 守护进程，可以使用下面的命令：

```
$bin/stop-all.sh
```

2.3.7　运行测试程序

下面用一个程序测试能否运行任务，示例程序是一个 Hadoop 自带的 PI 值的计算。第一个参数是指要运行的 map 的次数，第二个参数是指每个 map 任务取样的个数。

```
$hadoop jar $HADOOP_HOME/hadoop-examples-0.20.205.0.jar \pi2 5
```

2.3.8 查看集群状态

当 Hadoop 启动之后，可以用 jps 命令查看一下它是不是正常启动。在 NameNode 节点上输入 jps 命令：

```
$jps
4706 JobTracker
4582 SecondaryNameNode
4278 NameNode
4889 Jps
```

在 DataNode 节点上输入 jps 命令：

```
$jps
4413 DataNode
4853 TaskTracker
4889 Jps
```

如果显示以上的信息，则 Hadllop 已表示正常启动。

2.4 Hadoop MapReduce 程序开发过程

Hadoop MapReduce 程序的开发一般是在程序员本地的单机 Hadoop 系统上进行程序设计与调试，然后上载到 Hadoop 集群上运行。开发环境可以使用 Eclipse，也可以使用其他开发环境，如 IntelliJ[○]。本节仅仅介绍使用 Eclipse 开发 Hadoop 程序的过程。

Eclipse 是一个开源的软件集成开发环境（IDE），可以提供对 Java 应用的编程开发所需要的完整工具平台。Eclipse 官方网站：http://www.eclipse.org/。

可以下载 Linux 版本的 Eclipse IDE for Java 开发包，并安装在本地的 Linux 系统中。

1. 启动 Eclipse

启动 Eclipse 后，会出现如图 2-2 所示的界面

2. 创建 Java Project

创建 Java Project 的界面如图 2-3 所示。

    ⊖ IntelliJ 官方网站：http://www.jetbrains.com/idea/

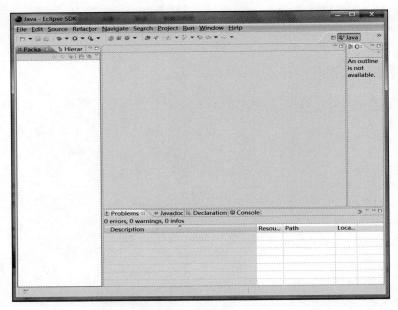

图 2-2　启动 Eclipse

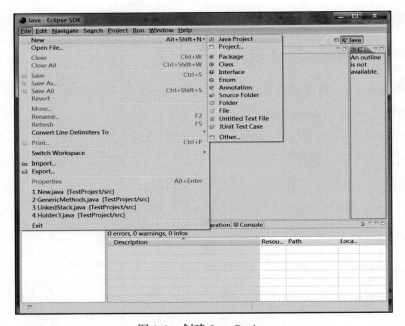

图 2-3　创建 Java Project

3. 配置 Java Project

这一步需要加入外部的 jar 文件：hadoop-core-1.2.1.jar 以及 lib 下所有的 jar 包，见图 2-4。

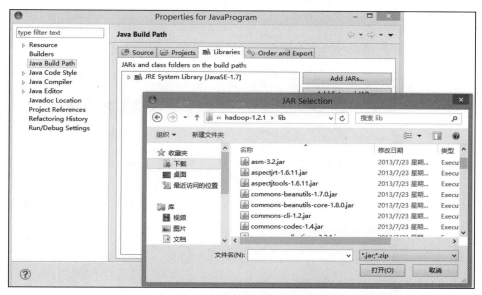

图 2-4　加入相应 jar 包

4. 编写程序代码

编写相应的 MapReduce 程序的代码，见图 2-5。

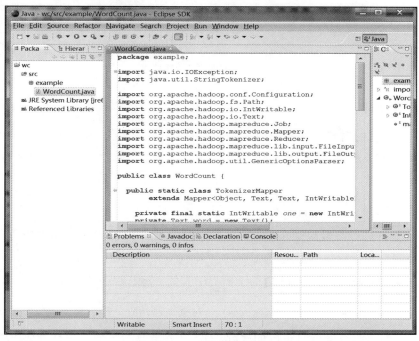

图 2-5　编写程序代码

5. 编译源代码

编译 MapReduce 程序。待完成编译时，导出 jar 文件，如图 2-6 所示。

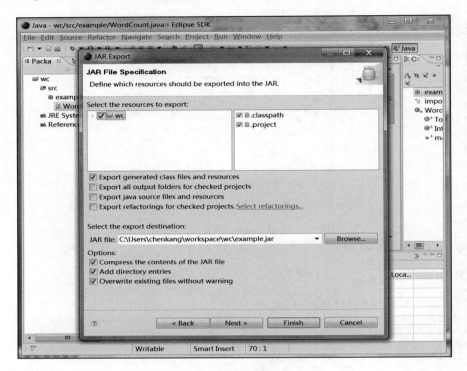

图 2-6　编译源代码

6. 本地运行调试

在导出 jar 文件的时候，需要指定一个主类 Main Class，作为默认执行的一个类。将程序复制到本地 Hadoop 系统的执行目录，可以准备一个小的测试数据，即可通过 Hadoop 的安装包进行运行调试。

7. 远程作业提交

当需要用集群进行海量数据处理时，在本地程序调试正确运行后，可按照远程作业提交步骤，将作业提交到远程集群上运行。

以 Hadoop MapReduce 计算 PI 值的示例程序为例，运行程序的命令是：

```
$hadoop jar $HADOOP_HOME/hadoop-examples-1.2.1.jar \pi2 5
```

其中，第一个参数是指要运行的 map 的次数；第二个参数是指每个 map 任务取样的个数。

2.5　集群远程作业提交与执行

2.5.1　集群远程作业提交和执行过程

Hadoop 程序开发与作业提交的基本过程如图 2-7 所示。

具体可分为以下 2 个步骤：

（1）在本地完成程序编写和调试

在自己本地安装了单机分布式或单机伪分布式 Hadoop 系统的机器上，完成程序编写和调试工作。

（2）创建用户账户

为了能访问 Hadoop 集群提交作业，需要为每个程序用户创建一个账户，获取用户名、密码等信息。

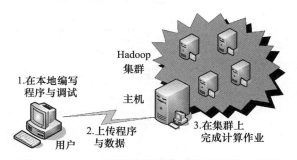

图 2-7　Hadoop 程序开发与作业提交的基本过程

1）将数据和程序传送到 Hadoop 集群，准备好数据和程序目录，用 scp 命令传送到 Hadoop 平台主机上。

2）用 SSH 命令远程登录到 Hadoop 集群。

3）将数据复制到 HDFS 中，进入到程序包所在的目录，用 hadoop dfs-put 命令将数据从 Linux 文件系统中复制到 HDFS 中。

4）用 hadoop jar 命令向 Hadoop 提交计算作业。在这里需要注意，如果程序中涉及到 HDFS 的输出目录，这些目录事先不能存在，若存在，需要先删除。

2.5.2　查看作业执行结果和集群状态

1. 查看作业运行结果

查阅 HDFS 中的目录，查看计算结果，如图 2-8 所示。也可以将文件从 HDFS 中复制到 Linux 文件系统中查看。

Go to parent directory								
Name	**Type**	**Size**	**Replication**	**Block Size**	**Modification Time**	**Permission**	**Owner**	**Group**
_SUCCESS	file	0 KB	3	64 MB	2013-10-03 13:55	rw-r--r--	hadoop	supergroup
_logs	dir				2013-10-03 13:54	rwxr-xr-x	hadoop	supergroup
part-m-00000	file	1.29 MB	3	64 MB	2013-10-03 13:54	rw-r--r--	hadoop	supergroup

图 2-8　HDFS 下的任务计算结果

2. 用 Hadoop 的 Web 界面查看 Hadoop 集群和作业状态

在浏览器中打开 http://NameNode 节点 IP ： 50070/ 可以看到集群的基本信息，如图 2-9 所示。

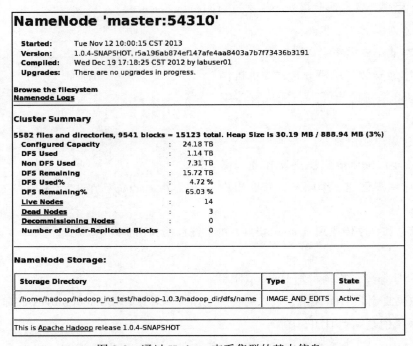

图 2-9   通过 Hadoop 查看集群的基本信息

相应地，在浏览器中打开 http://NameNode 节点 IP ： 50030/ 可以看到集群上的任务执行情况，如图 2-10 所示。

点击一个作业可以查看作业的详细信息，如图 2-11 所示。

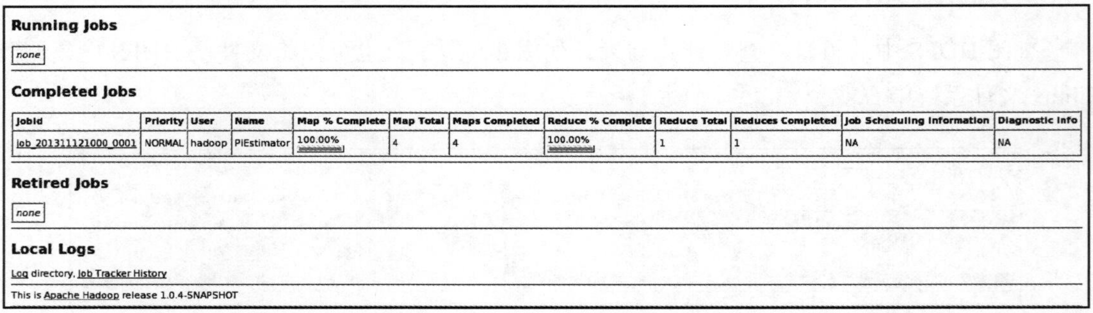

图 2-10   查看集群上的任务执行情况

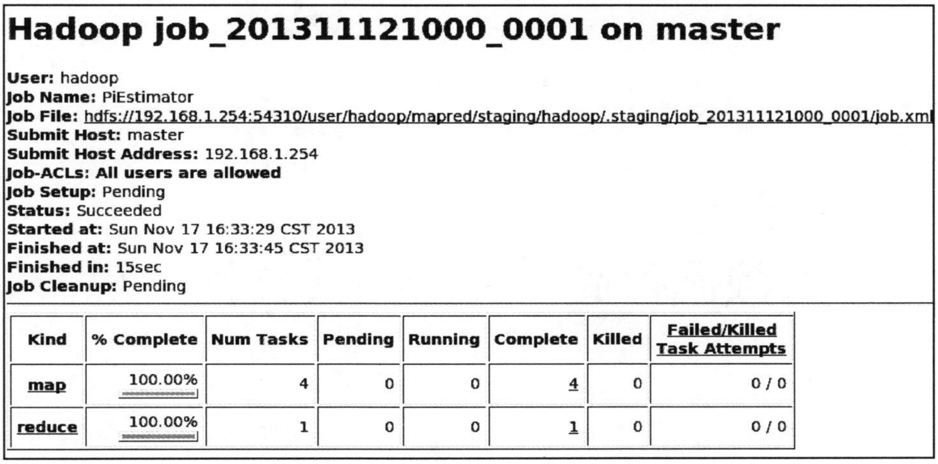

Hadoop job_201311121000_0001 on master

User: hadoop
Job Name: PiEstimator
Job File: hdfs://192.168.1.254:54310/user/hadoop/mapred/staging/hadoop/.staging/job_201311121000_0001/job.xml
Submit Host: master
Submit Host Address: 192.168.1.254
Job-ACLs: All users are allowed
Job Setup: Pending
Status: Succeeded
Started at: Sun Nov 17 16:33:29 CST 2013
Finished at: Sun Nov 17 16:33:45 CST 2013
Finished in: 15sec
Job Cleanup: Pending

Kind	% Complete	Num Tasks	Pending	Running	Complete	Killed	Failed/Killed Task Attempts
map	100.00%	4	0	0	4	0	0 / 0
reduce	100.00%	1	0	0	1	0	0 / 0

图 2-11　查看作业执行的详细信息

第 3 章
大数据存储——分布式文件系统 HDFS

大数据处理面临的第一个问题是，如何有效存储规模巨大的数据？对于大数据处理应用来说，依靠集中式的物理服务器来保存数据是不现实的，容量也好，数据传输速度也好，都会成为瓶颈。要实现大数据的存储，需要使用几十台、几百台甚至更多的分布式服务器节点。为了统一管理这些节点上存储的数据，必须要使用一种特殊的文件系统——分布式文件系统。为了提供可扩展的大数据存储能力，Hadoop 设计提供了一个分布式文件系统 HDFS（Hadoop Distributed File System）。

本章首先简要介绍 HDFS 的基本特征、基本构架、工作过程，以及 HDFS 的可靠性设计和数据存储及访问方法，在此基础上进一步介绍 HDFS 的文件操作命令和 HDFS 的编程接口和编程示例。

3.1　HDFS 的基本特征与构架

HDFS 被设计成在普通的商用服务器节点构成的集群上即可运行，它和已有的分布式文件系统有很多相似的地方。但是，HDFS 在某些重要的方面，具有有别于其他系统的独特优点。这个特殊的文件系统具有相当强大的容错能力，保证其在成本低廉的普通商用服务器上也能很好地运行；进一步，HDFS 可以提供很高的数据吞吐能力，这对于那些需要大数据处理的应用来说是一项非常重要的技术特征；另外，HDFS 可以采用流式访问的方式读写数据，在编程方式上，除了 API 的名称不一样以外，通过 HDFS 读写文件和通过本地文件系统读写文件在代码上基本类似，因而非常易于编程使用。

3.1.1 HDFS 的基本特征

HDFS 具有下列六种基本特征。

（1）大规模数据分布存储能力

HDFS 以分布存储方式和良好的可扩展性提供了大规模数据的存储能力，可基于大量分布节点上的本地文件系统，构建一个逻辑上具有巨大容量的分布式文件系统，并且整个文件系统的容量可随集群中节点的增加而线性扩展。HDFS 不仅可存储 GB 级到 TB 级别大小的单个文件，还可以支持在一个文件系统中存储高达数千万量级的文件数量。这种分布式文件系统为上层的大数据处理应用程序提供了完全透明的数据存储和访问功能支撑，使得应用程序完全感觉不到其数据在物理上是分布存储在一组不同机器上的。

（2）高并发访问能力

HDFS 以多节点并发访问方式提供很高的数据访问带宽（高数据吞吐率），并且可以把带宽的大小等比例扩展到集群中的全部节点上。

（3）强大的容错能力

在 HDFS 的设计理念中，硬件故障被视作是一个常态。因此，HDFS 的设计思路保证了系统能在经常有节点发生硬件故障的情况下正确检测硬件故障，并且能自动从故障中快速恢复，确保数据不丢失。为此，HDFS 采用多副本数据块形式存储（默认副本数目是 3），按照块的方式随机选择存储节点。

（4）顺序式文件访问

大数据批处理在大多数情况下都是大量简单数据记录的顺序处理。针对这个特性，为了提高大规模数据访问的效率，HDFS 对顺序读进行了优化，支持大量数据的快速顺序读出，代价是对于随机的访问负载较高。

（5）简单的一致性模型（一次写多次读）

HDFS 采用了简单的"一次写多次读"模式访问文件，支持大量数据的一次写入、多次读取；不支持已写入数据的更新操作，但允许在文件尾部添加新的数据。

（6）数据块存储模式

与常规的文件系统不同，HDFS 采用基于大粒度数据块的方式存储文件，默认的块大小是 64MB，这样做的好处是可以减少元数据的数量，并且可以允许将这些数据块通过随机方式选择节点，分布存储在不同的地方。

3.1.2 HDFS 的基本框架与工作过程

1. 基本组成结构与文件访问过程

HDFS 是一个建立在一组分布式服务器节点的本地文件系统之上的分布式文件系统。HDFS

采用经典的主 – 从式结构，其基本组成结构如图 3-1 所示。

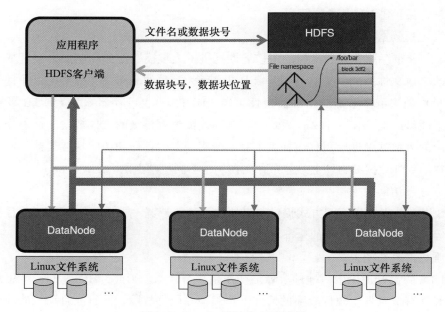

图 3-1　HDFS 的基本组成结构

一个 HDFS 文件系统包括一个主控节点 NameNode 和一组 DataNode 从节点。NameNode 是一个主服务器，用来管理整个文件系统的命名空间和元数据，以及处理来自外界的文件访问请求。NameNode 保存了文件系统的三种元数据：1）命名空间，即整个分布式文件系统的目录结构；2）数据块与文件名的映射表；3）每个数据块副本的位置信息，每一个数据块默认有 3 个副本。

HDFS 对外提供了命名空间，让用户的数据可以存储在文件中，但是在内部，文件可能被分成若干个数据块。DataNode 用来实际存储和管理文件的数据块。文件中的每个数据块默认的大小为 64MB；同时为了防止数据丢失，每个数据块默认有 3 个副本，且 3 个副本会分别复制在不同的节点上，以避免一个节点失效造成一个数据块的彻底丢失。

每个 DataNode 的数据实际上是存储在每个节点的本地 Linux 文件系统中。

在 NameNode 上可以执行文件操作，比如打开、关闭、重命名等；而且 NameNode 也负责向 DataNode 分配数据块并建立数据块和 DataNode 的对应关系。DataNode 负责处理文件系统用户具体的数据读写请求，同时也可以处理 NameNode 对数据块的的创建、删除副本的指令。

NameNode 和 DataNode 对应的程序可以运行在廉价的普通商用服务器上。这些机器一般都运行着 GNU/Linux 操作系统。HDFS 由 Java 语言编写，支持 JVM 的机器都可以运行 NameNode 和 DataNode 对应的程序。虽然一般情况下是 GNU/Linux 系统，但是因为 Java 的可移植性，HDFS 也可以运行在很多其他平台之上。一个典型的 HDFS 部署情况是：NameNode 程序单独运行于一台服务器节点上，其余的服务器节点，每一台运行一个 DataNode 程序。

在一个集群中采用单一的 NameNode 可以大大简化系统的架构。另外，虽然 NameNode 是所有 HDFS 的元数据的唯一所有者，但是，程序访问文件时，实际的文件数据流并不会通过 NameNode 传送，而是从 NameNode 获得所需访问数据块的存储位置信息后，直接去访问对应的 DataNode 获取数据。这样设计有两点好处：一是可以允许一个文件的数据能同时在不同 DataNode 上并发访问，提高数据访问的速度；二是可以大大减少 NameNode 的负担，避免使得 NameNode 成为数据访问瓶颈。

HDFS 的基本文件访问过程是：

1）首先，用户的应用程序通过 HDFS 的客户端程序将文件名发送至 NameNode。

2）NameNode 接收到文件名之后，在 HDFS 目录中检索文件名对应的数据块，再根据数据块信息找到保存数据块的 DataNode 地址，将这些地址回送给客户端。

3）客户端接收到这些 DataNode 地址之后，与这些 DataNode 并行地进行数据传输操作，同时将操作结果的相关日志（比如是否成功，修改后的数据块信息等）提交到 NameNode。

2. 数据块

为了提高硬盘的效率，文件系统中最小的数据读写单位不是字节，而是一个更大的概念——数据块。但是，数据块的信息对于用户来说是透明的，除非通过特殊的工具，否则很难看到具体的数据块信息。

HDFS 同样也有数据块的概念。但是，与一般文件系统中大小为若干 KB 的数据块不同，HDFS 数据块的默认大小是 64MB，而且在不少实际部署中，HDFS 的数据块甚至会被设置成 128MB 甚至更多，比起文件系统上几个 KB 的数据块，大了几千倍。

将数据块设置成这么大的原因是减少寻址开销的时间。在 HDFS 中，当应用发起数据传输请求时，NameNode 会首先检索文件对应的数据块信息，找到数据块对应的 DataNode；DataNode 则根据数据块信息在自身的存储中寻找相应的文件，进而与应用程序之间交换数据。因为检索的过程都是单机运行，所以要增加数据块大小，这样就可以减少寻址的频度和时间开销。

3. 命名空间

HDFS 中的文件命名遵循了传统的"目录 / 子目录 / 文件"格式。通过命令行或者是 API 可以创建目录，并且将文件保存在目录中；也可以对文件进行创建、删除、重命名操作。不过，HDFS 中不允许使用链接（硬链接和符号链接都不允许）。命名空间由 NameNode 管理，所有对命名空间的改动（包括创建、删除、重命名，或是改变属性等，但是不包括打开、读取、写入数据）都会被 HDFS 记录下来。

HDFS 允许用户配置文件在 HDFS 上保存的副本数量，保存的副本数称作"副本因子"（Replication Factor），这个信息也保存在 NameNode 中。

4. 通信协议

作为一个分布式文件系统，HDFS 中大部分的数据都是通过网络进行传输的。为了保证传输的可靠性，HDFS 采用 TCP 协议作为底层的支撑协议。应用可以向 NameNode 主动发起 TCP 连接。应用和 NameNode 交互的协议称为 Client 协议，NameNode 和 DataNode 交互的协议称为 DataNode 协议（这些协议的具体内容请参考其他资料）。而用户和 DataNode 的交互是通过发起远程过程调用（Remote Procedure Call，RPC）、并由 NameNode 响应来完成的。另外，NameNode 不会主动发起远程过程调用请求。

5. 客户端

严格来讲，客户端并不能算是 HDFS 的一部分，但是客户端是用户和 HDFS 通信最常见也是最方便的渠道，而且部署的 HDFS 都会提供客户端。

客户端为用户提供了一种可以通过与 Linux 中的 Shell 类似的方式访问 HDFS 的数据。客户端支持最常见的操作如（打开、读取、写入等）；而且命令的格式也和 Shell 十分相似，大大方便了程序员和管理员的操作。具体的命令行操作详见 3.4 节。

除了命令行客户端以外，HDFS 还提供了应用程序开发时访问文件系统的客户端编程接口，具体的 HDFS 编程接口详见 3.5 节。

3.2 HDFS 可靠性设计

Hadoop 能得到如此广泛的应用，和背后默默支持它的 HDFS 是分不开的。作为一个能在成百上千个节点上运行的文件系统，HDFS 在可靠性设计上做了非常周密的考虑。

3.2.1 HDFS 数据块多副本存储设计

作为一个分布式文件系统，HDFS 采用了在系统中保存多个副本的方式保存数据（以下简称多副本），且同一个数据块的多个副本会存放在不同节点上，如图 3-2 所示。采用这种多副本方式有以下几个优点：1）采用多副本，可以让客户从不同的数据块中读取数据，加快传输速度；2）因为 HDFS 的 DataNode 之间通过网络传输数据，如果采用多个副本可以判断数据传输是否出错；3）多副本可以保证某个 DataNode 失效的情况下，不会丢失数据。

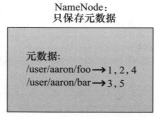

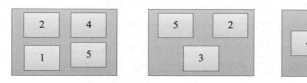

图 3-2　HDFS 数据块多副本存储

HDFS 按照块的方式随机选择存储节点，为了可以判断文件是否出错，副本个数默认为 3（注：如果副体个数为 1 或 2 的话，是不能判断数据对错的）。出于数据传输代价以及错误恢复等多方面的考虑，副本的保存并不是均匀分布在集群之中的，关于副本保存分布和维持 DataNode 负载均衡的更详细的内容，可以参考后面 3.4.4 节关于 balancer 的介绍。

3.2.2　HDFS 可靠性的设计实现

1. 安全模式

HDFS 刚刚启动时，NameNode 会进入安全模式（safe mode）。处于安全模式的 NameNode 不能做任何的文件操作，甚至内部的副本创建也是不允许的。NameNode 此时需要和各个 DataNode 通信，获得 DataNode 保存的数据块信息，并对数据块信息进行检查。只有通过了 NameNode 的检查，一个数据块才被认为是安全的。当认为安全的数据块所占的比例达到了某个阈值（可配置），NameNode 才会退出。

2. SecondaryNameNode

Hadoop 中使用 SecondaryNameNode 来备份 NameNode 的元数据，以便在 NameNode 失效时能从 SecondaryNameNode 恢复出 NameNode 上的元数据。SecondaryNameNode 充当 NameNode 的一个副本，它本身并不处理任何请求，因为处理这些请求都是 NameNode 的责任。

NameNode 中保存了整个文件系统的元数据，而 SecondaryNameNode 的作用就是周期性（周期的长短也是可以配置的）保存 NameNode 的元数据。这些元数据中包括文件镜像数据 FsImage 和编辑日志数据 EditLog。FsImage 相当于 HDFS 的检查点，NameNode 启动时候会读取 FsImage 的内容到内存，并将其与 EditLog 日志中的所有修改信息合并生成新的 FsImage；在 NameNode 运行过程中，所有关于 HDFS 的修改都将写入 EditLog。这样，如果

NameNode 失效，可以通过 Secondary NameNode 中保存的 FsImage 和 EditLog 数据恢复出 NameNode 最近的状态，尽量减少损失。

3. 心跳包（HeartBeats）和副本重新创建（re-replication）

如果 HDFS 运行过程中，一部分 DataNode 因为崩溃或是掉线等原因，离开了 HDFS 系统，怎么办？为了保证 NameNode 和各个 DataNode 的联系，HDFS 采用了心跳包（Heart beat）机制。位于整个 HDFS 核心的 NameNode，通过周期性的活动来检查 DataNode 的活性，就像跳动的心脏一样，所以，这里把这些包就叫做心跳包。NameNode 周期性向管理的各个 DataNode 发送心跳包，而收到心跳包的 DataNode 则需要回复。因为心跳包总是定时发送的，所以 NameNode 就把要执行的命令也通过心跳包发送给 DataNode，而 DataNode 收到心跳包，一方面回复 NameNode，另一方面就开始了与用户或者应用的数据传输。

如果侦测到了 DataNode 失效，那么之前保存在这个 DataNode 上的数据就变成不可用的。那么，如果有的副本存储在失效的 DataNode 上，则需要重新创建这个副本，放到另外可用的地方。其他需要创建副本的情况包括数据块校验失败等。

4. 数据一致性

一般来讲，DataNode 与应用数据交互的大部分情况都是通过网络进行的，而网络数据传输带来的一大问题就是数据是否能原样到达。为了保证数据的一致性，HDFS 采用了数据校验和（CheckSum）机制。创建文件时，HDFS 会为这个文件生成一个校验和，校验和文件和文件本身保存在同一空间中。传输数据时会将数据与校验和一起传输，应用收到数据后可以进行校验，如果两个校验的结果不同，则文件肯定出错了，这个数据块就变成了无效的。如果判定数据无效，就需要从其他 DataNode 上读取副本。

5. 租约

在 Linux 中，为了防止出现多个进程向同一个文件写数据的情况，采用了文件加锁的机制。而在 HDFS 中，同样也需要一种机制来防止同一个文件被多个人写入数据。这种机制就是租约（Lease）。每当写入文件之前，一个客户端必须要获得 NameNode 发放的一个租约。NameNode 保证同一个文件只会发放一个允许写的租约，那么就可以有效防止出现多人写入的情况。

不过，租约的作用不止于此。如果 NameNode 发放租约之后崩溃了，怎么办？或者如果客户端获得租约之后崩溃了，又怎么办？第一个问题可以通过前面提到的恢复机制解决。而第二个问题，则通过在租约中加入时间限制来解决。每当租约要到期时，客户端需要向 NameNode 申请更新租约，NameNode "审核"之后，重新发放租约。如果客户端不申请，那就说明客户端不需要读写这一文件或者已经崩溃了，NameNode 收回租约即可。

6. 回滚

HDFS 与 Hadoop 一样处于发展阶段。而某个升级可能会导致 BUG 或者不兼容的问题，这些问题还可能导致现有的应用运行出错。这一问题可以通过回滚回到旧版本解决。HDFS 安装或者升级时，会将当前的版本信息保存起来，如果升级之后一段时间内运行正常，可以认为这次升级没有问题，重新保存版本信息，否则，根据保存的旧版本信息，将 HDFS 恢复至之前的版本。

3.3 HDFS 文件存储组织与读写

作为一个分布式文件系统，HDFS 内部的数据与文件存储机制、读写过程与普通的本地文件系统有较大的差别。下面具体介绍 HDFS 中数据的存储组织和读写过程。

3.3.1 文件数据的存储组织

如前所述，HDFS 中最主要的部分就是 NameNode 和 DataNode。NameNode 存储了所有文件元数据、文件与数据块的映射关系，以及文件属性等核心数据，DataNode 则存储了具体的数据块。那么，在 HDFS 中，具体的文件存储组织结构是怎样的呢？

1. NameNode 目录结构

图 3-3 是 NameNode 的目录结构和内容。NameNode 借助本地文件系统来保存数据，保存的文件夹位置由配置选项 {dfs.name.dir} 决定（未配置此选项，则为 hadoop 安装目录下的 /tmp/dfs/name），所以，这里我们以 ${dfs.name.dir} 代表 NameNode 节点管理的根目录。目录下的文件和子目录则以 ${dfs.name.dir}/file 和 ${dfs.name.dir}/subdir 的格式表示。

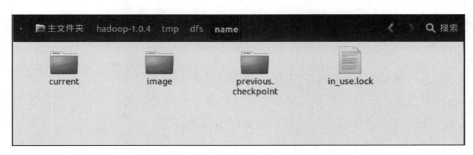

图 3-3 HDFS NameNode 目录结构

在 NameNode 的 ${dfs.name.dir} 之下有 3 个文件夹和 1 个文件：

1）current 目录：主要包含如下的内容和结构：

a）文件 VERSION：保存了当前运行的 HDFS 版本信息。

b）FsImage：是整个系统的空间镜像文件。

c）Edit：EditLog 编辑日志。

d）Fstime：上一次检查点的时间。

2）previous.checkpoint 目录：和 current 内容结构一致，不同之处在于，此目录保存的是上一次检查点的内容。

3）image 目录：旧版本（版本 <0.13）的 FsImage 存储位置。

4）in_use.lock：NameNode 锁，只有在 NameNode 有效（启动并且能和 DataNode 正常交互）时存在；不满足上述情况时，该文件不存在。这一文件具有"锁"的功能，可以防止多个 NameNode 共享同一目录（如果一个机器上只有一个 NameNode，这也是最常见的情况，那么这个文件基本不需要）。

2. DataNode 目录结构

图 3-4 是 DataNode 的目录结构和内容。DataNode 借助本地文件系统来保存数据，一般情况下，保存的文件夹位置由配置选项 {dfs.data.dir} 决定（未配置此选项，则为 hadoop 安装目录下的 /tmp/dfs/data）。所以，这里我们以 ${dfs.data.dir} 代表 DataNode 节点管理的数据目录的根目录，目录下的文件和子目录则以 ${dfs.data.dir}/file 和 ${dfs.data.dir}/subdir 的格式表示。

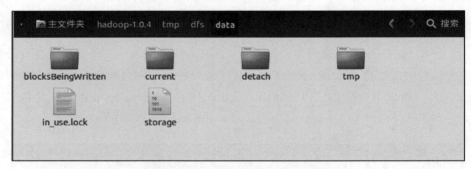

图 3-4　HDFS DataNode 目录结构

一般来说，在 ${dfs.data.dir} 之下有 4 个子目录和 2 个文件：

1）current 目录：已经成功写入的数据块，以及一些系统需要的文件。包括以下内容：

a）文件 VERSION：保存了当前运行的 HDFS 版本信息。

b）Blk_XXXXX 和 Blk_XXXXX.Meta：分别是数据块和数据块对应的元数据（比如校验信息等）。

c）subdirXX：当同一目录下文件数超过一定限制（比如 64）时，会新建一个 subdir 目录，保存多出来的数据块和元数据；这样可以保证同一目录下目录 + 文件数不会太多，可以提高搜索效率。

2）tmp 目录和 blocksBeingWritten 目录：正在写入的数据块，tmp 目录保存的是用户操作引发的写入操作对应的数据块，blocksBeingWritten 目录是 HDFS 系统内部副本创建时（当出现副本错误或者数量不够等情况时）引发的写入操作对应的数据块。

3）detach 目录：用于 DataNode 升级。

4）storage 文件：由于旧版本（版本 <0.13）的存储目录是 storage，因此如果在新版本的 DataNode 中启动旧版的 HDFS，会因为无法打开 storage 目录而启动失败，这样可以防止因版本不同带来的风险。

5）in_use.lock 文件：DataNode 锁，只有在 DataNode 有效（启动并且能和 NameNode 正常交互）时存在；不满足上述情况时，该文件不存在。这一文件具有"锁"的功能，可以防止多个 DataNode 共享同一目录（如果一个机器上只有一个 DataNode，这也是最常见的情况，那么这个文件基本不需要）。

3. CheckPointNode 目录结构

图 3-5 是 CheckPointNode 的目录结构和内容。CheckPointNode 和旧版本的 SecondaryNameNode 作用类似，所以目录结构也十分相近。

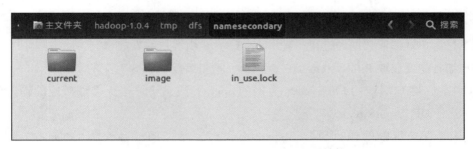

图 3-5　HDFS CheckPointNode 目录结构

CheckPointNode 借助本地文件系统来保存数据，一般情况下，保存的文件夹位置由配置选项 {dfs.checkpoint.dir} 决定（未配置此选项，则为 hadoop 安装目录下的 /tmp/dfs/namesecondary）。所以，这里我们以 ${dfs.checkpoint.dir} 代表 CheckPointNode 节点管理的数据目录的根目录，目录下的文件和子目录则以 ${dfs.checkpoint.dir} 和 file，${dfs.checkpoint.dir}/subdir 的格式表示。

CheckPointNode 目录下的文件和 NameNode 目录下的同名文件作用基本一致，不同之处在于 CheckPointNode 保存的是自上一个检查点之后的临时镜像和日志。

3.3.2　数据的读写过程

数据的读写过程与数据的存储是紧密相关的，以下介绍 HDFS 数据的读写过程。

1. 数据读取过程

一般的文件读取操作包括 open、read、close 等，具体可参见 3.5 节的 HDFS 编程接口介绍。这里介绍一下客户端连续调用 open、read、close 时，HDFS 内部的整个执行过程。图 3-6

可以帮助我们更好地理解这个过程。

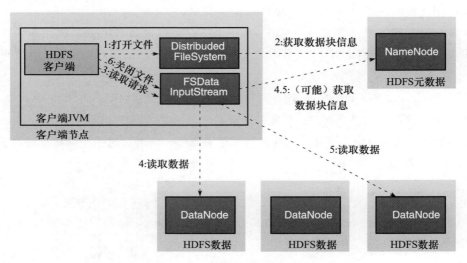

图 3-6　HDFS 数据读取过程

以下是客户端读取数据的过程，其中 1、3、6 步由客户端发起：

客户端首先要获取 FileSystem 的一个实例，这里就是 HDFS 对应的实例。

1）首先，客户端调用 FileSystem 实例的 open 方法，获得这个文件对应的输入流，在 HDFS 中就是 DFSInputStream。

2）构造第 1 步中的输入流 DFSInputStream 时，通过 RPC 远程调用 NameNode 可以获得 NameNode 中此文件对应的数据块保存位置，包括这个文件的副本的保存位置（主要是各 DataNode 的地址）。注意，在输入流中会按照网络拓扑结构，根据与客户端距离对 DataNode 进行简单排序。

3 ~ 4）获得此输入流之后，客户端调用 read 方法读取数据。输入流 DFSInputStream 会根据前面的排序结果，选择最近的 DataNode 建立连接并读取数据。如果客户端和其中一个 DataNode 位于同一机器（比如 MapReduce 过程中的 mapper 和 reducer），那么就会直接从本地读取数据。

5）如果已到达数据块末端，那么关闭与这个 DataNode 的连接，然后重新查找下一个数据块。

不断执行第 2 ~ 5 步直到数据全部读完，然后调用 close。

6）客户端调用 close，关闭输入流 DFSInputStream。

另外，如果 DFSInputStream 和 DataNode 通信时出现错误，或者是数据校验出错，那么 DFSInputStream 就会重新选择 DataNode 传输数据。

2. 数据写入过程

一般的文件写入操作不外乎 create、write、close 几种，具体可参见 3.5 节的 HDFS 编程接口介绍。这里介绍一下客户端连续调用 create、write、close 时，HDFS 内部的整个执行过程，见图 3-7。

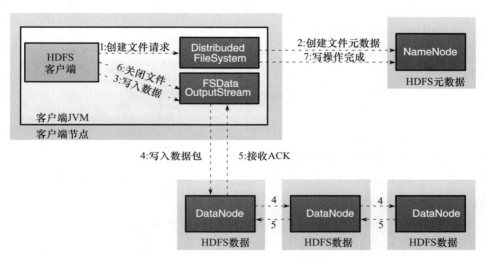

图 3-7　HDFS 数据写入过程

以下是客户端写入数据的过程，其中 1、3、6 步由客户端发起：

客户端首先要获取 FileSystem 的一个实例，这里就是 HDFS 对应的实例。

1～2）客户端调用 FileSystem 实例的 create 方法，创建文件。NameNode 通过一些检查，比如文件是否存在，客户端是否拥有创建权限等；通过检查之后，在 NameNode 添加文件信息。注意，因为此时文件没有数据，所以 NameNode 上也没有文件数据块的信息。创建结束之后，HDFS 会返回一个输出流 DFSDataOutputStream 给客户端。

3）客户端调用输出流 DFSDataOutputStream 的 write 方法向 HDFS 中对应的文件写入数据。数据首先会被分包，这些分包会写入一个输出流的内部队列 Data 队列中，接收完数据分包，输出流 DFSDataOutputStream 会向 NameNode 申请保存文件和副本数据块的若干个 DataNode，这若干个 DataNode 会形成一个数据传输管道。

4）DFSDataOutputStream 会（根据网络拓扑结构排序）将数据传输给距离上最短的 DataNode，这个 DataNode 接收到数据包之后会传给下一个 DataNode。数据在各 DataNode 之间通过管道流动，而不是全部由输出流分发，这样可以减少传输开销。

5）因为各 DataNode 位于不同机器上，数据需要通过网络发送，所以，为了保证所有 DataNode 的数据都是准确的，接收到数据的 DataNode 要向发送者发送确认包（ACK

Packet）。对于某个数据块，只有当 DFSDataOutputStream 收到了所有 DataNode 的正确 ACK，才能确认传输结束。DFSDataOutputStream 内部专门维护了一个等待 ACK 队列，这一队列保存已经进入管道传输数据、但是并未被完全确认的数据包。

不断执行第 3 ~ 5 步直到数据全部写完，客户端调用 close 关闭文件。

6）客户端调用 close 方法，DFSDataInputStream 继续等待直到所有数据写入完毕并被确认，调用 complete 方法通知 NameNode 文件写入完成。

7）NameNode 接收到 complete 消息之后，等待相应数量的副本写入完毕后，告知客户端即可。

在传输数据的过程中，如果发现某个 DataNode 失效（未联通，ACK 超时），那么 HDFS 执行如下操作：

1）关闭数据传输的管道。

2）将等待 ACK 队列中的数据放到 Data 队列的头部。

3）更新正常 DataNode 中所有数据块的版本；当失效的 DataNode 重启之后，之前的数据块会因为版本不对而被清除。

4）在传输管道中删除失效的 DataNode，重新建立管道并发送数据包。

以上就是 HDFS 中数据读写的大致过程。

3.4 HDFS 文件系统操作命令

通过之前章节的学习，相信各位读者对 HDFS 已经有了一个基本的认识。在本小节里，我们来了解一下 HDFS 常用的的基本操作命令。

3.4.1 HDFS 启动与关闭

HDFS 和普通的硬盘上的文件系统不一样，是通过 Java 虚拟机运行在整个集群当中的，所以当 Hadoop 程序写好之后，需要启动 HDFS 文件系统，才能运行。

HDFS 启动过程如下：

1）进入到 NameNode 对应节点的 Hadoop 安装目录下。

2）执行启动脚本：

```
bin/start-dfs.sh
```

这一脚本会启动 NameNode，然后根据 conf/slaves 中的记录逐个启动 DataNode，最后根据 conf/masters 中记录的 Secondary NameNode 地址启动 SecondaryNameNode。

HDFS 关闭过程如下：

运行以下关闭脚本：

```
bin/stop-dfs.sh
```

这一脚本的运行过程正好是 bin/start-dfs.sh 的逆过程，关闭 Secondary NameNode，然后是每个 DataNode，最后是 NameNode 自身。

3.4.2　HDFS 文件操作命令格式与注意事项

HDFS 文件系统提供了相当多的 shell 操作命令，大大方便了程序员和系统管理人员查看、修改 HDFS 上的文件。进一步，HDFS 的操作命令和 Unix/Linux 的命令名称和格式相当一致，因而学习 HDFS 命令的成本也大为缩小。

HDFS 的基本命令格式如下：

```
bin/hadoop dfs-cmd <args>
```

这里 cmd 就是具体的命令，记住 cmd 前面的短线"–"千万不要忽略。

部分命令（如 mkdir 等）需要文件 \ 目录名作为参数，参数一般都是 URI 格式，args 参数的基本格式是：

```
scheme://authority/path
```

scheme 指具体的文件系统，如果是本地文件，那么 scheme 就是 file；如果是 HDFS 上的文件，那么 scheme 就是 hdfs。authority 就是机器的地址和对应的端口。当然，正如 Linux 文件有绝对路径和相对路径一样，这里的 URI 参数也可以做一定程度省略。当对应的设置为 hdfs://namenode：namenodeport 时，如果路径参数为 /parent/child，那么它对应的实际文件为

```
hdfs://namenode:namenodeport/parent/child
```

但是有一点要注意，HDFS 没有所谓当前工作目录的概念。前面说过，HDFS 所有文件元数据都是存在 NameNode 节点上的，具体文件的存放由 NameNode 掌控，某一个文件可能被分拆放到不同的机器上，也可能为了提高效率将路径不同的文件也放到同一台机器上。所以，为 HDFS 提供 cd、pwd 操作，都是不现实的。

3.4.3　HDFS 文件操作命令

接下来，我们来了解一下 HDFS 的命令。再提醒一下，文件操作命令的基本格式是：

```
bin/hadoop dfs-cmd <args>
```

1. cat

格式：`hadoop dfs-cat URI [URI …]`
作用：将参数所指示的文件的内容输出到 stdout。
示例：

- `hadoop dfs -cat hdfs://nn1.example.com/file1 hdfs://nn2.example.com/file2`
- `hadoop dfs -cat file:/// file3 /user/hadoop/file4`

返回值：成功结束返回 0，出现错误返回 –1。

2. chgrp

格式：`hadoop dfs -chgrp [-R] GROUP URI [URI …]`

作用：改变文件所属的用户组。如果使用 –R 选项，则这一操作对整个目录结构递归执行。使用这一命令的用户必须是文件的所属用户，或者是超级用户。

3. chmod

格式：`hadoop dfs -chmod [-R] <MODE[,MODE]... | OCTALMODE> URI[URI …]`

作用：改变文件的权限。如果使用 –R 选项，则这一操作对整个目录结构递归执行。使用这一命令的用户必须是文件的所属用户，或者是超级用户。

4. chown

格式：`hadoop dfs -chown [-R] [OWNER][,[GROUP]] URI [URI… ]`

作用：改变文件的所属用户。如果使用 –R 选项，则这一操作对整个目录结构递归执行。使用这一命令的用户必须是文件在命令变更之前的所属用户，或者是超级用户。

5. copyFromLocal

格式：`hadoop dfs -copyFromLocal <localsrc> URI`

作用：与 put 命令类似，但是要限定源文件路径为本地文件系统。

6. copyToLocal

格式：`hadoop dfs -copyToLocal [-ignorecrc] [-crc] URI <localdst>`

作用：与 get 命令类似，但是要限定目标文件路径为本地文件系统。

7. count

格式：`hadoop dfs -count [-q] <paths>`

作用：统计匹配对应路径下的目录数，文件数，字节数（文件大小）。

选项意义：

使用 -count 选项时，输出的列为：

`DIR_COUNT, FILE_COUNT, CONTENT_SIZE,FILE_NAME`

从左到右分别对应目录下已存在的目录数，文件数，文件大小，文件名

使用 -count-q 选项时，输出的列为：

```
QUOTA, REMAINING_QUOTA, SPACE_QUOTA, REMAINING_SPACE_QUOTA,
DIR_COUNT, FILE_COUNT, CONTENT_SIZE, FILE_NAME
```

从左到右的意义是：目录下最大允许文件 + 目录数（不存在上限，则为 none），目录下可增加目录 + 文件数（不存在上限，则为 inf），目录下最大允许空间（不存在上限，则为 none），目录下可用最大空间（不存在上限，则为 inf）；后面的几个和 -count 选项一致，分别对应目录下已存在的目录数，文件数，文件大小，文件名。

示例：

- `hadoop dfs -count hdfs://nn1.example.com/file1 hdfs://nn2.example.com/file2`
- `hadoop dfs -count -q hdfs://nn1.example.com/file1`

返回值：成功结束返回 0，出现错误返回 −1。图 3-8 所示是一个 count 选项使用后的结果示例。

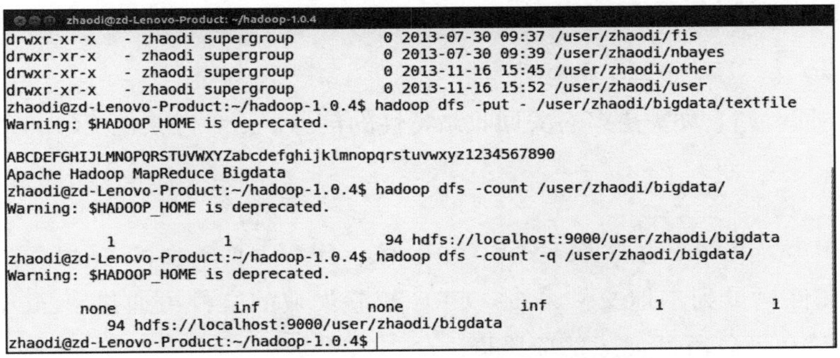

图 3-8　count 命令示例

8. cp

格式：`hadoop dfs -cp URI [URI …] <dest>`

作用：将文件拷贝到目标路径中。如果 <dest> 为目录的话，可以将多个文件拷贝到该目录下。

示例：

- `hadoop dfs -cp /user/hadoop/file1 /user/hadoop/file2`
- `hadoop dfs -cp /user/hadoop/file1 /user/hadoop/file2 /user/hadoop/dir`

返回值：成功结束返回 0，出现错误返回 −1。

9. du

格式：`hadoop dfs -du [-s] [-h] URI [URI …]`

作用：如果参数为目录，显示该目录下所有目录 + 文件的大小；如果参数为单个文件，则显示文件大小。

选项意义：

–s 指输出所有文件大小的累加和，而不是每个文件的大小。

–h 会将文件大小的数值用方便阅读的形式表示，比如用 64.0M 代替 67108864。

示例：

- `hadoop dfs -du /user/hadoop/dir1 /user/hadoop/file1\` `hdfs://nn.example.com/user/hadoop/dir1`

返回值：成功结束返回 0，出现错误返回 –1。

10. dus

格式：`hadoop dfs -dus <args>`

作用：显示文件的大小。这个命令等价于 **hadoop dfs -du-s**。

11. expunge

格式：`hadoop dfs -expunge`

作用：清空回收站。如需更多有关回收站特性的信息，请参考其他资料和文献。

12. get

格式：`hadoop dfs -get [-ignorecrc] [-crc] <src><localdst>`

作用：将文件拷贝到本地文件系统。CRC 校验失败的文件可通过 -ignorecrc 选项拷贝。文件和 CRC 校验和可以通过 -crc 选项拷贝。

示例：

- `hadoop dfs -get /user/hadoop/file localfile`
- `hadoop dfs -get hdfs://nn.example.com/user/hadoop/file localfile`

返回值：成功结束返回 0，出现错误返回 –1。

13. getmerge

格式：`hadoop dfs -getmerge <src><localdst> [addnl]`

作用：命令参数为一个源文件目录和一个目的文件。将源文件目录下的所有文件排序后合并到目的文件中。添加 addnl 可以在每个文件后面插入新行。

14. ls

格式：`hadoop dfs -ls <args>`

作用：对于一个文件，该命令返回的文件状态以如下格式列出：

```
permissions number_of_replicas userid groupid filesize
modification_date modification_time filename
```

从左到右的意义分别是：文件权限，副本个数，用户 ID，组 ID，文件大小，最近一次修改日期，最近一次修改时间，文件名。

对于一个目录，该命令返回这一目录下的第一层子目录和文件，与 Unix 中 ls 命令的结果类似；结果以如下状态列出：

```
permissions userid groupid modification_date  modification_time dirname
```

从左到右的意义分别是：文件权限，用户 ID，组 ID，最近一次修改日期，最近一次修改时间，文件名。

示例：

● hadoop dfs -ls /user/hadoop/file1

返回值：成功结束返回 0，出现错误返回 –1。图 3-9 所示是一个 ls 命令显示结果示例。

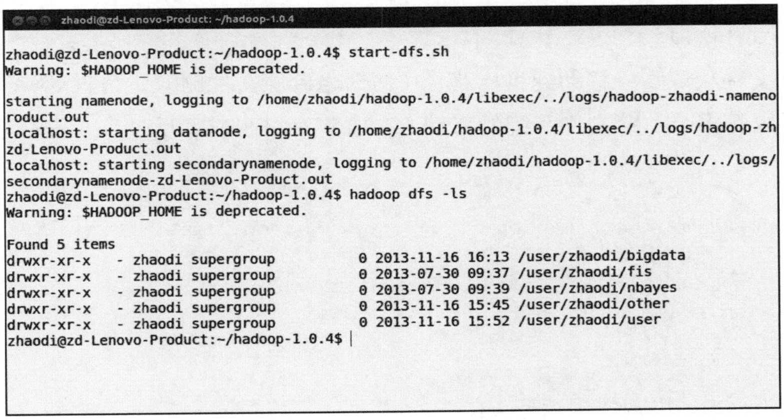

图 3-9　HDFS 启动与 ls 命令示例

15. lsr

格式：hadoop dfs -lsr <args>

作用：在整个目录下递归执行 ls，与 Unix 中的 ls-R 类似。

16. mkdir

格式：hadoop dfs -mkdir <paths>

作用：以 <paths> 中的 URI 作为参数，创建目录。该命令的行为与 Unix 中 mkdir-p 的行为十分相似。这一路径上的父目录如果不存在，则创建该父目录。

示例：

- `hadoop dfs -mkdir /user/hadoop/dir1 /user/hadoop/dir2`
- `hadoop dfs -mkdir hdfs:// nn1.example.com/user/hadoop/dir`
                    `hdfs:// nn2.example.com/user/hadoop/dir`

返回值：成功结束返回 0，出现错误返回 –1。

17. moveFromLocal

格式：`hadoop dfs -moveFromLocal <localsrc><dst>`

作用：和 put 命令类似，但是源文件 localsrc 拷贝之后自身被删除。

18. moveToLocal

格式：`hadoop dfs -moveToLocal [-crc] <src><dst>`

作用：输出"Not implemented yet"信息，也就是说当前版本中未实现此命令。

19. mv

格式：`hadoop dfs -mv URI [URI …] <dest>`

作用：将文件从源路径移动到目标路径（移动之后源文件删除）。目标路径为目录的情况下，源路径可以有多个。跨文件系统的移动（本地到 HDFS 或者反过来）是不允许的。

示例：

- `hadoop dfs -mv /user/hadoop/file1 /user/hadoop./file2`
- `hadoop dfs -mv hdfs:// nn.example.com/file1`
    `hdfs:// nn.example.com/file2 hdfs:// nn.example.com/file3`
    `hdfs:// nn.example.com/dir1`

返回值：
成功结束返回 0，出现错误返回 –1。

20. put

格式：`hadoop dfs -put <localsrc> … <dst>`

作用：将单个的源文件 src 或者多个源文件 srcs 从本地文件系统拷贝到目标文件系统中（`<dst>` 对应的路径）。也可以从标准输入中读取输入，写入目标文件系统中。

示例：

- `hadoop dfs -put localfile /user/hadoop/hadoopfile`
- `hadoop dfs -put localfile1 localfile2 /user/hadoop/hadoopdir`
- `hadoop dfs -put localfile hdfs:// nn.example.com/hadoop/hadoopfile`
- `hadoop dfs -put - hdfs:// nn.example.com/hadoop/hadoopfile`

最后一个实例中，<localsrc> 为 " – "，这就是可以读取标准输入，当用户输入 EOF（Ctrl+C）时，输入结束，此命令会将这些输入的数据写入 HDFS 的对应目录中。

返回值：成功结束返回 0，出现错误返回 –1。图 3-10 所示是一个 put 命令操作结果示例。

```
zhaodi@zd-Lenovo-Product: ~/hadoop-1.0.4
Found 5 items
drwxr-xr-x   - zhaodi supergroup          0 2013-11-16 16:13 /user/zhaodi/bigdata
drwxr-xr-x   - zhaodi supergroup          0 2013-07-30 09:37 /user/zhaodi/fis
drwxr-xr-x   - zhaodi supergroup          0 2013-07-30 09:39 /user/zhaodi/nbayes
drwxr-xr-x   - zhaodi supergroup          0 2013-11-16 15:45 /user/zhaodi/other
drwxr-xr-x   - zhaodi supergroup          0 2013-11-16 15:52 /user/zhaodi/user
zhaodi@zd-Lenovo-Product:~/hadoop-1.0.4$ hadoop dfs -put - /user/zhaodi/bigdata/textfile
Warning: $HADOOP_HOME is deprecated.

ABCDEFGHIJLMNOPQRSTUVWXYZabcdefghijklmnopqrstuvwxyz1234567890
Apache Hadoop MapReduce Bigdata
zhaodi@zd-Lenovo-Product:~/hadoop-1.0.4$
```

图 3-10　put 命令示例

21. rm

格式：`hadoop dfs -rm [-skipTrash] URI [URI …]`

作用：删除参数指定的文件，参数可以有多个。此命令只删除文件和非空目录。如果指定了 -skipTrash 选项，那么在回收站可用的情况下，该选项将跳过回收站而直接删除文件；否则，在回收站可用时，在 HDFS Shell 中执行此命令，会将文件暂时放到回收站中。这一选项在删除超过容量限制的目录（over-quota directory）中的文件时很有用。需要递归删除时可参考 rmr 命令。

示例：

- `hadoop dfs -rm hdfs://nn.example.com/file /user/hadoop/emptydir`

返回值：成功结束返回 0，出现错误返回 –1。图 3-11 所示是一个 rm 命令操作结果示例。

```
zhaodi@zd-Lenovo-Product: ~/hadoop-1.0.4
zhaodi@zd-Lenovo-Product:~/hadoop-1.0.4$ hadoop dfs -tail /user/zhaodi/bigdata/textfile
Warning: $HADOOP_HOME is deprecated.

ABCDEFGHIJLMNOPQRSTUVWXYZabcdefghijklmnopqrstuvwxyz1234567890
Apache Hadoop MapReduce Bigdata
zhaodi@zd-Lenovo-Product:~/hadoop-1.0.4$ hadoop dfs -rm /user/zhaodi/bigdata/textfile
Warning: $HADOOP_HOME is deprecated.

Deleted hdfs://localhost:9000/user/zhaodi/bigdata/textfile
zhaodi@zd-Lenovo-Product:~/hadoop-1.0.4$ stop-dfs.sh
Warning: $HADOOP_HOME is deprecated.

stopping namenode
localhost: stopping datanode
localhost: stopping secondarynamenode
zhaodi@zd-Lenovo-Product:~/hadoop-1.0.4$
```

图 3-11　tail，rm 命令，以及 HDFS 关闭命令示例

22. rmr

格式：`hadoop dfs -rmr [-skipTrash] URI [URI …]`

作用：删除操作的递归版本，即递归删除所有子目录下的文件。如果指定了 -skipTrash 选项，那么在回收站可用的情况下，该选项将跳过回收站而直接删除文件；否则，在回收站可用时，在 HDFS Shell 中执行此命令，会将文件暂时放到回收站中。这一选项在删除超过容量限制的目录（over-quota directory）中的文件时很有用。

示例：

- `hadoop dfs -rmr /user/hadoop/dir`
- `hadoop dfs -rmr hdfs://nn.example.com/user/hadoop/dir`

返回值：成功结束返回 0，出现错误返回 −1。

23. setrep

格式：`hadoop dfs -setrep [-R] <path>`

作用：改变一个文件在 HDFS 中的副本个数。使用 −R 选项可以对一个目录下的所有目录 + 文件递归执行改变副本个数的操作。

示例：

- `hadoop dfs -setrep -w 3 -R /user/hadoop/dir1`

返回值：成功结束返回 0，出现错误返回 −1。

24. stat

格式：`hadoop dfs -stat [format] URI [URI …]`

作用：返回对应路径的状态信息。可以通过与 C 语言中的 printf 类似的格式化字符串定制输出格式，这里支持的格式字符有：

%b：文件大小

%o：Block 大小

%n：文件名

%r：副本个数

%y 或 %Y：最后一次修改日期和时间

默认情况输出最后一次修改日期和时间。

示例：

- `hadoop dfs -stat path`
- `hadoop dfs -stat "%n %b %o %y" path`

返回值：成功结束返回 0，出现错误返回 −1。

25. tail

格式：`hadoop dfs -tail [-f] URI`

作用：在标准输出中显示文件末尾的 1KB 数据。–f 的用法与 Unix 类似，也就是说当文件尾部添加了新的数据或者做出了修改时，在标准输出中也会刷新显示。

示例：

- `hadoop dfs -tail pathname`

返回值：成功结束返回 0，出现错误返回 –1。

26. test

格式：`hadoop dfs -test -[ezd] URI`

作用：判断文件信息。

选项含义：

–e 检查文件是否存在，如果存在返回 0。

–z 检查文件大小是否为 0，是的话返回 0。

–d 检查这一路径是否为目录，是的话返回 0。

如果返回 0 则不输出，否则会输出相应的信息。

示例：

- `hadoop dfs -test -e filename`

27. text

格式：`hadoop dfs -text <src>`

作用：将文本文件或者某些格式的非文本文件通过文本格式输出。允许的格式有 zip 和 TextRecordInputStream。

28. touchz

格式：`hadoop dfs -touchz URI [URI …]`

作用：创建一个大小为 0 的文件。

示例：

- `hadoop dfs -touchz pathname`

返回值：成功结束返回 0，出现错误返回 –1。

3.4.4 高级操作命令和工具

本节讲解 HDFS 的一些高级操作功能，以及通过 web 方式查看 HDFS 信息的方法。

1. archive

在本地文件系统中，如果文件很少用，但又占用很大空间，可以将其压缩起来，以减少空间使用。在 HDFS 中同样也会面临这种问题，一些小文件可能只有几 KB 到几十 KB，但是在 DataNode 中也要单独为其分配一个几十 MB 的数据块，同时还要在 NameNode 中保存数据块的信息。如果小文件很多的话，对于 NameNode 和 DataNode 都会带来很大负担。所以 HDFS 中提供了 archive 功能，将文件压缩起来，减少空间使用。

HDFS 的压缩文件的后缀名是 .har，一个 har 文件中包括文件的元数据（保存在 _index 和 _masterindex）以及具体数据（保存在 part-XX）。但是，HDFS 的压缩文件和本地文件系统的压缩文件不同的是：har 文件不能进行二次压缩；另外，har 文件中，原来文件的数据并没有变化，har 文件真正的作用是减少 NameNode 和 DataNode 过多的空间浪费。简单算一笔账，保存 1000 个 10K 的文件，不用 archive 的话，要用 64M × 1000，也就是将近 63G 的空间来保存；用 archive 的话，因为总数据量有 10M（还需要加上这些文件的 _index 和 _masterindex，不过很小就是了），只需要一个数据块，也就是 64M 的空间就够了。这样的话，节约的空间相当多；如果有十万百万的文件，那节省的空间会更可观。

将文件压缩成 .har 文件的格式如下：

```
hadoop archive -archiveName name -p <parent><src>*<dest>
```

选项含义如表 3-1：

表 3-1　archive 命令的选项及含义

选　　项	含　　义
-archiveName	指定压缩文件名
-p	待压缩文件所在父目录
<src>*	待压缩文件路径（相对 <parent>），如果这一部分没有，则是将 <parent> 的所有文件都压缩
<dest>	压缩文件存放路径

示例：

```
hadoop archive -archiveName zoo.har -p /foo/bar /outputdir
```

注意，.har 文件一旦创建之后就不能更改，也不能再次被压缩。如果想给 .har 加文件，只能找到原来的文件，重新创建一个。

访问 har 文件的内容可以通过指定 URL har:///user/data/arch.har 来完成，所以可以通过上节提到的文件操作命令操作 har，比如，显示 har 文件内容可以用：

```
hadoop dfs -ls har:///user/data/arch.har
```

查看全部文件可以用：

```
hadoop dfs -lsr har:///user/data/arch.har
```

也可以作为 MapReduce 作业的输入：

```
hadoopjar MyJob.jar MyJobMain har:///user/data/arch.jar \
/user/data/output/
```

看一下图 2-12，将一个目录 /user/zhaodi/resultTest/origin 压缩成 har 文件。

```
zhaodi@zd-Lenovo-Product: ~/Programs/MapReduce/ResultFilter

zhaodi@zd-Lenovo-Product:~/Programs/MapReduce/ResultFilter$ hadoop dfs -count /
user/zhaodi/resultTest/origin
Warning: $HADOOP_HOME is deprecated.

           1           16           149598 hdfs://localhost:9000/user/zhaodi/
resultTest/origin
zhaodi@zd-Lenovo-Product:~/Programs/MapReduce/ResultFilter$ hadoop archive -arc
hiveName javaFiles.har -p /user/zhaodi/resultTest/origin/ *.java /user/zhaodi/r
esultTest/origin/
Warning: $HADOOP_HOME is deprecated.

The resolved paths set is empty.  Please check whether the srcPaths exist, wher
e srcPaths = [/user/zhaodi/resultTest/origin/ResultFilter.java]
zhaodi@zd-Lenovo-Product:~/Programs/MapReduce/ResultFilter$ hadoop archive -arc
hiveName javaFiles.har -p /user/zhaodi/resultTest/origin/ /user/zhaodi/resultTe
```

图 3-12　archive 示例 1

```
zhaodi@zd-Lenovo-Product: ~/Programs/MapReduce/ResultFilter
13/12/03 23:00:59 INFO mapred.JobClient:     Combine input records=0
13/12/03 23:00:59 INFO mapred.JobClient:     Reduce input records=17
13/12/03 23:00:59 INFO mapred.JobClient:     Reduce input groups=17
13/12/03 23:00:59 INFO mapred.JobClient:     Combine output records=0
13/12/03 23:00:59 INFO mapred.JobClient:     Physical memory (bytes) snapshot=2
29736448
13/12/03 23:00:59 INFO mapred.JobClient:     Reduce output records=0
13/12/03 23:00:59 INFO mapred.JobClient:     Virtual memory (bytes) snapshot=95
8341120
13/12/03 23:00:59 INFO mapred.JobClient:     Map output records=17
zhaodi@zd-Lenovo-Product:~/Programs/MapReduce/ResultFilter$ hadoop dfs -ls /use
r/zhaodi/resultTest/origin/*.har
Warning: $HADOOP_HOME is deprecated.

Found 4 items
-rw-r--r--   1 zhaodi supergroup          0 2013-12-03 23:00 /user/zhaodi/resul
tTest/origin/java.har/_SUCCESS
-rw-r--r--   5 zhaodi supergroup       1643 2013-12-03 23:00 /user/zhaodi/resul
tTest/origin/java.har/_index
-rw-r--r--   5 zhaodi supergroup         24 2013-12-03 23:00 /user/zhaodi/resul
tTest/origin/java.har/_masterindex
-rw-r--r--   1 zhaodi supergroup     149598 2013-12-03 23:00 /user/zhaodi/resul
tTest/origin/java.har/part-0
zhaodi@zd-Lenovo-Product:~/Programs/MapReduce/ResultFilter$ |
```

图 3-13　archive 示例 2

压缩完毕后，发现 origin 的大小和 har 文件中的 part-XX 的大小一样，之所以一样的原因是 har 压缩文件在文件的数据块占用上做了优化，但是文件本身并未发生变化，只是单纯连接到一起而已。

2. balancer

如 3.2.1 节所述，HDFS 并不会将数据块的副本在集群中均匀分布，一个重要原因就是在已存在的集群中添加和删除 DataNode 被视作正常的情形。保存数据块时，NameNode 会从多个角度考虑 DataNode 的选择，比如：

- 将副本保存到与第一个副本所在 DataNode 所属机架不同的机架上（这里的机架可以认为是若干 DataNode 组成的"局域网"，机架内部的 DataNode 之间的数据传输的代价远小于机架内部 DataNode 和机架外部的数据传输）。
- 在与正写入文件数据的 DataNode 相同的机架上，选择另外的 DataNode 放一个副本。
- 在满足以上条件之后，尽量将副本均匀分布。

在默认的副本因子为 3 的集群中，一般情况下，数据块的存放策略如下：首先，选择一个 DataNode 保存第一个副本；接下来，选择与第一副本所在 DataNode 不同的机架保存第二个副本；最后，和第二个副本相同的机架中，选择另外一个 DataNode 保存第三个副本。

如果管理员发现某些 DataNode 保存数据过多，而某些 DataNode 保存数据相对少，那么可以使用 hadoop 提供的工具 balancer，手动启动内部的均衡过程。

命令如下：

```
hadoop balancer [-threshold <threshold>]
```

-threshold 参数是一个 0 ～ 100 之间的实数，单位为百分比，默认值为 10。这个参数表示：各个 DataNode 的利用率（已用空间 / 可用空间）与整个集群的利用率的差值的绝对值的上限。也就是说，如果每个 DataNode 的利用率和平均利用率相差不大（小于阈值）的话，可以认为这个集群已经"平衡"了。管理员可以通过 Ctrl+C 手动打断 balancer。

另外还有一种运行方式，在终端中输入如下命令：

```
start-balancer.sh[-t <therehold>]
```

可以启动后台守护进程，也能达到同样效果。–t 选项指定阈值。在"平衡"之后，进程退出，手动关闭进程的方式为：

```
stop-balancer.sh
```

3. distcp

distcp（distribution copy）用来在两个 HDFS 之间拷贝数据。在 HDFS 之间拷贝数据要考虑很多因素，比如，两个 HDFS 的版本不同怎么办？两个 HDFS 的数据块大小、副本因子各不相同，又该怎么办？不同的数据块分布在不同节点上，如何让传输效率尽量高，等等。

正因如此，HDFS 中专门用 distcp 命令完成跨 HDFS 数据拷贝。从 /src/tools 子目录下的源代码中可以看出，distcp 是一个没有 reducer 的 MapReduce 过程。

distcp 命令格式如下：

```
hadoop distcp [options] <srcurl>*<desturl>
```

<srcurl><desturl> 就是源文件和目标文件的路径，这和 fs 中的 cp 类似。

Options 选项及含义如表 3-2 所示：

表 3-2　distcp 命令的选项及含议

选　　项	含　　义
-p[rbugp]	保留之前的属性信息，rbugp 分别表示：r(eplication number 副本数)，b(lockSize 数据块数)，u(ser 所属用户)，g(roup 所属组)，p(ermission 权限)。只用 -p 等价于 -prbugp
-i	忽略传输失败
-log <logdir>	将日志写入到 <logdir> 中
-m <num_maps>	并行传输过程数目最大值
-overwrite	覆盖目标路径已有文件
-update	只有在源路径的文件和目标路径的文件大小不同时才覆盖
-f <urilist_uri>	使用 <urilist_uri> 作为输入
-filelimit <n>	文件数不超过 n
-sizelimit <n>	拷贝数据大小不超过 n?
-delete	删除目标路径中存在但是源路径不存在的文件
-mapredSslConf <f>	为 map 任务配置 SSL 信息的文件

注：不同版本的 HDFS 可以通过 http 协议拷贝，那么命令

```
Hadoop distcp hdfs://dn1:port1/data/file1\
                        hdfs://dn2:port2/data/file2
```

可以写成：

```
hadoop distcp hftp://dn1:port1/data/file1\
                      hftp://dn2:port2/data/file2
```

后续版本中，HDFS 中增加了 distcp 的增强版本 distcp2。比起 distcp，dsitcp2 多了许多高级功能，如：-bandwidth，允许设置传输带宽；-atomic，允许借助临时目录进行拷贝；-strategy，允许设置拷贝策略；-async，允许异步执行（后台运行传输过程，而命令行可以继续执行命令）。

4. dfsadmin

管理员可以通过 dfsadmin 管理 HDFS。支持的命令选项及含义如表 3-3：

表 3-3　dfsadmin 命令的选项及含义

选　　项	含　　义
-report	显示文件系统的基本数据
-safemode	维护 HDFS 的安全模式。该命令的参数有：enter，进入安全模式；leave，离开安全模式；get，获知是否开启安全模式；wait 等待离开安全模式。如果手动进入了安全模式，只能通过手动退出
-refreshNodes	更新 DataNode 信息
-finalizeUpgrade	完成升级，将 NameNode 和 DataNode 上的所有的上一个版本信息删除
-help	显示帮助信息

另外，HDFS 还提供了通过 web 查看 HDFS 信息的方式。HDFS 启动之后，会建立 web 服务，在默认情况下，访问 http://namenode-name：50070 即可查看 HDFS 的 Name Node 信息，如图 3-14 所示：

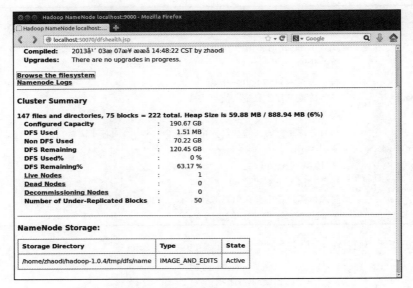

图 3-14　NameNode 的 web 界面

通过 web 界面可以查看 HDFS 的信息，包括总容量、可用容量、DataNodes 的信息、HDFS 运行目录等。

点击 "Browse the filesystem" 可以查看 HDFS 的目录结构，如图 3-15 所示。

点击 "Live Nodes" 可以查看当前有效的 DataNode 的信息，如图 3-16 所示。

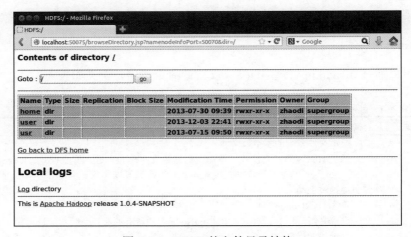

图 3-15　HDFS 的文件目录结构

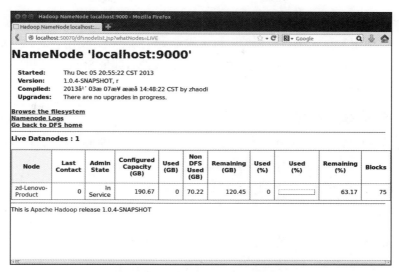

图 3-16　DataNode 的相关信息

3.5　HDFS 基本编程接口与示例

除了上一节提到的命令之外，Hadoop 提供了可用于读写、操作文件的 API，这样可以让程序员通过编程实现自己的 HDFS 文件操作。

Hadoop 提供的大部分文件操作 API 都位于 org.apache.hadoop.fs 这个包中。基本的文件操作包括打开、读取、写入、关闭等。为了保证能跨文件系统交换数据，Hadoop 的 API 也可以对部分非 HDFS 的文件系统提供支持；也就是说，用这些 API 来操作本地文件系统的文件也是可行的。

3.5.1　HDFS 编程基础知识

在 Hadoop 中，基本上所有的文件 API 都来自 FileSystem 类。FileSystem 是一个用来与文件系统交互的抽象类，可以通过实现 FileSystem 的子类来处理具体的文件系统，比如 HDFS 或者其他文件系统。通过 factory 方法 FileSystem.get（Configuration conf），可以获得所需的文件系统实例（factory 方法是软件开发的一种设计模式，指：基类定义接口，但是由子类实例化之；在这里 FileSystem 定义 get 接口，但是由 FileSytem 的子类（比如 FilterFileSystem）实现）。Configuration 类比较特殊，这个类通过键值对的方式保存了一些配置参数。这些配置默认情况下来自对应文件系统的资源配置。我们可以通过如下方式获得具体的 FileSystem 实例：

```
Configuration conf = new Configuration();
FileSystem hdfs = FileSystem.get(conf);
```

如果要获得本地文件系统对应的 FileSystem 实例，则可以通过 factory 方法 FileSystem.getLocal（Configuration conf）实现：

```
FileSystem local = FileSystem.getLocal(conf);
```

Hadoop 中，使用 Path 类的对象来编码目录或者文件的路径，使用后面会提到的 FileStatus 类来存放目录和文件的信息。在 Java 的文件 API 中，文件名都是 String 类型的字符串，在这里则是 Path 类型的对象。

3.5.2　HDFS 基本文件操作 API

接下来看一下具体的文件操作。我们按照"创建、打开、获取文件信息、获取目录信息、读取、写入、关闭、删除"的顺序讲解 Hadoop 提供的文件操作的 API。

以下接口的实际内容可以在 Hadoop API 和 Hadoop 源代码中进一步了解。

1. 创建文件

FileSystem.create 方法有很多种定义形式，参数最多的一个是：

```
public abstract FSDataOutputStream create(Path f,
                FsPermission permission,
                boolean overwrite,
                int bufferSize,
                short replication,
                long blockSize,
                Progressable progress)
                Throws IOException
```

那些参数较少的 create 只不过是将其中一部分参数用默认值代替，最终还是要调用这个函数。其中各项的含义如下：

f：文件名

overwrite：如果已存在同名文件，overwrite=true 覆盖之，否则抛出错误；默认为 true。

buffersize：文件缓存大小。默认值：Configuration 中 io.file.buffer.size 的值，如果 Configuration 中未显式设置该值，则是 4096。

replication：创建的副本个数，默认值为 1。

blockSize：文件的 block 大小，默认值：Configuration 中 fs.local.block.size 的值，如果 Configuration 中未显式设置该值，则是 32M。

permission 和 progress 的值与具体文件系统实现有关。

但是大部分情况下，只需要用到最简单的几个版本：

```
publicFSDataOutputStream create(Path f);
publicFSDataOutputStream create(Path f,boolean overwrite);
publicFSDataOutputStream create(Path f,boolean overwrite,int bufferSize);
```

2. 打开文件

FileSystem.open 方法有 2 个，参数最多的一个定义如下：

```
public abstract FSDataInputStream open(Path f, intbufferSize) throws IOException
```

其中各项的含义如下：

f：文件名

buffersize：文件缓存大小。默认值：Configuration 中 io.file.buffer.size 的值，如果 Configuration 中未显式设置该值，则是 4096。

3. 获取文件信息

FileSystem.getFileStatus 方法格式如下：

```
public abstract FileStatus getFileStatus(Path f) throws IOException;
```

这一函数会返回一个 FileStatus 对象。通过阅读源代码可知，FileStatus 保存了文件的很多信息，包括：

path：文件路径

length：文件长度

isDir：是否为目录

block_replication：数据块副本因子

blockSize：文件长度（数据块数）

modification_time：最近一次修改时间

access_time：最近一次访问时间

owner：文件所属用户

group：文件所属组

如果想了解文件的这些信息，可以在获得文件的 FileStatus 实例之后，调用相应的 getXXX 方法（比如，FileStatus.getModificationTime（ ）获得最近修改时间）。

4. 获取目录信息

获取目录信息，不仅是目录本身，还有目录之下的文件和子目录信息，如下所述。FileStatus.listStatus 方法格式如下：

```
public FileStatus[] listStatus(Path f) throws IOException;
```

如果 f 是目录，那么将目录之下的每个目录或文件信息保存在 FileStatus 数组中返回。如果 f 是文件，和 getFileStatus 功能一致。

另外，listStatus 还有参数为 Path[] 的版本的接口定义以及参数带路径过滤器 PathFilter 的接口定义，参数为 Path[] 的 listStatus 就是对这个数组中的每个 path 都调用上面的参数为 Path 的 listStatus。参数中的 PathFilter 则是一个接口，实现接口的 accept 方法可以自定义文件过滤规则。

另外，HDFS 还可以通过正则表达式匹配文件名来提取需要的文件，这个方法是：

```
public FileStatus[] globStatus(Path pathPattern) throws IOException;
```

参数 pathPattern 中，可以像正则表达式一样，使用通配符来表示匹配规则：

?：表示任意的单个字符。

*：表示任意长度的任意字符，可以用来表示前缀后缀，比如 *.java 表示所有 java 文件。

[abc]：表示匹配 a，b，c 中的单个字符。

[a–b]：表示匹配 a–b 范围之间的单个字符。

[^a]：表示匹配除 a 之外的单个字符。

\c：表示取消特殊字符的转义，比如 * 的结果是 * 而不是随意匹配。

{ab，cd}：表示匹配 ab 或者 cd 中的一个串。

{ab，c{de，fh}}：表示匹配 ab 或者 cde 或者 cfh 中的一个串

5. 读取

3.3.2 节提到，调用 open 打开文件之后，使用了一个 FSDataInputStream 对象来负责数据的读取。通过 FSDataInputStream 进行文件读取时，提供的 API 就是 FSDataInputStream.read 方法：

```
public int read(long position, byte[] buffer, int offset, int length) throws IOException
```

函数的意义是：从文件的指定位置 position 开始，读取最多 length 字节的数据，保存到 buffer 中从 offset 个元素开始的空间中；返回值为实际读取的字节数。此函数不改变文件当前 offset 值。不过，使用更多的还有一种简化版本：

```
public final int read(byte[] b)throws IOException
```

从文件当前位置读取最多长度为 b.len 的数据保存到 b 中，返回值为实际读取的字节数。

6. 写入

从接口定义可以看出，调用 create 创建文件以后，使用了一个 FSDataOutputStream 对象来负责数据的写入。通过 FSDataOutputStream 进行文件写入时，最常用的 API 就是 write 方法：

```
public void write(byte[] b,int off,int len) throws IOException
```

函数的意义是：将 b 中从 off 开始的最多 len 个字节的数据写入文件当前位置。返回值为实际写入的字节数。

7. 关闭

关闭为打开的逆过程，FileSystem.close 定义如下：

```
public void close() throws IOException
```

不需要其他操作而关闭文件。释放所有持有的锁。

8. 删除

删除过程 FileSystem.delete 定义如下：

```
public abstract boolean delete(Path f,boolean recursive) throws IOException
```

其中各项含义如下：

f：待删除文件名。

recursive：如果 recursive 为 true，并且 f 是目录，那么会递归删除 f 下所有文件；如果 f 是文件，recursive 为 true 还是 false 无影响。

另外，类似 Java 中 File 的接口 DeleteOnExit，如果某些文件需要删除，但是当前不能被删；或者说当时删除代价太大，想留到退出时再删除的话，FileSystem 中也提供了一个 deleteOnExit 接口：

```
Public Boolean deleteOnExit(Path f)throws IOException
```

标记文件 f，当文件系统关闭时才真正删除此文件。但是这个文件 f 在文件系统关闭前必须存在。

3.5.3　HDFS 基本编程实例

本节介绍使用 HDFS 的 API 编程的简单示例。

下面的程序可以实现如下功能：在输入文件目录下的所有文件中，检索某一特定字符串所出现的行，将这些行的内容输出到本地文件系统的输出文件夹中。这一功能在分析 MapReduce 作业的 Reduce 输出时很有用。

这个程序假定只有第一层目录下的文件才有效，而且，假定文件都是文本文件。当然，如果输入文件夹是 Reduce 结果的输出，那么一般情况下，上述条件都能满足。为了防止单个的输出文件过大，这里还加了一个文件最大行数限制，当文件行数达到最大值时，便关闭此文件，创建另外的文件继续保存。保存的结果文件名为 1，2，3，4，…，以此类推。

如上所述，这个程序可以用来分析 MapReduce 的结果，所以称为 ResultFilter。

程序：Result Filter

输入参数：此程序接收 4 个命令行输入参数，参数含义如下：

<dfs path>：HDFS 上的路径

<local path>：本地路径

<match str>：待查找的字符串

<single file lines>：结果每个文件的行数

程序：ResultFilter

```
import java.util.Scanner;
import java.io.IOException;
import java.io.File;

import org.apache.hadoop.conf.Configuration;
import org.apache.hadoop.fs.FSDataInputStream;
import org.apache.hadoop.fs.FSDataOutputStream;
import org.apache.hadoop.fs.FileStatus;
import org.apache.hadoop.fs.FileSystem;
import org.apache.hadoop.fs.Path;
public class resultFilter
{
    public static void main(String[] args) throws IOException {
        Configuration conf = new Configuration();
        // 以下两句中，hdfs 和 local 分别对应 HDFS 实例和本地文件系统实例
        FileSystem hdfs = FileSystem.get(conf);
        FileSystem local = FileSystem.getLocal(conf);

        Path inputDir, localFile;

        FileStatus[] inputFiles;
        FSDataOutputStream out = null;
        FSDataInputStream in = null;
        Scanner scan;
        String str;
        byte[] buf;
        int singleFileLines;
        int numLines, numFiles, i;

        if(args.length!=4)
        {
            // 输入参数数量不够，提示参数格式后终止程序执行
            System.err.println("usage resultFilter <dfs path><local path>" +
            " <match str><single file lines>");
            return;
        }
        inputDir = new Path(args[0]);
        singleFileLines = Integer.parseInt(args[3]);

        try {
            inputFiles = hdfs.listStatus(inputDir);    // 获得目录信息
            numLines = 0;
            numFiles = 1;                              // 输出文件从 1 开始编号
            localFile = new Path(args[1]);
            if(local.exists(localFile))               // 若目标路径存在，则删除之
                local.delete(localFile, true);
            for (i = 0; i<inputFiles.length; i++) {
                if(inputFiles[i].isDir() == true)     // 忽略子目录
                    continue;
```

```
        System.out.println(inputFiles[i].getPath().getName());
        in = hdfs.open(inputFiles[i].getPath());
        scan = new Scanner(in);
        while (scan.hasNext()) {
            str = scan.nextLine();
            if(str.indexOf(args[2])==-1)
                continue;                          // 如果该行没有 match 字符串，则忽略之
            numLines++;
            if(numLines == 1)                              // 如果是 1，说明需要新建文件了
            {
                localFile = new Path(args[1] + File.separator + numFiles);
                out = local.create(localFile);     // 创建文件
                numFiles++;
            }
            buf = (str+"\n").getBytes();
            out.write(buf, 0, buf.length);         // 将字符串写入输出流
            if(numLines == singleFileLines)        // 如果已满足相应行数，关闭文件
            {
                out.close();
                numLines = 0;                      // 行数变为 0，重新统计
            }
        }// end of while
            scan.close();
            in.close();
        }// end of for
        if(out != null)
            out.close();
        } // end of try
        catch (IOException e) {
            e.printStackTrace();
        }
    }// end of main
}// end of resultFilter
```

程序的编译命令：

```
javac *.java
```

运行命令：

```
hadoop jar resultFilter.jar resultFilter <dfs path>\
        <local path><match str><single file lines>
```

参数和含义如下：

<dfs path>:HDFS 上的路径

<local path>: 本地路径

<match str>: 待查找的字符串

<single file lines>: 结果的每个文件的行数

上述程序的逻辑很简单，获取该目录下所有文件的信息，对每一个文件，打开文件、循环读取数据、写入目标位置，然后关闭文件，最后关闭输出文件。这里粗体打印的几个函数上面都有介绍，不再赘述。

我们在自己机器上预装的 hadoop-1.0.4 上简单试验了这个程序，在 hadoop 源码中拷贝了几个文件，然后上传到 HDFS 中，文件如下（见图 3-17）：

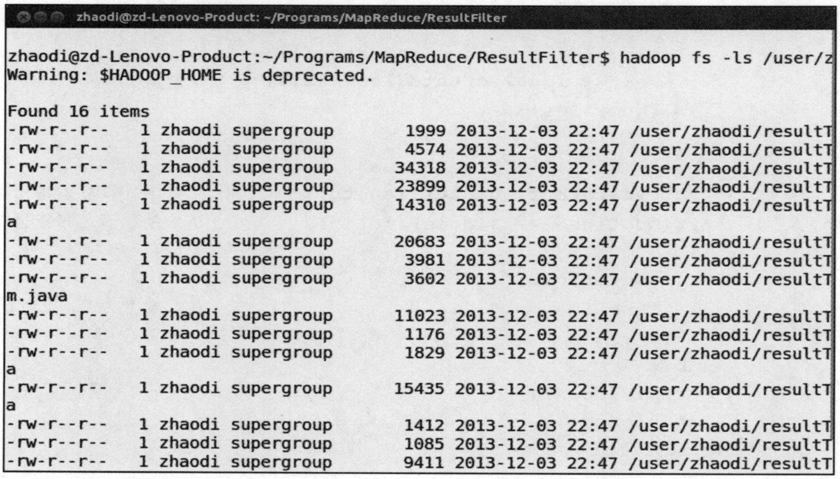

图 3-17　HDFS 中的内容

然后，编译运行一下该示例程序，显示一下目标文件内容，结果如图 3-18 所示，其中，将出现"java"字符串的每一行都输出到文件中。

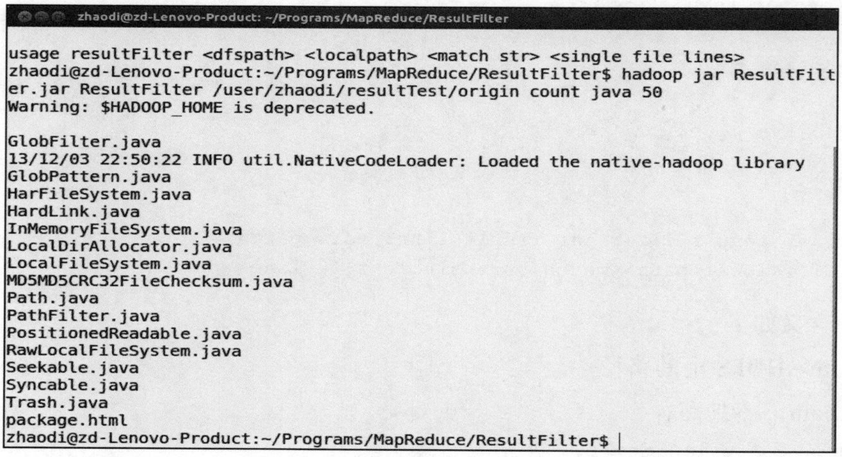

图 3-18　运行效果 01

Hadoop MapReduce 并行编程框架

Hadoop MapReduce 是 Google MapReduce 的一个开源实现。本章主要介绍 MapReduce 并行计算和编程模型、框架以及编程接口。首先介绍 MapReduce 的基本编程模型和框架；为了加深读者对 Hadoop MapReduce 并行计算构架和内部作业执行过程的了解，接着将介绍 Hadoop MapReduce 的基本构架与工作过程，包括 MapReduce 作业执行过程和作业调度方法；在此基础上，本章最后将详细介绍 Hadoop MapReduce 的组件和编程接口。

4.1 MapReduce 基本编程模型和框架

4.1.1 MapReduce 并行编程抽象模型

如 1.3 节所述，面向大规模数据处理，MapReduce 采用了对数据"分而治之"的方法来完成并行化的大数据处理。图 4-1 展示了这种基于数据划分和"分而治之"策略的基本并行化计算模型。

进一步，MapReduce 在总结了典型的顺序式大数据处理过程和特征的基础上，提供了一个抽象模型，并借助于函数式设计语言 Lisp 的设计思想，用 Map 和 Reduce 函数提供了两个高层的并行编程抽象模型和接口，程序员只要实现这两个基本接口即可快速完成并行化程序的设计。

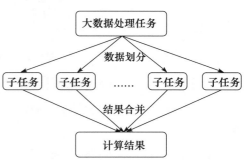

图 4-1　基于数据划分和"分而治之"
策略的基本并行化计算模型

MapReduce 定义了如下的 Map 和 Reduce 两个抽象的编程接口，由用户去编程实现：

```
map: (k1; v1) → [(k2; v2)]
```

其中，输入参数：键值对（k1; v1）表示的数据。相应的处理逻辑是：一个数据记录（如文本文件中的一行，或数据表格中的一行）将以"键值对"形式传入 map 函数；map 函数将处理这些键值对，并以另一种键值对形式输出一组键值对表示的中间结果 [(k2; v2)]。

```
reduce: (k2; [v2]) → [(k3; v3)]
```

其中，输入参数是由 map 函数输出的一组中间结果键值对（k2; [v2]），[v2] 是一个值集合，是因为同一个主键 k2 下通常会包含多个不同的结果值 v2，所以传入 reduce 函数时会将具有相同主键 k2 下的所有值 v2 合并到一个集合中处理。相应的处理逻辑是：对 map 输出的这组中间结果键值对，将进一步进行某种整理计算，最终输出为某种形式的结果键值对 [(k3; v3)]。

经过上述 Map 和 Reduce 的抽象后，MapReduce 将演化为图 4-2 所示的并行计算模型。

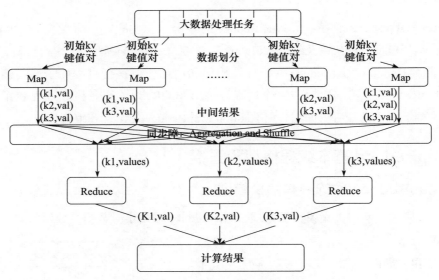

图 4-2　MapReduce 并行编程模型

图 4-2 并行编程模型的基本处理过程如下：

1）各个 Map 节点对所划分的数据进行并行处理，从不同的输入数据产生相应的中间结果输出。

2）各个 Reduce 节点也各自进行并行计算，各自负责处理不同的中间结果数据集合。

3）进行 Reduce 处理之前，必须等到所有的 Map 节点处理完，因此，在进入 Reduce 前需要有一个同步障（Barrier）；这个阶段也负责对 Map 的中间结果数据进行收集整理

（Aggregation & Shuffle）处理，以便 Reduce 节点可以完全基于本节点上的数据计算最终
结果。

4）汇总所有 Reduce 的输出结果即可获得最终结果。

4.1.2　MapReduce 的完整编程模型和框架

1. MapReduce 基本程序设计示例

设有 4 组原始文本数据：

```
Text 1: the weather is good
Text 2: today is good
Text 3: good weather is good
Text 4: today has good weather
```

现需要对这些文本数据进行词频统计。传统的串行处理方式下 Java 程序设计示例如下：

```
String[] text = new String[]
        { "the weather is good", "today is good ",
        "good weather is good "," today has good weather"  };
HashTable ht = new HashTable();
for(i=0; i<3; ++i){
    StringTokenizer st = new StringTokenizer(text[i]);
    while (st.hasMoreTokens()) {
        String word = st.nextToken();
        if(!ht.containsKey(word))
            ht.put(word, new Integer(1));
        else  {
            int wc = ((Integer)ht.get(word)).intValue() +1;
            ht.put(word, new Integer(wc));
        }
    }  // end of while
}  // end of for
for (Iterator itr=ht.KeySet().iterator();  itr.hasNext(); )
{
    String word = (String)itr.next();
    System.out.print(word+ ": "+ (Integer)ht.get(word)+";   ");
}
```

最终输出结果为：

```
good: 5;  has: 1;  is: 3;  the: 1;  today: 2;  weather: 3
```

如果用 MapReduce 来实现，假设用 4 个 Map 节点和 3 个 Reduce 节点来处理。设 4 个
Map 节点分别处理 4 个语句，每个 Map 节点要做的就是扫描该句子，遇到一个单词即输出
（word，1）的键值对。

Map 节点 1：

输入：（text1，"the weather is good"）

输出：(the, 1), (weather, 1), (is, 1), (good, 1)

Map 节点 2：

输入：(text2, "today is good")

输出：(today, 1), (is, 1), (good, 1)

Map 节点 3：

输入：(text3, "good weather is good")

输出：(good, 1), (weather, 1), (is, 1), (good, 1)

Map 节点 4：

输入：(text3, "today has good weather")

输出：(today, 1), (has, 1), (good, 1), (weather, 1)

然后 3 个 Reduce 节点分别汇总所接受的同一单词出现的频度并输出：

Reduce 节点 1：

输入：(good, 1), (good, 1), (good, 1), (good, 1), (good, 1)

输出：(good, 5)

Reduce 节点 2：

输入：(has, 1), (is, 1), (is, 1), (is, 1),

输出：(has, 1), (is, 3)

Reduce 节点 3：

输入：(the, 1), (today, 1), (today, 1),

　　　(weather, 1), (weather, 1), (weather, 1)

输出：(the, 1), (today, 2), (weather, 3)

最终我们将能得到与前述串行程序同样的输出结果：

```
good: 5;   has: 1;  is: 3;   the: 1;   today: 2;   weather: 3
```

而 MapReduce 实现这个词频统计的伪代码如下：

```
Class WordCountMapper
{
    method map(String input_key, String input_value)
    {   // input_key: text document name
        // input_value: document contents
        for each word w in input_value
            EmitIntermediate(w, "1");
    }
}

Class WordCountReducer
```

```
{
    method reduce(String output_key, Iterator values)
    {  // output_key: a word
       // output_values: a list of counts
       int result = 0;
       for each v in intermediate_values
           result += ParseInt(v);
       Emit(output_key, result);
    }
}
```

2. Combiner 和 Partitioner

（1）Combiner

上述程序中，有两点需要注意。第一，Map 节点 3 输出了 2 个（good，1）键值对，而将这两个相同主键的键值对直接传输给 Reduce，显然会增加不必要的网络数据传输，如果处理的是巨量的 Web 网页文本，那么这种相同主键的键值对的数量将是巨大的，直接传输给 Reduce 节点的话，将会造成巨大的网络传输开销。为此，我们完全可以让每个 Map 节点在输出中间结果键值对前，进行如图 4-3 所示的合并处理，把 2 个（good，1）合并为（good，2），以此大大减少需要传输的中间结果数据量，达到网络数据传输优化。

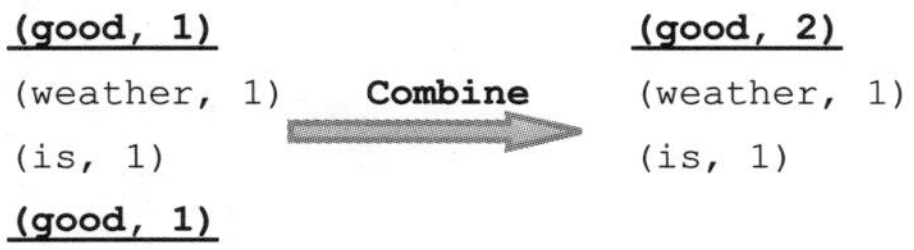

图 4-3　中间结果数据的 Combine 处理

为了完成这种中间结果数据传输的优化，MapReduce 框架提供了一个称为 Combiner 的对象专门负责处理这个事情，其主要作用就是进行中间结果数据网络传输的优化工作。Combiner 程序的执行是在 Map 节点完成计算之后、输出中间结果之前。

（2）Partitioner

第二个需要注意的问题是，为了保证将所有主键相同的键值对传输给同一个 Reduce 节点，以便 Reduce 节点能在不需要访问其他 Reduce 节点的情况下，一次性顺利统计出所有的词频，我们需要对即将传入 Reduce 节点的中间结果键值对进行恰当的分区处理（Partitioning）。MapReduce 专门提供了一个 Partitioner 类来完成这个工作，主要目的就是消除数据传入 Reduce 节点后带来不必要的相关性。这个分区的过程是在 Map 节点到 Reduce 节点中间的数据整理阶段完成的，具体来说，是在 Map 节点输出后、传入 Reduce 节点之前完成的。

3. 完整的 MapReduce 编程模型

基于以上的 MapReduce 程序示例，添加了 Combiner 和 Partitioner 处理后，图 4-2 所示的 MapReduce 并行编程模型将进一步演变为如图 4-4 所示完整的 MapReduce 并行编程模型。

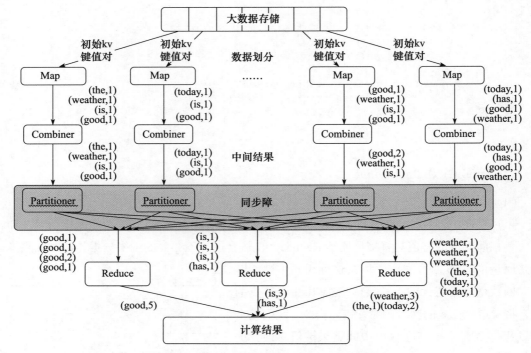

图 4-4   完整的 MapReduce 并行编程模型

4.2   Hadoop MapReduce 基本构架与工作过程

4.2.1   Hadoop 系统构架和 MapReduce 程序执行过程

1. Hadoop 系统构架

图 4-5 显示出 Hadoop 系统的基本组成构架。从逻辑上看，Hadoop 系统的基本组成构架包括分布存储和并行计算两个部分。分布存储构架上，如第 3 章分布式文件系统 HDFS 所述，Hadoop 系统使用 NameNode 作为分布存储的主控节点、用以存储和管理分布式文件系统的元数据，同时使用 DataNode 作为实际存储大规模数据的从节点，每个从节点基于底层的 Linux 系统在本节点上存储实际数据。并行计算构架上，Hadoop 使用 JobTracker 作为 MapReduce 并行计算框架的主控节点，用以管理和调度作业的执行，用 TaskTracker 管理每个计算从节点上计算任务的执行。

为了实现 Hadoop 系统设计中本地化计算的原则，数据存储节点 DataNode 与计算节点 TaskTracker 将合并设置，让每个从节点同时运行作为 DataNode 和 TaskTracker，以此让每个 TaskTracker 尽量处理存储在本地 DataNode 上的数据。

而数据存储主控节点 NameNode 与作业执行主控节点 JobTracker 既可以设置在同一个主

控节点上，在集群规模较大或者这两个主控节点负载都很高以至于会相互影响时，也可以分开设置在两个不同的节点上。

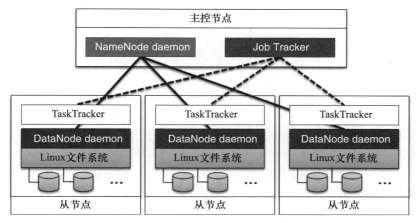

图 4-5　Hadoop 系统的基本组成构架

2. Hadoop MapReduce 程序执行过程

图 4-6 展示了在 Hadoop MapReduce 并行计算框架上执行一个用户提交的 MapReduce 程序的基本过程。基本的作业执行过程如下：

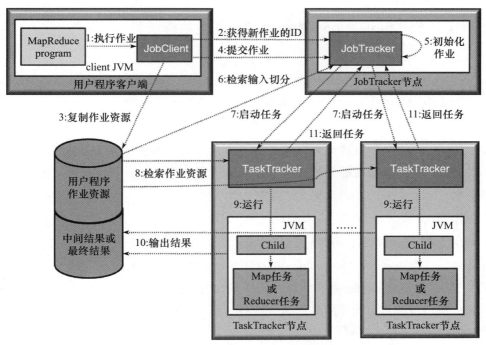

图 4-6　Hadoop MapReduce 程序执行过程

1）首先，用户程序客户端通过作业客户端接口程序 JobClient 提交一个用户程序。

2）然后 JobClient 向 JobTracker 提交作业执行请求并获得一个 Job ID。

3）JobClient 同时也会将用户程序作业和待处理的数据文件信息准备好并存储在 HDFS 中。

4）JobClient 正式向 JobTracker 提交和执行该作业。

5）JobTracker 接受并调度该作业，进行作业的初始化准备工作，根据待处理数据的实际分片情况，调度和分配一定的 Map 节点来完成作业。

6）JobTracker 查询作业中的数据分片信息，构建并准备相应的任务。

7）JobTracker 启动 TaskTracker 节点开始执行具体的任务。

8）TaskTracker 根据所分配的具体任务，获取相应的作业数据。

9）TaskTracker 节点创建所需要的 Java 虚拟机，并启动相应的 Map 任务（或 Reduce 任务）的执行。

10）TaskTracker 执行完所分配的任务之后，若是 Map 任务，则把中间结果数据输出到 HDFS 中；若是 Reduce 任务，则输出最终结果。

11）TaskTracker 向 JobTracker 报告所分配的任务完成。若是 Map 任务完成并且后续还有 Reduce 任务，则 JobTracker 会分配和启动 Reduce 节点继续处理中间结果并输出最终结果。

4.2.2　Hadoop MapReduce 执行框架和作业执行流程

Hadoop MapReduce 并行计算框架构建于 HDFS 之上，其中包含一个主控节点 JobTracker 以及众多从节点 TaskTracker。JobTracker 作为 Hadoop 的主控节点，主要负责调度、管理作业中的任务。TaskTracker 作为从节点（任务节点），负责执行 JobTracker 分发过来的任务。

如上所述，当一个作业被提交给 Hadoop 系统时，这个作业的输入数据会被划分成很多等长的数据块，每个数据块都会对应于一个 Map 任务。这些 Map 任务会同时执行、并行化地处理数据。Map 任务的输出数据会被排序，然后被系统分发给 Reduce 任务以做进一步的处理。在作业执行的整个过程中，JobTracker 会对所有任务进行以下管理：重复执行失败的任务，更改作业的执行状态，等等。

作业和任务是 Hadoop MapReduce 并行计算框架中非常重要的两个概念。为了让读者深入了解 Hadoop MapReduce 框架中作业和任务的内部执行过程，以下基于我们对 Hadoop MapReduce 执行框架源码的深度分析结果，介绍 MapReduce 并行计算框架中作业和任务执行的内部流程和状态转换过程。

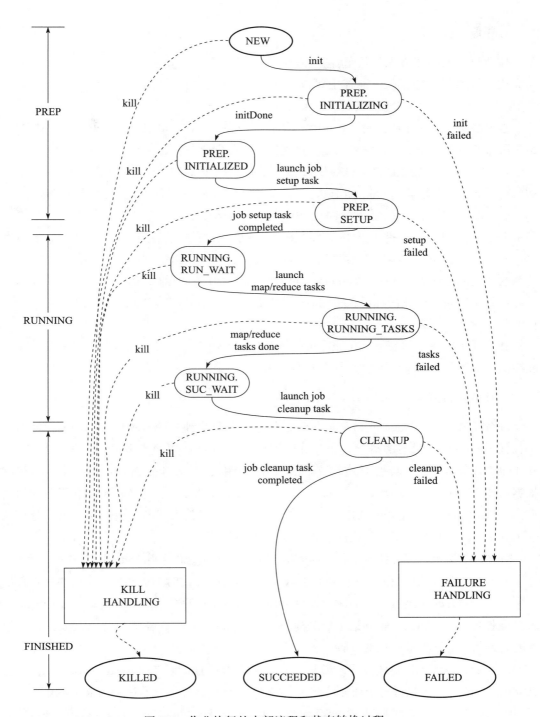

图 4-7 作业执行的内部流程和状态转换过程

1. 作业执行流程

作业执行的内部流程和状态转换过程参见图 4-7 所示。图 4-7 中的实线为作业提交后成功完成计算所经过的主线。总体上可以把作业的运行和生命周期分为三个阶段：准备阶段（PREP）、运行阶段（RUNNING）和结束阶段（FINISHED）。

在准备阶段，作业从初始状态 NEW 开始，进入 PREP.INITIALIZING 状态进行初始化，初始化所做的主要工作是读取输入数据块描述信息，并创建所有的 Map 任务和 Reduce 任务。初始化成功后，进入 PREP.INITIALIZED 状态。此后，一个特殊的作业初始化任务（job setup task）被启动，以创建作业运行环境，此任务完成后，作业准备阶段结束，作业真正进入了运行阶段。

在运行阶段，作业首先处在 RUNNING.RUN_WAIT 状态下等待任务被调度。当第一个任务开始执行时，作业进入 RUNNING.RUNNING_TASKS，以进行真正的计算。当所有的 Map 任务和 Reduce 任务执行完成后，作业进入 RUNNING.SUC_WAIT 状态。此时，另一个特殊的作业清理任务（job cleanup task）被启动，清理作业的运行环境，作业进入结束阶段。

在结束阶段，作业清理任务完成后，作业最终到达成功状态 SUCCEEDED，至此，整个作业的生命周期结束。

在主线上的各个状态下，作业有可能被客户主动杀死，最终进入 KILLED 状态；也有可能在执行中因各种因素而失败，最终进入 FAILED 状态。

2. 任务执行流程

任务（Task）是 Hadoop MapReduce 框架进行并行化计算的基本单位。需要说明的一点是：任务是一个逻辑上的概念，在 MapReduce 并行计算框架的实现中，分布于 JobTracker 和 TaskTracker 两端，分别对应于 TaskInProgress 和 TaskTracker.TaskInProgress 两个对象。根据图 4-7，当一个作业提交到 Hadoop 系统时，JobTracker 对作业进行初始化，作业内的任务（TaskInProgress）被全部创建好，等待 TaskTracker 来请求任务，我们对任务的分析就从这里开始。图 4-8 给出了任务执行的内部过程和时序流程。

如图 4-8 所示，任务执行过程沿时间线从上往下依次为以下几个步骤。

1）JobTracker 为作业创建一个新的 TaskInProgress 任务；此时 Task 处在 UNASSIGNED 状态。

2）TaskTracker 经过一个心跳周期后，向 JobTracker 发送一次心跳消息（heartbeat），请求分配任务，JobTracker 收到请求后分配一个 TaskInProgress 任务给 TaskTracker。这是第一次心跳通信，心跳间隔一般为 3 秒。

3）TaskTracker 收到任务后，创建一个对应的 TaskTracker.TaskInProgress 对象，并启动独立的 Child 进程去执行这个任务。此时 TaskTracker 已将任务状态更新为 RUNNING。

4）又经过一个心跳周期，TaskTracker 向 JobTracker 报告任务状态的改变，JobTracker 也将任务状态更新为 RUNNINIG。这是第二次心跳通信。

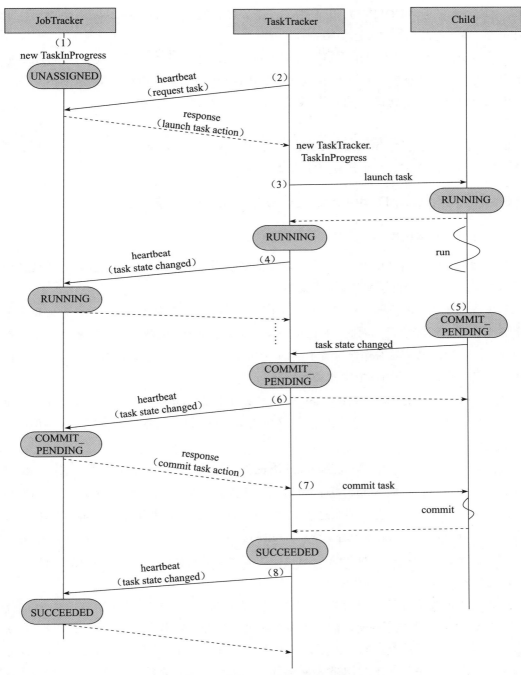

图 4-8　任务执行的内部过程和时序流程

5）经过一定时间，任务在 Child 进程内执行完成，Child 进程向 TaskTracker 进程发出通知，任务状态变为 COMMIT_PENDING（任务在执行期间 TaskTracker 还会周期性地向 JobTracker 发送心跳信息，在图中略去）。

6）TaskTracker 再次向 JobTracker 发送心跳信息，报告任务状态的改变，JobTracker 收到消息后也将任务状态更新为 COMMIT_PENDING，并返回确认消息，允许提交。

7）TaskTracker 收到确认可以提交的消息后，将结果提交，并把任务状态更新为 SUCCEEDED。

8）一个心跳周期后 TaskTracker 再次发送心跳消息，JobTracker 收到消息后也更新任务的状态为 SUCCEEDED，一个任务至此结束。

4.2.3 Hadoop MapReduce 作业调度过程和调度方法

1. 作业调度基本过程

简单地说，Hadoop MapReduce 作业调度就是根据一定的策略，从作业队列中选择一个合适的作业，为它们分配资源让它们得以执行。

与传统的作业调度不同，在 Hadoop MapReduce 并行计算框架中，每个作业都被划分为很多更小粒度的任务单元。因此，Hadoop 作业调度在选择合适的作业之后还需从中选择合适的任务。不同的调度器对作业有着不同的组织结构，如单队列、多队列、作业池等，但是任务的组织结构都沿用了 Hadoop 本身的机制。

Hadoop MapReduce 构建于 Hadoop 分布式文件系统 HDFS 之上。在默认情况下，每个文件都会被划分为 64MB 大小的一系列数据块（Block），每个数据块都会有三个备份保存在集群中三个不同的节点上。

如图 4-9 所示，作业中的 nonRunningMaps 是一个 Java Map 映射表数据结构，保存了带有输入数据位置信息的 Map 任务：如果一个任务 m1 的输入数据为 block1 且分别保存在 node1、node2 以及 node3 上，那么这 3 个节点分别对应的任务集都会包括 m1。其他的数据结构，如 runningMaps、failedMaps、runningReduces 分别保存了正在执行的 Map 任务、失败的 Map 任务以及正在执行的 Reduce 任务。需要注意的是，nonLocalMaps 比较特殊，它保存的是无输入数据位置信息且尚未执行的 Map 任务。

在大数据问题背景下，计算向数据迁移显得尤为重要。在给计算节点分配 Map 任务时，Hadoop 会优先选择那些输入数据保存在本地节点的 Map 任务（node-local 任务）；次之则选择数据保存在相近节点的任务，如一个机架上的另一节点上的任务（rack-local 任务）。Reduce 任务的输入数据是通过网络从 Map 任务端远程拷贝过来的，不具有这种本地执行的性质，因此可随意分配。

现有的 Hadoop 作业调度算法在选择了合适的作业之后，对任务的选择基本都遵循上述的策略。

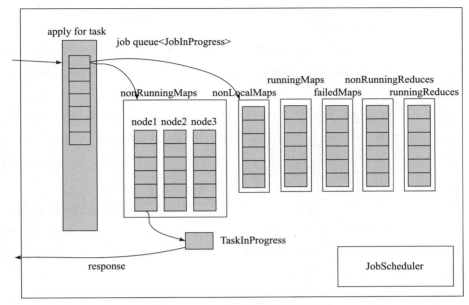

图 4-9　Hadoop 系统作业调度过程

2. 作业调度器

早期的 Hadoop 使用 FIFO 调度器来调度用户提交的作业。现在主要使用的调度器包括 Yahoo 公司提出的计算能力调度器（Capacity Scheduler）以及 Facebook 公司提出的公平调度器（Fair Scheduler）。

（1）先进先出（FIFO）调度器

采用 FIFO 调度器时，用户作业都会被提交到唯一的一个队列内。在 TaskTracker 申请任务时，系统会按照优先级高低从队列中选择一个符合执行条件的作业进行调度，如果优先级相同，则依据提交时间的先后顺序选择相应的作业进行调度。

不难看出，采用 FIFO 调度器时，整个系统的资源会被一个作业独占。其缺点主要是：（a）优先级低的作业或者相同优先级下提交较晚的作业会一直被阻塞，迟迟得不到响应；（b）当作业较小时，系统资源会被极大地浪费；即使作业较大，在作业的启动阶段及完成阶段，由于其任务无法占满集群的所有节点，因此集群资源还是无法得到高效的利用。

（2）计算能力调度器

在计算能力调度器中，调度器维护了多个队列；提交的作业会按照用户配置的参数提交到指定的队列中。当有空闲 slot 的节点访问 JobTracker 申请作业时，系统会依次选择合适的队列、在该队列中选择合适的作业、在该作业中选择合适的任务。这里 slot 是 MapReduce 用来刻画节点可分配计算资源数量的一种抽象度量单位，一个 MapReduce 计算任务需要申请获得一个空闲的 slot 才能得到运行。

1）选择队列：将所有队列按照资源使用率由小到大排序，依次进行处理，直到找到合适的作业。在这里，资源使用率的值为该队列占用的 slot 数量与整个集群的 slot 总数的比值。

2）选择作业：在选定队列之后，对队列中的任务依据 FIFO 调度器，依次进行处理，直到找到满足下面两个条件的作业：a）作业所在的用户未达到资源使用上限；b）该作业对应的任务执行时需要的内存小于申请任务的节点所剩余的内存，保证任务可以顺利执行。

3）选择任务：基于原有的 Hadoop 任务选择策略。

计算能力调度器的主要特点是：a）通过优先调度资源使用率低的队列来保证多个队列公平地分享整个集群的资源；b）单个队列的调度支持原有的先进先出调度策略；c）在调度作业的过程中考虑内存的使用状况是否能够满足任务的执行需求，避免分配任务后执行失败又重复执行的额外开销。

从资源使用的角度来说，计算能力调度器考虑了节点内存资源的使用状况，避免内存枯竭导致任务的执行效率低下甚至失败。但是，它并没有考虑 I/O 密集型作业的执行同样会产生类似的问题；其次，它并没有考虑如何将内存密集型作业和非内存密集型作业混合调度、使计算节点达到高效使用内存资源的同时，还能够尽量地保证其他硬件资源的使用率。

（3）公平调度器

公平调度器使用资源池（pool）来组织作业，并把整个集群的资源按照一定的权重划分给这些资源池。默认情况下，每一个用户单独享有一个资源池且权重为 1，这样所有用户都能获得一份等同的集群资源而不管他们提交了多少作业。系统也可以配置不同的资源池权重，以不同的资源比例支持众多用户。

整个公平调度器可以分为两个部分：资源共享信息更新（UpdateThread）以及作业调度（assignTask）。为了便于阐述，我们先分析作业调度，再反过来分析资源共享信息更新部分所做的工作。

在作业调度的过程中，资源池的概念与计算能力调度器中队列的概念类似，整个处理的过程也基本相同，即先选择合适的资源池，再从中选择合适的作业进行调度，不同的有以下两点：a）资源池的排序依据资源共享算法；b）资源池中作业的排序算法有两种可供选择，一是同资源池排序一样的资源共享算法，二是采用 FIFO 作业调度算法，默认的是前者。

表 4-1 是公平调度器的作业排序伪代码表。

表 4-1　公平调度器的作业排序算法

```
1    FairShareComparator
2    for job o1 and job o2
3      maintain four variables for each: minshare demand weight and runningtasks
4    set minshare1 = Math.min( o1.minshare, o1.demand);
5    set minshare2 = Math.min( o2.minshare, o2.demand);
6    set o1Needy =  o1.runningtasks < minshare1;
7    set o2Needy =  o2.runningtasks < minshare2;
8    if o1Needy and !o2Needy then
9      return -1;
10   else if !o1Needy and o2Needy then
11     return 1;
12   else if o1Needy and o2Needy then
13     set vacancy1 = o1.runningtasks/o1.minshare1;
14     set vacancy2 = o2.runningtasks/o2.minshare2;
15     if vacancy1 < vacancy2 then
16       return -1;
17     else
18       return 1;
19     end if
20   else do
21     set minShareRatio1 = o1.runningtasks/o1.weight;
22     set minShareRatio2 = o2.runningtasks/o2.weight;
23     if minShareRatio1 < minShareRatio2 then
24       return -1;
25     else
26       return 1;
27     end if
28   end if
```

　　资源共享算法就是一个排序算法。这里，资源指的就是 map slot 以及 reduce slot；排序的对象可以是作业，也可以是资源池。上述代码展示了对作业排序的算法内容，当排序对象是资源池时，即把对应的参数改为资源池内的作业的加权和。

　　具体到 minshare、demand 以及 weight 这些值的计算，则交由公平调度算法的第一部分，即资源共享信息更新部分来完成。如 minshare、weight 这些参数是由用户指定的，直接从配置文件中读取；为了保证系统的灵活性，公平调度器会每隔 5 秒（默认）重新读取该文件来为所有作业修正参数。

　　在任务选择方面，公平调度算法采用了延迟调度算法。为了能够尽可能地分配 node-local 任务，该算法采用了两级延迟调度：a）作业可以最多等待 W_1 的时间来分配一个 node-local 任务，如果在等待范围内不能分配到 node-local 任务则放弃这期间的分配机会，如果超过 W_1 时间则尝试分配一个 rack-local 任务；b）作业可以最多延迟 W_2 的时间来分配一个 rack-local 任务，超过等待时间则随意分配任务。这里的 W_1 及 W_2 在系统启动时读取配置文件获取，根据集群每秒释放的 slot 数目来决定。

从上述内容可以得出公平调度器具有以下特点：a）每个作业都拥有最低限度的资源保障（minshare），不至于迟迟得不到资源而无法执行；b）采用了更加灵活的调度策略，管理员可以实时地修改作业的权重、最小共享量等参数；c）采用了延迟调度算法，大大减小了集群中的网络开销，同时缩短了任务的平均执行时间。

4.2.4　MapReduce 执行框架的组件和执行流程

图 4-10 展示了 Hadoop MapReduce 执行框架所涉及的组件和执行流程。每个 TaskTracker 节点将从 HDFS 分布式文件中读取所要处理的数据。Hadoop MapReduce 框架提供了一个 InputFormat 对象负责具体以什么样的输入格式读取数据。然后数据会被分为很多个分片（Split），每个分片将交由一个 Map 对象去处理。在进入 Map 之前，需要通过 RecordReader

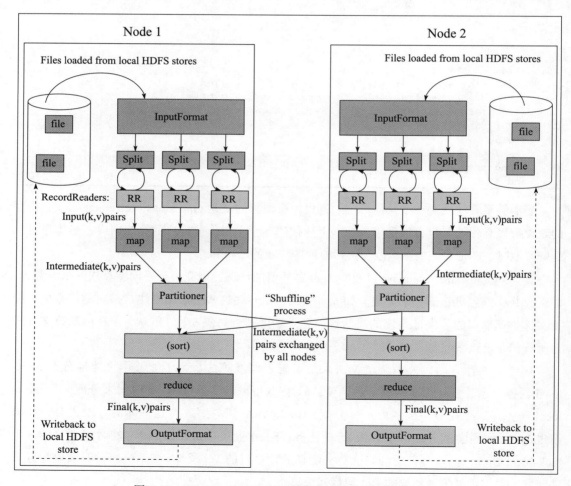

图 4-10　Hadoop MapReduce 执行框架的组件和执行流程

对象逐个从数据分片中读出数据记录、并转换为 Key-Value 键值对，逐个输入到 Map 中处理。Map 输出中间结果前，需要经过一个 Combiner 对象将该 Map 输出的相同主键下的所有键值对合并为一个键值对；Map 所输出的中间结果在进入 Reduce 节点之前，先通过中间的 Partitioner 对象进行数据分区，将数据发送到合适的 Reduce 节点上，避免不同 Reduce 节点上的数据有相关性，保证每个 Reduce 节点可独立完成本地计算；在传入 Reduce 节点之前还会自动将所有键值对按照主键值进行排序。Reduce 节点完成计算后，经过 OutputFormat 对象指定输出数据的具体格式，最终将数据输出并写回到 HDFS 中。

4.3　Hadoop MapReduce 主要组件与编程接口

4.3.1　数据输入格式 InputFormat

1. InputFormat 类简介

InputFormat 类是 Hadoop MapReduce 框架中的基础类之一，它描述了 MapReduce 作业数据的输入形式和格式。作业的 InputFormat 将被 MapReduce 框架赋予如下三个任务：

1）验证作业数据的输入形式和格式。

2）将输入数据分割为若干逻辑意义上的 InputSplit，其中每一个 InputSplit 将单独作为一个 Mapper 的输入。

3）提供一个 RecordReader，用于将 Mapper 的输入（即 InputSplit）处理转化为若干输入记录。

有关 InputSplit 和 RecordReader 的接口和用法我们将在 4.3.2 节和 4.3.3 节讲述，这里先介绍 InputFormat 的接口和用法。

可以使用下面的代码来指定 MapReduce 作业数据的输入格式（以设置输入格式为 KeyValueTextInputFormat 为例）：

```
job.setInputFormatClass(KeyValueTextInputFormat.class);
```

InputFormat 是一个抽象类，位于 org.apache.hadoop.mapreduce.InputFormat<K,V>。该抽象类有两个抽象方法：

```
abstract List<InputSplit> getSplits(JobContext context);
abstract RecordReader<K,V> createRecordReader
                (InputSplit split, TaskAttemptContext context);
```

getSplits() 方法将被 JobClient 调用，返回一个 InputSplit 列表。JobTracker 将根据这个列表完成确定 Mapper 数量、分配 Mapper 与 InputSplit 的工作。createRecordReader() 方法被 TaskTracker 在初始化 Mapper 时调用，返回一个 RecordReader 用于读取记录。

2. FileInputFormat 类

FileInputFormat 是最常用的 InputFormat 类别。它重载了 InputFormat 类的 getSplits() 方法，用于从 HDFS 中读取文件并分块，这些文件可能是文本文件或者顺序文件。默认的输入格式 TextInputFormat 即为 FileInputFormat 的一个子类，此外，CombineFileInputFormat，KeyValueTextInputFormat，NLineInputFormat，SequenceFileInputFormat 也都是 FileInputFormat 的子类，它们的功能和用法参见 Hadoop 编程 API。

FileInputFormat 提供了若干静态方法，用户可以用它们设定输入路径、指定分块大小等全局设置。比如，addInputPath() 方法可以添加一个输入文件（或文件夹）的路径，setMaxInputSplitSize() 方法可以设定一个数据分块的最大大小（默认数据分块的大小等于 HDFS 的块大小），等等。

3. 常用的内置 InputFormat 类

Hadoop 提供了一些常用的内置 InputFormat 类，如表 4-2 所示，包括 TextInputFormat，KeyValueTextInputFormat，以及 SequenceFileInputFormat，它们都是 FileInputFormat 的子类。

表 4-2　常用的内置 InputFormat 类

InputFormat 类	描　述	键	值
TextInputFormat	默认输入格式；读取文本文件的行	当前行的偏移位置	当前行内容
KeyValueTextInputFormat	将行解析为键值对	行内首个制表符前的内容	行内其余内容
SequenceFileInputFormat	专用于 Hadoop 的高性能的二进制格式	用户定义	用户定义

（1）TextInputFormat 类

如果用户不指定输入格式，则系统默认的输入格式为 TextInputFormat 类。它将 HDFS 上的文本文件分块送入 Mapper，然后逐行读入，将当前行在整个文本文件中的字符偏移位置作为键（Key），将该行的内容作为值（Value）。

TextInputFormat 提供了默认的 LineRecordReader，以读入一个文本行数据记录。在使用 TextInputFormat 时，Mapper 的输入数据格式应指定为 <LongWritable, Text>。

（2）KeyValueTextFormat 类

KeyValueTextFormat 同 TextInputFormat 一样逐行读入文本文件，同时它还将行的内容解析为键值对。具体地，它会寻找当前行的第一个分隔符（默认为制表符 "\t"），将此分隔符前的内容作为主键，而后面的内容直到行尾作为值。KeyValueTextFormat 内置的默认 RecordReader 是 KeyValueLineRecordReader。在使用 KeyValueTextFormat 时，Mapper 的输入数据格式应指定为 <Text, Text>。

（3）SequenceFileInputFormat 类

Hadoop 的顺序文件格式可以存储二进制的键值对序列。SequenceFileInputFormat

类能够以顺序二进制文件数据作为 MapReduce 的输入，读取其中的键值供用户处理。SequenceFileInputFormat 可用于读取和处理诸如媒体（图片、视频、声音等）等二进制数据文件。具体的输入键值对的格式需要由用户定义。SequenceFileInputFormat 内置的默认 RecordReader 是 SequenceFileRecordReader。在使用 SequenceFileInputFormat 时，Mapper 的输入数据格式应当按照顺序的二进制文件中键值数据的实际格式来指定。

4. 其他的内置 InputFormat 类

Hadoop 提供了各种功能丰富的 InputFormat 类，它们重载了 getSplits() 和 createRecordReader() 方法，以实现从特定数据源或特殊目的的输入要求。除了 4.3.1 节的第 2 小节中列举的 FileInputFormat 的子类外，还有一些其他用途的输入格式。Hadoop 提供的各种可用 InputFormat 类列举如下：TextInputFormat，KeyValueTextInputFormat，NLineInputFormat，CombineFileInputFormat，SequenceFileInputFormat，SequenceFileAsTextInputFormat，SequenceFileAsBinaryInputFormat，SequenceFileInputFilter，DBInputFormat，DataDrivenDBInputFormat，OracleDataDrivenDBInputFormat。

具体这些 InputFormat 类的功能和用法请参见 Hadoop 编程 API。另外，除了这些输入格式外，还有一个 MultipleInputs 类，它可以将异源异构的各种输入格式放在一起。

除了内置的输入格式以外，用户也可以定制 InputFormat，以满足某些特殊的输入格式需求，详见第 9 章 MapReduce 高级程序设计技术。

4.3.2　输入数据分块 InputSplit

数据分块 InputSplit 是 Hadoop MapReduce 框架中的基础类之一。一个 InputSplit 将单独作为一个 Mapper 的输入，即作业的 Mapper 数量是由 InputSplit 的个数决定的。

用户并不能自由地选择 InputSplit 的类型，而是在选择某个 InputFormat 时就决定了对应的 InputSplit。具体地，特定的 InputFormat 类重载的 getSplits 方法，它的返回值就是特定的 InputSplit 类的列表。

任何数据分块的实现都继承自抽象基类 InputSplit，它位于：org.apache.hadoop.mapreduce. InputSplit。该抽象基类有两个抽象方法：

```
abstract long getLength();
abstract String[] getLocations();
```

getLength() 方法返回该分块的大小，getLocations() 方法返回一个列表，其中列表的每一项为该分块的数据所在的节点，这些数据对于这些节点是"本地的"。JobTracker 的调度器将根据这两个方法的返回值，以及 TaskTracker 通过心跳通信反馈给 JobTracker 的 Map Slot 的可用情况，选择合适的调度策略为 TaskTracker 分配 Map 任务，使得它所需的数据分块尽量在本地。

一个常见的数据分块类是 FileSplit。它对应于输入格式 FileInputFormat。它同时提供了一些方法用于用户获取文件分块相关的属性，如 getPath() 方法返回该文件分块的文件名，getStart() 方法返回该文件分块的第一个字节在文件中的位置，等等。

用 FileSplit 中的 getPath() 方法获得当前数据块的文件名的示例代码如下。该例子中使用的数据输入格式为默认的 TextInputFormat，因此 context.getInputSplit() 返回的 InputSplit 实际上是 FileSplit 对象。

```
public class InvertedIndexMapper extends Mapper<Text, Text, Text, Text>
{
    protected void map(Text key, Text value, Context context)
                    throws IOException, InterruptedException
{
    Text word = new Text();
    FileSplit fileSplit = (FileSplit)context.getInputSplit();
    String fileName = fileSplit.getPath().getName();
    Text fileName_lineOffset = new Text(filename + "#" + key.toString());
    StringTokenizer itr = new StringTokenizer(value.toString());
    for(; itr.hasMoreTokens(); )
        {
            word.set(itr.nextToken());
            context.write(word, fileName_lineOffset);
        }
    }
}
```

4.3.3 数据记录读入 RecordReader

1. RecordReader 类简介

数据记录也是 Hadoop MapReduce 框架中的一个重要概念。在 Map 阶段中，每个 Map 将会不断地读取文件分块，每读取一次，都会得到一个数据记录，并将这些数据记录转化为"键 – 值"对的形式供用户做进一步处理。RecordReader 即为负责从数据分块中读取数据记录并转化为键值对的类。

和 InputSplit 类一样，用户并不能自由地选择 RecordReader 的类型，而是在选择某个 InputFormat 时就决定了对应的 RecordReader。具体地，特定的 InputFormat 类重载的 create RecordReader 方法，它的返回值就是特定的 RecordReader 类。例如，TextInputFormat 对应的默认 RecordReader 是 LineRecordReader，KeyValueTextInputFormat 对应的默认 RecordReader 是 KeyValueLineRecordReader，等等。但是在需要时用户可重新定制和使用一个自定义的 InputFormat 和 RecordReader 类，详见第 9 章 MapReduce 高级程序设计技术。

任何数据记录读入功能的实现都继承自抽象基类 RecordReader，它位于 org.apache.

hadoop.mapreduce. RecordReader<KEYIN,VALUEIN>。该抽象基类实现了 Closable 接口，另外还有若干抽象方法：

```
abstract void close();    // 关闭 RecordReader，继承自 Closable 接口
abstract void initialize(InputSplit split, TaskAttemptContext context);
                          // 初始化 RecordReader
abstract boolean nextKeyValue();
                          // 读取下一个键值对，如果读取成功，则返回 true，否则返回 false
abstract KEYIN getCurrentKey();        // 返回当前 Key
abstract VALUEINgetCurrentValue();     // 返回当前 Value
abstract float getProgress();          // 返回 0-1 之间的小数，表示已读取数据的比例
```

默认 Mapper 的 run() 方法的核心代码如下所示，其中 context 对象的 nextKeyValue()、getCurrentKey() 和 getCurrentValue() 方法都是 RecordReader 对应方法的封装。

```
public void run(Context context)
        throws IOException, InterruptedException
{
    setup(context);
    while (context.nextKeyValue())
    {
        map(context.getCurrentKey(), context.getCurrentValue(), context);
    }
    cleanup(context);
}
```

由以上代码可以看出，在 Map 阶段，将会循环调用 context.nextKeyValue() 方法不断地从文件分块读取数据，并通过 context.getCurrentKey() 和 context.getCurrentValue() 方法得到键和值后传入 Mapper 的 map() 方法，供用户进行处理。

2. 常用的内置 RecordReader 类

表 4-3 列出了三个常用的内置 RecordReader 类及其所对应的 InputFormat 类。LineRecordReader 类逐行读出文件中的一行文本作为一个记录，并将当前行在整个文本文件中的字符偏移位置作为键，将该行的内容作为值，工作时其对应着 TextInputFormat。KeyValueLineRecordReader 类则认为每行文本已经按照"键值对"的格式逐行组织好数据，然后逐行读出相应的键值对，工作时其对应着 KeyValueTextInputFormat 类；SequenceFileRecordReader 类则将文件作为二进制顺序文件读出，具体的键值对格式需要由用户实现，工作时其对应着 SequenceFileInputFormat 类。

表 4-3　常用的内置 RecordReader 类及其所对应的 InputFormat 类

RecordReader 类	InputFormat 类	描　　述
LineRecordReader	TextInputFormat	读取文本文件的行
KeyValueLineRecordReader	KeyValueTextInputFormat	读取行并将行解析为键值对
SequenceFileRecordReader	SequenceFileInputFormat	用户定义的格式产生键与值

3. 其他的内置 RecordReader 类

Hadoop 内置的 RecordReader 类列举如下：LineRecordReader，KeyValueLineRecordReader，CombineFileRecordReader，SequenceFileRecordReader，SequenceFileAsBinaryRecordReader，SequenceFileAsTextRecordReader，DBRecordReader，MySQLDBRecordReader，OracleDBRecordReader，DataDrivenDBRecordReader，MySQLDataDrivenDBRecordReader，OracleDataDrivenDBRecordReader。

除了内置的数据记录读入以外，用户也可以定制 RecordReader，以满足某些特殊的输入格式需求，详见第 9 章 MapReduce 高级程序设计技术。

4.3.4 Mapper 类

1. Mapper 类的定义和编程使用

简单来说，Map 是一些单个任务。Mapper 类就是实现 Map 任务的类。Hadoop 提供了一个抽象的 Mapper 基类，程序员需要继承这个基类，并实现其中的相关接口函数。

一个示例 Mapper 类的基本定义形式如下：

```
public static class MyMapper
                    extends Mapper<Object, Text, Text, IntWritable>
```

Mapper 类是 Hadoop 提供的一个抽象类，程序员可以继承这个基类并实现其中的相关接口函数。它位于 org.apache.hadoop.mapreduce.Reducer<KEYIN,VALUEIN，KEYOUT,VALUEOUT>；在 Mapper 中实现的是对大量数据记录或元素的重复处理，并对每个记录或元素做感兴趣的处理、获取感兴趣的中间结果信息。Mapper 类中有下列四个方法：

```
protected void setup(Context context)
protected void map(KEYIN key,  VALUEIN value, Context context)
protected void cleanup(Context context)
public void run(Context context)
```

其中 setup() 方法一般是用于 Mapper 类实例化时用户程序可能需要做的一些初始化工作（如创建一个全局数据结构，打开一个全局文件，或者建立数据库连接等）；map() 方法则一般承担主要的处理工作；cleanup() 方法则是收尾工作，如关闭文件或者执行 map() 后的键值对的分发等。

2. map() 方法

map() 方法的详细接口定义如下：

```
public void map(Object key, Text value, Context context)
            throws IOException, InterruptedException
```

其中，输入参数 key 是传入 map 的键值，value 是对应键值的 value 值，context 是环境对象参数，供程序访问 Hadoop 的环境对象。

map() 方法对输入的键值对进行处理，产生一系列的中间键值对，转换后的中间键值对可以有新的键值对类型。输入的键值对可以根据实际应用设定，例如文档数据记录可以将文本文件中的行或数据表格中的行，以"键值对"形式传入 map() 方法；map() 方法将处理这些键值对，并以另一种键值对形式输出处理的一组键值对中间结果。

Hadoop 使用 MapReduce 框架为每个由作业的 InputFormat 产生的 InputSplit 生成一个 Map 任务。Mapper 类可以通过 JobContext.getConfiguration() 访问作业的配置信息。

下面是一个由用户编写的简单的文档词频统计（WordCount）Mapper 样例代码：

```
public static class TokenizerMapper
                    extends Mapper<Object, Text, Text, IntWritable>
{
    private final static IntWritable one = new IntWritable(1);
    private Text word = new Text();
    // 完成词频统计的 map 方法
    public void map(Object key, Text value, Context context)
            throws IOException, InterruptedException
    {
        StringTokenizer itr = new StringTokenizer (value.toString());
        while (itr.hasMoreTokens())
        {
            word.set(itr.nextToken());
            context.write(word, one);
        }
    }
}
```

3. setup() 和 cleanup() 方法

Mapper 类在实例化时将调用一次 setup() 方法做一些初始化 Mapper 类的工作，例如，程序需要时可以在 setup() 方法中读入一个全局参数，装入一个文件，或者连接一个数据库。然后，系统会为 InputSplit 中的每一个键值对调用 map() 方法，执行程序员编写的计算逻辑。最后，系统将调用一次 cleanup() 方法为 Mapper 类做一些结束清理工作，如关闭在 setup() 中打开的文件或建立的数据库连接。而默认情况下，这两个函数什么都不做，除非用户重载其实现。

编程时特别需要注意的是，setup() 和 cleanup() 仅仅在初始化 Mapper 实例和 Mapper 任务结束时由系统作为回调函数分别各做一次，而不是每次调用 map() 方法时都去执行一次。

4. Mapper 输出结果的整理

由一个 Mapper 节点输出的键值对首先会需要进行合并处理，以便将 key 相同的键值对合并为一个键值对。这样做的目的是为了减少大量键值对在网络上传输的开销。系统提供一个 Combiner 类来完成这个合并过程。用户还可以定制并指定一个自定义的 Combiner，通过 JobConf.setCombinerClass（Class）来设置具体所使用的 Combiner 对象。

　　然后，Mapper 输出的中间键值对还需要进行一些整理，以便将中间结果键值对传递给 Reduce 节点进行后续处理，这个过程也称为 Shuffle。这个整理过程中会将 key 相同的 value 构成的所有键值对分到同一组。Hadoop 框架提供了一个 Partitioner 类来完成这个分组处理过程。用户可以通过实现一个自定义的 Partitioner 来控制哪些键值对发送到哪个 Reduce 节点。

　　在传送给 Reduce 节点之前，中间结果键值对还需要按照 key 值进行排序，以便于后续的处理。这个排序过程将由一个 Sort 类来完成，用户可以通过 JobConf.setOutputKeyComparatorClass（class）来指定定制的 Sort 类的比较器，从而控制排序的顺序，但如果是使用的默认的比较器，则不需要进行这个设置。

　　Shuffle 之后的结果会被分给各个 Reduce 节点。简单地说，Combiner 是为了减少数据通信开销，中间结果数据进入 Reduce 节点前进行合并处理，把具有同样主键的数据合并到一起避免重复传送；此外，一个 Reduce 节点所处理的数据可能会来自多个 Map 节点，因此，Map 节点输出的中间结果需使用一定的策略进行适当的分区（Partitioner）处理，保证相关数据发送到同一个 Reduce 节点。下面 3 个小节会对 Combiner、Partitioner 和 Sort 进行具体的介绍。

　　需要注意的是，以上的整理过程仅仅是一个概念上的处理过程，实际执行时，Combiner 类是在 Map 节点上执行的，而 Partitioner 和 Sort 是在 Reduce 节点上执行的。

4.3.5　Combiner

　　由上节关于 Mapper 类的介绍可知，Hadoop 框架使用 Mapper 将数据处理成一个个 <key, value> 键值对，再对其进行合并和整理，最后使用 Reduce 处理数据并输出结果。

　　然而，在上述过程中会存在一些性能瓶颈，比如：在做词频统计的时候，大量具有相同主键的键值对数据如果直接传送给 Reduce 节点会引起较大的网络带宽开销。可以对每个 Map 节点处理完成的中间键值对做一个合并压缩，即把那些主键相同的键值对归并为一个键名下的一组数值。这样做不仅可以减轻网络压力，同样也可以大幅度提高程序的效率。

　　Hadoop 通过在 Mapper 类结束后、传入 Reduce 节点之前使用一个 Combiner 类来解决相同主键键值对的合并处理。Combiner 的作用主要是为了合并和减少 Mapper 的输出从而减少网络带宽和 Reduce 节点上的负载。如果我们定义一个 Combiner 类，MapReducer 框架会使用它对中间数据进行多次的处理。

　　Combiner 类在实现上类似于 Reducer 类。事实上它就是一个与 Reducer 类一样、继承自 Reducer 基类的子类。Combiner 的作用只是为了解决网络通信性能问题，因此使用不使用

Combiner 对结果应该是没有任何影响的。为此，需要特别注意的是，程序设计时，为了保证在使用了 Combiner 后完全不影响 Reducer 的处理和最终结果，Combiner 不能改变 Mapper 类输出的中间键值对的数据类型。如果 Reducer 只运行简单的分布式的聚集方法，例如最大值、最小值或者计数，由于这些运算与 Combiner 类要做的事情是完全一样的，因此在这种情况下可以直接使用 Reducer 类作为 Combiner。但对于其他一些运算（如求平均值等）就不能直接拿 Reducer 类作为 Combiner 使用，否则将会出现完全错误的结果。在这种情况下，需要定制一个专门的 Combiner 类来完成合并处理。

4.3.6 Partitioner

为了避免在 Reduce 计算过程中不同 Reduce 节点间存在数据相关性，需要一个 Partition 的过程。其原因是一个 Reduce 节点所处理的数据可能会来自多个 Map 节点，因此 Map 节点输出的中间结果需使用一定的策略进行适当的分区（Partitioning）处理，保证具有数据相关性的数据发送到同一个 Reduce 节点，这样即可避免 Reduce 计算过程中访问其他的 Reduce 节点，进而解决数据相关性问题。

Partitioner 用来控制 Map 输出的中间结果键值对的划分，分区总数与作业的 Reduce 任务的数量是一样的。

Hadoop 框架自带了一个默认的 HashPartitioner 类，默认情况下，Hadoop 对 <key,value> 键值对中的 key 取 hash 值并按 Reducer 数目取模来确定怎样分配给相应的 Reducer。Hadoop 使用 HashParitioner 类来执行这一操作。但是，有时候 HashPartitioner 并不能完成我们需要的功能。这时需要由程序员定制一个 Partitioner 类。基本做法是，先继承 Partitioner 类，并重载它的 getPartition() 方法，一个自定义的 Partitioner 只需要实现两个方法：getPartition() 方法和 configure() 方法。getPartition() 方法返回一个 0 到 Reducer 数目之间的整型值来确定将 <key,value> 键值对送到哪一个 Reducer 中，而它的输入参数除了 key 和 value 之外还有一个 numPartitions 表示总共的划分的个数；而 configure() 方法使用 Hadoop Job Configuration 来配置所使用的 Partitioner 类。定制 Partitioner 类的示例代码如下：

```
public class EdgePartitioner implements Partitioner<Edge, Writable>
{
    public int getPartition(Edge key,Writable value, int numPartitions)
    {
        return new long(key.getDepartureNode()).hashCode()%numPartitions;
    }
    public void configure(JobConf conf) { }
}
```

也可以直接继承一个已有的 Partitioner 类，然后重载其 getPartition() 方法，示例代码如下：

```
Class NewPartitioner extends HashPartitioner<K,V>
{   // override the method
    getPartition(K key, V value, int numReduceTasks)
    {   term = key. toString().split(",")[0]; // <term, docid>=>term
        super.getPartition(term, value, numReduceTasks);
    }
}
```

并在 Job 中设置新的 Partitioner 类：

Job. setPartitionerClass(NewPartitioner)

4.3.7 Sort

Sort 是 Map 过程所产生的中间数据在送给 Reduce 进行处理之前所要经过的一个过程。首先，当 map() 函数处理完输入数据之后，会将中间数据存在本地的一个或者几个文件中，并且针对这些文件内部的记录进行一次升序的快速排序。然后，在 Map 任务将所有的中间数据写入本地文件并进行快速排序之后，系统会对这些排好序的文件做一次归并排序，并将排好序的结果输出到一个大的文件中。

在 Sort 过程中，由 Map 过程所输出的中间文件会被拷贝到本地，然后生成一个或者几个 Segment 类的实例 segment。Segment 类封装了这些中间数据，并且提供了一些针对这些中间数据的操作，比如读取记录等。同时，系统还会启动两个 merge 线程，一个是针对内存中的 segment 进行归并，一个是针对硬盘中的 segment 进行归并。merge 过程实际上就是调用了 Merge 类的 merge() 方法。

Merge 类的 merge() 方法生成了一个 MergeQueue 类的实例，并且调用了该类的 merge() 方法。MergeQueue 类是 PriorityQueue 类的一个子类。PriorityQueue 类实际上是一个小根堆，而 MergeQueue 类的 merge() 方法实际上就是将 segment 对象存储进父类的数据结构中，并且建立一个小根堆的过程。因此，Hadoop 的归并和排序不是两个分开的过程，而是一个过程，即在将 segment 归并的同时进行了排序。

针对 segment 排序的过程是以 segment 为单位的，而这里排序过程中对两个 segment 对象的比较是对 segment 中存储的第一个记录的键的比较。由用户定义的 comparator 类定义具体的比较方法，并在 MergeQueue 类的 lessThan 方法中定义具体的比较过程。至此可以得到一个以 segment 为单位，以 segment 中第一个记录的键为比较依据的小根堆，也就完成了 Hadoop 的 Sort 过程。

Sort 类在默认情况下排序输出的大小次序是由小到大的（升序），如果程序需要将其改为由大到小的（降序），可以重载接口函数。例如，词频统计任务输出的 key 是单词，value 是词频，为了实现按词频排序，我们指定使用 InverseMapper 类作为排序任务的 Mapper 类

（sortJob.setMapperClass（InverseMapper.class）;），这个类的 map() 函数简单地将输入的 key 和 value 互换后作为中间结果输出，在本例中即是将词频作为 key，单词作为 value 输出，这样自然就能得到按词频排好序的最终结果。我们不需要指定 Reduce 类，Hadoop 会使用默认的 IdentityReducer 类，将中间结果原样输出。

Hadoop 默认对 IntWritable 按升序排序，然而有时候我们需要的是按降序排列，例如要求将词频统计的结果以词频降序排列。这里我们可以通过实现一个 IntWritableDecreasingComparator 类，并指定使用这个自定义的 Comparator 类，对输出结果中的 key（词频）进行排序，详细代码如下：

```
public class WordCount2
{
    public static class TokenizerMapper
                        extends Mapper<Object, Text, Text, IntWritable>
    {
        private final static IntWritable one = new IntWritable(1);
        private Text word = new Text();
        // 正则表达式，代表不是 0-9, a-z, A-Z 的所有其他字符，其中还有下划线
        private String pattern = "[^//w]";
        public void map(Object key, Text value, Context context)
                throws IOException, InterruptedException
        {
            String line = value.toString().toLowerCase(); // 全部转为小写字母
            // 将非 0-9, a-z, A-Z 的字符替换为空格
            line = line.replaceAll(pattern, " ");
            StringTokenizer itr = new StringTokenizer(line);
            while (itr.hasMoreTokens())
            {
                word.set(itr.nextToken());
                context.write(word, one);
            }
        }
    }
}
public static class IntSumReducer
                    extends Reducer<Text, IntWritable, Text, IntWritable>
{
    private IntWritable result = new IntWritable();
    public void reduce(Text key, Iterable<IntWritable> values,
                    Context context)
            throws IOException, InterruptedException
    {
        int sum = 0;
        for (IntWritable val : values) {
            sum += val.get();
        }
        result.set(sum);
        context.write(key, result);
    }
}
```

```
    private static class IntWritableDecreasingComparator
                        extends IntWritable.Comparator
    {
        public int compare(WritableComparable a, WritableComparable b)
        {
            return -super.compare(a, b);
        }
        public int compare(byte[] b1, int s1, int l1, byte[] b2, int s2, int l2) {
        {
            return -super.compare(b1, s1, l1, b2, s2, l2);
        }
    }

    public static void main(String[] args) throws Exception
    {
        Configuration conf = new Configuration();
        String[] otherArgs = new GenericOptionsParser (conf,args
                                                ).getRemainingArgs();
        if (otherArgs.length != 2) {
            System.err.println("Usage: wordcount <in> <out>");
            System.exit(2);
        }
        Path tempDir = new Path("wordcount-temp-" + Integer.toString(
        new Random().nextInt(Integer.MAX_VALUE))); // 定义一个临时目录
        Job job = new Job(conf, "word count");
        job.setJarByClass(WordCount2.class);
        try{
            job.setMapperClass(TokenizerMapper.class);
            job.setCombinerClass(IntSumReducer.class);
            job.setReducerClass(IntSumReducer.class);
            job.setOutputKeyClass(Text.class);
            job.setOutputValueClass(IntWritable.class);
            FileInputFormat.addInputPath(job, new Path(otherArgs[0]));
            // 先将词频统计任务的输出结果写到临时目录中,
            FileOutputFormat.setOutputPath(job, tempDir);
            // 下一个排序任务以临时目录为输入目录。
            job.setOutputFormatClass(SequenceFileOutputFormat.class);
            if(job.waitForCompletion(true))
            {
                Job sortJob = new Job(conf, "sort");
                sortJob.setJarByClass(WordCount2.class);
                FileInputFormat.addInputPath(sortJob, tempDir);
                sortJob.setInputFormatClass(SequenceFileInputFormat.class);
                // InverseMapper 由 hadoop 库提供, 作用是实现 map() 之后的数据对的 key 和 value 交换
                sortJob.setMapperClass(InverseMapper.class);
                // 将 Reducer 的个数限定为 1, 最终输出的结果文件就是一个
                sortJob.setNumReduceTasks(1);
                FileOutputFormat.setOutputPath(sortJob, new Path(otherArgs[1]));
```

```
                sortJob.setOutputKeyClass(IntWritable.class);
                sortJob.setOutputValueClass(Text.class);
    /*Hadoop 默认对 IntWritable 按升序排序，而我们需要的是按降序排列。  因此我们实现了一个
     * IntWritableDecreasingComparator 类，并指定使用这个自定义的 Comparator 类，对输出
     * 结果中的 key（词频）进行排序
*/
sortJob.setSortComparatorClass
                    (IntWritableDecreasingComparator.class);
                System.exit(sortJob.waitForCompletion(true) ? 0 : 1);
            }
        }finally{
                FileSystem.get(conf).deleteOnExit(tempDir);
        }
    }
}
```

4.3.8　Reducer 类

1. Reducer 类的定义和编程使用

由 Map 过程输出的一组键值对 [(k2; v2)] 将被进行合并处理，将同样主键下的不同 value 合并到一个列表 [v2] 中，因此 Reduce 的输入为 (k2; [v2])。Reducer 对传入的中间结果列表数据进行某种整理或进一步的处理，并产生最终的某种形式的结果输出 [(k3; v3)]。

一个示例 Reducer 类的基本定义如下：

```
public static class IntSumReducer
                    extends Reducer<Text,IntWritable,Text,IntWritable>
```

抽象类 Reducer 位于 org.apache.hadoop.mapreduce.Reducer<KEYIN, VALUEIN, KEYOUT, VALUEOUT>。主要有下列四个方法：

```
protected void cleanup(Context context);
protected void reduce(KEYIN key, Iterable<VALUEIN> values, Context context);
public void run(Context context);
protected void setup(Context context);
```

2. reduce() 方法

reduce() 方法的详细接口定义如下：

```
protected void reduce(KEYIN key, Iterable<VALUEIN> values, Context context)
                throws IOException, InterruptedException{}
```

其中，输入参数 key 是传入 reduce 的键值，values 是对应键值的 value 值的列表，context 是环境对象参数，供程序访问 Hadoop 的环境对象。

例如，下面是 WordCount 的 Reducer 样例代码。

```
public static class IntSumReducer
                    extends Reducer<Text,IntWritable,Text,IntWritable>
{
    private IntWritable result = new IntWritable();
    // 实现词频统计结果收集的 reduce 方法
    public void reduce(Text key, Iterable<IntWritable> values,Context context)
            throws IOException, InterruptedException
{
        int sum = 0;
        for (IntWritable val : values)
            sum += val.get();
        result.set(sum);
        context.write(key, result);
    }
}
```

3. setup() 和 cleanup() 方法

与 Mapper 类中的 setup() 和 cleanup() 方法一样，当初始化 Reducer 的实例时，将会执行一次 setup() 函数，完成一些应用程序所需要的初始化工作；Reducer 完成以后，最后会执行一个 cleanup() 函数，完成应用程序所需要的清理工作。而默认情况下，这两个函数什么都不做，除非用户重载其实现。因此，当应用程序需要时，可以通过重载 setup() 和 cleanup() 方法，增加相应的程序即可完成相应的处理。

4.3.9　数据输出格式 OutputFormat

1. OutputFormat 类简介

OutputFormat 是一个用于描述 MapReduce 作业的数据输出格式和规范的抽象类，位于 org.apache.hadoop.mapreduce.OutputFormat<K,V>。MapReduce 框架依靠文件输出格式完成输出规范检查（如检查输出目录是否存在），并为文件输出格式提供作业结果数据输出的功能，即提供 RecordWriter 的实现，输出文件被存储在文件系统 FileSystem 中。

如果用户要基于 Hadoop 内置的输出格式和内置的 RecordWriter 进行定制，则需要重载 OutputFormat 类的 getRecordWriter() 方法以便获取新的 RecordWriter ；如果完全基于抽象的输出格式类 OutputFormat 和抽象的 RecordWriter 类进行全新的程序定制，则需要实现 OutputFormat 中的 getRecordWriter() 等抽象方法。

此外，OutputFormat 类还包含一个 getOutputCommitter() 方法用来负责确保输出被正确提交，以及一个检查作业输出规范有效性的方法 checkOutputSpecs()。其中 getOutputCommitter() 方法主要负责在作业初始化的时候生成一些配置信息、临时输出文件夹等，在作业完成的时候处理一些工作，配置任务临时文件和调度任务的提交，以及提交或者取消提交任务输出文件。而 checkOutputSpecs() 方法具体是在作业提交时验证作业的输出规范；通常检验输出路径是否存在，当它已经存在时就抛出异常，所以输出不会被覆盖。

2. FileOutputFormat 类

写入到 HDFS 的所有 OutputFormat 类都继承自 FileOutputFormat 类，直接已知的子类有 MapFileOutputFormat，MultipleOutputFormat，SequenceFileOutputFormat 和 TextOutputFormat，用法参见 Hadoop 类库 API。

FileOutputFormat 类提供了若干静态方法，用户可以用它们进行输入路径设置、分块大小设置等全局设置。比如，setOutputPath() 方法设置 MapReduce 任务输出目录的路径，getRecordWriter() 方法获得当前给定任务的 RecordWriter 类型；setOutputName() 方法设置要创建的输出文件的名称，等等。

3. 常用的 OutputFormat 类

表 4-4 给出常用的 OutputFormat 类及描述。

表 4-4　常用的 OutputFormat 类

OutputFormat	描　　述
TextOutputFormat	默认输出格式，写为文本行的形式
SequenceFileOutputFormat	写适合后续 MapReduce 任务读取的二进制文件
NullOutputFormat	忽略其输入值

下面具体介绍这几个常用的 OutputFormat 类。

（1）TextOutputFormat 类

TextOutputFormat 是默认的输出格式，它把每条记录写成文本行。由于 TextOutputFormat 调用 toString() 方法把键和值转换为字符串，它的键和值可以是任意的类型。

（2）SequenceFileOutputFormat 类

SequenceFileOutputFormat 将它的输出写为一个二进制顺序文件。由于它的格式紧凑，很容易被压缩，因此如果输出需要作为后续的 MapReduce 任务的输入，这便是一种很好的输出格式。

（3）NullOutputFormat 类

NullOutputFormat 是继承自 OutputFormat 类的一个抽象类，位于 org.apache.hadoop.mapreduce.lib.output.NullOutputFormat<K,V>，它会消耗掉所有输出，并把它们赋值为 null。

4. 其他的内置 OutputFormat 类

Hadoop 也提供了很多其他的内置文件输出格式，包括：DBOutputFormat，FileOutputFormat，

FilterOutputFormat，IndexUpdateOutputFormat，LazyOutputFormat，MapFileOutputFormat，MultipleOutputFormat，NullOutputFormat，MultipleSequenceFileOutputFormat，MultipleTextOutputFormat，SequenceFileAsBinaryOutputFormat，SequenceFileOutputFormat，等等。具体这些 OutputFormat 的用法，请参见 Hadoop 类库 API。

除了内置的输出格式以外，用户也可以定制 OutputFormat，以满足某些特殊的输出格式需求，详见第 9 章 MapReduce 高级程序设计技术。

4.3.10　数据记录输出 RecordWriter

1. RecordWriter 类简介

对于一个文件输出格式，都需要有一个对应的数据记录输出 RecordWriter，以便系统明确输出结果写入到文件中的具体格式。RecordWriter 是一个抽象类，位于 org.apache.hadoop. mapreduce.RecordWriter<K,V>。编写输出格式 OutputFormat 扩展类，其实主要就是实现 RecordWriter，重点是构建一个类来实现这个接口或者抽象类。close() 方法负责关闭操作，而 write() 方法则实现如何写 key/value 键值对。这两个抽象方法如下：

```
public abstract void close(TaskAttemptContext context)    // 关闭 RecordWriter，继承自
                                                          // Closable 接口
public abstract void write(K key,V value)                  // 写一个 key/value 键值对
```

2. 常用的内置 RecordWriter 类

对于常用的 Hadoop 内置的文件输出格式 OutputFormat，Hadoop 也提供了相应的 RecordWriter，如表 4-5 所示。

表 4-5　常用的内置 RecordWriter 类

OutputFormat	默认的 RecordWriter	描　　述
TextOutputFormat	LineRecordWriter	将结果数据以 "key+\t+value" 的形式输出到文本文件中
DBOutputFormat	DBRecordWriter	将结果写入到一个数据库表中
FilterOutputFormat	FilterRecordWriter	对应于过滤器输出模式的数据记录模式，只将过滤后的结果输出到文件中

除了内置的数据记录输出以外，用户也可以定制 RecordWriter，以满足某些特殊的输出格式需求，详见第 9 章 MapReduce 高级程序设计技术。

第 **5** 章 | Chapter5

分布式数据库 HBase

HBase 是 Apache 基金会的一个项目。简单来说，它是一个分布式可扩展的 NoSQL 数据库，提供了对结构化、半结构化、甚至非结构化大数据的实时读写和随机访问能力。同 HDFS 类似，HBase 是 Google BigTable[⊖]的一个开源实现，所以在大量细节上和 Google Bigtable 非常类似。

HDFS 实现了一个分布式的文件系统，虽然这个文件系统可以以分布和可扩展的方式有效存储海量数据，但文件系统缺少结构化 / 半结构化数据的存储管理和访问能力，而且其编程接口对于很多应用来说还是太底层了。这就像我们有了 NTFS、EXT3 这样的单机文件系统后，我们还是需要用到 Oracle、IBM DB2、Microsoft SQL Server 这样的数据库来帮助我们管理数据一样。HBase 之于 HDFS 就类似于数据库之于文件系统。

本章主要介绍 HBase 的基本功能特点、数据模型、系统构架与数据存储管理方法、系统安装运行、HBase 编程接口与编程示例、HBase 读写特性分析以及 HBase 中的 Coprocessor 和 Bulk Load 等高级功能。

5.1　HBase 简介

5.1.1　为什么需要 NoSQL 数据库

随着信息技术的蓬勃发展和普及应用，行业应用系统规模不断扩大，行业数据量快速增

⊖　Bigtable：A Distributed Storage System for Structured Data，Fay Chang，Jeffrey Dean，Sanjay Ghemawat，Wilson C. Hsieh，Deborah A. Wallach，Mike Burrows，Tushar Chandra，Andrew Fikes，and Robert E. Grub，2006

长，数据形式和容量都发生了巨大的变化。

首先，在互联网时代，数据的容量迅猛增加。在互联网行业，数据的生成者从传统的企业、政府、精英等转向广大的普通用户。用户的数量以及用户间的联系（社交网络）产生了海量的数据。例如，你在微博上发了一条微博或者转发了别人的一条微博，那么这就产生了一条数据。虽然，每个人的数据量可能不是很大，但当亿万用户都使用微博时，所产生的数据将达到巨大的容量。在物联网行业，随着物联网技术的发展，数据的生成者除了人之外，还加入了大量的设备和传感器。例如，一个城市可能有上万个道路监控探头，平均每个探头每 3 秒拍一张照片（大约 2M）并产生车辆的车牌、颜色、速度、方向等信息。这样每天将产生高达 60TB 的数据。

另一方面，数据的形式也在发生巨大的变化。传统的数据库中一般都是结构化数据（即可以被描述为二维的表结构）。而在大数据时代，有大量的数据是半结构化或者非结构化的。而且数据的结构往往随着时间的推移，会发生很大的变化。例如，在医疗行业，不同渠道产生的电子病例格式就不统一，而即使是同一家医院，其格式过几年可能也会发生变化。

海量的数据容量和半结构化 / 非结构化的数据对于传统的数据库来说是一个巨大的挑战。首先，对于绝大多数商业数据库来说，大数据条件下的数据都过于庞大、难以处理。传统的数据库在处理单表容量几百 GB 时就已经非常困难，当数据达到 TB 甚至 PB 级别时就更难以有效应对。关系数据库需要保持 ACID 事务处理特征（原子性 Atomicity、一致性 Consistency、隔离性 Isolation 以及持久性 Durability）使得其只能选择 Scale-up（即使用更好更昂贵的硬件）的途径来提高性能，因而难以实现良好的水平可扩展性（Scale-out，即通过使用更多的硬件来提高性能）。

同时，关系模型难以有效存储管理半结构化或非结构化数据，并且难以适应数据结构的变化。想象一下，一个已上线系统，用户只能停机才能修改其数据定义，同时，修改数据定义会使得已存入数据库中的数据格式要进行相应的调整和变化，从而导致很多数据库开发和维护负担、并可能导致一些潜在问题。

由于传统数据库在容量和数据格式上都难以适应半结构化 / 非结构化大数据的处理，人们提出了 NoSQL 数据库技术。所谓 NoSQL，即放松了对传统数据库 ACID 事务处理特征和数据高度结构化的要求，以简化设计、提高数据存储管理的灵活性、提高处理性能、支持良好的水平扩展。最常见的 NoSQL 数据库通常使用键值对存储（key-value store）机制。这些系统往往只提供简单的存取接口，从而便于将操作性能（延迟和吞吐量）优化到最好。NoSQL 数据库一般并不提供 SQL 语言支持，但由于大量数据库应用开发者仍然习惯于 SQL 编程，因此，目前 NoSQL 的一个发展趋势是，尽量提供与 SQL 一致的编程接口，以方便传统 SQL 程序员的编程。例如，Hadoop 系统中的 Hive 即提供了一种类似于 SQL 的 HiveQL 查询接口；Cloudera Impala 也是一个意在为 HBase 提供 SQL 查询接口的系统；而由 Salesforce

和 Intel 共同推进的 Phoenix 系统，是一个最新推出的为 HBase 提供 SQL 访问接口的系统。

在 NoSQL 上提供 SQL 查询机制，这就导致了一个新的技术发展趋势：即将传统的面向结构化数据查询的 SQL 与面向半结构化 / 非结构化大数据查询的 NoSQL 进行统一和融合，从而出现了一种新的数据查询技术 NewSQL。

目前常见的 NoSQL 数据库有：Apache Cassandra、MongoDB、Apache HBase 等。本章重点介绍 HBase。

5.1.2　HBase 的作用和功能特点

HBase 是一个建立在 HDFS 之上的分布式数据库，可以用于存储海量的数据。HBase 中每张表的记录数（行数）可以多达几十亿条甚至更多，每条记录可以拥有多达上百万的字段。而这样的存储能力却不需要特别的硬件，普通的服务器集群就可以胜任。

通过使用 HBase，用户可以对其中的数据记录进行增（增加新的记录或者字段）、删（删除已有的记录或者字段）、查（查询已有的数据）、改（更新已有的数据）操作。而且这些操作的性能（完成时间）大多时候可以和 HBase 表中的数据量基本无关。也就是说，即使用户的表中已经有 100 亿条记录，基于主键查询任意单条记录仍然可以在毫秒级（一般约在 100 毫秒，主要受限于磁盘的寻道时间）时间内完成。

HBase 的一些主要技术特点包括：

1）列式存储。用户可以通过对表中的列划分列族（Column Family），HBase 可将所有记录的同一个列族下的数据集中存放，由于查询操作条件中通常是基于列名进行的条件查询，因此，查询时只需要扫描相关列名下的数据，避免了关系数据库基于行存储的方式下需要扫描所有行的数据记录，以此可大幅提高访问性能。

2）表数据是稀疏的多维映射表，表中的数据通过一个行关键字（row key）、一个列关键字（column key）以及一个时间戳（time stamp）进行索引和查询定位，通过时间戳允许数据有多个版本。

3）读写的严格一致性。就是说对某行的读取必然能读到这行的最新数据。这是 HBase 相对于 Cassandra 这样的“最终一致性”（Eventual Consistency）系统的最大区别。

4）提供很高的数据读写速度，为写数据进行了特别优化。HBase 可提供高效的随机读取，对于数据的某一个子集能够进行快速有效的扫描。

5）良好的线性可扩展性。可以通过增加集群规模来线性地提高 HBase 的吞吐量和存储容量。服务器能够被动态加入或删除（用以维护和升级），且服务器可自动调整负载平衡。

6）提供海量数据存储能力，可提供高达几百亿条数据记录存储能力。

7）数据会自动分片（Sharding），也可以由用户来控制分片。

8）对于服务器故障，HBase 有自动的失效（failover）检测和恢复能力，保证数据不丢失。

9）提供了方便的与 HDFS 和 MapReduce 集成的能力。

10）提供 Java API 作为主要的编程接口，此外还提供使用 Ruby 语法的命令行和 RESTful web service 接口，提供基本的增删查改操作，不提供 SQL 支持。

5.2 HBase 的数据模型

5.2.1 HBase 的基本数据模型

HBase 数据存储逻辑模型与 Google BigTable 类似，但实现上有一些不同之处。HBase 表是一个分布式多维表，表中的数据通过一个行关键字（row key）、一个列族和列名（column family，column name）以及一个时间戳（timestamp）进行索引和查询定位。

表 5-1 是一个 HBase 数据表的例子。所有表中这些数据都是没有类型的，全部是字节数组形式表示的字符串格式。

表 5-1 HBase 表示例

row key	PersonalInfo			CompanyInfo	
	Name	Address	Phone	Name	Phone
key1	ZhangSan	Shanghai	t2:13911xxx t1:13912xxx		
key2	LiSi	Beijing	13901xxx	t4:company4 t3:company3	t4:010-xxxx t3:010-xxxx
key3	WangWu	t2:Shanghai t1:Beijing	t2:1391xxxx t1:13901xxx	t2:company2 t1:company1	t2:021-xxxx t1:010-xxxx

在实际的 HDFS 存储中，直接存储每个字段数据所对应的完整的键值对：

{row key, column family, column name, timestamp} → value

例如表 5-1 中 key3 行 Address 字段下 t2 时间戳下的数值 Shanghai，存储时的完整键值对是：

{key3, PersonalInfo, Address, t2} → Shanghai

也就是说，对于 HBase 来说，它根本不认为存在行列这样的概念，在实现时只认为存在键值对这样的概念。键值对的存储是排序的，行概念是通过相邻的键值对比较而构建出来的，这也就是说，HBase 在物理实现上并不存在传统数据库中的二维表概念。因此，二维表中字段值的空洞，对于 HBase 来说在物理实现上是不存在的，而不是所谓的值为 null。

这种设计使得 HBase 在数据模型定义上非常的灵活，因为用户可以在 4 个维度上选取（行关键字，列族，列名，时间戳），而不是传统数据库的 2 个维度。但也正是因为这种灵活性，其保存的数据量会比较大，因为对于每个值来说，需要把对应的整个键值对都保存下来，而不像传统数据库中，只需要保存一个值就可以了。虽然 HBase 可使用一些优化技术减少要存储的数据量（例如使用字典或者差分编码等），但其存储量相对传统数据库还是要大得多。用户在设计表时，也要有意识地缩减数据存储的开销，比如，可使用较短的行关键字和列名等。

1. 行关键字

HBase 一张表可以有上亿行记录，每一行都是由一个行关键字（row key）来标识的。和关系型数据库中的主键（primary key）不同，HBase 的 row key 只能是一个字段而不可以是多个字段的组合。HBase 保证对所有行按照 row key 进行字典排序。也就是说，HBase 保证相邻 row key 的行在存储时必然是相邻存放的。这点在 HBase 表结构设计时是非常重要的一个特性。设计 row key 时，要充分利用排序存储这个特性，将经常一起读取的行存储放到一起，从而充分利用空间局部性。

注意：row key 是最大长度为 64KB 的 byte 数组，实际应用中长度一般为 10bytes ～ 100bytes。由于 HBase 只允许单字段的 row key，因此在实际应用中需要时经常把多个字段组合成一个复合 row key。

2. 列族和列名

HBase 每张表都有一个或者多个列族（column family）。列族是表的 schema 的一部分，必须在使用表之前定义，这点和传统数据库中的列的定义很类似。但除此之外，两者的区别就非常大了。从本质上来说，HBase 的列族就是一个容器。HBase 表中的每个列，都必须归属于某个列族。列名都以列族作为前缀，例如 *courses:history*，*courses:math* 都属于 courses 这个列族。

在具体实现上，一张表中的不同列族是分开独立存放的。就是说，如果有两个列族 family1 和 family2，那么在 HDFS 存储时，family1 是一组文件，而 family2 是另外一组文件，两者绝不混合存储。

HBase 的访问控制、磁盘和内存的使用统计等都是在列族层面进行的。

在表设计时，用户可以通过对表划分列族来让 HBase 将不同的列族集中存放，从而减少每个列族的数据量，提高访问性能。但这完全取决于应用，如果常用查询仅查询某个列族，那么分列族可以大幅提高查询性能；但如果常用查询每次要查询所有的列族，那么分列族会损害性能，因为这增加了每次查询时的文件读写（特别是磁盘的定位 seek 操作）。

在每个列族中，可以存放很多的列，而每行每列族中的列数量是可以不同的，数量可以很大。简单来说，可以认为每行每列族中保存的是一个 Map 映射表。列是不需要静态定义的，每行都可以动态增加和减少列。

3. 时间戳

HBase 中每个存储单元都保存着同一份数据的多个版本。版本通过时间戳（timestamp，

64 位整型）来索引。时间戳可以由 HBase（在数据写入时自动用当前系统时间）赋值，也可以由客户显式赋值。如果应用程序要避免数据版本冲突，可以自己生成具有唯一性的时间戳。

每个存储单元中，不同版本的数据按照时间戳大小倒序排序，即最新的数据排在最前面。这样在读取时，将先读取到最新的数据。

为了避免数据存在过多版本造成的存储和管理（包括存储和索引）负担，HBase 提供了两种数据版本回收方式：

1）保存数据的最后 n 个版本。当版本数过多时，HBase 会将过老的版本清除掉。

2）保存最近一段时间内的版本（比如最近七天）。用户可以针对每个列族设置 TTL(Time To Live)。当数据过旧时，HBase 就会将其清除掉。

5.2.2   HBase 的查询模式

HBase 通过行关键字、列（列族名：列名）和时间戳的三元组确定一个存储单元（cell）。由上面的讨论可知，由 {row key, column family, column name, timestamp} 可以唯一地确定一个存储值，即一个键值对：

$$\{row\ key,\ column\ family,\ column\ name,\ timestamp\} \rightarrow value$$

HBase 可支持以下几种查询方式：

1）通过单个 row key 访问。

2）通过 row key 的范围来访问。

3）全表扫描。

在这几种查询中，第 1 种和第 2 种（在范围不是很大时）都是非常高效的，可以在毫秒级完成。而大范围的查询或者全表扫描是非常费时的，需要非常长的时间（例如几个小时，视要访问的数据量而定）。

如果一个查询无法利用 row key 来定位（例如要基于某列查询满足条件的所有行），那么这种查询必须使用大范围的查询（全表扫描）来实现。目前 HBase 还不支持二级索引（Secondary Index）功能，Intel 和 Salesforce 共同推进的 Phoenix 项目预计会将二级索引功能引入到 HBase 的未来版本中，但目前 HBase 还没有好的二级索引实现。因此，在针对某个应用设计 HBase 表结构时，要注意合理设计 row key 使得最常用的查询可以较为高效地完成。

注意：组合 row key 和关系型数据库的多个字段组合作为 primary key 是有区别的。由于 row key 是按照 byte 数组的字典序排序的，不同字段组合时次序的不同会给查询带来很大的差异。而字段组合作为 primary key 时，每个字段都是等价的，没有字段先后次序的差异。

例如，设有字段 A 和字段 B 的组合作为 row key 和 primary key，一共有如表 5-2 所示的 20 000 行数据记录。

表 5-2　表设计示例

序　　号	字段 A	字段 B	序　　号	字段 A	字段 B
1	A1	B1	10001	A2	B1
2	A1	B2	10002	A2	B2
…	…	…	…	…	…
10000	A1	B10000	20000	A2	B10000

在关系型数据库中，我们可以通过指定字段 A 和字段 B 的组合作为 primary key 来快速定位数据记录。然后查询时，若需要根据字段 A 做查询（例如 A="A1"）的话，则查询行范围是 10000 行；而如果需要根据字段 B 做查询（例如 B="B1"）的话，则查询范围是 2 行记录。

而在 HBase 中将 A 和 B 组合作为 row key 时，A 和 B 字段哪一个放在前面对不同的查询会带来很大的性能差异。如果字段 A 放在字段 B 前面构成 row key 的话，那么在 HBase 中存放时，就是按照上面的顺序存放的。查询时，如果需要根据 A 做查询（如 A="A1"），则查询行范围缩小到 10000 行；但如果应用是需要根据 B 做查询的（如 B="B1"）的话，那么会导致全表查找（20000 行）。

HBase 不支持事务（transaction），所以无法实现跨行的原子性。这主要是实现事务的代价非常高，而且会使得系统不可扩展。但 HBase 保证行的一次读写是原子操作（不论一次读写多少列）。HBase 支持强一致性（consistency）。一致性决定了在分布式系统中，一个写入的值何时可以被后继的读取（读取并不一定发生在同一个客户端或者节点上）读出。HBase 支持强一致性，意味着只要之前发生过一次写入，那么后继的读取必然会将其读出（不论这两者发生的时间间隔有多小）。这种模型非常方便编程。而 Cassandra 这样的系统支持最终一致性，即写入的值最终是可以被读出的，但使用者在最终某个时间点前的中间过程中无法保证看到的是新写入的数据。采用最终一致性模型带来的问题是：有可能后续读出的是陈旧数据。这对于程序员的编程来说，是一件比较麻烦的事情。

5.2.3　HBase 表设计

1. row key 的设计要点

由于 HBase 在行关键字、列族、列名、时间戳这 4 个维度上都可以任意设置，这给表结构设计提供了很大的灵活性。这种灵活性一方面能允许我们设计出很好的表结构，但用得不好的话，也可能作出非常差的表设计。这就要求我们有一些最佳实践指导表的设计。让我们从一个例子来介绍这些最佳实践。

假设我们要收集一个集群（4000 个节点）中的所有 log 并在 HBase 表 LOG_DATA 中存储。需要收集的字段有：

（机器名，时间，事件，事件正文）

首先，我们来讨论一下如何去设计 row key。这需要考虑插入和查询两方面的需求。插入方面比较简单，希望尽可能高效地插入，因为 log 生成的速度非常快。

查询操作就要复杂一些。典型的查询操作有以下几种：

1）对于某台机器，查询一个大的时间段（例如 1 个月）内的所有满足条件的记录（单机查询）。

2）查询某个时间段内对所有机器满足条件的记录（全局查询）。

这两个典型查询的权重不同，需要考虑完全不同的表设计。有两种候选的 row key 设计：

1）[机器名][时间][事件]

2）[时间][机器名][事件]

这两种不同的 row key 设计对于上述两种查询操作的性能会有很大的影响。

1）对于单机查询来说，第 1 种 row key 设计可以最高效地实现查询（因为所有的记录都连续存放，所以一个 scan 操作就能快速完成查询（从 0.1 秒到几秒不等，视要访问的数据量而定）；而第 2 种 row key 设计就需要在一个大时间范围内进行查询，这需要访问非常多的记录。如果时间范围比较大的话，这个查询可能需要好几分钟才能返回结果。

2）对于全局查询来说，则反过来。第 1 种 row key 设计会要求客户端知道机器列表，然后并行对每个机器进行单机查询，再把结果合并起来。这虽然性能不是太差，但会严重影响系统的吞吐量（因为单次查询占用了太多的系统资源）；而第 2 种 row key 设计就可以在秒级返回结果。

再从插入操作来看：

1）第 1 种 row key 设计对插入比较友好。因为机器名在前，所以整个插入（如果客户端并行度够的话）会散布到各个 Region 上去。也就意味着所有的 RegionServer 都很忙。这就会带来很高的插入性能。

2）第 2 种 row key 设计对插入就非常不友好。因为在某个时刻的插入数据其时间都非常接近，这就意味着所有的插入会集中在一个 Region 上。这样，这个 Region 会很忙（但加载它的 RegionServer 还不是很忙），而其他 RegionServer 都很空闲。这就意味着插入并发度低，插入性能很差。

2. row key 设计的弥补措施

因此，为了插入和查询性能的综合考虑，我们一般会选择第 1 种 row key 设计。如果在某些情况下，我们必须选择第 2 种 row key 设计，我们就必须采取一些补救措施，常见的是加盐（salted）。加盐的意思是对于单调数据，我们算一个盐值出来，放在单调数据前让其不单调。例如，

$$盐值＝时间 \% 桶个数$$

这样，row key 就是 [盐值][时间][机器名][事件]。这样的话，假设桶个数是 20，那么插入就是在 20 个 Region 上并行进行，从而保证了插入的性能。

但使用加盐的副作用是查询变慢了。因为必须在每个桶上分别进行查询，然后将结果汇总。这就降低了系统的吞吐量。所以，桶个数一般不宜太大。

3. 表的规范化设计

下面，我们再讨论数据的规范化（Normalization）问题。对于传统数据库来说，规范化是非常重要的，通常需要满足第 3 范式，这就造成了很多的小表通过外键连接起来。但对于 HBase 这样的 NoSQL 数据库来说，应该实行的是反规范化（Denormalization），就是说应该将相关的数据都存放到一起，即使冗余也不怕，这样，才能达到最好的性能。

此外，下面还有几个 HBase 常见的设计选项和推荐意见：

1）我们应该大量使用 HBase 的时间戳特性（即一行有非常多的时间戳）还是每个时间戳一行？对此一般推荐每个时间戳一行。

2）我们应该让一行有无数列还是设计成无数行？以 Log 为例子，我们可以让 HBase 表中每台机器只有一行（row key 是 [机器名]），而将每个事件作为一个列存在这行中（例如列名为：[事件][时间戳]，列值为 [事件正文]），或者是每个事件一行。对此一般推荐设计成无数行。这样的话，可以充分利用 HBase 的 Scan 特性进行过滤。

4. 表设计的选择

在进行表的设计时，是选择一张大表存放所有数据，还是按时间（例如年、月）进行分表（例如每年 1 张表）？这取决于应用，两种设计各有优缺点。用户需要根据实际的应用需求选择合适的设计方式。

（1）大表设计

优点是查询都在单张表完成。

但缺点是：1）在数据过期时需要依赖 major compaction 进行压缩，这就造成大量的数据读写；2）活跃 Region 在 RegionServer 间的分布可能不均匀。因为 RegionServer 分布是以表为单位的，会认为表内所有的 Region 都是对等的，这可能会导致无法保证活跃 Region 被平均分布。

（2）按时间分表设计

优点是：1）数据过期可以通过简单删除整张表完成，因而处理性能较好；2）活跃 Region 可得到分布均匀。

但缺点是：如果需要跨表查询时，性能会比较差。

5.3 HBase 的基本构架与数据存储管理方法

5.3.1 HBase 在 Hadoop 生态中的位置和关系

HBase 作为 Hadoop 生态系统的一部分，一方面它的运行依赖于其他 Hadoop 生态系统中的组件；另一方面，HBase 又为 Hadoop 生态系统的其他组件提供了强大的数据存储和处理能力。图 5-1 展示了 HBase 在 Hadoop 生态中的位置和关系。

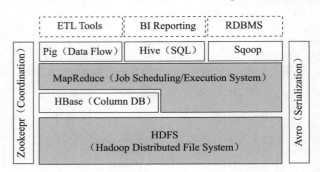

图 5-1　HBase 在 Hadoop 生态中的位置和关系

HBase 的运行依赖于 Hadoop HDFS 文件系统提供数据的持久化，依赖 Zookeeper 提供集群的同步和协调。

1）Hadoop 分布式文件系统 HDFS。HBase 使用这个分布式文件系统来实现对数据的持久化存储。这个文件系统必须支持文件 append 功能（即允许在文件的末尾添加数据）。虽然 HBase 可以支持任何实现了 Hadoop 文件系统接口的文件系统（例如 LustreFS、S3、GlusterFS 等），但最常用的 Hadoop 文件系统仍然是 HDFS。HDFS 在 1.0 以后的版本增加了 append 的支持（或者使用 0.20-append 版本），从而可以可靠地支持 HBase。为简化起见，下面的讨论中 HBase 所使用的文件系统都是 HDFS。

2）分布式协调服务器 Zookeeper。Zookeeper 用以提供高可靠的锁服务，并提供可靠的状态数据小文件的读写。Zookeeper 保证了集群中所有的机器看到的视图是一致的。例如，节点 A 通过 Zookeeper 抢到了某个独占的资源，那么就不会有节点 B 也宣称自己获得了该资源（因为 Zookeeper 提供了锁机制），并且这一事件会被其他所有的节点都观测到。这样，Zookeeper 就提供了一种可靠的在集群中同步和协调的方法。HBase 使用 Zookeeper 服务来进行节点管理以及表数据的定位。

Zookeeper 有以下具体作用：

1）保证任何时候，集群中只有一个 HBase Master。

2）实时监控 Region Server 的状态，将 Region Server 的上线和下线信息实时通知给 HBase Master。

3）存储 HBase 目录表的寻址入口。

4）存储 Hbase 的 schema，包括有哪些表，每个表有哪些列族等各种元信息。

有了 HBase 以后，MapReduce 就可以把 HBase 作为数据源和目的地来使用。即 MapReduce

程序可以处理 HBase 中的数据，并且将结果也写回到 HBase 中去。这也使得像 Hive、Pig 这样依赖于 MapReduce 框架来进行计算的组件也可以将 HBase 作为数据源和目的地来使用。

5.3.2　HBase 的基本组成结构

图 5-2 是一个典型的 HBase 基本组成结构。

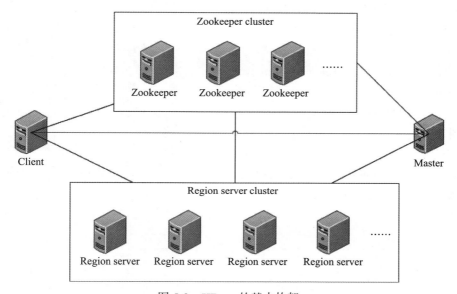

图 5-2　HBase 的基本构架

HBase 集群中主要有两种角色组成：

1）HBase Master。Master 是 HBase 集群的主控服务器，负责集群状态的管理维护。Master 可以有多个，但只有一个是活跃的。它的具体职责有：

a）为 Region Server 分配 Region。

b）负责 Region Server 的负载均衡。

c）发现失效的 Region Server 并重新分配其上的 Region。

d）HDFS 上的垃圾文件回收。

e）处理 schema 更新请求。

2）HBase Region Server。Region Server 是 HBase 具体对外提供服务的进程。

a）Region Server 维护 Master 分配给它的 Region，处理对这些 Region 的 I/O 请求。

b）Region Server 负责切分在运行过程中变得过大的 Region。

5.3.3　HBase Region

在上节中，我们介绍了 HBase 会将一张表中的所有行按照 row key 进行全局排序。如

图 5-3 所示，在这个基础上，HBase 会将一张表（可能有几百亿行记录或者更多）划分成若干个 Region。Region 是 HBase 调度的基本单位。每个 Region 都是不一样大小的。

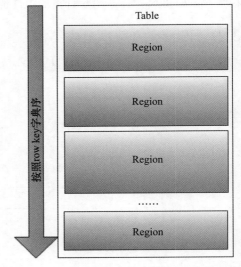

图 5-3 HBase 表由很多连续的 Region 组成

　　每个表一开始只有一个 Region，随着数据不断插入表，Region 不断增大。如图 5-4 所示，当一个 Region 增大到一个阈值（由参数 hbase.hregion.max.filesize 指定，但这个阈值其实不是限制每个 Region 大小的，而是限制每个 Store 大小的）的时候，原来的 Region 就会被分裂成两个新的 Region（从而保证 Region 不会过大）。随着表中的行数不断增多，Region 的数目也会逐渐增多。

　　如图 5-5 所示，每个 Region 由一个或者多个 Store 组成，每个列族就存储在一个 Store 中。每个 Store 又由一个 memStore（一块内存）和 0 至多个 StoreFile 组成。StoreFile 以 HFile 格式保存在 HDFS 上。

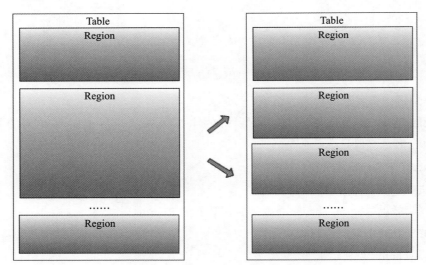

图 5-4　Region 的分裂

　　当某个 Store 的所有 StoreFile 大小之和超过阈值（由参数 hbase.hregion.max.filesize 指定），该 Store 所在的 Region 就会被分裂成两个 Region，从而保证每个 Store 都不会过大。这可能会有点违背直觉，因为 Region 的分裂不是基于 Region 的大小，而是基于其中某个 Store 的大小。如果一个 Region 有多个 Store，而每个 Store 的大小又相差比较悬殊，那么会出现很小的 Store 也被分裂成更小的 Store（因为同一 Region 的另一个 Store 过大了）。

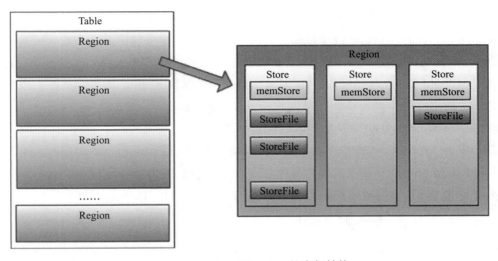

图 5-5　Region 和 Region 的内部结构

5.3.4　Region Server

1. RegionServer 的基本功能和作用

Region Server 是 HBase 集群中具体对外提供服务的进程。它对外提供的服务有两类：

1）对数据的读写支持（get、scan、put、delete 等）。

2）对 Region 的管理支持（split、compact、load 等）。

例如，用户如果显式地调用了 HBaseAdmin.majorCompact() 方法来对某张表进行 major compaction，那么其实是客户端首先获得了这张表的所有 Region 及其分布情况，然后客户端向所有相关的 Region Server 请求对相关的 Region 进行 major compaction。

Region Server 上的重要数据结构包含以下几部分：

1）和各个 Region 相关的数据，比如每个 Region 的元信息和 memStore。

2）Write Ahead Log（WAL，其实现称为 HLog）。每一个数据更新操作都会往 WAL 中写一项，以记录所有的数据更新操作、保证数据的完整性。

3）Block Cache，用于缓存最近访问的 StoreFile 数据（包括 StoreFile 的 index 等以支持对数据的随机访问）。

Region Server 运行了一组工作线程 handler（数量由参数 hbase.Regionserver.handler. count 确定，缺省值为 10）来处理用户的请求。这个处理过程是独占的，即一个 handler 在处理完一个用户请求（将结果返回给用户）之前是不能用来做其他事情的。所以，这个参数决定了 Region Server 上同时可响应的用户访问数量。10 是一个非常小的数值，在实际应用中会是个瓶颈，一般需要把这个值设置为 100。这个值不能设置过高的原因是每个操作其实都会在服务器端保存一些数据，过高的话，会对服务器产生一定的压力。

Region Server 内部运行了几个重要的后台线程：

1）CompactSplitThread 是用于处理 Region 的分裂和 minor compaction 的一组线程。它的输入是一个队列。当 memStore 刷新写入（flush）时发现 Region 太大或者某个 Region 的 StoreFile 个数太多时，就会往队列里添加一个 Region 分裂的请求或者 minor compaction 请求。而 CompactSplitThread 就从队列取出相应的请求并进行处理。

2）MajorCompactionChecker 用于定期检查是否需要进行 major compaction。

3）MemStoreFlusher 用于定期将内存中的某些 memstore flush 到 HDFS 上。

4）LogRoller 用于定期检查 Region Server 的 HLog，防止 HLog 变得过大。

2. RegionServer 内存的配置和使用

RegionServer 是一个内存消耗的大户。这是因为它使用了大量的内存来缓存数据，从而减少对 HDFS 的访问。一般 RegionServer 的内存应该配置得比较大，如 16G ~ 48G。过小的内存会产生很多的问题，所以小于 8G 的内存配置仅能用于示例或者测试；过大的内存对于 JVM 来说是个很大的负担，目前的 JVM 对于大的内存（如 64GB 或者 128GB）的处理会比较吃力，大内存的垃圾回收（Garbage Collection，GC）会产生很长的挂起时间，这对于很多操作都会有致命的影响。因此，正确地配置 Region Server 的 JVM GC 参数是非常重要的。一般来说，我们建议的 GC 参数是：

-XX:+UseParNewGC -XX:NewSize=512m-XX:+UseConcMarkSweepGC

但这也不是绝对的，很多时候需要在此基础上进行细致的调整才能使得 GC 对应用的影响减到最小。所以，在实际上线之前，进行大压力的测试和调整是非常重要的。

HBase RegionServer 的缺省内存分配比例如图 5-6 所示。

我们知道 HBase 是一个 Java 进程。因此，用户可以通过 Java 的 -xmx 参数设置这个进程可用的最大堆（内存）大小。HBase 将这个最大可用内存中的 40%（由参数 hbase.Regionserver.global.memstore.upperLimit 控制）用于每个 Region 的 memStore（主要服务

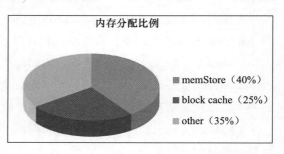

图 5-6　RegionServer 的内存分配

于 Region 的数据写入操作）；将另外的 25%（由参数 hfile.block.cache.size 控制，最新版的 HBase 已经把这个比例提高到 40%）用于 block cache（主要用于对 Region 的数据读取服务）；而其他各种用途共用剩余的 35%。从这个分配比例来看，我们可以清楚地看到 HBase 对读写都使用了大量的内存来进行加速。

3. Region 的数量配置

下面我们来讨论一下 RegionServer 上的 Region 数量问题。从之前的讨论，我们知道每张表的 Region 的个数是由用户数据量决定的（或者由用户显式指定）。换言之，Region 的数量只和表的数量和每张表的数据量有关，和 RegionServer 无关。所以，为了获得更大的并发度，新手往往容易犯的一个错误是将 Region 的个数显式设置得很大。

但实际上，每个 RegionServer 上的 Region 数量以 100 个为最佳，300 个差不多是 RegionServer 的极限了。这是因为，每个 Region 的每个列族都有一个 memStore。memStore 中数据存满时（缺省为 64MB）被刷新写入（flush）到 HDFS，同时这个 memStore 被释放。每个 memStore 还有一个 2MB 的写缓冲（MSLAB，可配置）。这样的话，100 个 Region 最大会需要（假设只有一个列族）100 × （64 + 2）= 6600MB，而 300 个 Region 则需要 300 × （64 + 2）= 19800MB。

通常 memStore 也只能使用 40% 的 RegionServer 内存。也就是说，要支持 100 个 Region 的话，需要 16.5GB 的内存；而支持 300 个 Region 的话，就需要 49.5GB 的内存。而在实际使用中，我们会增大 memStore 的大小（例如设置为 128MB）来减少 HFile 的个数以提高性能，这就加倍了对内存的需求。

实际上，HBase 关于 memStore 的上限有两个，分别是由参数 hbase.Regionserver.global. memstore.upperLimit 控制的绝对上限（缺省为 40%）和由参数 hbase.Regionserver.global. memstore.lowerLimit 控制的相对上限（旧版缺省为 35%，新版为 38%）。

当达到相对上限时，RegionServer 会随机地从其所有的 memStore 中选取若干个最大的，将其刷新写入到 HDFS 上，从而将 memStore 的内存占用减少到相对上限以下。这就会影响到这些 memStore 对应 Region 的写入操作。

当达到绝对上限时，RegionServer 认为此时内存问题已经非常严重。因此，它会将所有的写操作挂起（即不响应任何写请求）；然后随机地从其所有的 memStore 中选取若干个最大的，将其刷新写入到 HDFS 上，从而将 memStore 的内存占用减少到相对上限以下；最后，再恢复挂起的写操作。从这点可以看出，达到绝对上限是一个非常严重的事件，会极大地影响 HBase 的写性能。

无论是达到哪个上限，RegionServer 都会将一些 memStore 刷新写入到 HDFS 上以减少内存使用。也就是说，虽然这些 memStore 还不够大（没有达到 64MB），但也被刷新写入到 HDFS 上了。这就增加了 HDFS 的写入频率，降低了性能（HBase 写操作快的一个重要原因是写操作尽可能只在内存中完成）。同时，这样会产生很多小的 HFile，而对这些小 HFile 的 compaction 操作又会影响 Put 的性能。所以，Region 个数不宜太多。

减少 Region 的个数意味着需要让每个 Region 变得更大（因为总数据量确定，集群规模确定）。HBase 在 0.90 版时只支持每个 Region 最大 4GB 左右；在 0.92 以后的版本，每个

Region 可以很大（例如每个 Region 20GB）。

在系统配置时 Region 大小是由参数 hbase.hRegion.max.filesize 控制的。

5.3.5 HBase 的总体组成结构

在前面的章节中，我们讨论了 HBase 的生态与组成结构，介绍了 Zookeeper、HBase Master 和 HBase RegionServer 之间的关系。下面用图 5-7 展示一下 HBase 的总体组成结构以及上述各个主要部分之间的关系。

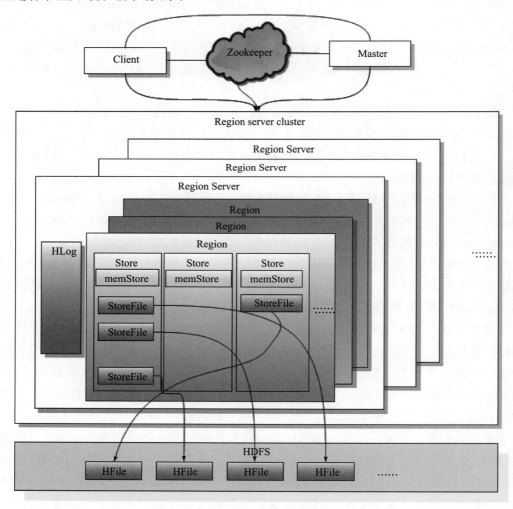

图 5-7　HBase 的总体组成结构

从图 5-7 中可以清楚地看到，HBase Region Server 使用 HDFS 来保存每个 Region 的持久化数据，同时还保存 Write Ahead Log（WAL，又叫 HLog）。因此，Region Server 是 HDFS

的客户端。所以，在常见的部署中，会在每个服务器节点上同时部署 HBase Region Server、HDFS DataNode、MapReduce TaskTracker 这 3 个角色，以达到最佳的局部性访问和计算性能。这样的话，Region Server 在 HDFS 上的读写会首先由本节点来服务，性能达到最好；而如果使用 HBase 作为数据源来使用 MapReduce 时，数据表会按照 Region 切分 MapReduce 所需要的数据分块（split），而每个 Region 对应的任务也会被优先调度到其所在的 Region Server 上。这样的话，数据从 HDFS 到 HBase 以及从 HBase 到 MapReduce 都是本地完成的，消除了网络通信开销，从而达到性能最优。

5.3.6　HBase 的寻址和定位

1. Region 的存储和目录组织

Region 是 HBase 中分布式存储和负载均衡的最小单元。如图 5-8 所示，Region 可以分布在不同的 RegionServer 上。但一个 Region 是不会拆分到多个 Server 上的。

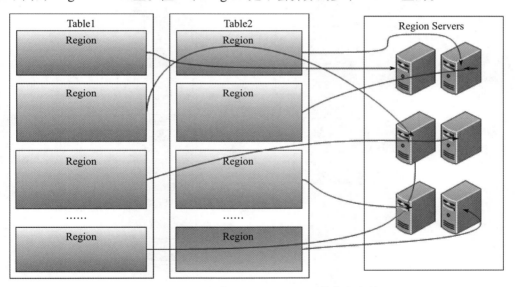

图 5-8　Region 在 RegionServer 上的分布存储

每个 Region 由以下信息标识：

<表名，该 Region 的起始 row key，创建时间 >

HBase 定义了一个算法从这些信息来计算一个标识字符串，并在内部用这个标识字符串标识这个 Region。

可能读者会问：一个 Region 标识只有起始 row key 的话，我们怎么知道这个 Region 到底有多大（即怎么知道它的结束 row key 在哪里）呢？这就要说到 HBase 的两张特殊表：

1）–ROOT-

2）.META.

这两张表是 HBase 的目录表。简单来说，这两张表存储了 HBase 的所有 Region 的信息（其标识以及所在的 RegionServer 等）。

如图 5-9 所示，-ROOT- 表是一级目录，.META. 表是二级目录。-ROOT- 表中的每条记录就是 .META. 表中一个 Region 的信息；.META. 表里的每条记录就是一个用户 Region 的信息。我们可以通过这两张表来找到对应的 Region。这两张表和普通的 HBase 表一样，都是按照 row key 排序的。因此，我们在找到一个 Region 时，同时还能找到该 Region 的下一个相邻 Region（如果存在的话）。通过获得下一个 Region 的起始 row key，我们就能知道本 Region 的结束 row key。因为，Region 是连续的。

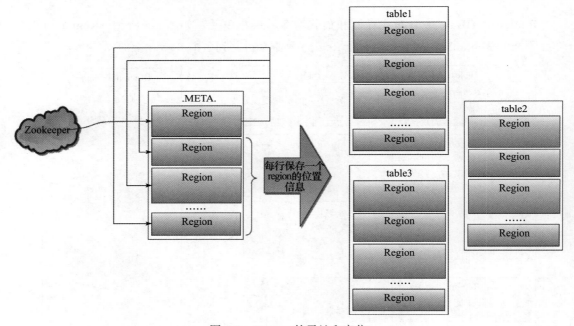

图 5-9　Region 的寻址和定位

-ROOT- 表和 .META. 表的作用与计算机体系结构中虚拟内存两级页表的作用非常类似（-ROOT- 表和 .META. 表就是两级目录，Region 类似于内存页）。

-ROOT- 表其实是一个特殊的 Region，它不可分裂，即这张表永远只有一个 Region。另外这个 Region 其实是 .META. 表的第一个 Region。即 -ROOT- 表和 .META. 表其实是一张表。其中，Zookeeper 中记录了 -ROOT- 表（即 .META. 表第一个 Region）所在的 RegionServer 信息。

如前所述，上一级目录表中的每行记录了下级目录中的一个 Region 信息。所以，上级目录表中的每行的 row key 就是下级的 Region 标识。因为每个 Region 的标识是 < 表名，该 Region 的起始 row key，创建时间 >，所以，在 .META. 表中，每行的 row key 就是：

< 用户表名，Region 的起始 row key，创建时间 >。

同时，在 -ROOT- 表中，每行的 row key 就是

<.META.，< 用户表名，Region 的起始 row key，创建时间 >，创建时间 >。

2. Region 的寻址和定位过程

Region 被分配给哪个 RegionServer 是完全动态的，所以 HBase 客户端（Client）需要一定的机制来寻址和定位 Region 具体在哪个 RegionServer 上。之后，客户端才能直接和对应的 RegionServer 通信来访问和操作对应的 Region。客户端要查询的是某个用户数据表中的某行（用户表名 + 某个 row key A）。为此，HBase 使用三层结构来定位对应的 Region：

1）通过 zookeeper 里的文件得到 -ROOT- 表的位置。

2）通过 -ROOT- 表查找 .META. 表中相应 Region 的位置。这可以通过比较 -ROOT- 表中的每行 row key（忽略 .META. 部分，只检查用户表部分）和 < 用户表名，row key A> 的大小来实现。因为所有表的 row key 都是排序的，因此，我们只要找到最大的那个小于等于 < 用户表名，row key A> 的 row key，那么这就是那个要找的 .META. 表 Region。

3）通过 .META. 表找到所要的用户表相应 Region 的位置。这个过程和 -ROOT- 表中查找基本一样。我们只要找到最大的那个小于等于 < 用户表名，row key A> 的 row key，那么这就是那个要找的用户表 Region。

这是一个 3 次寻址的过程。这样的设计是经过了仔细权衡的。首先，-ROOT- 表永远不会被分割为多个 Region，保证了只需要三次跳转，就能定位到任意 Region。同时，为了加快访问，.META. 表的全部 Region 数据都会全部保存在内存中，从而提高访问 .META. 表的性能。

显然每次对 HBase 的访问都要这样 3 次寻址，会稍稍降低查询性能。为此，HBase 客户端维护着一些 cache，将已经寻址过的 Region 放入 cache 中。那么下次再要访问这个 Region 时，就可以直接查找 cache 来获得 Region 位置，避免了重新寻址和定位 Region 的操作。

客户端 cache 不会主动失效。也就是说，如果某个 Region 不存在了（因为分裂）或者不在原来的 RegionServer 了（Region 的迁移对于 HBase 集群来说是个很正常的现象），那么客户端会从 cache 中取到过时的信息，这就需要以下的纠错和更新 cache 的过程：

1）客户端向错误的 RegionServer 定位目标 Region。客户端会收到错误信息（RegionServer 通知对应 Region 不存在或者 RegionServer 本身无响应），此时客户端会在 cache 中查找 .META. 表对应 Region 的定位信息。

2）客户端重新向相应的 RegionServer 读取 .META. 表对应 Region 的内容。如果读取成功，就可知道目标用户 Region 现在所在的 RegionServer。如果读取失败，那么就是说 .META. 表对应 Region 的 cache 信息也是错的，这就要再读取再上一级的 -ROOT- 表，以更新 -META- 表对应 Region 的信息。

读取 -ROOT- 表的过程和重新读取 .META. 表很类似。如果失败，就必须再访问

zookeeper 来获得最新的 -ROOT- 表位置，然后重新读取。在读完 -ROOT- 表后，我们就可以知道最新的 .META. 表位置，然后重新读取 .META. 表相应 Region，再根据这个去读取用户 Region。

因此如果客户端的 cache 全部失效，那么最多需要进行 6 次网络访问，才能定位到正确的 Region（其中三次用来发现缓存失效，另外三次用来获取位置信息）。

可能有人会质疑这样设计下 HBase 能支持的 Region 个数。我们来做个简单的计算：.META. 表的一行在内存中大约占用 1KB。并且每个 Region 限制为 128MB（这是个非常小的限制，一般实际应用中 Region 的大小限制在几个 GB 或者更大）。那么上面的三层结构可以保存的 Region 数目为：

$$\frac{128MB}{1KB} \times \frac{128MB}{1KB} = 2^{34} \text{ 个 region}$$

等式的第一项是 -ROOT- 表中可以寻址多少个 .META. 表的 Region（即 .META. 表的最大 Region 个数）；等式的第 2 项是每个 .META. 表的 Region 可以寻址多少个普通 Region。

由上述公式我们可知，Region 的个数其实是远远足够的。在实际应用中，Region 的个数一般在几百到几千个不等，视应用和集群规模而定。

5.3.7　HBase 节点的上下线管理

1. HBase 节点的失效恢复

HBase 和 HDFS 不一样，它不存在单点失效（Single Point of Failure）问题。每个角色（无论是 Master、RegionServer 还是 Zookeeper）都是由多个节点担当的。所以，如果出现一个节点失效，那么其余节点还可以继续提供服务，从而保证可以继续对外提供服务。

注意：这里所说的"继续对外提供服务"并不意味着 HBase 是完全高可用的。因为，在一个节点失效时，HBase 还要做很多事情，例如，根据 WAL（Write Ahead Log）重新执行来恢复写入的数据以确保数据无丢失，将 Region 迁移到其他节点等，这些操作是很费时间的，所以节点失效时会使得部分 Region 在一段时间内（例如 1 分钟）无法对外提供服务。这和 Cassandra 等高可用系统是不一样的，Cassandra 可以保证节点失效时完全不影响服务。当然这样的内部恢复机制会被 HBase 客户端的自动重试机制所掩盖。在客户端一般只表现为一个操作的时间较长。

HBase 和 Cassandra 在这点上的不同是因为两者在一致性（Consistency）、可用性（Availability）、网络分区（Partition）三者之间的取舍不同造成的。CAP 定理说这三者不能同时满足。HBase 牺牲了一定程度的可用性来保证另外两者；而 Cassandra 牺牲了一致性。这就是为什么 HBase 是强一致性的，而 Cassandra 是最终一致性的。

2. 基于 Zookeeper 的 RegionServer 上下线管理

在 HBase 中，Zookeeper 是维护系统正常运行的中心。正如我们在 5.3.1 节中描述的那样，Zookeeper 的作用是：

1）保证任何时候，集群中只有一个 HBase Master。

2）实时监控 Region Server 的状态，将 Region Server 的上线和下线信息实时通知给 HBase Master。

3）存储 HBase 目录表的寻址入口。

4）存储 HBase 的 schema，包括有哪些表，每个表有哪些列族等各种元信息。

现在我们来重点讨论基于 Zookeeper 第 1 和第 2 项功能的节点上下线管理。

在 HBase 集群中，可以有多个 Master 运行（这也是推荐的配置方法，因为这相比单个 Master 提高了可用性）。当一个 Master 开始运行时，它会从 Zookeeper 上获取唯一一个代表 Master 的锁（Zookeeper 文件路径为：/hbase/master）。对这个锁的获取，有两种可能性：

1）如果它成功地获得了这个锁，那么它就是这个集群的活跃 Master，可以行使 Master 的全部功能来管理这个集群。

2）如果它没有获得这个锁，那么它就是一个休眠的 Master，不做任何其他动作，而只是永远的重试，直到获得这个锁成为活跃 Master。

Master 锁对于 Zookeeper 来说是一个临时节点。Master 作为 Zookeeper 的客户端需要定期和 Zookeeper 通信来通知 Zookeeper 自己还活着。一旦 Zookeeper 认为 Master 死了，那么 Zookeeper 会自动删除这个临时节点。这就意味着其他休眠的 Master 可以去争抢这个锁成为活跃 Master 了。通过这个机制，就保证了 Master 失效时的自动恢复（Failover）。

RegionServer 的管理和 Master 一样是使用了 Zookeeper 的临时节点功能，但 RegionServer 之间并不争抢锁。当一个 RegionServer 上线时，会在 Zookeeper 上的 /hbase/rs 目录下建立代表自己的临时节点。所以只要看 Zookeeper 上的 /hbase/rs 下有哪些临时节点，我们就可以知道哪些 RegionServer 还活着。因为死去的 RegionServer 临时节点会被 HBase 自动删除。

Zookeeper 有个功能是可以订阅某个目录的事件变更。当目录下的文件发生变化时，会自动通知订阅者发生了什么事件，而不用订阅者不停地轮询。Master 订阅了 /hbase/rs 目录的事件变更。所以，Master 能知道现在有哪些 RegionServer 可以使用，同时在新的 RegionServer 上线或者一个 RegionServer 失去联系时，进行相应的及时处理。

Region 是 HBase 调度的基本单位。在任何时刻，一个 Region 只能分配给一个 RegionServer。而一个 Region 也只有分配给了某个 RegionServer 才能通过 RegionServer 对外提供访问服务。

Master 记录了当前有哪些可用的 RegionServer，以及当前哪些 Region 分配给了哪些 RegionServer，哪些 Region 还没有分配。当一个 Region 需要被分配时，Master 从当前活着的 RegionServer 中选取一个，向其发送一个装载请求，把 Region 分配给这个 RegionServer。

RegionServer 得到请求后，就开始加载这个 Region，等加载完成后 RegionServer 会通知 Master 加载的结果。如果加载成功，那么这个 Region 就可以对外提供服务了。

当一个 RegionServer 下线时，它和 Zookeeper 的会话断开，Zookeeper 自动释放代表这台 RegionServer 的文件。因为 Master 订阅了相关事件，所以 Master 会得到 Zookeeper 的通知，知道某台 RegionServer 下线了。此时，Master 会进行以下处理：

1）让其他 RegionServer 帮助处理这台 RegionServer 的 WAL(Write Ahead Log) 以恢复数据、保证数据的完整性。HBase 为了提高性能，写入并不是直接持久化的，而是通过先写 WAL、再将数据写入到内存（memStore）完成的。这在实际使用中会大幅提升写入性能，但 RegionServer 下线时，memStore 中的数据就全部丢失了。因为 WAL 是持久化到 HDFS 上的，所以我们可以通过重新执行（replay）WAL 的方法将数据恢复出来。理想情况下，应该是每个 Region 维护一个 WAL，但在实现时，为了性能等因素的考虑，是每个 RegionServer 维护一个 WAL。

2）恢复数据处理时，首先需要将该 RegionServer 的 WAL 按 Region 分割成多个 Log。再将不同的 Region+Log 交由不同的 RegionServer 去重新执行这些 Log，从而将数据恢复到最新。

在恢复完数据后，Master 再将这台 RegionServer 的所有 Region 分配给其他还活着的 RegionServer，从而保证每个 Region 都有 RegionServer 来承载。

正如之前讨论的，RegionServer 上线是一件很简单的事情。RegionServer 在 Zookeeper 上的 /hbase/rs 目录下建立代表自己的临时节点。Master 获知这个事件后把这个 RegionServer 加到活跃的 RegionServer 列表中。在有 Region 需要分配时，就可能把 Region 分配给这个 RegionServer。但这个地方有个问题：一个新上线的 RegionServer 可能只被分配了很少几个 Region，而旧的 RegionServer 却有好几百个 Region。这样的后果就是有的 RegionServer 饱和了，而有的几乎没事情做。HBase 对这一问题的解决方法就是 Master 会定期（缺省是 5 分钟一次）运行一个调度平衡器（Load Balancer）将 Region 从一个 RegionServer 迁移到另外的 RegionServer 上，从而保证每个 RegionServer 上的负载是相同或者接近的。

3. RegionServer 上下线的行为分析

讨论完了 RegionServer 的上线和下线，我们再来讨论活跃的 Master 上线和下线时的具体行为。一个 Master 变活跃可能发生在两个时间点：

1）在集群刚刚启动时。

2）在上一个 Master 下线后。

因为活跃 Master 获得了 Zookeeper 锁（/hbase/master），所以这个集群中只可能有一个活跃的 Master。这个 Master 会：

1）扫描 Zookeeper 上的 /hbase/rs 目录，获得当前可用的 RegionServer 列表。

2）订阅 Zookeeper 上 /hbase/rs 目录的事件变更通知。

3）与每个 RegionServer 通信，获得当前已分配的 Region 和 RegionServer 的对应关系。

4）确保 -ROOT- 和 .META. 表已分配。

5）扫描 .META. 表，计算当前还未分配的 Region，将它们放入待分配 Region 列表，执行分配任务。

在活跃 Master 下线后，在一段时间内（几十秒到几分钟），集群会没有活跃 Master（因为 Zookeeper 获知该 Master 下线是需要时间的）。但这对 HBase 集群的服务没有特别大的影响。这与 HDFS 集群是不一样的，在 HDFS 中，NameNode 死亡的话会让集群彻底不工作。这是因为 HBase 中的 Master 只维护表和 Region 的元数据，而不参与 Region 的读写。所以，Master 下线仅导致所有元数据的修改被冻结，包括：

1）无法创建删除表，无法修改表的 schema，无法进行 Region 的负载均衡，无法处理 Region 上下线，无法进行 Region 的合并。

2）唯一例外的是，Region 的分裂（split）可以正常进行（因为只有 RegionServer 参与）。

3）表的数据读写还可以正常进行。

因此 Master 下线短时间内对整个 HBase 集群没有影响。同时，Master 保存的信息都是冗余信息（都可以从系统其他地方收集到或者计算出来），因此，Master 的下线并不会丢失数据。HBase 提高可用性也很容易，启动多个 Master 就可以了。

节点恢复时间是由 Zookeeper 客户端参数 zookeeper.session.timeout 来设置的，准确地来说，是由客户端和 Zookeeper 服务器端协商确定的。所以，客户端这个值不一定是最终 Session 的超时（Timeout）值。这个参数的缺省值是 3 分钟（以毫秒表示）。这也就是说，当一个 RegionServer 下线时，Master 需要 3 分钟才能观测到这个事件，然后做相应的处理。在这 3 分钟内，HBase 客户端对这个 RegionServer 的访问会失败，然后重试。这对于用户体验和系统可用性是很不利的。

我们可以尝试将这个参数设置得比较小（例如 1 分钟）。但要注意的是，在设置这个参数前，需要仔细地设置 JVM 的 GC 参数，确保 GC 时间不会过长。因为 GC 会使得 JVM 中所有任务挂起。如果 GC 时间太长的话，会触发 Zookeeper Session 的超时，从而使得 Master 认为这个 RegionServer 下线了。

5.4　HBase 安装与操作

5.4.1　安装一个单机版的 HBase

安装单机版 HBase 时，先下载解压最新版本。在 Apache HBase 发布页面（http://hbase.apache.org/）下载一个稳定的发布包（通常被打包成一个后缀为 .tar.gz 的文件），再解压缩到本地文件系统中：

```
$tar xzf hbase-0.94.7.tar.gz
```

```
$cdhbase-0.94.7
```

在 hbase-0.94.7/conf/hbase-site.xml 文件中配置 hbase.rootdir，来选择 HBase 将数据写到哪个目录，将 DIRECTORY 替换成你期望写文件的目录，默认 hbase.rootdir 是指向 /tmp/hbase-${user.name}，也就说你会在重启后丢失数据（重启的时候操作系统会清理 /tmp 目录）。

```
<?xml version="1.0"?>
<?xml-stylesheet type="text/xsl" href="configuration.xsl"?>
<configuration>
<property>
<name>hbase.rootdir</name>
<value>file:// /DIRECTORY/hbase</value>
</property>
</configuration>
```

然后启动 HBase：

```
$./bin/start-hbase.sh
```

5.4.2　HBase Shell 操作命令

HBase 提供了一个基于 Ruby 语法的命令行 Shell，可以通过运行命令 hbase shell 来进入 Shell：

```
$ ./bin/hbase shell
HBase Shell; enter 'help<RETURN>' for list of supported commands.
Type "exit<RETURN>" to leave the HBase Shell
Version: 0.90.0, r1001068, Fri Sep 24 13:55:42 PDT 2010

hbase(main):001:0>
```

命令 help 显示 HBase Shell 支持的命令和参数列表：

```
hbase(main):001:0>help
```

1. 创建表

同其他数据库一样，HBase 也有表的概念。现在我们先来创建一张表：

```
hbase(main):001:0>create 'test', 'cf'
```

这张表的表名为 test，有一个列族叫 cf。注意：Shell 里所有的名字都必须用引号引起来。

和传统数据库不同的是，HBase 的表不用定义有哪些列（字段，Column），因为列是可以动态增加和删除的。但 HBase 表需要定义列族（column family）。每张表有一个或者多个列族，每个列必须且仅属于一个列族。列族主要用来在存储上对相关的列分组，从而使得减少对无关列的访问来提高性能。一般来说，一个列族就足够使用了。

下面，来看看我们创建的这张表到底是什么：

```
hbase(main):001:0>describe 'test'
```

我们可以看到 HBase 给这张表设置了很多默认的属性。以下简单介绍这些属性：

1）Version：缺省值是 3，即默认保存 3 个历史版本。就是说，如果一个单元（cell，行列交汇）的值被覆盖的话，和传统数据库不同，HBase 不仅保存了新值，最近的 2 个旧值也被保存着。

2）TTL：生存期，一个数据在 HBase 中被保存的时限。就是说，如果你设置 TTL 是两天的话，那么两天后这个数据会被 HBase 自动地清除掉。这个也是和传统数据库很不同的一点。当然，如果你希望永久保存数据，那么就将 TTL 设到最大就好了。

2. 插入数据

现在，让我们往表 test 里插入一些数据：

```
hbase(main):004:0> put 'test', 'row1', 'cf:a', 'value1'
0 row(s) in 0.0560 seconds
hbase(main):005:0> put 'test', 'row2', 'cf:b', 'value2'
0 row(s) in 0.0370 seconds
hbase(main):006:0> put 'test', 'row3', 'cf:c', 'value3'
0 row(s) in 0.0450 seconds
hbase(main):006:0> put 'test', 'row1', 'cf:c', 'value4'
0 row(s) in 0.0450 seconds
```

上述命令往表 test 里放了 3 行数据。命令 put 就是往表中插入或者更新（如果已经存在的话）一项数据。HBase 表中的每行数据都由一个行主键来标识，所以我们用 row1、row2 这样的字符串来标识相应的行。每一列由"列族：列名"这样的组合来标识，所以 cf:a 就是在列族 cf 中名为 a 的列。命令 put 的最后一个参数是该列的值。

3. 读出数据

下面我们选出表 test 中的所有数据：

```
hbase(main):007:0> scan 'test'
ROW           COLUMN+CELL
row1          column=cf:a, timestamp=1288380727188, value=value1
row1          column=cf:c, timestamp=1288380757188, value=value4
row2          column=cf:b, timestamp=1288380738440, value=value2
row3          column=cf:c, timestamp=1288380747365, value=value3
4 row(s) in 0.0590 seconds
```

我们可以清楚的看到一共有 4 条数据。注意：每条数据都有一个时间戳（timestamp），这就是该数据在写入到 HBase 时的系统时间（用户也可以自己设置 timestamp）。

我们可以用一张表格来表达这张 HBase 表：

row key	column family: cf		
	a	b	c
row1	value1 (ts=1288380727188)		value4(ts=1288380757188)
row2		value2(ts=1288380738440)	
row3			value3(ts=1288380747365)

这里特别要注意的是：表格中的空白单元并不表示这里有这个单元存在。在传统数据库中，空白单元表示该单元存在但其值为空（null，这是因为传统数据库总是结构化的）。但在 HBase 中，画成二维表只是在逻辑上便于理解，其本质上完全是非结构化的。这点在 HBase 很多操作时都要注意。例如，如果我们用 cf:a 列来数表 test 中的行数：

```
hbase(main):001:0>count 'test', 'cf:a'
1 row
```

得到的行数是 1，因为只有一行有 cf:a 这个列。

我们可以用 get 命令来获取特定一行的数据：

```
hbase(main):008:0> get 'test', 'row2'
COLUMN          CELL
cf:b timestamp=1288380738440, value=value2
1 row(s) in 0.0400 seconds
```

4. 更新数据

下面让我们来更新表 test 中的一个单元（将 row1 的 cf:a 列更新值为 value5）：

```
hbase(main):006:0> put 'test', 'row1', 'cf:a', 'value5'
0 row(s) in 0.0450 seconds
```

我们来验证下更新的结果：

```
hbase(main):007:0> scan 'test'
ROW             COLUMN+CELL
row1            column=cf:a, timestamp=1288380767188, value=value5
row1            column=cf:c, timestamp=1288380757188, value=value4
row2            column=cf:b, timestamp=1288380738440, value=value2
row3            column=cf:c, timestamp=1288380747365, value=value3
4 row(s) in 0.0590 seconds
```

但如果我们改下命令：

```
hbase(main):007:0> scan 'test', {MAX_VERSIONS => 3}
ROW             COLUMN+CELL
row1            column=cf:a, timestamp=1288380727188, value=value1
row1            column=cf:a, timestamp=1288380767188, value=value5
row1            column=cf:c, timestamp=1288380757188, value=value4
row2            column=cf:b, timestamp=1288380738440, value=value2
```

```
row3         column=cf:c, timestamp=1288380747365, value=value3
5 row(s) in 0.0590 seconds
```

我们可以看到旧的 value1 和新的 value5 都被选出来了。这是因为 HBase 在做更新时，其实是保存了多份版本的。我们在创建表 test 时缺省设置的 VERSIONS 为 3，也就是说在单元的值被更新时，最近的 3 个版本会被保留，而更旧的版本会被抛弃。命令 scan 会缺省把每个单元的最新值取出来。用表格来表示的话，就是：

row key	column family: cf		
	a	b	c
row1	value5 (ts=1288380767188) value1 (ts=1288380727188)		value4 (ts=1288380757188)
row2		value2 (ts=1288380738440)	
row3			value3 (ts=1288380747365)

5. 删除数据

现在用以下命令删除这张表：

```
hbase(main):012:0> disable 'test'
0 row(s) in 1.0930 seconds
hbase(main):013:0> drop 'test'
0 row(s) in 0.0770 seconds
```

HBase 中删除表必须先把表下线（disable），然后才能把表删除掉。

运行以下命令退出 Shell：

```
hbase(main):014:0> exit
```

5.4.3　基于集群的 HBase 安装和配置

假设已经安装好一个三个节点的 Hadoop 集群，NameNode 为 node1，而 DataNode 为 node1，node2，node3。

HBase 要求每台机器必须能用机器名（而不是 IP）互相访问，因此在安装之前，必须配置 DNS 或者每台机器的 /etc/hosts 来增加域名访问能力。所以在安装 HBase 之前，请先在每个节点上用域名尝试访问其他节点，以确保域名访问能正常工作。

另外，HBase 集群要求每个节点的时间必须同步。HBase 对于节点间的时间扭曲（time skew）容忍度很低（这和 HDFS 是不一样的）。这主要是因为 HBase 需要使用系统时间来产生时间戳。如果系统时间不同步的话，那么每个节点产生的时间戳差异就会比较大，这就违背了时间戳设计的初衷。HBase 对于节点间的时间扭曲的容忍度在秒级，即如果 HBase 发现节点间的时间差异已经有几十秒时会拒绝启动。节点间时间同步的方法是建立 NTP 服务器，然后让所有的节点都和 NTP 服务器同步。如何设置 NTP 已经超出本书的范围，请读者自己查找相关文档。

HBase 集群依赖于一个 Zookeeper 集群来进行同步和协作，其中至少需要一个 Zookeeper 节点。部署的 Zookeeper 节点越多，可靠性越高。Zookeeper 节点的个数最好为奇数个。下面我们先在 node1，node2，node3 上部署一个 3 个节点 Zookeeper 集群。

在 Apache Zookeeper 发布页面 (http://www.apache.org/dyn/closer.cgi/zookeeper/) 下载一个 Zookeeper 的稳定发布版本，然后在 node1 解压：

```
$tar xzf zookeeper-3.4.5.tar.gz
```

在 zookeeper-3.4.5/conf 文件夹下拷贝 zoo_sample.cfg 为 zoo.cfg：

```
$cp zoo_sample.cfg zoo.cfg
```

修改 zoo.cfg 文件：

```
# The number of milliseconds of each tick
tickTime=2000
# The number of ticks that the initial
# synchronization phase can take
initLimit=10
# The number of ticks that can pass between
# sending a request and getting an acknowledgement
syncLimit=5
# the directory where the snapshot is stored.
# do not use /tmp for storage, /tmp here is just
# example sakes.
dataDir=/var/zookeeper
# the port at which the clients will connect
clientPort=2181

server.1=node1:2888:3888
server.2=node2:2888:3888
server.3=node3:2888:3888
```

用 scp 将 node1 节点的 zookeeper-3.4.5 文件夹拷到 node2，node3 后，在每个节点的 /var 目录下新建一个文件夹 zookeeper，在该目录下新建名为 myid 的文件。根据 zoo.cfg 中的配置，在各自的 myid 文件中写入各自的编号，如：node1 的 myid 文件中写入 1，node2 的 myid 文件中写入 2，node3 的 myid 文件中写入 3。

在所有节点的 zookeeper-3.4.5/bin 文件夹下启动 Zookeeper：

```
$ ./zkServer.sh start
```

下面开始部署 HBase。在 Apache HBase 发布页面（http://www.apache.org/dyn/closer.cgi/hbase/）下载一个稳定的发布包（通常被打包成一个后缀为 .tar.gz 的文件），再解压缩到

node1 本地文件系统中：

```
$tar xzf hbase-0.94.7.tar.gz
$cd hbase-0.94.7
```

在 hbase-0.94.7/ conf/hbase-site.xml 文件（这是 HBase 的主配置文件）中作如下配置：

```
<?xml version="1.0"?>
<?xml-stylesheet type="text/xsl" href="configuration.xsl"?>
<configuration>
  <property>
    <name>hbase.rootdir</name>
    <value>hdfs:// node1/hbase</value>
  </property>
  <property>
    <name>hbase.cluster.distributed</name>
    <value>true</value>
  </property>
  <property>
  <name>dfs.support.append</name>
  <value>true</value>
  </property>
  <property>
    <name>hbase.zookeeper.quorum</name>
    <value>node1,node2,node3</value>
  </property>
  <property>
    <name>hbase.zookeeper.property.dataDir</name>
    <value>/var/zookeeper</value>
  </property>
  <property>
    <name>hbase.zookeeper.property.clientPort</name>
    <value>2181</value>
  </property>
</configuration>
```

修改 hbase-env.sh（这是 HBase 的启动配置脚本，用于设置环境变量、内存设置等），增加如下内容：

```
export JAVA_HOME=/usr/lib/jvm/java-1.7.0-openjdk-1.7.0.9.x86_64/jre
export HADOOP_HOME=/home/hadoop-1.0.3
export HBASE_HOME=/home/hbase-0.94.7
```

将 hadoop-1.0.3/conf 文件夹下的 hdfs-site.xml 文件拷贝至 hbase-0.94.7/conf 文件夹下。

```
$cp /home/hadoop-1.0.3/conf/hdfs-site.xml /home/hbase-0.94.7/conf/
```

在 hbase-0.94.7/conf/regionservers 中添加节点，内容如下：

```
node1
node2
```

```
node3
```

将 hadoop-1.0.3 /lib 文件夹下的 hadoop-core-1.0.3.jar 拷贝到 hbase-0.94.7 /lib 下，替换原来的 hadoop-core-xxx.jar 文件。

最后，把配置好的 hbase-0.94.7 用 scp 命令发送到其他节点。

在 node1 节点执行 bin/start-hbase.sh 脚本启动 HBase 集群：

```
$./bin/start-hbase.sh
```

5.5　HBase 的编程接口和编程示例

除了 Shell 命令行之外，HBase 还提供了以下几种编程接口：

1）Java API，最常规和高效的访问方式（因为 HBase 本身就是用 Java 实现的）。

2）Thrift Gateway，利用 Thrift 序列化技术，支持 C++、PHP、Python 等多种语言，适合其他异构系统在线访问 HBase 表数据。

3）MapReduce，提供 TableInputFormat 和 TableOutputFormat 来支持 HBase 作为 MapReduce 的输入和输出。

下面介绍下 Java API 和 MapReduce 接口。

5.5.1　表创建编程接口与示例

HBaseAdmin 用于创建数据库表格，并管理表格的元数据信息，通过如下方法构建：

```
HBaseAdmin admin=new HBaseAdmin(config);
```

示例：创建表格的函数，tableName 为表名，familys 为列族列表。

创建一个表的 Java 代码如下：

```
import org.apache.hadoop.conf.Configuration;
import org.apache.hadoop.hbase.HBaseConfiguration;
importorg.apache.hadoop.hbase.HColumnDescriptor;
import org.apache.hadoop.hbase.HTableDescriptor;
import org.apache.hadoop.hbase.client.HBaseAdmin;

public class HBaseTest
{
private static Configuration conf = null;
static
{
conf = HBaseConfiguration.create();
conf.set("hbase.zookeeper.quorum", "node1");
conf.set("hbase.zookeeper.property.clientPort", "2181");
}
```

```
// create a table
public static void creatTable(String tableName, String[] familys)
                    throws Exception
{
    HBaseAdmin admin = newHBaseAdmin(conf);
    if (admin.tableExists(tableName)) {
        System.out.println("table" + tableName + "already exists!");
    } else {
        HTableDescriptor tableDesc = new HTableDescriptor(tableName);
        for(int i=0; i<familys.length; i++){
            tableDesc.addFamily(new HColumnDescriptor(familys[i]));
        }
        admin.createTable(tableDesc);
        System.out.println("create table " + tableName + " success!");
    }
}

public static void main (String [] agrs)
{
    try {
        String tablename = "testtablename";
        String[] familys = {"family1", "family2"};
        HBaseTest.creatTable(tablename, familys);
    } catch (Exception e) {
        e.printStackTrace();
    }
}
}
```

5.5.2 表数据更新编程接口与示例

HBase 表数据的更新包含以下几种操作：

1）Put（插入或者更新），这是最常用的操作。前面 Shell 操作中的 put 命令，后面的实现就是这个 put 操作。当目标单元格不存在时，就插入一个新的单元格；当目标存在时，就替换目标。

2）Delete（删除），删除一行、一行中的某个列族、某个单元格或者单元格的某个版本。但不能一次删除多于一行的数据。

3）Append（添加），添加值到一行的某些单元格中。Append 和 Put 的区别是 Append 是将新值（byte 数组）添加到旧值的后面而不是替换。

4）Increment（增长）。和 Append 的语义类似，但 Increment 认为单元格中的值是数值，因此 Increment 就是将单元格中的数值加上一个新值。

1. 插入数据

单条 Put 调用 HTable.put(Put) 方法；如果要批量 Put 的话，可以将一组 Put 操作放入一个 List 中，然后调用 HTable.put(List<Put>)。

插入一行的 Java 代码如下：

```
public static void addData (String tableName, String rowKey,
                            String family, String qualifier,
                            String value)   throws Exception
{
    try {
        HTable table = new HTable(conf, tableName);
        Put put = new Put(Bytes.toBytes(rowKey));
        put.add(Bytes.toBytes(family),Bytes.toBytes(qualifier),
                Bytes.toBytes(value));
        table.put(put);
        System.out.println("insert recored success!");
    } catch (IOException e) {
        e.printStackTrace();
    }
}
```

2. 删除数据

删除一行的 Java 代码如下：

```
public static void deleteRow (String tableName, String rowKey)
              throws IOException
{
    HTable table = new HTable(conf, tableName);
    Delete deleteRow = new Delete(rowKey.getBytes());
    table.delete(deleteRow);
    System.out.println("delete row " + rowKey + " success!");
}
```

删除一行中的某列的 Java 代码如下：

```
public static void deleteColumn(String tableName, String rowKey,
String falilyName, String columnName)
              throws IOException
{
    HTable table = new HTable(conf, tableName);
    Delete deleteColumn = new Delete(Bytes.toBytes(rowKey));
    deleteColumn.deleteColumns(Bytes.toBytes(falilyName),
    Bytes.toBytes(columnName));
    table.delete(deleteColumn);
      System.out.println("delete " + rowKey + ":" + falilyName + ":" +
                          columnName + " success!");
}
```

3. 添加数据

Append 添加一行数据的 Java 代码如下：

```
public static void appendData (String tableName, String rowKey,
                               String family, String qualifier,
                               String value) throws Exception
{
  try {
        HTable table = new HTable(conf, tableName);
        Append append = new Append(Bytes.toBytes(rowKey));
        append.add(Bytes.toBytes(family),Bytes.toBytes(qualifier),
                   Bytes.toBytes(value));
        table.append(append);
        System.out.println("append data success!");
    } catch (IOException e) {
        e.printStackTrace();
    }
}
```

4. 增长数据

Increment 增长一行数据的 Java 代码如下：

```
public static void incrementData (String tableName, String rowKey,
                                  String family, String qualifier,
                                  long amount)  throws Exception
{
    try {
        HTable table = new HTable(conf, tableName);
        Increment increment = new Increment(Bytes.toBytes(rowKey));
        increment.addColumn(Bytes.toBytes(family),Bytes.toBytes
                            (qualifier),amount);
        table.increment(increment);
        System.out.println("increment data success!");
    } catch (IOException e) {
        e.printStackTrace();
    }
}
```

5.5.3 数据读取编程接口与示例

HBase 表数据的读取包含以下两种操作：

1）Get（读取一行）。

2）Scan（扫描一个区段）。

1. 读取数据

读取一行的 Java 代码如下：

```
public static void getOneRow (String tableName, String rowKey)
            throws IOException
```

```
{
    HTable table = new HTable(conf, tableName);
    // 设置 rowkey
    Get get = new Get(rowKey.getBytes());
    Result result = table.get(get);
    // 打印出结果
    for(KeyValue kv : result.raw()){
        System.out.print("row: " + new String(kv.getRow()) + " " );
        System.out.print("family: " + new String(kv.getFamily()) + " " );
        System.out.print("qualifier: "
                        + new String(kv.getQualifier()) + " " );
        System.out.print("timestamp: " + kv.getTimestamp() + " " );
        System.out.println("value: " + new String(kv.getValue()));
    }
}
```

2. 扫描数据

扫描一个区段的 Java 代码如下：

```
public static void scanRows (String tableName, String startRow,
                              String stopRow) throws IOException
{
    HTable table = new HTable(conf, tableName);
    // 在 scan 中指定 starRow 和 stopRow
    Scan s = new Scan(startRow.getBytes(), stopRow.getBytes());
    ResultScanner ss = table.getScanner(s);
    try{
        // 打印出扫描的结果
        for(Result r:ss){
            for(KeyValue kv : r.raw()){
                System.out.print("row: " + new String(kv.getRow()) + " " );
                System.out.print("family: " + new String(kv.getFamily()) + " " );
                System.out.print("qualifier: " + new String(kv.getQualifier()) + " " );
                System.out.print("timestamp: " + kv.getTimestamp() + " " );
                System.out.println("value: " + new String(kv.getValue()));
            }
        }
    } catch (IOException e) {
        e.printStackTrace();
    }
}
```

3. 使用 Filter 扫描数据

Filter 可以让 Get 和 Scan 实现更丰富、更细粒度的客户端查询需求。Filter 是在服务器端实现的，所以使用 Filter 可以减少网络通信量，提高性能。

使用 Filter 扫描数据的 Java 代码如下：

```java
public static void scanByFilter(String tableName, String family,
                                String qualifier, String value)
                throws IOException
{
    HTable table = new HTable(conf, tableName);
    Scan scan = new Scan();
    scan.addColumn(Bytes.toBytes(family), Bytes.toBytes(qualifier));
    Filter filter = new SingleColumnValueFilter(Bytes.toBytes(family),
                                        Bytes.toBytes(qualifier),
                            CompareOp.EQUAL, Bytes.toBytes(value));
    // 在 scan 中设置 filter
    scan.setFilter(filter);
    ResultScanner result = table.getScanner(scan);
    // 打印出扫描结果
    for(Result r : result) {
        System.out.println("rowkey:" + new String(r.getRow()));
        for(KeyValue kv : r.raw()) {
            System.out.println("family: " + new String(kv.getFamily()));
            System.out.println("qualifier: " +
                                new String(kv.getQualifier()));
            System.out.println("value: " + new String(kv.getValue()));
        }
    }
}
```

5.5.4　HBase MapReduce 支持和编程示例

HBase 源码下有个 mapreduce 文件夹，里面是 HBase 自带的对 MapReduce 支持的例子，下面举一个 RowCounter 的例子，RowCounter 用来计算表的总行数，源码如下。

```java
/**
 *RowCounter 的例子是一个只有 map 阶段的 job，如果输入的 row 里面有包含 columns，并且这些
columns 有内容，则 Map 函数会统计这些 rows.
 */

public class RowCounter {

/** Name of this 'program'. */
Static final String NAME = "rowcounter";

/*Mapper 运行计数 .*/
static class RowCounterMapper
            extends TableMapper<ImmutableBytesWritable, Result>
{
    /* Counter 计数来计算实际的行 . */
    public static enum Counters {ROWS}

/**
    * Maps the data.
```

```
        *
        * @paramrow   The current table row key.
        * @paramvalues   The columns.
        * @paramcontext   The current context.
        * @throws IOException When something is broken with the data.
        * @see org.apache.hadoop.mapreduce.Mapper#map(KEYIN, VALUEIN,
        *   org.apache.hadoop.mapreduce.Mapper.Context)
        */
    @Override
    public void map(ImmutableBytesWritable row, Result values,
                    Context context)
        throws IOException
    {

            // 对所有包含数据的 row 计数
            context.getCounter(Counters.ROWS).increment(1);
    }
    }


    /**
        * 创建一个实际的 job.
        *
        * @paramconf  The current configuration.
        * @paramargs  The command line parameters.
        * @return The newly created job.
        * @throws IOException When setting up the job fails.
        */
    public static Job createSubmittableJob(Configuration conf, String[] args)
                throws IOException
    {
        String tableName = args[0];
        String startKey = null;
        String endKey = null;
        StringBuilder sb = new StringBuilder();

        final String rangeSwitch = "--range=";

        // 第一个参数是表名字，从第二个参数开始
        for (int i = 1; i < args.length; i++)
        {
            if (args[i].startsWith(rangeSwitch))
            {
                String[] startEnd =
                        args[i].substring(rangeSwitch.length()).split(",", 2);
                if (startEnd.length != 2 || startEnd[1].contains(","))
                {
                    printUsage("Please specify range in such format "
                        +"as \"--range=a,b\" or, with only one boundary,"
                        +\"--range=,b\" or"+"\"--range=a,\"");
                    return null;
                }
```

```
            startKey = startEnd[0];
            endKey = startEnd[1];
        }
        else {
            // 否则假设传入的参数是列名
            sb.append(args[i]);
            sb.append(" ");
        }
    } // end of for
    Job job = new Job(conf, NAME + "_" + tableName);
    job.setJarByClass(RowCounter.class);
    Scan scan = new Scan();
    scan.setCacheBlocks(false);
    if (startKey != null && !startKey.equals("")) {
        scan.setStartRow(Bytes.toBytes(startKey));
    }
    if (endKey != null && !endKey.equals("")) {
        scan.setStopRow(Bytes.toBytes(endKey));
    }
    scan.setFilter(new FirstKeyOnlyFilter());
    if (sb.length() > 0) {
        for (String columnName : sb.toString().trim().split(" ")) {
            String [] fields = columnName.split(":");
            If (fields.length == 1) {
                scan.addFamily(Bytes.toBytes(fields[0]));
            } else {
                scan.addColumn(Bytes.toBytes(fields[0]),
                        Bytes.toBytes(fields[1]));
            }
        }
    }
    job.setOutputFormatClass(NullOutputFormat.class);
    TableMapReduceUtil.initTableMapperJob(tableName, scan,
                RowCounterMapper.class, ImmutableBytesWritable.class,
                Result.class, job);
    job.setNumReduceTasks(0);
    return job;
}   // end of createSubmittableJob()

/*
 * @param errorMessage Can attach a message when error occurs.
 */
private static void printUsage(String errorMessage)
{
    System.err.println("ERROR: " + errorMessage);
    printUsage();
}

/* 打印消息 */
private static void printUsage()
```

```
    {
        System.err.println("Usage: RowCounter [options] <tablename> " +
                "[--range=[startKey],[endKey]] [<column1><column2>...]");
        System.err.println("For performance consider the following "
            +"options:\n-Dhbase.client.scanner.caching=100\n"
            + "-Dmapred.map.tasks.speculative.execution=false");
    }

    /**
     * Main 入口
     *
     * @paramargs  The command line parameters.
     * @throws Exception When running the job fails.
     */
    public static void main(String[] args) throws Exception
    {
        Configuration conf = HBaseConfiguration.create();
        String[] otherArgs = new GenericOptionsParser
                                (conf, args).getRemainingArgs();
        if (otherArgs.length< 1) {
            printUsage("Wrong number of parameters: " + args.length);
            System.exit(-1);
        }
        Job job = createSubmittableJob(conf, otherArgs);
        if (job == null) {
            System.exit(-1);
        }
            System.exit(job.waitForCompletion(true) ? 0 : 1);
    }
    }
```

运行命令：

```
hadoop jar $HBASE_HOME hbase-0.94.7.jar rowcounter [options] <tablename>
[--range=[startKey],[endKey]] [<column1><column2>...]
```

具体运行例子：

```
hadoop jar /usr/lib/hbase/hbase-0.94.7.jar rowcounter test
```

命令中的表 test 的内容：

```
ROW                                                   COLUMN+CELL
row1              column=cf:a, timestamp=1378347249668, value=value1
row1              column=cf:c, timestamp=1378347280130, value=value4
row2              column=cf:b, timestamp=1378347256438, value=value2
row3              column=cf:c, timestamp=1378347262252, value=value3
```

运行结果为：

```
INFO mapred.JobClient:       ROWS=3
```

5.6 HBase 的读写操作和特性

5.6.1 HBase 的数据写入

1. 写入的客户端行为

从 5.4.2 节的练习中我们可以知道，每个 HBase 的数据更新动作都需要指定一个 row key。因此，客户端就会使用 5.3.6 节所述的查找过程来找到对应的 Region Server，将这个数据更新动作发送给它。

对于一个 Put 操作来说，每次用户通过 HTable.add（Put）或者 HTable.add（<List>Put）来提交一个或者一组 Put，就和 RegionServer 通信一次。这样的开销太大了。因此，和传统数据库类似，HBase 引入了写缓冲（Write Buffer）的概念。当 Put 操作提交时，并不是直接提交给 Region Server；而是简单地写入到 Write Buffer 中。只有 Write Buffer 满时才被按照 Region Server 分组、并将一组一次性提交给对应的 Region Server。

当然，这其实就引入了一个数据可靠性方面的问题：当数据被写入到 Write Buffer 时，从客户端来说，认为写入已经完成了。但其实数据只是在 Write Buffer 中。这时，如果客户端下线的话，那么数据就会丢失。

因此，是否使用 Write Buffer 是由用户控制的（通过 HTable.setAutoFlush() 来控制）；同时，Write Buffer 的大小也可以控制（缺省是每个客户端线程 2MB，可通过 HTable.setWriteBufferSize() 设置）。关于这个大小的设置，要注意的是，因为 HBase 可以支持高并发，所以常见的 HBase 客户端都是多线程的。即一个节点上的应用程序可能有 100 个线程来作为 HBase 客户端访问 HBase。此时，就需要 $100 \times 2MB = 200MB$ 的空间作为 Write Buffer。因此，需要合理设置 Write Buffer 大小以防止 OutOfMemoryError。

Write Buffer 中的数据在以下几种情况下会被提交给对应的 Region Server：

1）用户调用 HTable.flushCommits() 方法。

2）用户调用 HTable.close() 方法关闭客户端。

3）Write Buffer 满。

注意：HBase delete 操作并不经过 Write Buffer，只有 Put 会经过 Write Buffer。

在 Write Buffer 之上，用户还可以通过使用 HTableUtil 类的方法来将操作按 Region Server 分组，从而进一步减少客户端和 Region Server 的 RPC 通信次数。

如果用户想要更加细粒度地控制客户端行为，他可以不使用 Write Buffer，而使用 HTable.batch 命令批量地添加更新操作。

2. Write Ahead Log

Write Ahead Log（WAL）是一种常用的数据库技术，用来保证原子性（Atomicity）和持久性（Durability）（ACID 中的两个特性）。对于任何数据更新操作来说，在操作被真正执行之前，首先将这个操作写到一个 Log 文件中（这就是为什么它被称为 Write Ahead Log，也叫 HLog）。

对于 HBase 来说，每个数据更新操作都会被先写到该 Region Server 的 HLog 里去，然后再将数据写入到 memStore 中就完成了。我们知道 memStore 是在内存中的，即不持久化的。当这台 Region Server 下线时，memStore 中的内容就丢失了。如果没有 HLog 的话，就无法保证数据的可靠性。通过将操作写入到 HLog 中进行持久化，就保证了 memStore 中的数据即使 Region Server 下线，也可以通过 replay HLog 来恢复。

HLog 的写入是一个添加操作。Region Server 始终保持一个 HDFS 的文件流打开，当一个操作来时，将该操作直接写入到这个流中，并调用 HDFS 的一个特殊操作以确保新写入的数据被无缓存地写入到各个 DataNode 上。这样，即使当前节点下线了，HLog 在其他节点上也有副本。同时，因为是一个添加操作，所以可以保证这个写操作是非常快的。因此，使用 WAL 并不会太大地影响性能。相反，因为有了 WAL，对于 Region Server 来说，数据写到 memStore 就算完成了（并不需要将每次写操作都持久化到 HFile 中），反而是提高了写入性能。

HLog 在 HBase 上的位置是 /hbase/.logs。这个目录下，每个 Region Server 会有一个子目录。

从概念上来说，HLog 应该每个 Region 一个；但实际实现时，是每个 Region Server 一个。这个主要是实现上的考虑。因为每个 Region Server 可能会有上百个 Region。如果每个 Region 设置一个 HLog 的话，那么就需要同时打开上百个 HLog（整个集群就可能是成千上万个），会对 HDFS 产生比较大的压力。同时，HDFS 性能也会较差。基于这点，HLog 是每个 Region Server 设置一个。因此，正如 5.3.7 节所述，在 Region Server 下线时，

1）首先需要将该 RegionServer 的 WAL 按 Region 分割成多个 Log。

2）再将不同的 Region+Log 交由不同的 RegionServer 去 replay Log，从而将数据恢复到最新。

虽然 HLog 的设计使得它对写入性能的影响降到比较小，但影响总是有的。对于有些应用来说，可能希望很高的写入性能，但可能只能忍受少量的数据丢失。对于这样的应用，用户可以通过设置 Put.setWriteToWAL（false）来关闭 WAL 以提高性能。

在 HBase 0.97 中，客户端可以更加细致地设置 WAL 的级别。用户可将 WAL 设置成（在枚举 Durability 中定义）：

1）同步写（SYNC_WAL）。

2）异步写（ASYNC_WAL）。

3）异步写但保证每个写都持久化到硬盘了（FSYNC_WAL）。

4）关闭 WAL（SKIP_WAL）。

这样的话，就可以给用户更多的自由度，让用户自己根据应用选择相应的写入级别。

3. HFile

HFile 是 StoreFile 在 HDFS 上存储格式。其基本的单位是固定大小的数据块，但这个数据块（缺省 64KB）不是 HDFS 的 block（缺省 64MB）。使用较小的数据块可以提高随机访问的性能。HFile 是只读的，即在存储后不会再被修改。

HFile 的最重要特征是：其中存储的键值对是排序的（升序）。也就是说，这些键值对在保存到 HFile 中时已经按照键排序了（如果键相同的，那么按照值排序）。我们来回顾下，在 5.2 节中，我们说 HBase 的每个数据单元是一个键值对：

$$\{\text{row key, column family, column name, timesstamp}\} \rightarrow \text{value}$$

那么，HFile 按照键值对排序就意味着同一行的数据在 HFile 是相邻存放的。那么，对于单个 HFile 来说，我们可以定位到一行，然后通过顺序扫描读出一行的所有数据，当 row key 发生变化时就意味着该行的结束。

HFile 有两个版本，HBase 0.92 引入了 v2 版本，提高以下几方面的性能：

1）将 HFile index 和 Bloom Filter 按照数据块划分，存成不同的数据块；从而可以按需读取，并且可以利用 Block Cache 来缓存。

2）加快了文件打开速度。将打开 HFile 时要读取的信息都放在 "Load-on-open" section 中，一次就可以读完，减少了磁盘寻道次数。

如图 5-10 所示，HFile 包含一个多层次的 index 系统。通过 index，就可以在不读取全文件的情况下随机地读取某个数据。Index 的大小由 HFile 数据块、键值对的键大小、数据量的大小等因素决定。对于大的数据量来说，每个 RegionServer 有超过 1GB 的 index 是很正常的（可通过 RegionServer 的网页来查看具体数值）。在 HBase 0.90 及以前的版本中，这些 index 是必须全部常驻内存的，所以每个 Region 就不能很大；而在新的 HBase 版本中，这些 index 使用 block cache 来管理。所以 index 只有部分在内存中，这就极大地减轻了 Region Server 的压力，从而可以支持更大的 Region。

Bloom Filter 和 index 一样，是 HFile 元数据的一部分。Bloom Filter 是一种非常精简的数据结构。它可以用于确定一个值是否在一个集合中。它的判定是保守的，即如果判定结果是 "不在集合中"，那么肯定是不在集合中；但如果判定结果是 "在集合中"，那么可能在集合中，也可能不在。Bloom Filter 可以使用较少的空间就能保证一个很高的判定精度（例如 99%）。对于一个 4G 的 HFile 来说，Bloom Filter 可能需要 100MB 左右的空间。

HBase 的 Bloom Filter 对于 Get 操作非常有用处。每个 HFile 的 Bloom Filter 都包含了该 HFile 所有的 row key 或者 row key+column name 信息（通过创建表时设置 Bloom Filter 的类型）。Get 指定了 row key，那么对于每个 HFile 来说，可以直接用 Bloom Filter 判定该 row key 是否在 HFile 中出现。如果结果是"没有出现",那么可以安全地略过这个 HFile,从而提高性能。

"Scanned block" section	Data Block			
	...			
	Leaf index block / Bloom block			
	...			
	Data Block			
	...			
	Leaf index block / Bloom block			
	...			
	Data Block			
"Non-scanned block" section	Meta block	...	Meta block	
	Intermediate Level Data Index Blocks (optional)			
"Load-on-open" section	Root Data Index			Fields for midkey
	Meta Index			
	File Info			
	Bloom filter metadata (interpreted by StoreFile)			
Trailer	Trailer fields		Version	

图 5-10 HFile v2 格式

在"Load-on-open"section,包含了以下几个方面的信息:

1)文件信息(包括这个文件的最后一个记录的 row key 等信息)。

2)Index 的根入口。

3)Meta 信息的入口。

4)Bloom filter 的入口。

5)这个 HFile 中的"中键"信息。

"中键"的定义是:如果这个 HFile 中有 n 个键值对,那么中键就是 $\left\lfloor \frac{n-1}{2} \right\rfloor$ 个键值对(第一个键值对的编号是 0)。中键对于 Region 的分裂来说是非常重要的。有了中键,split 就可以很容易地将一个 HFile 等分成两半。

4. PUT & DELETE

正如 5.4.2 节所述,对于 HBase 来说,插入(insert)和更新(update)是不区分的,都由操作 Put 来表达。这是怎么实现的呢?

在做任何一个数据更新操作时,Region Server 并不进行数据合并。Region Server 只是简单地将这个数据写入到 memStore 中去。如果是一个 delete 操作的话,那么就写入一个称为墓碑石(tombstone)的特殊标记到 memStore 中。而将数据的合并留待数据读取或者 compaction 时完成。这点和传统数据库是非常不一样的,传统数据库将数据的合并操作在插入时完成。这样的结果就是：在 HBase 中，能够读取历史版本（如 5.4.2 节的例子）；而在传统数据库中，只能读取最新版本。

这样做的最主要好处是：插入性能和已有的数据量无关。也就是说，无论 HBase 已有的数据是 1GB、1TB 还是 1PB，插入的性能基本没有影响；而在传统数据库中，使用 B 树在插入时需要与已有数据进行合并。因此，插入的速度受限于 B 树的规模。因此，随着数据量的增大，插入的性能呈指数降低。这也是为什么传统数据库难以处理大数据的原因之一。

HBase 在涉及 DELETE 时有 3 种墓碑石的特殊标记：

1）DELETE：删除一个特定版本的单元格。

2）DELETE COLUMN：删除一个单元格的所有版本。

3）DELETE FAMILY：删除一个列族中某行的所有单元格。

如果删除一行的话，HBase 会在每个列族中插入一个 DELETE FAMILY 墓碑石。墓碑石只在 major compaction 时才会被合并并删除（因为只有 major compaction 才能看到所有的 HFile 信息）。

在删除时，需要指定一个时间戳 A。它的意思是（对于 DELETE FAMILY 来说）：删除时间戳早于 A 的所有单元格。如果时间戳没有指定的话，那么使用系统的当前时间作为时间戳。

HBase 这种在读取时合并的做法一般没有什么问题。但在涉及 DELETE 时可能会出现出乎意料的情况。假设行 row1 有一些单元格，操作步骤为：

1）删除这一行（用当前时间 t1 作为时间戳进行 DELETE FAMILY）。

2）往 row1 中插入一个单元格 column1（设置这个 PUT 的时间戳为 t2，t2<t1）。

3）用 GET 获取 row1 的内容。

我们可能得到两种结果：

1）结果为空，这是最常见的结果。因为 column1 的时间戳 t2 早于 t1，虽然 PUT 发生在 DELETE 之后，但还是会被删除。

2）结果为 column1。这种情况发生在第 1 步和第 2 步中间发生了 major compaction 的情况。此时，整行已经被删除，墓碑石也被移除了，因此，就无法影响第 2 步的 PUT 了。

5. Flush 和 Compaction

当 memStore 达到一定大小（由参数 hbase.hRegion.memstore.flush.size 控制）或者 Region Server 因为内存压力太大而选取该 memStore 时，memStore 会被写出到 HDFS 上。同时，memStore 空间被释放。这个过程称为刷新写入（Flush），由 MemStoreFlusher 线程完成。具体步骤是：

1）将这个 memStore 移出，防止这个 memStore 再被写入；创建一个新的 memStore 来服务写请求。

2）将旧 memStore 写出到 HDFS 成为一个 HFile。

3）将旧 memStore 释放。

这样，随着时间的增长，在 HDFS 上就有了这个 Region 的很多个 HFile。HFile 的个数对于 HBase 的读性能有非常大的影响。因此，为了降低对读性能的影响，需要定期对 HFile 进行合并（compaction）。合并分为两种：

1）minor compaction。只是将部分小 HFile 合并为一个更大 HFile，由 CompactSplitThread 线程处理。它的输入是一个队列。当某个 Region 的 StoreFile 个数太多时，就会往队列里添加一个 minor compaction 请求。而 CompactSplitThread 就从队列取出相应的请求并进行处理。

2）major compaction。将所有的 HFile 合并为一个 HFile。MajorCompactionChecker 用于定期检查是否需要进行 major compaction。

compaction 只处理 Region 内部的 HFile 的合并，并不处理 Region 的 split 和 merge。minor compaction 并不处理 DELETE 墓碑石或者将过期的数据删除（因为它无法看到所有的 HFile）；而 major compaction 处理这些任务（因为它看的到一个 Region 的所有的 HFile）。

如前所述，HFile 个数对读性能影响很大。因此，显然 major compaction 对读性能是最有帮助的。但 major compaction 本身非常耗资源。因为 major compaction 要将一个 Region 的所有数据都读写一遍，所以 major compaction 不能在业务高峰期进行，而应该选择在夜深人静、系统负载较低时进行。major compaction 缺省配置为每 24 小时一次。可问题是发生 major compaction 的具体时间点是不可预测的，有可能正好发生在业务繁忙时段，这会极大地影响业务的吞吐量。我们可以将 major compaction 关闭（设置为 0），然后用外部程序定时地通过 HBaseAdmin 接口来强制触发 major compaction。

无论是 minor compaction 还是 major compaction，具体的合并方法是基本类似的：

1）选取要合并的 HFile 列表（对于 major compaction 来说，就是这个 Region 的所有 HFile）。

2）对每个 HFile 打开一个 HFileReader，从而可以读取数据。

3）向 HDFS 申请创建一个目标 HFile，创建 HFileWriter（V1 或者 V2，取决于选择的文件格式）。

4）将每个 HFileReader 的数据按照归并排序的方式将数据读出写入到 HFileWriter 中。

因为每个 HFile 都是按照键值对排序的，所以在将文件合并时只要流式地按照归并排序的方式将数据合并写出，就可以保证新的 HFile 也是按照键值对排序的。另外，从上面的过程我们也可以发现，compaction 是一个比较费时的过程，做一次 compaction 就意味着对相关的 HFile 进行一次完整的读写操作。

minor compaction 在选取哪些 HFile 来进行合并时是非常聪明的。在 HBase 源代码关于

minor compaction 部分有一个 ANSI 文字图（见图 5-11），很好地表示了选取策略：

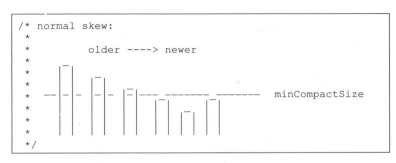

图 5-11　minor compaction 文字图

这里的每个立柱表示一个 HFile。整个选取策略是基于文件大小的。最后 minor compaction 的结果是：越旧的文件越大；越新的文件越小。这个选取策略有几个重要的参数来控制：

1）hbase.store.compaction.ratio：文件选取中的比例（缺省为 1.2）。

2）hbase.hstore.compaction.min：最少多少个文件可以进行 minor compaction（缺省为 5）。

3）hbase.hstore.compaction.max：minor compaction 一次最多合并多少个文件（缺省为 10）。

4）hbase.hstore.compaction.min.size：任何小于这个大小（字节数）的 HFile 会被自动选取作为合并对象（缺省为 hbase.hRegion.memstore.flush.size）。

5）hbase.hstore.compaction.max.size：任何大于这个大小（字节数）的 HFile 会被自动排除，不进行合并（缺省为 Long.MAX_VALUE）。

基本的选取策略是：

1）把 HFile 按新旧排序。

2）从新到旧选取文件，直到遇到一个 HFile，它的大小大于之前选取的文件大小之和乘以 hbase.store.compaction.ratio，或者文件个数大于 hbase.hstore.compaction.max。

这个策略就保证了每次 minor compaction 都能把一些比较小或者大小相似的文件都合并起来；而随着 minor compaction 的进行，如果此时 flush 不频繁的话，会使得 minor compaction 向更旧的文件方向扩展，从而生成更大的文件。

通过这个策略，HBase 既保证了：

1）对于新的小文件能够及时地被合并。

2）旧文件足够大，并被排除在 minor compaction 之外，从而显著降低不必要的 minor compaction 开销。

3）整个文件的分布是：随着时间增长，文件变小。就是说，最老的文件可能很大（几个 GB），而最新的文件可能只有几 MB。

通过调整这几个参数，我们可以显著地提高 HBase 的性能。这是因为写入速度和 flush、

compaction 有很大的关联度。显然，

1）写入仅发生在 memStore 中时是最快的。

2）而发生 flush 时就会明显地慢下来。但这个影响还比较小，因为一般来说 flush 的过程很快。但如果 MemStoreFlusher 来不及处理 flush 的话，那么就会是一个性能瓶颈。

3）CompactSplitThread 在后台进行 minor compaction 对系统有性能影响（主要是占用 I/O），但不显著。但如果 HFile 生成的速度太快，而 minor compaction 太慢（做一个 compaction 需要比较长的时间，例如几分钟），那么 HFile 的个数就会非常多。我们前面说了，HFile 个数对 HBase 读性能有非常大的影响。因此，HBase 在 HFile 个数太多（由参数 hbase.hstore. blockingStoreFiles 控制，缺省 7 个文件）时会限制对这个 Region 的写入一段时间（由参数 hbase.hstore.blockingWaitTime，缺省 90 秒）。这样的话，在这段时间内，这个 Region 就不接受任何写请求。这就会极大地影响性能。

4）compaction 次数影响很大。我们来做个简单计算。为了简化起见，假设这个 Region 的数据为 6.4GB，最初 memStore flush 成的 HFile 每个大小为 64MB，那么最初就是 1024 个 HFile。为了简化计算，假设 HFile 都已经生成好了，每次 minor compaction 就是合并相同大小的一批文件（这和实际 HBase 运行是不一样的，但不影响讨论）。那么，

a）如果每次 minor compaction 只合并 8 个文件，那么：

i. 第 1 轮 minor compaction 就是 1024/8=128 次，共读写数据 6.4GB。

ii. 第 2 轮 minor compaction 是 128/8=16 次，共读写数据 6.4GB。

iii. 第 3 轮 minor compaction 是 16/8=2 次，共读写数据 6.4GB。

iv. 第 4 轮 minor compaction 是 1 次，共读写数据 6.4GB。

b）如果每次 minor compaction 合并 16 个文件，那么：

i. 第 1 轮 minor compaction 就是 1024/16=64 次，共读写数据 6.4GB。

ii. 第 2 轮 minor compaction 是 64/16=4 次，共读写数据 6.4GB。

iii. 第 3 轮 minor compaction 是 1 次，共读写数据 6.4GB。

可以看到，通过调大每次 compaction 合并的文件数（参数 hbase.hstore.compaction. max），可以显著减少 HDFS 文件的读写，从而提高性能。但增大每次 compaction 合并的文件数的后果是每次 compaction 的时间会变长，从而使得有更多的 HFile 等待被合并。这样就可能因为 HFile 太多而触发上述第 3 点的强制等待。

因此，要取得良好的性能，就需要：

1）尽可能减少 flush 发生的频率，这就要求减少 memStore 提早 flush 的次数，并且增大 memStore 的大小。

2）在 MemStoreFlusher 线程数和 CompactSplitThread 线程数之间取得一个好的平衡，防止 compaction 请求堆积得太多（这个值可通过查看 RegionServer 的 web 页面获得）。

3）在减少 compaction 的次数和防止 HFile 堆积之间取得一个好的平衡。

6. Region 的分裂

当 Region 的某个 Store 所有 StoreFile 大小之和超过阈值（由参数 hbase.hRegion.max. filesize 指定）时，该 Region 就会被分裂成两个 Region，从而保证每个 Store 都不过大。

Region split 是由 Region Server 来完成的。虽然，是否 split 是由 Region Server 自己决定的，但整个 split 过程涉及到很多方面：

1）Region Server 需要在 split 之前和之后通知 Master。

2）Region Server 需要更新 .META. 表来让客户端能找到新的子 Region（daughter Region）。

3）Region Server 需要为新的 Region 创建 HDFS 目录和文件。

由于 split 包含好几个步骤，Region Server 还保持了一个内存中的日志来记录执行状态，从而在出现问题时回滚。

Region 的分裂过程如下：

1）Region Server 在 Zookeeper 中创建一个节点 /hbase/Region-in-transition/ 父 Region，值为 SPLITTING。这样，Master 就收到了 split 通知。

2）Region Server 在 HDFS 上父 Region 的目录下创建一个子目录 ".splits"。

3）Region Server 将父 Region 下线，把内存中的 memStore 写到 HDFS 中，从而保证所有的数据都是持久化的并且不会再有新的数据写入。此时，如果客户端有访问请求的话，就会失败（NotServingRegionException），客户端会重试。

4）Region Server 在 HDFS 的 .splits 目录下创建两个子 Region 对应的数据结构，并对每个父 Region 中的 HFile 在子 Region 中创建一个特殊的引用文件（reference file），并在其中标明本 Region 引用的是父 Region 的上半部分还是下半部分（因为两个子 Region 分别负责父 Region 的上半部分和下半部分）。HFileReader 读取这个引用文件时就能读取对应的父 Region 的数据。

5）Region Server 在 HDFS 上为这两个子 Region 创建目录，并将 .splits 中的内容移动到这两个目录中。

6）Region Server 往 .META. 表发一个 PUT 请求，将父 Region 设置为 offline，并将子 Region 信息存在代表父 Region 的行中。注意：此时，子 Region 在 .META. 表中并没有单独的行，因此客户端此时无法访问到子 Region。

7）Region Server 将两个子 Region 上线。

8）Region Server 往 .META. 表中添加子 Region 的相应行信息，从而使得子 Region 可以被访问到（虽然可能客户端的 cache 会失效）。

9）Region Server 将 Zookeeper 中节点 /hbase/Region-in-transition/ 父 Region 的值改为 SPLIT，从而通知 Master split 完成。

10）Region Server 启动对这两个子 Region 的 major compaction。这样，就消除了引用文件，并将所有从父 Region 继承过来的数据都合并成了一个文件。

11）Master 的垃圾回收器会定期检查是否子 Region 还有对父 Region 文件的引用。如果没有的话，就删除父 Region。

可以看到，split 和 compaction 一样，都会产生大量的数据读写操作，而且是累积型的。例如，假设我们的 Region 个数是 1->2->4->8->16。那么为了 split，最初那个 Region 里的数据其实被读写了 4 遍，这是很不经济的。在 HBase 0.94 中，引入了一个新的 split 策略：IncreasingToUpperBoundRegionSplitPolicy。这个策略不再简单地用参数 hbase.hRegion.max. filesize 控制是否 split，而是在 RegionServer 上当前表 Region 数量比较少时采用更加激进的 split 方法。即 split 的触发条件是：（r 是该 RegionServer 上此表的 Region 数量）

Store 大小 >min(hbase. hregion. max. filesize, hbase. hregion. memstore. flush. size $\times r^2$)

因此，假设 memStore 大小设置为 128MB，最大 Store 大小设置为 10GB。那么，第 1 次 split 发生在 Store 大小大于 128MB 时。然后，随着 Region 的增多，这个阈值变成了 512MB、1152MB、2GB、3.2GB、4.6GB、6.2GB、10GB。这样，通过这个策略就加速了表在初期的 split 速度，减少了数据的重复读写。

虽然这种自动的 split 方式可以让程序员不用关心具体的实现，但其性能并不是最优的。这表现在两个方面：

1）在表初期，只有一个 Region。因此，只有一台 Region Server 对外提供服务，其他机器都空闲着。

2）伴随 Region split 产生了大量的重复数据读写。

对于 HBase 来说，最优的方式是程序员自己管理 Region split。让我们设想下理想情况：在创建表之初，我们就知道最终需要多少个 Region 及每个 Region 的 Start row key，那么我们就可以在创建表时就分配好相应的 Region，这就完全克服了上述两个问题，从而可带来数倍的性能提高。

HBase 提供了这样的接口：

```
HBaseAdmin.createTable(HTableDescriptor table, byte[][] splits)
```

这里的 splits 就是要创建的每个 Region 的 start row key。这个 start row key 并不要求一定是在应用中真实存在的 row key。因为表的 row key 是一个排序的空间，这些 start row key 只需要将空间分隔成若干份，从而保证任何一个 row key 都可以被放入到某个 region 中。因为 row key 的类型是 byte[]，所以 splits 的类型也是 byte[][]。

在用户自己管理 Region split 之后，用户可以将 HBase 的自动 Region split 关掉（将 hbase.hRegion.max.filesize 设置为很大的值，例如 Long.MAX_VALUE）。但一般不建议这样做，因为在实际中很容易出现即使预先做了 Region split，某个 Region 还是特别大的情况（例如应用中的 row key 就总是集中在某段）。一种比较好的做法是将 hbase.hRegion.max.filesize 设置为一个较大的值，例如 100GB。这样，正常情况下系统的自动 Region split 都不会发生，但在某些极端情况下又能发生，从而确保 Region 不过于膨胀。

5.6.2　HBase 的数据读取

1. HBase 基本读取过程

当一个 Get 或者 Scan 请求来时，Region Server 会从 memStore 和各个 HFile 中将满足条件的记录读取出来，然后进行合并处理后返回给客户端。

Region Server 的处理步骤如下：

1）选取可能包含满足条件的记录的 HFile 和 memStore。每个 HFile 都包含信息记录其最后一个 row key，这样 Get 或者 Scan 来时，可以检查这个 HFile 是否可能包含满足条件的记录；如果是 Get 的话，还可以通过 Bloom Filter 判定这个 HFile 是否可能包含满足条件的记录。

2）打开所有满足条件的 HFile，定位到 Get 的 row key 或者 Scan 的 start row key 位置。

3）从各个 HFile 中流式地读取记录，并与 memStore 中满足条件的记录进行归并排序从而得到结果。

4）在这个过程中，如果 Get 或者 Scan 带 Filter 的话，就执行这个 Filter，从而减少结果数量。

5）将结果返回给客户端。

这个过程中，HFile 的个数对性能有很大影响（特别是对于像 Get 或者小范围 Scan 这样的随机访问），因为要打开相关的 HFile 并进行磁盘定位。磁盘定位是一个非常费时的操作（7200RPM 的普通硬盘需要近 10ms 的时间）。一个经验公式是：HBase 在数据量比较大时，能支持的纯并发查询吞吐量是：

集群磁盘数量 × 1000 ÷ 定位时间（ms）÷ 平均每个 scan 需要访问的 Hfile 个数

另外，在 Scan 返回的结果集比较大（例如几千条记录）时，一个可以迅速提高性能的方法是通过 Scan.setCaching（int size）设置每次客户端和 Region Server 通信返回的结果集大小（缺省为 1）。缺省情况下，如果结果是 1000 条的话，那么就需要和 Region Server 通信 1000 次来获得所有的结果。这显然是很低效的。可以将这个值设置得相对大一点（例如 500），这样 1000 条记录就只需要 2 次通信就能返回结果。但要注意：这个值不能设置得太大。这是因为：

1）这要求客户端和 Region Server 都能暂存结果，这会加大内存压力。特别是对于 Region Server 来说，因为 Region Server 要同时响应很多请求。这就意味着 Region Server 的压力增加了很多倍。

2）这延迟了返回第一条结果的时间。因为 Region Server 要么收集满了所要求的记录数，要么查询完成才返回给客户端，所以客户端可能要等比较长的时间才能拿到第一条数据。

在大范围 Scan（例如全表 Scan）时，有另外一种要注意的情况：如果要 Scan 的记录数非常多，但 Filter 执行完成后的记录数非常少（例如从几亿条记录中找出 1 条），那么要特别小心网络超时。从上面的 Scan 实现逻辑我们可以知道，在找到结果之前，Region Server 是不和客户端发生通信的。因为 Region Server 要找很久（例如几分钟）才能找到结果，此时网络连接已经断开了。接着，客户端会重试，但情况不会有任何改善。要防止这种情况，一种做法是客户端设置参数 hbase.rpc.timeout（缺省为 60 秒），将其设置得比较大，从而防止超时的发生。

2. Block Cache

Block Cache 用于缓存 HFile 数据块（这个块不是 HDFS 数据块；HFile 数据块大小一般为 64KB，HDFS 数据块大小一般为 64MB）。Block Cache 缓存的基本单位是固定大小的数据块（这简化了内存的管理）。Block Cache 使用 LRU（最近使用）策略来做数据块的换出。

对 Block Cache 中的数据块来说，一共有 3 个优先级（当需要换出数据块时，使用这个优先级来确定换出）：

1）单次访问数据块。这是一个块从 HDFS 被读出并放入 Block Cache 时的缺省优先级。这是最先被考虑换出的优先级。这就保证了像 Scan 这样的操作读入的数据块会被很快换出（因为 Scan 操作没有时间局部性）。

2）多次访问数据块。如果一个 Block Cache 中的数据块在被换出之前又被访问到的话，那就从单次访问优先级升级到这个优先级。

3）内存数据块。如果一个块所属的列族被标记为"永远在内存中"，那么这个块就属于这个优先级。这就保证了这个优先级的数据块尽可能永远在 Block Cache 中。目录表（-ROOT- 表和 .META. 表）就属于这个级别。用户也可以自己设置相关的列族来加快对相关表的访问。

Block Cache 的大小由参数 hfile.block.cache.size 控制（缺省为 25%，最新版的 HBase 已经把这个比例提高到 40%）。所以，用户也可以显式地把 Block Cache 关闭（将 hfile.block.cache.size 设置为 0）。

Block Cache 实际能使用的大小还要乘上一个系数（85%）。这是因为，如果我们等待 Block Cache 完全满才将数据块换出的话，就会阻塞住读请求的完成。读请求必须等 Block

Cache 将数据块换入才能完成；而换入必须等待 Block Cache 有空间才行。因此，为了防止阻塞，换出处理在比较满（85%）时就会开始执行。

Block Cache 中的数据块主要是以下几类：

1）目录表（-ROOT- 表和 .META. 表）。它们是常住内存的，几乎不会被换出。-ROOT- 表很小，通常只有几百个字节；.META. 表稍大一些，一般几 MB（视 Region 多少而定）。

2）HFile Index。

3）Bloom Filter。

4）普通的数据块（键值对）。这是 Block Cache 中最常见的数据块。

Block Cache 并不一定是有正效果的。从上面的介绍我们知道，上面 4 类数据中的前 3 类保持在 Block Cache 中是有正效果的；但最后一类数据块的 cache 其实并不一定有效。这是因为将数据块换入换出是有开销的，同时 Block Cache 本身占用内存也会引起 JVM GC 方面的开销。因此，就需要根据应用来调整。这里的关键是要减少换入换出的频率。如果数据量不大，那么就不需要调整。而在数据量很大、且 Block Cache 有很高的换入换出频率时，就需要仔细地调整。调整有两类：

1）调整 Block Cache 的大小。可以设置不同的 Block Cache 比例来测试应用的性能。但不要完全关闭 Block Cache（这在 HBase 0.90 及以前是可以的，但在之后的版本中会产生严重的性能问题）。一般来说，Block Cache 应该比上述前 3 类的数据集大。在数据量非常大以至于完全无法利用读的时间局部性时（例如完全随机读），Block Cache 应该尽可能小。

2）调整应用对 Block Cache 的使用。Scan 类应用（例如 MapReduce 程序对全表做计算）完全没有时间局部性，因此将数据放入 Block Cache 反而会使得性能变慢。在这种情况下，使用 Scan.setCaching（false）函数，让 Scan 的结果不放入到 Block Cache 中（但表的其他读取操作仍然使用 Block Cache）会提高性能。

5.7 其他 HBase 功能

5.7.1 Coprocessor

在 HBase 0.92 之前，HBase 是一个纯的数据存储系统，没有计算能力，计算必须通过 MapReduce 完成。HBase 在 0.92 版本中引入了 Coprocessor。Coprocessor 可以在服务器端（RegionServer）进行高效的并行计算。Coprocessor 包含两个部分：

1）Endpoint。Endpoint 是一段已经在 Region Server 上部署好的代码，客户端可以随时调用来执行。Endpoint 执行时是以 Region 为单位并行执行的。即如果目标表在 server A 上有 100 个 Region，那么 server A 会使用 100 个线程并行地对这 100 个 Region 进行计算。Endpoint 主要的用处是实现各种聚合（aggregation），例如 sum、average、count、min、max

等（这些是缺省就已经实现好的）。但用户也可以部署自己的 Endpoint 来实现特别的功能，例如二级索引。

2）Observer。Observer 和数据库中的触发器（trigger）非常类似。当某个预先定义的事件发生时，Observer 就会被触发，从而让用户干预这个事件。

1. Endpoint 的使用方法

我们先来介绍 Endpoint 的使用方法。启用 Endpoint 有两种方法：

1）方法一：启用全局 Endpoint，能够操作所有的表上的数据。通过在 hbase-site.xml 文件中添加如下代码来进行：

```
<property>
<name>hbase.coprocessor.region.classes</name>
<value>org.apache.hadoop.hbase.coprocessor.AggregateImplementation</value>
</property>
```

2）方法二：启用表 Endpoint，只对特定的表生效，可通过 HBase Shell 来实现：

```
hbase(main):001:0> disable 'test'
hbase(main):002:0> alter 'test', METHOD=>'table_att',
'coprocessor'=>'|org.apache.hadoop.hbase.coprocessor.AggregateImplementation||'
hbase(main):003:0> enable 'test'
```

下面我们来演示如何运用 Java 编程使用 Endpoint 来统计表的行数。

```java
import org.apache.hadoop.conf.Configuration;
import org.apache.hadoop.hbase.HBaseConfiguration;
import org.apache.hadoop.hbase.client.Scan;
import org.apache.hadoop.hbase.client.coprocessor.AggregationClient;
import org.apache.hadoop.hbase.util.Bytes;

public class MyAggregationClient
{
    private static final byte[] TABLE_NAME = Bytes.toBytes("test");
    private static final byte[] FAMILY = Bytes.toBytes("cf");
    public static void main(String[] args) throws Throwable
    {
        Configuration conf = HBaseConfiguration.create();
        conf.set("hbase.zookeeper.quorum", "node1,node2,node3");
        conf.set("hbase.zookeeper.property.clientPort", "2181");
        AggregationClient aggregationClient = new AggregationClient(conf);
        Scan scan = new Scan();
        scan.addFamily(FAMILY);
        long rowCount = aggregationClient.rowCount(TABLE_NAME, null, scan);
        System.out.println("row count is " + rowCount);
    }
}
```

客户端向所有的 Region 并行地发出了 Endpoint 请求，并行地进行统计行数的操作，每个服务器端线程负责一个 Region。这些请求将每个 Region 的行数结果返回给客户端。客户端再把这些数值累加起来就得到了整张表的行数。

2. Observer 的使用方法

下面我们来演示 Observer 的用法。假设我们要给查询返回一些完全不在 HBase 存储中的数据，可以用以下代码：

```java
import java.io.IOException;
import java.util.List;
import org.apache.hadoop.hbase.KeyValue;
import org.apache.hadoop.hbase.client.Get;
import org.apache.hadoop.hbase.coprocessor.BaseRegionObserver;
import org.apache.hadoop.hbase.coprocessor.ObserverContext;
import org.apache.hadoop.hbase.coprocessor.RegionCoprocessorEnvironment;
import org.apache.hadoop.hbase.util.Bytes;

public class RegionObserverExample extends BaseRegionObserver
{
    public static final byte[] FIXED_ROW = Bytes.toBytes("row1");
    @Override
    public void preGet(final ObserverContext
                            <RegionCoprocessorEnvironment> e,
                        final Get get, final List<KeyValue> results)
                throws IOException
    {
        if (Bytes.equals(get.getRow(), FIXED_ROW)) {
            KeyValue kv = new KeyValue(get.getRow(), FIXED_ROW, FIXED_ROW,
                            Bytes.toBytes(System.currentTimeMillis()));
            results.add(kv);
        }
    }
}
```

编译后将该类打包为 observertest.jar，放到 Region Server 安装的目录下。

在下一步之前，作为对比，我们先执行如下命令看看未启用该 Coprocessor 时的 Get 效果：

```
hbase(main):001:0> get 'test','row1'
COLUMN                                  CELL
 cf:a                      timestamp=1378347249668, value=value1
 cf:c                      timestamp=1378347280130, value=value4
2 row(s) in 5.5730 seconds
```

在 hbase-site.xml 文件的 hbase.coprocessor.Region.classes 项中添加 Regionobserverexample.RegionRegionObserverExample，如下所示：

```
<property>
```

```
<name>hbase.coprocessor.region.classes</name>
    <value>coprocessor.regionRegionObserverExample</value>
</property>
```

重启 HBases 使得设置生效后再执行 Get：

```
hbase(main):001:0> get 'test','row1'
COLUMN                                    CELL
 row1:row1    timestamp=9223372036854775807, value=\x00\x00\x01A\x05\xB7\x9A\xA8
 cf:a         timestamp=1378347249668, value=value1
 cf:c         timestamp=1378347280130, value=value4
3 row(s) in 2.5990 seconds
```

查询到 'row1' 后返回了一个不存在的列 row1:row1，其值为系统时间。

5.7.2　批量数据导入 Bulk Load

标准的 HBase Put 操作可以将数据实时插入到 HBase 中去。虽然其性能已经很高，但一个制约性能进一步提高的因素是每个操作都需要走一遍整个 HBase 的处理流程，并且会产生比较多的文件整理操作，这些都会制约 Put 的性能。

有一种应用场合是用户需要将一批数据（数据量是若干个 GB，甚至更多）批量导入到 HBase 中。这种情况下用标准的 Put 操作来逐个导入数据是非常费时的。有没有更快的方案呢？事实上是有的。HBase 对于这种批量导入的需求提供了 Bulk Load 工具。

Bulk Load 的基本思想是数据导入时不走 HBase 标准接口，直接将数据存成 HBase 的持久化形式 HFile。就是说，直接用 MapReduce 将用户数据变换成 HDFS 上的文件，然后让 HBase 加载这些文件。这样就完成了数据的导入。因为绕开了 HBase 标准接口，所以它的性能可以达到 Put 的好几倍。

从上面的介绍我们可以知道，Bulk Load 包含两个步骤：

1）用 MapReduce 将用户数据变换成 HDFS 上的文件 HFile。

2）让 HBase 加载这些新生成的 HFile。

1. 生成 HFile

HBase 自带了一个叫 ImportTSV 的程序来使用 MapReduce 将以文本文件格式（文本文件一行代表 HBase 的一行，用空格分隔各列，第一列是 row key）表示的大量文本文件变换成 HFile 文件。因为每个用户的输入文件格式都不相同，所以这个程序并不能适用于所有情况。但用户可以基于这个程序的源代码，创建自己的 HFile 生成器。这个程序的代码本身不长，也比较容易懂。这里就不展开了。下面，我们简单描述 ImportTSV 怎么用。

首先新建一个 HBase 表 datatsv，列族为 d：

```
hbase(main):001:0>create 'datatsv', 'd'
```

然后创建一个文件 inputfile，内容如下：

```
row1        c1        c2
row2        c1        c2
row3        c1        c2
row4        c1        c2
row5        c1        c2
row6        c1        c2
row7        c1        c2
row8        c1        c2
row9        c1        c2
row10       c1        c2
```

通过 Hadoop 的 put 命令将 inputfile 文件放入到 HDFS 中：

```
$hadoop fs -put inputfile /user/input/inputfile
```

然后通过如下命令将 HDFS 中的 inputfile 转换成 HFile 文件 outputfile：

```
$hadoop jar /usr/lib/hbase/hbase-0.94.7.jar importtsv -Dimporttsv.columns=HBASE_
ROW_KEY,d:c1,d:c2 -Dimporttsv.bulk.output=/user/output/outputfile datatsv /user/
input/inputfile
```

2. Completebulkload

生成 HFile 文件后，Completebulkload 的作用就是将 HFile 文件导入到 HBase。在这里，就是将上面生成的 HFile 文件导入到 HBase 表 datatsv 中。Completebulkload 对于所有的 Bluk Load 都是适用的。因此，不需要专门针对每个应用修改 Completebulkload。这个程序的调用方法如下：

```
$bin/hbaseorg.apache.hadoop.hbase.mapreduce.LoadIncrementalHFiles /user/
output/outputfile datatsv
```

如果能正确执行完以上步骤，则在 HBase 表 datatsv 中会看到导入的数据，inputfile 中的第二列和第三列将会被导入到 "d:c1" 和 "d:c2" 中。

```
$ ./bin/hbase shell
HBase Shell; enter 'help<RETURN>' for list of supported commands.
Type "exit<RETURN>" to leave the HBase Shell
Version: 0.90.0, r1001068, Fri Sep 24 13:55:42 PDT 2010

hbase(main):001:0> scan 'datatsv'
ROW                                      COLUMN+CELL
row1              column=d:c1, timestamp=1378193703147, value=c1
row1              column=d:c2, timestamp=1378193703147, value=c2
row10             column=d:c1, timestamp=1378193703147, value=c1
row10             column=d:c2, timestamp=1378193703147, value=c2
row2              column=d:c1, timestamp=1378193703147, value=c1
row2              column=d:c2, timestamp=1378193703147, value=c2
```

```
row3                    column=d:c1, timestamp=1378193703147, value=c1
row3                    column=d:c2, timestamp=1378193703147, value=c2
row4                    column=d:c1, timestamp=1378193703147, value=c1
row4                    column=d:c2, timestamp=1378193703147, value=c2
row5                    column=d:c1, timestamp=1378193703147, value=c1
row5                    column=d:c2, timestamp=1378193703147, value=c2
row6                    column=d:c1, timestamp=1378193703147, value=c1
row6                    column=d:c2, timestamp=1378193703147, value=c2
row7                    column=d:c1, timestamp=1378193703147, value=c1
row7                    column=d:c2, timestamp=1378193703147, value=c2
row8                    column=d:c1, timestamp=1378193703147, value=c1
row8                    column=d:c2, timestamp=1378193703147, value=c2
row9                    column=d:c1, timestamp=1378193703147, value=c1
row9                    column=d:c2, timestamp=1378193703147, value=c2
10 row(s) in 0.3930 seconds
```

Bulk Load 的一个副作用是因为我们生成了很多 HFile，所以在 HBase 加载完这些 HFile 后，每个 Region 可能包含很多个 HFile。根据 5.6 节的讨论我们知道，这种情况下就需要对 Region 的 HFile 进行 compaction，以减少每个 Region 包含的 HFile 数量，提高读性能。因为 Bulk load 是对所有（或者大多数，视 row key 的设计而定）Region 同时生成 HFile 的，这就会使得 Bulk Load 之后，HBase 会对几乎所有 Region 的 HFile 进行 compaction。这就会产生所谓的 compaction 风暴。虽然在 compaction 期间不影响对外的正常服务，但性能会受影响。这是 Bulk Load 的一个副作用。因此，Bulk Load 对于提高大批量数据的导入性能是非常有帮助的，但它不能替代 Put，小批量数据导入的最佳选择还是 Put。

分布式数据仓库 Hive

Hive 是一个基于 Hadoop 的数据仓库工具，它最早被 Facebook 用于处理并分析大量的用户及日志数据。分布式文件系统 HDFS、MapReduce 分布式并行计算框架以及分布式数据库 HBase 为大数据应用开发提供了可扩展、高容错、高性能的基础架构。但这些系统要求使用者掌握 Java 程序设计技能及高级算法设计能力。为了便于熟悉 SQL 的传统数据库的开发人员使用 Hadoop 系统进行数据查询分析，开源社区基于 Hadoop 构建了一个可供进行数据查询分析的数据仓库系统 Hive。Hive 可直接用类似 SQL 的语言描述数据处理逻辑，避免开发人员在开发大数据查询分析处理程序时编写复杂的基于 Java 的 MapReduce 程序。Hive 提供了 HiveQL 查询语言的编程接口，提供数据仓库所需要的数据抽取转换、存储管理和查询分析功能。

本章将详细介绍 Hive 的基本功能特点、Hive 的安装运行、查询接口 HiveQL、Hive 服务、以及 Hive 的编程技术。

6.1 Hive 的作用与结构组成

目前，随着企业数据规模越来越大，很多企业面临着从传统的关系型数据处理模式向大数据处理模式的转变。大数据处理模式对于技术人员的要求较高，不但需要开发者了解 Hadoop 底层结构，还需要通过 MapReduce 实现并行化处理算法。这对于传统的数据库应用开发人员来说是一个很大的挑战。他们更熟悉和喜欢使用 SQL 数据查询编程语言和编程模式，而基于 Hadoop 平台的大数据处理模式，要求开发人员直接使用 Java 基于 MapReduce 架构编写应用程序，这对那些习惯于传统数据库和数据仓库应用开发的程序员来说，可能是一个不易上手的做法。

Hive 提供了一种类似于 SQL 的数据查询分析编程接口。它能够将类似于 SQL 的查询语句转换为一个或多个 MapReduce 程序，从而大大简化数据查询分析过程中的应用程序开发难度。

Hive 通过称为 HiveQL 的类 SQL 语言，为数据库应用程序开发人员及分析师提供基于 Hadoop 平台的简便的查询方法。通过 Hive，用户可以使用目录结构来进行数据分区（Partition），以提高特定情况下的数据查询性能。同时，Hive 还可以配合多种 ETL 工具实现数据的导入导出，使得传统数据库可以与 Hadoop 大数据平台实现更加紧密的联系。Hive 使得 Hadoop 的编程变得相对简单，传统的数据库程序员可以将其理解为是一个简易的基于大数据的数据仓库替代品。

Hive 的设计目标是为了分析查询结构化的海量数据，通过使用类似于 SQL 的 HiveQL，使用者可以摆脱复杂的 MapReduce 程序设计，将重心放到数据分析、业务需求分析上。Hive 的架构十分简洁，同时与传统关系型数据库有众多相似之外，图 6-1 展示了 Hive 的体系结构。

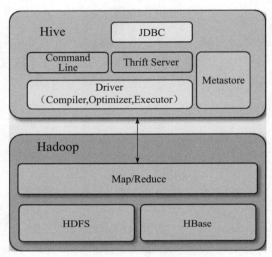

图 6-1　Hive 的体系结构

Hive 基于 Hadoop 的分布式存储系统 HDFS 和 HBase 以及 MapReduce 并行计算框架工作。在底层执行时，一个 Hive 程序将由编译器转换成很多个 MapReduce 程序加以执行。Hive 由以下几个部分组成：

1）用户接口层（Client）：负责接收用户输入的指令，并将这些指令发送到 Hive 引擎进行数据处理。用户接口层包括命令行接口 CLI（Command-Line Interface）、数据库访问编程接口 JDBC/ODBC 以及 Web 界面（Web UI）。

2）元数据存储层（Metastore）：用于存储 Hive 中的 Schema 表结构信息，存储操作的数据对象的格式信息、在 HDFS 中的存储位置的信息以及其他的用于数据转换的信息 SerDe 等。这些元数据通常是存储在关系数据库中，默认情况下使用本地的 Derby 数据库，用户也可以配置使用本地或远程的支持 JDBC 连接的数据库，如 MySQL。

3）Hive 驱动（Driver）：用以将各个组成部分形成一个有机的执行系统，包括会话的处理、查询获取以及执行驱动。

4）编译器（Compiler）：Hive 需要一个编译器，将 HiveQL 语言编译成中间语言表示。编译器包括对于 HiveQL 语言的分析、执行计划的生成以及优化等工作。

5）执行引擎（Execution Engine）：在 Driver 的驱动下，具体完成执行操作，包括 MapReduce 的执行、HDFS 操作或者元数据操作。

6）Hadoop 数据存储及处理平台：从 Hive 引擎接收指令，并最终通过 HDFS、HBase，配合 MapReduce 实现数据处理。

6.2　Hive 的数据模型

6.2.1　Hive 的数据存储模型

在 Hive 中使用了 4 个主要的数据模型：表（Table）、外部表（External Table）、分区（Partition）和桶（Bucket）。

1. 表

在 Hive 中对于数据的管理与维护是利用表（Table）的形式实现的。Hive 表在逻辑上有两部分组成，第一部分为真实数据，第二部分为描述表格中数据形式的元数据。在物理实现上，Hive 的每个表的数据将存储在一个 HDFS 文件目录下。而描述表格中数据形式的元数据，Hive 将其存储在关系型数据库中。

Hive 数据表中的列的类型可以为 Int、Float、String、Data、Boolean 等，也可以是复合的类型，如 list：map（类似于 JSON 形式的数据）。

Hive 表在 HDFS 中有固定的位置，通常被放置在 HDFS 的 /home/hive/warehouse 目录下。而 Hive 表在 HDFS 上的存储形式是以子目录的形式存在。例如，一个表名为 "students" 的数据表创建后将在 HDFS 中有一个对应的文件路径 "/home/hive/warehouse/students"，其中，"/home/hive/warehouse" 是由用户在 hive-site.xml 配置文件中通过配置参数 ${hive.metastore.warehouse.dir} 所设置的一个 Hive 数据仓库根目录。

Hive 表创建完成以后便可以通过类 SQL 语句对表以及表内的数据进行相关操作。当加载数据到表内时，本质上，Hive 会将数据移动到仓库目录下。因为这里是移动操作，所以当删除这张表时，该表的元数据以及数据将被删除。

2. 外部表

在 Hive 中创建表时，默认情况下表内的数据管理由 Hive 负责。这样意味着 Hive 会将数据移动到它的 "数据仓库目录" 中。除此之外，Hive 在创建表时还可以指定创建外部表。外部表是一个已经存储在 HDFS 文件中、并具有一定格式的数据。使用外部表意味着 Hive 表内的数据不在 Hive 的数据仓库内，它会到仓库目录以外的位置访问数据。

对于外部表而言，在创建表时需要使用 EXTERNAL 关键字指定该表为外部表：

```
CREATE EXTERNAL TABLE logs (timestamp BIGINT, line STRING)
LOCATION '/user/input/hive/partitions/file1';
```

外部表与普通表不同，两种类型的表的区别在于 LOAD 和 DROP 指令的本质上。

创建表的操作包含两个步骤：表创建步骤和数据装入步骤（可以分开也可以同时完成）。在数据装入过程中，实际数据会移动到数据表所在的 Hive 的数据仓库文件目录中，其后对该数据表的访问将直接访问装入所对应文件目录中的数据。删除表时该表的元数据和在数据仓库目录下的实际数据将同时被删除。

外部表的创建只有一个步骤,创建表和装入数据同时完成。外部表的实际数据存储在创建语句 LOCATION 参数指定的外部 HDFS 文件路径中,但这个数据并不会移动到 Hive 数据仓库的文件目录中。删除外部表时,仅删除其元数据,保存在外部 HDFS 文件目录中的数据不会被删除。

3. 分区

为了对表进行合理的管理以及提高查询效率,Hive 可将表组织成"分区"(partition)。分区是一种根据"分区列"(partition column)的值对表进行粗略划分的机制。Hive 中的每个分区对应数据库中相应分区列的一个索引,每个分区对应着表下的一个目录,在 HDFS 上的表现形式与表在 HDFS 上的表现形式相同,都是以子目录的形式存在。

一个表可以在多个维度上进行分区,并且分区可以嵌套使用。建分区需要在创建表时通过 PARTITIONED BY 子句指定,例如:

```
CREATE TABLE logs (timestamp BIGINT, line STRING)
PARTITIONED BY (date STRING, country STRING);
```

在将数据加载到表内之前,需要数据加载人员明确知道所加载的数据属于哪一个分区。

使用分区在某些应用场景下能够有效地提高性能,当只需要遍历某一个小范围内的数据或者一定条件下的数据时,它可以有效减小扫描数据的数量,前提是需要将数据导入到分区内。

注意: PARTITIONED BY 子句中定义的列是表中正式的列(分区列),但是数据文件内并不包含这些列。

4. 桶

Hive 还可以把表组织成为桶(bucket)。将表组织成桶有以下几个目的。第一个目的是为了取样更高效,因为在处理大规模的数据集时,在开发、测试阶段将所有的数据全部处理一遍可能不太现实,这时取样就必不可少。第二个目的是为了获得更好的查询处理效率。桶为表提供了额外的结构,Hive 在处理某些查询时利用这个结构,能够有效地提高查询效率。

桶是通过对指定列进行哈希(Hash)计算来实现的,通过哈希值将一个列名下的数据切分为一组桶,并使每个桶对应于该列名下的一个存储文件。

以下为创建带有桶的表的语句:

```
CREATE TABLE bucketed_users(id INT, name STRING)
CLUSTERED BY (id) INTO 4 BUCKETS;
```

6.2.2 Hive 的元数据存储管理

Hive 运行过程中,其元数据可能会不断被读取、更新和修改,因此这些元数据不宜存放在 Hadoop 的 HDFS 文件系统中,否则会降低元数据的访问效率、进一步导致降低 Hive 的整体性能。目前，Hive 使用一个关系数据库来存储其元数据。Hive 系统安装时自带了一个内置的小规模内存数据库 Derby，但是 Hive 也可以让用户安装和使用其他存储规模更大的专业数据库，比如 MySQL 数据库。

Hive 可通过三种模式连接到数据库：

1）"单用户"模式：利用该模式连接到内存数据库 Derby，这种模式一般用于单机测试。

2）"多用户"模式：通过网络和 JDBC 连接到另一个机器上运行的数据库，这通常是上线产品系统使用的模式。

3）"远程服务器"模式：用于非 Java 客户端访问在远程服务器上存储的元数据库，需要在服务器端启动一个 MetaStoreServer，然后在客户端通过 Thrift 协议访问该服务器，进而访问到元数据。

关于 Hive 的元数据存储配置，可参见 6.3.4 节。

6.2.3 Hive 的数据类型

Hive 可支持多种数据类型，表 6-1 列出了 Hive 当前最新版本（0.11.0）中所支持的数据类型。

表 6-1 Hive 的数据类型

类　　型	描　　述	示　　例
TINYINT	−128 到 127	100
SMALLINT	−32768 到 32767	30000
INT	−2147483648 到 2147483647	
BIGINT	−9223272036854775808 到 9223272036854775807	9000000000000000000
FLOAT	4 字节（32 位）单精度浮点数	3.4*10^38
DOUBLE	8 字节（64 位）双精度浮点数	1.7*10^308
DECIMAL	支持小数点后 38 位，要求 0.11.0 或以上版本	1.12345678901234567890123456789012345678
TIMESTAMP	要求 0.8.0 或以上版本	"2013-08-10 20:00:00.000000000"
BOOLEAN	布尔型 true/false	true
STRING	字符串型	'string'
BINARY	二进制类型，要求 0.8.0 或以上版本	无法展示
ARRAY	一组类型相同的数据	array(1,2,3) arrays: ARRAY<data_type> maps: MAP<primitive_type, data_type> structs: STRUCT<col_name: data_type[COMMENT col_comment], ...> union: UNIONTYPE<data_type, data_type, ...>
MAPS	一组键值对，键必须是同一类型，值也必须是同一类型	比较通用的 map 表示方式是 map(1:'a',2:'b')
STRUCTS	一组任意标准类型的数据	struct(1,1.0,'a')
UNION	一组任意类型的数据，包括复杂类型	{3:{"a":5,"b":"five"}}

在大数据环境中，很多传统 SQL 的理念及使用方法不一定很适合实际大数据处理的业务需求。例如在传统数据库中，数据写入数据库时会进行数据类型匹配，如果发现有不匹配的数据类型，写入操作就会终止，以保证数据结构的完整性。而在 Hive 中，数据在写入时不会进行数据类型的检查，只有在查询时才会进行检查。这样的操作模式有利于数据的高速加载，同时在对大量数据进行统计时，如果只有极少数的数据由于类型不匹配而冲突，对整体统计结果而言甚至可以忽略不计。

6.3 Hive 的安装

本节将介绍如何进行 Hive 的安装。可从 Hive 社区下载 Hive 解压进行安装。

由于 Hive 依赖于 Hadoop，安装 Hive 之前必须确认 Hadoop 可用，关于如何安装 Hadoop，请参考本书第 2 章。

6.3.1 下载 Hive 安装包

下载地址为 http://www.apache.org/dyn/closer.cgi/hive/。注意，每个 Hive 版本对 Hadoop 版本都有要求，本书介绍 Hive0.11.0 版的安装，对应要求 Hadoop 0.20.x, 0.23.x.y, 1.x.y, 2.x.y 版本。关于版本兼容信息，读者可以通过 http://hive.apache.org/releases.html 获得。下载后的文件为 hive-0.xx.y.tar.gz，将该文件拷贝到自己指定的目录下进行解压：

```
cp hive-0.11.0-bin.tar.gz /home/hadoop/
cd /home/hadoop/
tarzxvf hive-0.11.0.tar.gz
```

注意： 在 Apache 的下载列表中可以看到 hive-0.11.0.tar.gz 及 hive-0.11.0-bin.tar.gz 两个包，名字中带 bin 的压缩包中只包括已经编译好的 Hive 程序，不包括 Hive 的源代码。

6.3.2 配置环境变量

实际上即使不对操作系统的环境变量进行设定，Hive 依然可以使用，但在每次使用时都需要进行全路径的输入，严重影响使用及管理效率。因此，推荐对 Linux 操作系统的环境变量按以下方法进行设定。

修改全局配置文件 /etc/profile 或用户目录下的私有配置文件 ~/.bashrc，在文件中加入以下信息：

```
#------ Hive ------
export HIVE_HOME=/home/hadoop/hive-0.11.0
export PATH=$HIVE_HOME/bin: $HIVE_HOME/conf:$PATH
```

为了让这些配置立即生效，而不需要重新启动系统或重新登录，运行以下命令：

```
source /etc/profile 或
source ~/.bashrc
```

注意： /etc/profile 为全局配置文件，配置后对所有用户生效。~/.bashrc 为用户局部配置文件，只对当前用户生效，也就是说，如果你使用名为 "test1" 的用户配置 ~/.bashrc 后，test2 登录时将不会获得这些配置信息。

6.3.3 创建 Hive 数据文件目录

在 HDFS 中建立用于存储 Hive 数据的文件目录：

```
bin/hadoopfs -mkdir /tmp
bin/hadoopfs -mkdir /usr/hive/warehouse
bin/hadoopfs -chmodg+w /tmp
bin/hadoopfs -chmodg+w /user/hive/warehouse
```

以上命令在 HDFS 中建立了 /tmp 及 /usr/hive/warehouse 目录，其中 /tmp 主要用于存放一些执行过程中的临时文件，/user/hive/warehouse 用于存放由 Hive 进行管理的数据文件。

6.3.4 修改 Hive 配置文件

这一步骤并不是必须的，如果不对配置文件进行设定，Hive 将使用默认的配置文件。通过 Hive 配置文件可以对 Hive 进行定制及优化。最常见的是对 "元数据存储层" 的配置，默认情况下 Hive 使用自带的 Derby 数据库作为 "元数据存储层"。

1. Hive 的默认配置

在 Hive 中 Derby 默认使用 "单用户" 模式进行启动，这也就意味着同一时间只能有一个用户使用 Hive，这适用于开发程序时做本地测试。

Hive 配置文件是位于 $HIVE_HOME/conf 目录下的 hive-site.xml，这个文件默认情况下是不存在的，需要进行手动创建。在此目录下有一个名为 hive-site.xml.template 的模板文件，首先需要通过它创建 hive-site.xml：

```
cd$HIVE_HOME/conf
cp hive-default.xml.template hive-site.xml
```

在此配置文件中默认是使用 Derby，相关配置如下：

```
<?xml version="1.0"?>
<?xml-stylesheet type="text/xsl" href="configuration.xsl"?>
<configuration>
...
<!--JDBC 元数据仓库连接字符串 -->
<property>
<name>javax.jdo.option.ConnectionURL</name>
```

```
<value>jdbc:derby:;databaseName=metastore_db;create=true</value>
<description>JDBC connect string for a JDBC metastore</description>
</property>
<!-- JDBC 元数据仓库驱动类名 -->
<property>
<name>javax.jdo.option.ConnectionDriverName</name>
<value>org.apache.derby.jdbc.EmbeddedDriver</value>
<description>Driver class name for a JDBC metastore</description>
</property>
....
<!-- 元数据仓库用户名 -->
<property>
<name>javax.jdo.option.ConnectionUserName</name>
<value>APP</value>
<description>username to use against metastore database</description>
</property>
<!-- 元数据仓库密码 -->
<property>
<name>javax.jdo.option.ConnectionPassword</name>
<value>mine</value>
<description>password to use against metastore database</description>
</property>
...
</configuration>
```

在上面的配置选段中可以看到，当前正在使用的 ConnectionURL、ConnectionDriverName、UserName 及 Password 的配置。由于 Hive 中已经包含了这个内置的 Derby 数据库，因此不需要进行数据库的安装，同时在 $HIVE_HOME/lib 下还可以找到 Derby 的数据库驱动包（derby-xx.x.x.x.jar）。

至此，已经完成 Hive 安装的各项工作，可以通过以下命令测试 Hive 是否正常运行：

```
hive
Hive history file=/tmp/root/hive_job_log_root_201308032305_536905328.txt
hive> SET -v;
...
...
hive>quit;
```

上面的过程中可以看到，当执行 Hive 命令后，出现"hive>"提示符，在此提示符下，可以尝试执行"SET-v;"命令，如果能看到大量的系统配置输出信息，证明 Hive 已经正常运行，通过"quit;"命令可以退出 Hive 客户端。在 Hive 提示符下，每个命令需要以";"分号结束。

2. MySql 配置

如前所述，Hive 在缺省情况下是使用内置的 Derby 数据库存储元数据，这对程序开发时的本地测试没有任何问题。但如果在生产环境中，由于需要支持多用户同时进行系统访问，这可能不能满足应用需求。通过配置，可以让 Derby 运行为"多用户"模式来满足多用户访问需求。进一步，在实际的生产环境下通常会选用功能和存储能力更强大的 MySQL 数据库作为"元数据存储层"。MySQL 作为最流行的开源关系型数据库，使用面广、功能多样，必要时还可以充当临时的标准数据查询及分析系统使用，因此得到大量 Hive 用户的青睐。

如果需要使用 MySQL 作为"元数据存储层"，首先需要安装 MySQL，安装过程在此不作详解，读者可以通过 rpm 或源码编译方式进行安装。安装后在数据库中建立 Hive 账号并设置权限：

```
mysql>CREATE USER 'hive'@'%' IDENTIFIED BY 'hive';
mysql> GRANT ALL PRIVILEGES ON *.* TO 'hive'@'%' WITH GRANT OPTION;
mysql> flush privileges;
```

接下来，需要对 hive-site.xml 配置文件进行以下修改，以支持 MySQL：

```
<?xml version="1.0"?>
<?xml-stylesheet type="text/xsl" href="configuration.xsl"?>
<configuration>
...
<!--JDBC 元数据仓库连接字符串 -->
<property>
<name>javax.jdo.option.ConnectionURL</name>
<value>jdbc:mysql://localhost:3306/hive?createDatabaseIfNotExist=true</value>
<description>JDBC connect string for a JDBC metastore</description>
</property>
<!-- JDBC 元数据仓库驱动类名 -->
<property>
<name>javax.jdo.option.ConnectionDriverName</name>
<value>com.mysql.jdbc.Driver</value>
<description>Driver class name for a JDBC metastore</description>
</property>
...
<!-- 元数据仓库用户名 -->
<property>
<name>javax.jdo.option.ConnectionUserName</name>
<value>hive</value>
<description>username to use against metastore database</description>
</property>
<!-- 元数据仓库密码 -->
<property>
<name>javax.jdo.option.ConnectionPassword</name>
<value>hive</value>
<description>password to use against metastore database</description>
</property>
...
</configuration>
```

另外，由于 Hive 默认没有包含 MySQL 的 JDBC 驱动，因此需要将 mysql-connector-java-x.x.xx-bin.jar 文件拷贝到 $HIVE_HOME/lib 目录中，否则 Hive 无法与 MySQL 进行通信。

至此，基于 MySQL 作为"元数据存储层"的 Hive 系统配置完毕。

6.4　Hive 查询语言——HiveQL

在以上的章节中介绍了 Hive 的安装，接下来将描述 Hive 的操作语言 HiveQL，并介绍在 Hive 中如何进行数据的操作。

Hive 的操作与传统关系型数据库 SQL 操作十分类似。HiveQL 并非以 SQL-92 标准作为语法目标，而只支持部份 SQL-92 的语法。

Hive 主要支持以下几类操作：

1）DDL：数据定义语句，包括 CREATE、ALTER、SHOW、DESCRIBE、DROP 等。

2）DML：数据操作语句，包括 LOAD DATA、INSERT（将查询结果写入 Hive 表或文件系统中）。Hive 的设计中没有考虑 UPDATE 操作。

3）QUERY：数据查询语句，主要是 SELECT 语句。

6.4.1　DDL 语句

1. 创建表语句

创建一个 shakespeare 表，该表包括两列，分别是整数类型的 freq 以及字符串类型的 word，使用文本文件表达，数据域之间的分隔符为"\t"。

```
create table shakespeare (freq  int, word  string) row format delimited fields
terminated by '\t' stored as textfile;
```

2. 修改表语句

添加一列整数类型的列：

```
ALTER TABLE shakespeare ADD COLUMNS (new_col  int);
```

更改表名：

```
ALTER TABLE shakespeare RENAME TO Hivetable;
```

3. 表分区操作语句

将 /input/hive/partitions/file1 加载到 logs 表的分区 2012-11-20 的子分区 China 内。

```
LOAD DATA LOCAL INPATH ' /input/hive/partitions/file1' INTO TABLE logs PARTITION
(date='2012-11-20', country='China')
```

4. 删除表语句

删除表 shakespeare：

```
DROP TABLE shakespeare;
```

5. 创建和删除视图语句

创建一个视图 new_view：

```
CREATE VIEW[IF NOT EXISTS] new_view  AS
SELECT * FROM shakespeare JOIN people
ON(shakespeare.people_id=people.id);
```

删除视图：

```
DROP VIEW IF EXISTS new_view;
```

6. 查看数据表的描述

显示所创建的数据表的描述，即创建时对于数据表的定义。

```
DESCRIBE  shakespeare;
```

6.4.2　DML 语句

INSERT 在传统数据库中多用于进行数据的插入，通常会给出需要插入的列名及数据值。但在 Hive 中不会通过这样的方式一条一条地插入数据，而是通过格式化文件或另一个 SELECT 查询的结果进行数据写入。另外，INSERT 命令还可以用于将 SELECT 的结果写出到 HDFS 或本地的指定文件中，以作为 Hive 或其他分析操作的数据输入文件。INSERT 的几种操作方式语法如下：

1. 加载数据语句

```
LOAD DATA LOCAL INPATH ' /input/hive/partitions/file1' [OVERWRITE] INTO TABLE logs
```

2. Hive 表插入数据语句

```
INSERT OVERWRITE TABLE  Hivetable SELECT a.* FROM shakespeare  a;
```

3. 查询结果写入文件目录语句

1）INSERT OVERWRITE DIRECTORY

```
INSERT OVERWRITE DIRECTORY '/tmp/hdfs_out' SELECT a.* FROM shakespeare  a ;
```

2）INSERT OVERWRITE LOCAL DIRECTORY

```
INSERT OVERWRITE LOCAL DIRECTORY '/tmp/local_out' SELECT a.* FROM shakespeare  a;
```

6.4.3　SELECT 查询语句

Select 语句的完整语法如下：

```
SELECT [ALL | DISTINCT] select_expr, select_expr, ...
FROM table_reference
[WHERE where_condition]
[GROUP BY col_list]
[CLUSTER BY col_list
    | [DISTRIBUTE BY col_list] [SORT BY col_list]
]
[LIMIT number]
```

例如：

```
SELECT * FROM shakespeare
SELECT * FROM shakespeare WHERE number> 10
SELECT COUNT(1) FROM shakespeare;
SELECT * FROM shakespeare LIMIT 5
```

注：更详细的 HiveQL 语法可通过以下网址进行详细了解：

https://cwiki.apache.org/confluence/display/Hive/LanguageManual。

6.4.4　数据表操作语句示例

以下介绍一组较为完整的数据表操作示例。

1）创建数据表 flights_tiny，示例代码如下：

```
hive>CREATE TABLE flights_tiny(
>dep STRING COMMENT '出发地 ',
>arr STRING COMMENT '到达地 ',
>year INT COMMENT '年 ',
>month INT COMMENT '月 ',
>day INT COMMENT '日 ',
>delay INT COMMENT '延迟 ',
>flyno STRING COMMENT '航班号 ');
OK
Time taken: 0.375 seconds
```

该操作创建一张包含如代码所示 7 个字段的数据表。

2）从本地文件将数据装入 Hive，并由 Hive 进行管理：

```
hive>LOAD DATA LOCAL INPATH
>'/home/hadoop/hive-0.11.0/examples/files/flights_tiny.txt'
>INTO TABLE flights_tiny;
OK
Time taken: 7.846 seconds
```

注意： 事先必须在 HDFS 目录下存有 /user/hive/warehouse/flights_tiny.txt 文件。经过该

操作后,文件中的数据记录将导入到 Hive 的表中。

3)对数据表进行简单查询(Hive 不会调用到 MapReduce):

```
hive>SELECT * FROM flights_tiny;
OK
Baltimore  New York      2010    10    20    -30.0   1064
Baltimore  New York      2010    10    20    23.0    1142
Baltimore  New York      2010    10    20    6.0     1599
Chicago    New York      2010    10    20    42.0    361
Chicago    New York      2010    10    20    24.0    897
Chicago    New York      2010    10    20    15.0    1531
...
Time taken: 0.735 seconds
```

4)对数据表进行条件查询(Hive 自动调用 MapReduce):

```
hive>SELECT * FROM flights_tiny WHERE dep = 'Chicago';
Total MapReduce jobs = 1
Number of reduce tasks is set to 0 as there's no reduce operator
...
map=80%,  reduce = 0%
map=100%,  reduce = 100%
Ended Job = job_201308102234_0004
OK
Chicago    New York      2010    10    20    42.0    361
Chicago    New York      2010    10    20    24.0    897
Chicago    New York      2010    10    20    15.0    1531
...
Time taken: 0.735 seconds
```

注意:Hive 在进行 MapReduce 处理时会进行一定的智能处理,在此例中,由于没有使用到需要 reduce 支持的运算,reduce 任务个数被设置为 0。

5)查看当前 Hive 中的数据表:

```
hive>SHOW TABLES;
OK
flights_tiny
Time taken: 0.026 seconds
```

6)查询表详细结构信息:describe [extended] flights_tiny。

如果指定 [extended] 关键字,则将在结果中显示所有元数据。

```
hive> DESCRIBE flights_tiny;
OK
dep string
arr string
year int
month int
day int
```

```
delay int
flyno string
Time taken: 0.102 seconds
```

7）通过外部文件建立数据表：

```
hive>CREATE EXTERNAL TABLE flights_tiny_ext (
>dep STRING COMMENT '出发地',
>arr STRING COMMENT '到达地',
>year INT COMMENT '年',
>month INT COMMENT '月',
>day INT COMMENT '日',
>delay INT COMMENT '延迟',
>flyno STRING COMMENT '航班号')
>LOCATION '/tmp/flights_tiny.txt';
OK
Time taken: 0.25 seconds
```

注意：在进行此操作之前，请通过 HDFS 命令将本地文件 flights_tiny.txt 上传到 HDFS 文件系统的 /tmp 目录下；另外，在 HDFS 中不允许已经存在 /user/hive/warehouse/flights_tiny_ext 文件路径，因为创建表后系统会产生该文件路径下的外部文件。

8）INSERT OVERWRITE TABLE，通过 flights_tiny_ext 重写数据表 flights_tiny。

```
hive>INSERT OVERWRITE TABLE flights_tiny
>SELECT * FROM flights_tiny_ext;
OK
Time taken: 1.249 seconds
```

9）INSERT OVERWRITE DIRECTORY，将 flights_tiny_ext 的结果写入到 HDFS 文件系统中。

```
hive>INSERT OVERWRITE DIRECTORY '/tmp/flights_tiny_hdfs'
>SELECT * FROM flights_tiny_ext;
OK
Time taken: 1.335 seconds
```

10）INSERT OVERWRITE LOCAL DIRECTORY，将 flights_tiny_ext 的结果写入到本地文件系统中。

```
hive>INSERT OVERWRITE LOCAL DIRECTORY '/opt/flights_tiny_local'
>SELECT * FROM flights_tiny_ext;
OK
Time taken: 1.186 seconds
```

6.4.5 分区的使用

在传统数据库中，对于大表的操作通常会通过"表分区"进行性能优化，通过此过程数据将以某个字段进行分片存储。当查询的 where 子句中包含此分区字段时，系统会进行分析，只取出与此条件匹配的"表分区"范围进行数据读取，从而减少扫描的数据量，以提高性能。在 Hive 中，同样支持这种"分区"的概念，分区的数据表在存储时会以多级目录的方式进行存储，以下是一个实际分区存储的例子。

```
// 创建 key_value 表，并为该表创建两个分区
hive>CREATE TABLE key_value (k INT, v STRING)
>PARTITIONED BY (date STRING, type STRING);
OK
```
// 加载数据 /home/hadoop/hive-0.11.0/examples/files/kv1.txt 到 key_value 表内的 date='20130813' 分区的 type='1' 子分区内。
```
Time taken: 0.196 seconds
hive>LOAD DATA LOCAL INPATH
>'/home/hadoop/hive-0.11.0/examples/files/kv1.txt'
>INTO TABLE key_value
>PARTITION (date='20130813', type='1');
OK
```
// 加载数据 /home/hadoop/hive-0.11.0/examples/files/kv2.txt 到 key_value 表内的 date='20130813' 分区的 type='2' 子分区内。
```
Time taken: 2.304 seconds
hive>LOAD DATA LOCAL INPATH
>'/home/hadoop/hive-0.11.0/examples/files/kv2.txt'
>INTO TABLE key_value
>PARTITION (date='20130813', type='2');
OK
Time taken: 3.641 seconds
```

此时在 HDFS 文件系统将出现以下嵌套的子目录：

```
/user/hive/warehouse/key_value/date=20130811/type=1
/user/hive/warehouse/key_value/date=20130811/type=2
...
/user/hive/warehouse/key_value/date=20130812/type=1
/user/hive/warehouse/key_value/date=20130812/type=2
...
/user/hive/warehouse/key_value/date=20130813/type=1
/user/hive/warehouse/key_value/date=20130813/type=2
...
```

所有日期为 20130813、同时类型为 1 的 key_value 数据将放在同一个目录中，当执行类似于 select*from key_value where date='20130813' and type='1' 这样的查询时，Hive 将直接命中所需目录，而无需对所有数据进行遍历。在这里需要说明的是，进行数据写入时 Hive 不会分析数据内容，因此需要手动指定数据文件应该加载到哪个分区中。在生产系统中往往需要使用各种 ETL 工具对此过程进行辅助。

6.4.6　桶的使用

为了提高数据查询的工作效率，Hive 引入了"桶"（Bucket）的概念，它通过指定一个列作为划分样本，对此列中的数据进行 Hash 操作，以 Hash 后的值作为标准，按用户指定的

"桶"数量分散存储数据。以下是一个实际的例子：

```
// 创建表 key_value_b，并为该表创建 16 个桶
hive>CREATE TABLE key_value_b (k INT, v STRING)
>CLUSTERED BY (k) INTO 16 BUCKETS;
OK
// 设置开启 Hive 中桶的使用
hive>set hive.enforce.bucketing=true;
// 将 data 内的数据导入到 key_value_b 表内
hive>INSERT OVERWRITE TABLE key_value_b SELECT * FROM data;
```

待导入完成后在 HDFS 文件系统将出现以下嵌套的子目录：

```
/user/hive/warehouse/key_value_b/000000_0
...
/user/hive/warehouse/key_value_b/000016_0
```

在每个子目录中可以看到 part-xxxxx 这样的"桶"，每一个"桶"中的数据按所指定的字段 k 的 Hash 值实现散列分布。

当执行类似于 select*from key_value TABLE SAMPLE（BUCKET 1 OUT OF 16 ON k）；查询时，Hive 将从这 16 个"桶"中的其中 1 个取出数据进行数据操作。由此避免对全表进行扫描，同时数据取样的结果与全表扫描的结果逻辑上会有很高的参考价值。

6.4.7　子查询

Hive 支持子查询操作，但要注意的是，所有子查询只支持放在 FROM 子句中，以下是一个实际的例子：

```
SELECT t3.col
FROM (
    SELECT a+b AS col
    FROM t1
    UNION ALL
    SELECT c+d AS col
    FROM t2
) t3
```

6.4.8　Hive 的优化和高级功能

在一些特定的业务场景下，使用 Hive 默认的配置对数据进行分析，虽然默认的配置能够实现业务需求，但是分析效率可能会很低。Hive 有针对性地对不同的查询进行了优化。在 Hive 里可以通过修改配置的方式进行优化。以下为几个能够调优的属性。

1. 列裁剪（Column Pruning）

在通过 Hive 读取数据的时候，并不是所有的需求都要获取表内的所有的数据。有些只

需要读取所有列中的几列，而忽略其他列的数据。例如，表 Table1 包含 5 个列 Column1、Column2、Column3、Column4、Column5。下面的语句只会在表 Table1 中读取 Column1、Column2、Column5 三列，Column3 和 Column4 将被忽略。

```
SELECT Column1, Column2 FROM Table1 WHERE Column5< 1000;
```

列裁剪的配置为 hive.optimize.cp，默认为 true。

2. 分区裁剪（Partition Pruning）

在 Hive 中，可以根据多个维度对 Hive 表进行分区操作，且分区也可以多层嵌套。当有需要对目标表的某一个区域内的数据进行分析而不需要涉及其他区域时，可以使用分区裁剪，将目标区域以条件的形式放在 HiveQL 中。

```
SELECT * FROM (SELECT c1 FROM T GROUP BY c1) idi
    WHERE idi.prtn = 100;
SELECT * FROM T1 JOIN (SELECT * FROM T2) idi ON (T1.c1=idi.c2)
    WHERE idi.prtn = 100;
```

以上语句在执行时，会在子查询中考虑 idi.prtn=100 这个条件，从而减少读入的数据的分区数目。分区裁剪的配置为 hive.optimize.pruner，默认为 true。

3. Join

Hive 同样支持 Join 多表连接查询，例如内连接、外连接（左外连接，右外连接，全外连接）、半连接等。对于一条语句中有多个 Join 的情况，当 Join 的条件相同时，即使有多张表，都会合并为一个 MapReduce，并不是多个 MapReduce。例如查询：

```
SELECT pv.ppid, u.name FROM propertie_view  pv
JOIN user u ON (pv.userid = u.userid)
JOIN usergroup x ON (u.userid = x.userid);
```

如果 Join 的条件不相同，MapReduce 的任务数目和 Join 操作的数目是对应的，例如：

```
SELECT pv.ppid, u.name FROM propertie_view  pv
JOIN user u ON (pv.userid = u.userid)
JOIN usergroup x ON (u.age = x.age);
```

在使用写有 Join 操作的查询语句时，由于在 Join 操作的 Reduce 阶段，Join 执行时会将 Join 操作符左边的表的内容加载进内存，所以写语句时应将条目少的表 / 子查询放在 Join 操作符的左边，这样可以有效减少内存溢出错误的几率。

4. MapJoin

MapJoin 的合理使用同样能起到调优的效果。在实际的应用中有可能遇到 Join 执行效率很低甚至不能执行的状况。例如，需要做不等值 Join，或者在 Join 时有一个表极小。由于

MapJoin 会把小表全部读入内存中，Join 操作在 Map 阶段完成，在 Map 阶段直接将另外一个表的数据和内存中表数据做匹配，所以不会对任务运行速度产生很大影响，即使笛卡尔积也是如此。例如：

```
SELECT /*+ MAPJOIN(pv) */ pv.ppid, u.name
FROM propertie_view  pv
JOIN user u ON (pv.userid = u.userid);
```

5. Group By 优化

（1）Map 端局部聚合

众所周知，MapReduce 计算框架中 Reduce 起到聚合操作的作用，但并不是所有的聚合操作都需要在 Reduce 端完成，很多聚合操作可以先在 Map 端进行局部聚合，最后在 Reduce 端做全局聚合得出最终结果。是否在 Map 端进行聚合由 hive.map.aggr 控制，默认为 True。而 hive.groupby.mapaggr.checkinterval 用于控制在 Map 端进行聚合操作的条目数目，默认为 100000。

（2）数据倾斜

有数据倾斜的时候需要进行负载均衡。是否需要进行负载均衡由 hive.groupby.skewindata 控制，默认为 false。

当选项设定为 true 时，编译器生成的查询计划会有两个 MR Job。第一个 MR Job 中的 Map 的输出结果集合会随机分布到第一个 MR Job 的 Reduce 中，每个 Reduce 做局部聚合操作作为输出结果，这样处理的结果是相同的 Group By Key 有可能被分发到不同的 Reduce 中，从而实现负载均衡的目的；第二个 MR Job 再根据预处理的数据结果按照 Group By Key 分布到相应的 Reduce 中，最后完成最终的聚合操作。

6.5　Hive JDBC 编程接口与程序设计

Hive 支持标准的数据库查询接口 JDBC，在 JDBC 中需要指定驱动字符串以及连接字符串，Hive 使用的驱动器字符串为 "org.apache.hadoop.hive.jdbc.HiveDriver"。在 Hive 的软件包中已经加入了对应的 JDBC 的驱动程序，连接字符串标志了将要访问的 Hive 服务器，例如："jdbc:hive://master:10000/default"，在配置连接字符串后可以直接使用传统的 JDBC 编程技术去访问 Hive 所提供的功能。

图 6-2 列出所需要的基础包：

为了展示如何基于 Hive JDBC 进行具体的 Java 编程，设有如下预存在文件中的样例数据：

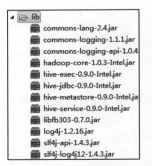

图 6-2　JAVA 编译时要加入的 jar 包

```
1&data1_value
2&data2_value
3&data3_value
4&data4_value
5&data5_value
6&data6_value
.
.
.
195&data195_value
196&data196_value
197&data197_value
198&data198_value
199&data199_value
200&data200_value
```

所演示的示例程序将首先创建应 Hive 表，然后将存放在上述文件中的样例数据装入到这个 Hive 表中，并通过查询接口查询并显示出这些数据。

基于 Hive JDBC 的 Java 编程示例代码如下：

```
1 import java.sql.Connection;
2 import java.sql.DriverManager;
3 import java.sql.ResultSet;
4 import java.sql.SQLException;
5 import java.sql.Statement;
6 //该类用于将 Hive 作为数据库，使用 JDBC 连接 Hive, 实现对 Hive 进行增、删、查等操作。
7 public classHiveJdbc
8 {
9     private static String driverName = "org.apache.hadoop.hive.jdbc.HiveDriver";
10   /**
11    * 实现连接 Hive, 并对 Hive 进行增、删、查等操作
12    */
13   public static void main(String[] args) throws SQLException
14 {
15     try {
16 Class.forName(driverName);
17 } catch (ClassNotFoundException e) {
18 // TODO Auto-generated catch block
19 e.printStackTrace();
20 System.exit(1);
21 }
22     Connectioncon=DriverManager.getConnection("jdbc:hive://192.168.81.182:10000/hivebase", "", "");
23 Statement stmt = con.createStatement();
24 String tableName = "HiveTables";
25 //删除和创建数据表
26 stmt.executeQuery("drop table " + tableName);
27 ResultSet res = stmt.executeQuery("create table " + tableName + " (key int, value string)row format delimited fields terminated by'&'stored as textfile");
```

```
28 //检查和显示数据表
29 String sql = "show tables '" + tableName + "'";
30 System.out.println("Running: " + sql);
31 res = stmt.executeQuery(sql);
32 if (res.next()) {
33 System.out.println(res.getString(1));
34 }
35 //显示数据表字段描述信息
36 sql = "describe " + tableName;
37 System.out.println("Running: " + sql);
38 res = stmt.executeQuery(sql);
39 while (res.next()){
40 System.out.println(res.getString(1) + "\t" + res.getString(2));
41 }
42 //将文件数据装载到 Hive 表中
43 //NOTE: filepath has to be local to the hive server
44 //NOTE: /tmp/a.txt is a ctrl-A separated file with two fields per line
45 String filepath = "/Test/data.txt";
46 sql = "load data local inpath '" + filepath + "' into table " + tableName;
47 System.out.println("Running: " + sql);
48 res = stmt.executeQuery(sql);
49 //字段查询
50 sql = "select * from " + tableName;
51 System.out.println("Running: " + sql);
52 res = stmt.executeQuery(sql);
53 while (res.next()) {
54 System.out.println(String.valueOf(res.getInt(1)) + "\t" + res.getString(2));
55 }
56 //统计查询
57 sql = "select count(1) from " + tableName;
58 System.out.println("Running: " + sql);
59 res = stmt.executeQuery(sql);
60 while (res.next()) {
61 System.out.println(res.getString(1));
62 }
63 }// main() 函数结束
64 }// HiveJdbc 类结束
```

以下对程序中的重要部分进行说明。

第 9 行 private static String driverName="org.apache.hadoop.hive.jdbc.HiveDriver" 为驱动字符串。

第 16 行 Class.forName（driverName）完成加载数据库驱动，它的主要功能为加载指定的 class 文件到 java 虚拟机的内存。

第 22 行为连接字符串，这里需要制定服务器 IP 以及所用到的数据库。由于 Hive 不需要用户名和密码，所以第 2 个参数和第 3 个参数为空。

加载好驱动，配置好连接数据库字符串以后，便可以编写语句对 Hive 进行相应的操作。

如果操作的数据表已经存在，可以先将该表删掉，如 26 行所示。删除表后，27 行再创建表。在使用 JDBC 对 Hive 进行表的操作时所用到的语句与命令行的语句完全相同，只需要在程序中拼接出相应的语句即可。创建表后在第 29-33 行查看数据库是否有该表，将查询回来的结果输出到控制台。对表结构的查询、向表加载数据、查询数据以及统计等操作均可以通过与 Hive 命令相同的方式进行。

36-40 行显示该表的字段结构信息，共有 key 和 value 两个字段。

43-48 行将前述预存在一个文件中的数据装载到数据表中。

50-54 行执行常规的字段数据查询，并打印输出查询结果。

57-61 行执行一个统计查询，统计数据记录的行数并打印输出统计结果。

以下为程序执行后控制台输出的日志：

```
Running: show tables 'HiveTables'
hivetables
Running: describe HiveTables
key        int
value      string
Running: load data local inpath '/Test/data.txt' into table HiveTables
Running: select * from HiveTables
1  data1_value
2  data2_value
3  data3_value
4  data4_value
5  data5_value
6  data6_value
7  data7_value
8  data8_value
9  data9_value
10 data10_value
.
.
.
196        data196_value
197        data197_value
198        data198_value
199        data199_value
200        data200_value
Running: select count(1) from HiveTables
200
```

第 **7** 章

Intel Hadoop 系统优化与功能增强

开源 Hadoop 系统在系统的可用性、系统性能和功能上有不少难以完全满足实际应用需求的地方。为此，业界在开源 Hadoop 系统上进一步优化和增强 Hadoop 系统的性能与功能，提供更为可靠和增强的改进版本。Intel Hadoop 系统是一个包含诸多性能优化和功能增强的 Hadoop 版本。它在 MapReduce、HDFS、HBase、Hive 以及 Hadoop 系统的安装管理等方面提供了一系列的优化和增强功能，这些优化和增强既能为那些需要使用 Hadoop 增强功能的应用开发人员提供良好的应用开发和编程参考，同时也能为那些希望对 Hadoop 的部分功能和组件进行自行优化改进的技术人员提供有价值的技术参考。

7.1 Intel Hadoop 系统简介

7.1.1 Intel Hadoop 系统的主要优化和增强功能

Intel Hadoop* 系统在社区开源 Hadoop 版本上进行了大量的优化，在系统高可用性、HDFS、HBase 和 Hive 上增加了一系列优化和增强功能，并在系统安装管理和维护上提供了一个一体化和交互式的 Hadoop 系统管理工具 Intel Hadoop Manager，大大提高了 Hadoop 系统安装、管理和维护的方便性。表 7-1 列出了 Intel Hadoop 系统优化和增强功能与开源 Hadoop 功能的对比。

表 7-1　Intel Hadoop 与开源 Hadoop 的功能对比

	Intel Hadoop 增强功能	社区开源版本（Hadoop 1.0）
MapReduce	根据读请求并发程度动态增加热点数据的复制倍数，提高 Map/Reduce 任务扩展性	无法自动扩充倍数功能，在集中读取时扩展性不强，存在性能瓶颈
HBase	针对 HDFS 数据节点的读写选取提供高级均衡算法，提高系统扩展性，适合不同配置服务器组成的异构集群	简单均衡算法，容易在高速服务器或热点服务器上产生读写瓶颈，最慢服务器成为系统性能瓶颈
	为 HDFS 的 NameNode 提供双机热备方案，提高可靠性	NameNode 是系统的单点破损点，一旦失效系统将无法读写
	支持 FTP 客户端直接上传日志文件到 HDFS	无此功能
HBase	实现跨区域数据中心的 HBase 超级大表，用户应用可实现位置透明的数据读写访问和全局汇总统计	无此功能，无法进行跨数据中心部署
	可将 HBase 表复制到异地集群，并提供单向、双向复制功能，实现异地容灾	没有成熟的复制方案
	在 HBase 中，根据数据局部性、服务器 Region 数、表的 Region 数来实现负载均衡，适合多用户共享集群创建多张大表的应用	只根据 Region 数量进行负载均衡，容易产生系统不均衡
	支持基于 HBase 的分布式聚合函数，包括 sum、avg、count、mean 等统计函数，性能优于 Map/Reduce 方式	无成熟方案
	实现对 HBase 的不同表或不同列族的复制份数精细控制	无此功能
	为 HBase 大表提供并行扫描、并行 Group-By 统计功能，比 MapReduce 提高数倍效率	无此功能
	HBase 扫描过程支持多种计算表达式（包括聚合函数）作为计算结果返回，同时也支持在 Filter 过滤器中使用表达式组合。	无此功能
系统管理	提供一体化和交互式的 Hadoop 系统管理工具（Intel Hadoop Manager），避免用户使用繁琐的 Linux 命令来管理系统	无此功能

　　Intel Hadoop 系统包括商业发行版和可以下载试用的免费版。Intel Hadoop 免费试用版可从以下网址下载：http://www.intel.cn/idh。

　　目前，由于 Intel 投资 Cloudera，后期 Intel 将主推 Cloudera Hadoop 发行版 CDH，因此 Intel Hadoop 商业版已停止发行，而 Intel Hadoop 的优化和增强功能将会并到 CDH 中。Intel Hadoop 的技术文档和试用版下载请参考 www.intel.cn/idh 了解最新内容。

7.1.2　Intel Hadoop 的系统构成与组件

　　Intel Hadoop 系统的整个系统构成和包含的组件如图 7-1 所示。Intel Hadoop 除包含了标准的 MapReduce 框架、HDFS、HBase、Hive、Zookeeper 组件外，还集成了诸多其他的组件，包括用于数据分析挖掘处理的 Mahout、R-statistic、Pig、Sqoop、Flume，以及用于系统操作管理的统一和交互式管理工具 Intel Hadoop Manager。

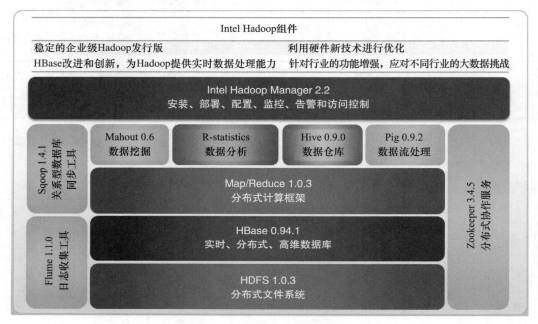

图 7-1   Intel Hadoop 的系统构成与组件

7.2   Intel Hadoop 系统的安装和管理

Intel Hadoop 在原有的 Hadoop 生态系统之上增加了一个一体化和交互式的系统管理器组件 Intel Hadoop Manager。该管理器是一个基于浏览器图形交互界面的管理工具，允许用户以方便快捷的方式对整个系统进行安装、管理、监控配置和优化等操作。Hadoop 生态系统内的所有组件全部可以通过 Manager 进行安装。安装过程中 Manager 提供基于浏览器的图形化安装界面，不需要人工参与解压缩操作、配置文件的修改以及环境变量的配置等操作，系统安装过程简易、智能、方便、快捷。

通过 Intel Hadoop Manager 安装和配置 Intel Hadoop 的详细操作指南请参见本书附录 C。

7.3   Intel Hadoop HDFS 的优化和功能扩展

开源的 Hadoop 1.X 系统在系统可靠性和可用性上存在一些设计上的不足，HDFS 1.x 版本中，HDFS 主控服务器存在单点瓶颈，NameNode 的高可用性解决得并不完善。为此，Intel Hadoop 进行了一系列的 HDFS 高可用性优化和功能增强。

　　系统的可用性是指系统平均能够正常运行的时间，也就是说多长时间才会发生一次故障。这是衡量一个系统对外服务能力的重要指标。系统的可用性越高，平均无故障的时间就越短。如果用 MTTF（Mean Time To Failure）来表示系统的平均无故障时间，用 MTTR（Mean Time To Repair）来表示系统的平均故障修复时间，那么系统的可用性定义为：

$$MTTF/(MTTF+MTTR) \times 100\%$$

　　由此可见，系统的可用性越高，则需要系统持续正常运行的百分比就越高。系统的这种属性我们称之为高可用性（High Availability），简称 HA。

7.3.1　HDFS 的高可用性

　　HDFS 的数据是通过备份来解决数据自身的可用性的，但因为 HDFS 中数据的存取都需要依赖 NameNode 上的元数据信息，所以 NameNode 节点的可用性就决定了 HDFS 的可用性。一般情况下，考察 NameNode 节点的高可用性，是指尽量减小节点宕机或者单个节点的服务崩溃之后对 HDFS NameNode 服务的影响。

1. 开源解决方案

　　在 HDFS 1.x 的版本中，HDFS 通过两种方式来尽量保证元数据信息的可用性，从而提高 HDFS 的可用性，一种是通过保存多个元数据的备份，另一种是通过 Secondary NameNode 创建检查点来提高元数据的可用性。

　　（1）元数据备份方案

　　NameNode 进程可以配置 dfs.name.dir，将元数据保存到多个目录中，目录可配置成本地目录或远程共享可靠存储目录。NameNode 发生故障时，就可以直接读取共享目录来恢复元数据。这种方案非常直观，通过写入多个目录来保证元数据的可靠性，但由于是写入多个目录，NameNode 的性能不及只写一个目录，而且当其中有一个目录发生写入异常而阻塞时，就会导致 NameNode 的阻塞而影响 HDFS 的服务。

　　（2）Secondary NameNode 方案

　　HDFS 持久化的元数据中包含两部分的内容，一个是 fsimage，另一个是 editlog。fsimage 相当于 HDFS 的检查点，NameNode 启动时候会读取 fsimage 的内容到内存，并将其与 editlog 日志中的所有修改信息合并生成新的 fsimage；在 NameNode 运行过程中，所有关于 HDFS 的修改都将写入 editlog。这样，如果 HDFS 长时间运行，会导致 editlog 日志无限制地增大，待下次 NameNode 重启的时候，会消耗大量的时间来合并 editlog，从而影响 HDFS 的性能和服务可用性。

　　在开源的方案中，引入了 Secondary NameNode 的角色，它的主要目的是周期性地为 NameNode 的内存元数据创建检查点。创建检查点的过程如下：

1）当需要创建检查点时，Secondary NameNode 会向 NameNode 发送检查点创建请求。

2）NameNode 收到请求后，会终止当前 editlog 的写入，并创建一个新的 editlog 文件供写入。

3）Secondary NameNode 通过 HTTPGet 向 NameNode 请求 editlog 和 fsimage 文件。

4）Secondary NameNode 接收到这两个文件后，将 fsimage 读入内存，合并 editlog，然后生成新的 fsimage 文件。

5）Secondary NameNode 将新的 fsimage 文件通过 HTTP Post 方法传给 Primary NameNode。

6）Primary NameNode 在收到新的 fsimage 文件后，替换旧的 fsimage 文件，同时将步骤 2 中生成的新的 editlog 替换旧的 editlog 文件。

这样 Primary NameNode 就会包含一个较新的 fsimage 信息和较小的 editlog 日志文件。类似于元数据备份方案，Secondary NameNode 也只是对元数据做定期备份，它本身没有 NameNode 的功能。如果 Primary NameNode 发生故障，还是需要重启 NameNode 服务；而且由于 Secondary NameNode 只是对元数据做定期备份，一旦在两次备份的中间时刻 NameNode 节点故障，再用前一次备份的元数据去恢复 NameNode 进程，有可能是不一致的，比如，在前一次备份后到 Primary NameNode 故障的时间内做了很多关于 HDFS 的修改动作，但前一次的元数据信息中并不含有这些修改动作信息。

综上所述，在 HDFS1.x 版本中，NameNode 的高可用性解决得并不彻底。无论是哪种方案，都需要重启拷贝元数据信息，然后再重启 NameNode 的服务。在这个过程中 HDFS 是无法提供服务的，NameNode 服务节点是一个单点故障节点（Single Point of Failure）。如果要提高 HDFS 的可用性，就需要尽可能减少无法提供服务的时间间隔，即尽可能减少元数据拷贝的时间和优化 NameNode 服务的重启时间。

2. Intel Hadoop 的解决方案

针对 HDFS 1.x 中高可用性的局限性，Intel Hadoop 从两个方面提高了系统的可用性。首先，Intel Hadoop 借助于 DRBD（Distributed Replicated Block Device）技术，来实时同步两个节点上的本地存储上的元数据信息；另外，通过 Pacemaker 和 Corosync 来实时检测节点的故障，并完成 NameNode 服务的自动切换和重启。相比于共享存储来备份元数据的方案，DRBD 不需要额外的共享存储组件，通过软件就可以实现元数据的高可用，将 DRBD 的两个节点分别部署成主备节点，并将 dfs.name.dir 指向 DRBD 的目录，就可以避免恢复过程中的数据拷贝。Pacemaker 和 Corosync 在实时检测到 NameNode 的故障发生时，可以快速执行并完成自动切换和启动过程，省去了人为干预的过程。

7.3.2　Intel Hadoop 系统高可用性配置服务

本节将着重介绍 Intel Hadoop 中高可用性的实现基础，以及高可用性是如何工作的。

Intel Hadoop 中的高可用性服务包含以下一些服务和概念：

1）DRBD：用软件实现的、无共享的、服务器间镜像块设备内容的存储复制解决方案，可以认为它是基于网络的磁盘冗余阵列。

2）Pacemaker：是一个集群资源管理（Cluster Resource Management，CRM）的框架，它能自动启动、停止、监控和迁移资源。

3）Corosync：是 Pacemaker 依赖的底层集群的通信层。

4）Primary NameNode：集群配置完之后率先提供 NameNode 服务的节点，一般情况下，都由此节点来提供 NameNode 服务。

5）Standby NameNode：相对于 Primary NameNode，集群中另外一个用于运行 NameNode 服务的节点，当 Primary NameNode 发生硬件故障时，Standby NameNode 往往会接管 Primary NameNode 的角色来提供 NameNode 服务。

6）Active NameNode：正在提供 NameNode 服务的节点。

在 DRBD 的配置中，存在主设备（Primary）和次设备（Secondary），分别配置于 Primary NameNode 和 Standby NameNode 上。设备用来存储 fsimage 的逻辑磁盘分区，主设备和次设备是两个完全一致的（设备号，容量）的逻辑磁盘分区。当数据块写入主设备时，它们会被自动复制到次设备上。数据复制是单向的，次设备仅包含从主设备复制过来的数据，主设备并不会从次设备上获取数据。在 Intel 分发版的高可用性实现中，主设备和次设备会随着集群节点的状态发生变化。例如，如果主设备所在的节点发生故障，集群资源管理器会将次设备提升为主设备，原来的主设备在节点恢复后就转为次设备。DRBD 资源配置样例：

```
resource r0
{
device /dev/drbd0;              // 指定了 DRBD 设备名称
on primary                      // 在节点 primary 上
    {
disk/dev/sda4;                  // 指定 primary 上的设备号
address  192.168.0.11:7789;     // 网络传输绑定地址
    }
on secondary                    // 在节点 secondary 上
    {
        disk/dev/sda4;
        address192.168.0.12:7789;
    }
}
```

Pacemaker 本身是一个集群，它包含了集群中的多个节点。Pacemaker 将设备和进程等都作为资源来管理，以便对这些实体进行统一的管理。Pacemaker 负责探测 Active 节点的故障，一旦发现故障，就通过 Pacemaker 的多个节点选取一个 Standby 节点成为 Active 节点，然后将 NameNode 服务切换到这个 Standby 节点上，此时 Standby 节点上的 DRBD 设备就变成主设备，原来的主设备就成为次设备。

7.3.3   Intel Hadoop 系统高可用性配置服务操作

1. DRBD 基本配置操作

（1）DRBD 资源概述

DRBD 的资源配置文件保存在 /etc/drbd.d 目录下，资源名称和资源配置的文件名保持一致。假设在 /etc/drbd.d 下有资源配置文件 r0.res，则 r0.res 中就定义了 r0 的资源。如 7.3.2 节中的 DRBD 配置样例所示，配置文件中指定了两个节点 primary 和 secondary，资源使用底层设备 /dev/sda4，使用 7789 作为连接端口，并分别绑定在 192.168.0.11 和 192.168.0.12 上。

（2）检查 DRBD 状态

要通过 /proc 虚拟文件系统获取已存在的 DRBD 资源信息，输入以下命令：

```
cat/proc/drbd
```

会显示如表 7-2 所示的一系列 DRBD 设备的属性信息。表 7-3 给出 DRBD 设备的连接状态及含义。表 7-4 给出 DRBD 角色及含义。表 7-5 给出 DRBD 磁盘状态及含义。

表 7-2   DRBD 设备属性信息

缩　写	含　义	命　令	状　态
cs	连接状态（Connection State）	drbdadmcstate<resource>	参见表 7-3
ro	角色 (Roles)	drbdadm role<resource>	本地资源 / 远程资源角色，参见表 7-4
ds	磁盘状态（Disk State）	drbdadmdstate<resource>	本地资源 / 远程资源状态，参见表 7-5
P	复制协议（Replication Protocol）		A、B 或 C

表 7-3   DRBD 设备连接状态及含义

连接状态	含　义
StandAlone	无可用的网络配置。资源尚未连接，或者因为管理原因连接中断，或者因为验证失败或脑裂连接未成功
WFConnection	节点在等待对等节点在网络上可见
WFReportParams	TCP 连接已建立，这一节点在等待对等节点发出的第一个网络数据包
Connected	DRBD 连接已经建立，数据镜像状态为活动。这是正常的状态

表 7-4   DRBD 角色及含义

角　色	含　义
Primary	资源目前处于 Primary 角色，可进行读写。除非你启用了双主（dual-primary）模式，否则两个节点中仅有一个节点可赋予该角色
Secondary	资源目前处于 Secondary 角色。可以正常接收从对等节点发出的更新（除非处于 disconnected 模式），但不能被读写。一个或两个节点都可成为该角色
Unknown	资源当前角色为 Unknown。本地资源角色则永不会有这一状态。仅对等节点的资源角色会显示这一状态，而且仅在 disconnected 模式时显示

表 7-5 DRBD 磁盘状态及含义

磁盘状态	含 义
Diskless	没有本地块设备被分配到 DRBD 驱动。这可能标识资源从未被附加给它的备用设备，也就是说，它可能通过 drbdadm 命令被人工分离，或因为底层 I/O 错误被分离
Inconsistent	数据不一致。这一状态在创建新的资源时同时在两个节点上立即产生。而且，这一状态可在同步过程中的其中一个节点上找到
Outdated	资源数据一致，但已过时
DUnknown	如果没有可用的网络连接，对等磁盘将处于这一状态
UpToDate	没有网络连接时数据是一致的。当连接建立后，数据状态将变成 UpToDate 或者 Outdated
Consistent	数据状态为一致并已更新。这是正常的状态

如果输入以下命令可得到更简洁的属性信息描述：

```
drbd-overview
```

（3）DRBD 常用命令

DRBD 包括表 7-6 所示的常用命令：

表 7-6 常用 DRBD 命令

命 令	功 能
drbdadm up<resource>	在主机上启用 DRBD 资源
drbdadm down<resource>	禁用 DRBD 资源
drbdadm primary<resource>	将 DRBD 资源转换为 primary 模式
drbdadm secondary<resource>	将 DRBD 资源转换为 secondary 模式
drbdadm attach<resource>	将资源附加到备用设备
drbdadm detach<resource>	将 DRBD 从备用设备分离
drbdadm connect<resource>	启用 DRBD 资源的网络连接
drbdadm disconnect<resource>	禁用 DRBD 资源的网络连接
drbdadm pause-sync<resource>	中断一个正在运行的再同步进程
drbdadm resume-sync<resource>	恢复再同步进程

2. Pacemaker 基本配置操作

可以直接在命令行输入 crm help<command> 来获取 Pacemaker 操作帮助。

（1）资源状态

在 Pacemaker 中，与 HDFS 有关的资源包括 fs_hadoop、ms_drbd_hadoop、ip_hadoop 和 namenode。

如果需要知道所有资源的当前状态概况，输入以下命令：

```
crm resource show
```

（2）操作资源

要启动一个已经停止的资源，输入以下命令：

```
crm resource start <resource>
```

要停止一个资源，输入以下命令：

```
crm resource stop <resource>
```

（3）操作集群节点

如果想要让集群中的某个节点进入 standby 模式，输入以下命令：

```
crm node standby <node>
```

如果要让集群中的某个节点成为 online 模式，以允许 Pacemaker 在节点上启动资源，输入以下命令：

```
crm node online <node>
```

如果要对当前节点进行操作，可以省略 <node>.

（4）手工更改 CRM 配置

要编辑当前集群配置，在配置过程中输入以下命令启动 crm shell：

```
crm configure
```

7.3.4 自适应数据块副本调整策略

1. 自适应数据块副本调整方法

HDFS 中的数据块（Block）会有多个副本（Replicate）存放在 DataNode 上，副本的数量可以设置为 HDFS 系统的默认值（比如 3），也可以在文件写入 HDFS 之前，配置文件的副本数量，或者在文件写入 HDFS 后，再将文件的副本数量显式调整。通常意义上，所需副本数量由数据的高可靠性要求决定，可靠性要求高的，可以设置多一些的副本数；可靠性要求低的，副本数量可以设置低一些，从而节省存储空间。

如果考虑 HDFS 的读写原理，可以知道客户端读 HDFS 的数据是直接通过 DataNode 读取的，如果对某一数据块的读取并发度比较高，而副本仅集中在某几个节点上，那这几个节点会占用很高的输出带宽，从而影响客户端的并发读取效率。如果此时能将数据块的副本扩充到更多的节点上，则此数据块就会有更好的并发性。鉴于此，Intel Hadoop 能自动统计某个数据块某段时间内的并发读状况，从而自动调整数据块的副本数来服务于并发请求。这种自动检测和调整副本数的方法称为"自适应数据块副本调整算法"（Adaptive Block Replication）。

2. 启用自适应调整算法

要在 Intel Hadoop 中启用自适应数据块副本调整算法，需要配置以下的一些样例参数：

```
<property>
    <name>dfs.replication.adjust</name>
    <value>true</value>
</property>
<property>
<name>dfs.replication.historyWindow</name>
<value>60</value>
</property>
<property>
<name>dfs.replication.adjustTimer</name>
<value>5</value>
</property>
<property>
<name>dfs.replication.adjust.maxPercent</name>
<value>0.3</value>
</property>
<property>
<name>dfs.replication.reserved.datanode.number.percent</name>
<value>0</value>
</property>
<property>
<name>dfs.replication.adjust.blockWeight</name>
<value>20</value>
</property>
```

各配置参数含义如下：

1）dfs.replication.adjust：开启自适应调整功能。

2）dfs.replication.historyWindow：用来保存最近一段时间内副本并发访问量的滑动窗口大小。

3）dfs.replication.adjustTimer：自适应调整的周期。

4）dfs.replication.adjust.maxPercent：自适应调整产生的数据块副本最多占 HDFS 存储的百分比。

5）dfs.replication.reserved.datanode.number.percent：预留 DataNode 数量的百分比，防止过分复制而导致 HDFS 容量急剧下降。

6）dfs.replication.adjust.blockWeight：每个副本的权重，通常取与文件数据块数量相同的值。

7）dfs.replication.adjust.include.dirs：指定自适应调整目录。

3. 自适应调整算法的处理过程

数据块副本自适应调整算法是以数据文件的历史访问状况为基础进行的。假设最近的访问模式能近似模拟未来的访问模式，这样调整后才能支撑未来的访问需求。整个自适应调整的算法需要 DataNode 和 NameNode 配合来完成。

DataNode 在接收到客户端数据读取请求时，会记录此数据块的并发访问情况，同样在数据读写完成后，也会更新并发访问的属性值。并发访问信息（DataNodeLoad）是通过 DataNode 向 NameNode 发送的，但目前并没有专门的发送消息接口，而是附加在了 block report 信息上。DataNodeLoad 中包含了此 DataNode 上 block report 周期内所有数据块副本的访问总次数，以及每一个被访问数据块副本的最大并发访问量。

NameNode 上的 FSLoadInfo 保存了历史的文件访问信息，它综合了所有 DataNode 汇总过来的并发访问信息。FSLoadInfo 内的滑动窗口维护了特定时间段内数据块副本并发访问的统计信息，整个滑动窗口按相对的时间段被均匀地切分为一些槽位（slotNum），每个槽位对应了此时间段内（slotWidth）收到的数据块副本访问统计信息，槽位按时间顺序严格排列。

在 NameNode 接收到 DataNode 发过来的副本并发访问信息后，会将此信息接收的时间和滑动窗口的起始时间做比较，并计入滑动窗口的某个槽位，然后统计整个滑动时间窗口内各副本的历史并发访问量。

NameNode 同时维护了一个 Daemon 线程用来周期性地根据当前的文件并发访问状况来动态调整副本份数。如图 7-2 所示，整个调整算法大致有以下几个步骤：

1）计算可用于文件副本复制的空间，也就是复制的副本总存储需求不能超过此空间。

2）根据文件的并发访问状况来计算文件的复制份数，并发访问要求高的副本数量要增多，并发访问要求低的副本数量要减少。

3）根据文件的副本需求，计算出存储需求，并与可用的副本复制空间比较，再次计算副本需求。

4）实际调整文件副本。

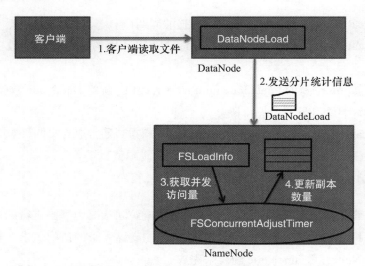

图 7-2　自适应数据块副本数量调整算法处理过程

4. 自适应调整算法应用场景

在一些内容分发网络（Content Delivery Network，CDN）应用中，诸如流媒体服务提供商，数据的访问模式是少数文件的高并发访问，通过自适应地调整副本数量，可以大幅提高文件的并发访问服务，不会因为数据块副本所在节点的网络或磁盘瓶颈而影响并发性。因为副本的调整基于历史的访问记录，所以希望文件的访问状况是平缓连续性，而不是那种突发式的。如果是那种瞬时突发随机性的访问，这种调整就不太适用了。

7.4　Intel Hadoop HBase 的功能扩展和编程示例

7.4.1　HBase 大对象存储（LOB）

随着 HBase 应用到智能交通、金融等大数据行业和领域，对图片视频等大对象存储的需求越来越广泛。但在 HBase 中直接存储这些大对象，会对 HBase 造成极大的压力，导致系统性能的严重下降。对于此种应用，很多人可能会采用直接存储到 HDFS 中的方式，但 HBase 还是有着某些不可忽略的优势：

1）更有效地存储小文件（<16MB）。

2）提供了更高层和更可靠的接口，可以方便实现数据的增、删、读、改的功能。同时还提供了失败自动重试的机制，有效地保证了数据的一致性。

有鉴于此，Intel Hadoop 开发了 HBase 大对象存储功能（Large Object Storage，LOB），方便用户在 HBase 中存储各种类型的大对象。Intel Hadoop HBase 中大对象 LOB 存储设计的基本框架如图 7-3 所示。

如图 7-3 所示，HBase 大对象存储将 LOB 的存储独立于 HBase Region，降低了 Compaction 和 Region 需要进行 Split 的几率，增加了 HBase 在插入大对象时的可用性。

在大对象存储时，LOB Store 是列族级别的存储单元，每个 LOB Store 可以存储几百万个文件，而 LOB Store 的底层是存储在 LOBFile 中。图 7-4 展示了 LOB Store 的组成结构。

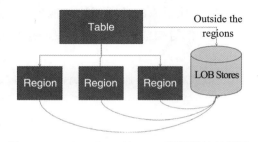

图 7-3　Intel Hadoop 的 LOB 存储设计的框架

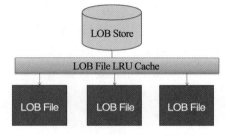

图 7-4　LOB Store 的组成结构

HBase LOB 的应用为我们带来了以下优点：

1）LOB 提供了更快的插入性能和插入延时，插入性能提高到 200%，插入延时则减少了 90%。

2）实现了更高的可用性。LOB 的存储不受 Compaction、Split 以及 Region Balance 的影响，减轻了 HBase 的负担，插入性能非常稳定，减少了数据插入时的超时异常。

3）达到 200% 的随机读性能提升。

4）达到 130% 的顺序扫描性能提升。

5）保持与现有的 HBase 客户端 API 完全兼容，对用户完全透明。

6）可以打开 WAL，保证数据的高可靠性。

如果记录的大小大于 100KB、小于 5MB，那么可以考虑使用 LOB。

LOB 只能在列族级别打开或者关闭，以下是创建和使用 LOB 的代码示例。

```
HTableDescriptorhtd=new HTableDescriptor("lobtest");
HColumnDescriptor column=new HColumnDescriptor("f");
column.setTimeToLive(24 * 3600); //1 day
column.setLobStoreEnabled(true);
htd.addFamily(column);
admin.createTable(htd);
//All records which are in this column family will be stored in LOB.
```

LOB 对于扫描是完全透明的，所以扫描的使用和以前的 HBase Table 是完全一样的：

```
Scan scan = new Scan();
ResultScanner scanner = table.getScanner(scan);
Result[] results = scanner.next(limit);
```

7.4.2 加盐表

HBase 将表划分为若干 Region，每个 Region 负责存储行主键在某个连续范围内的记录。那么，对于行主键为增量序列的记录（比如时间序列），在一段时间内，所有的记录都会被存储在相同的 Region 上，这会导致存储热点，影响整个集群的数据插入性能。一个有效的处理办法是所谓的给数据"加盐"。

在 HBase 中加盐是指给原始的主键增加 Hash 前缀，使写入的负载能均匀地分布在各个 Region 上，均衡集群的存储负载，提升写入的性能，但对扫描的性能会有一定的影响。图 7-5 是一个数据加盐的示例。

以下给出原始 HBase 数据和加盐数据对比使用的代码示例。原始的 HBase 数据插入 Java 编程接口示例如下：

```
HTableht = new Htable(conf, tablename);
Put put = new Put(row);
put. add( family, qualifier, value);
ht.put(put);
```

数据加盐的插入 Java 编程接口示例如下：

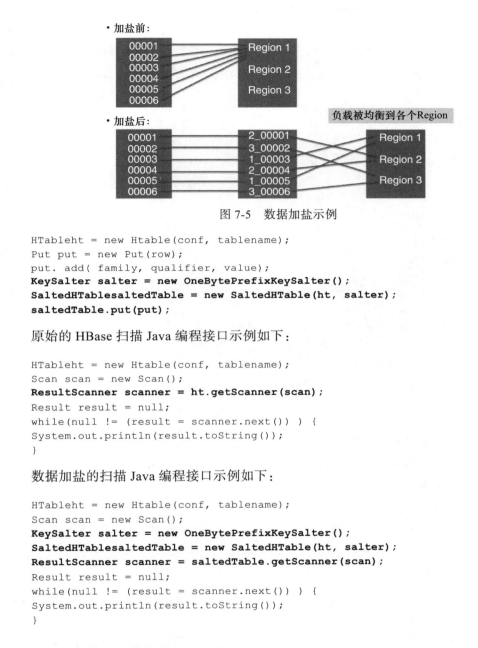

图 7-5　数据加盐示例

```
HTableht = new Htable(conf, tablename);
Put put = new Put(row);
put. add( family, qualifier, value);
KeySalter salter = new OneBytePrefixKeySalter();
SaltedHTablesaltedTable = new SaltedHTable(ht, salter);
saltedTable.put(put);
```

原始的 HBase 扫描 Java 编程接口示例如下：

```
HTableht = new Htable(conf, tablename);
Scan scan = new Scan();
ResultScanner scanner = ht.getScanner(scan);
Result result = null;
while(null != (result = scanner.next()) ) {
System.out.println(result.toString());
}
```

数据加盐的扫描 Java 编程接口示例如下：

```
HTableht = new Htable(conf, tablename);
Scan scan = new Scan();
KeySalter salter = new OneBytePrefixKeySalter();
SaltedHTablesaltedTable = new SaltedHTable(ht, salter);
ResultScanner scanner = saltedTable.getScanner(scan);
Result result = null;
while(null != (result = scanner.next()) ) {
System.out.println(result.toString());
}
```

7.4.3　HBase 跨数据中心大表

在大规模智能交通和跨区域政府 / 企业应用等领域，有一些典型的需求，比如多数据中心互联、复用已有数据中心数据、提供覆盖各数据中心的全局视图和访问等。

Intel Hadoop 的跨数据中心大表提供了这样的功能。它提供了一张跨数据中心的虚拟大表，大表中的数据被物理分布在各个数据中心中，同时每个数据中心可复制本地数据到其他的数据中心以实现容灾。也就是说，每个数据中心负责保存自己拥有的数据，大表则将这些数据中心的数据展现为一张虚拟表，提供全局的视图和访问。图 7-6 所示是跨数据中心大表的组成结构图。

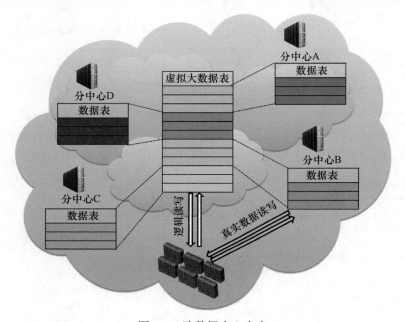

图 7-6　跨数据中心大表

在访问大表时，若读写存放在本地数据中心的数据，无任何跨数据中心的数据交换，性能不会受到影响；若访问的数据存放在远程数据中心，则直接连接远程数据中心读写数据，无需本地数据中心转发。

跨数据中心大表使用定位器（Locator）实现数据在多数据中心间的路由策略，这个定位器在创建大表的时候指定，供以后的读写使用。Intel Hadoop 缺省实现的定位器有以下几种：

1）PrefixClusterLocator，在行主键中找到第一个指定分隔符（缺省是逗号），将该分隔符前的子字符串作为数据中心的名字。

2）SuffixClusterLocator，在行主键中找到第一个指定分隔符（缺省是逗号），将该分隔符后的子字符串作为数据中心的名字。

3）SubstringClusterLocator，使用行主键的某个子字符串作为数据中心的名字，起始位置和长度是可以定义的。

4）CompositeSubstringClusterLocator，将行主键按指定分隔符（缺省是逗号）分隔，得到的第 N 个子字符串作为数据中心的名字，这个 N 是可以定义的。

如果使用 SuffixClusterLocator 创建一张大表，那么行主键为"0000，C1"的记录应该存储在名为"C1"的数据中心，行主键为"0001，C2"的记录应该存储在名为"C2"的数据中心。

使用跨数据中心的大表，需要修改 hbase-site.xml 中的配置。

hbase.crosssite.global.zookeeper：大表使用的 Zookeeper 地址。这个 Zookeeper 上记录了各个数据中心的名称和地址等信息。

```
<property>
<name>hbase.crosssite.global.zookeeper</name>
<value>xxx</value>
</property>
```

建立跨数据中心大表需要如下的步骤。

1）使用 CrossSiteHBaseAdmin 注册集群的名称和地址。

2）使用 CrossSiteHBaseAdmin 创建大表。

创建跨数据中心大表的编程接口示例如下：

```
Configuration conf = HBaseConfiguration.create();
CrossSiteHBaseAdmin admin = new CrossSiteHBaseAdmin (conf);
String clusterAddr1 = "hb01,hb02,hb03:2181:/hbase";
String clusterAdd2 = "hb11,hb12,hb13:2181:/hbase";
// 为大表添加集群 cluster1
admin.addCluster("cluster1",clusterAddr1);
// 为大表添加集群 cluster2
admin.addCluster("cluster2",clusterAddr2);

String tableName = "CrossSiteBigTable";
HTableDescriptorhtd = new HTableDescriptor(tableName);
htd.addFamily(new HColumnDescriptor("family"));
// 创建大表
admin.createTable(htd, null, new SuffixClusterLocator(), true);
admin.close();
```

向大表中插入数据，使用的方式和向普通表中插入数据是一样的：

```
Configuration conf = HBaseConfiguration.create();
String tableName = "CrossSiteBigTable";
HTable table = new CrossSiteHTable(conf, tableName);
table.put(new Put(Bytes.toBytes("0001,cluster1"))); // 此条记录将被存入集群 cluster1 中
table.put(new Put(Bytes.toBytes("0001,cluster2"))); // 此条记录将被存入集群 cluster2 中
```

对跨数据中心大表进行扫描，使用的方式和对普通表进行扫描是一样的：

```
HTable table = new CrossSiteHTable(conf, tablename);
Scan scan = new Scan();
ResultScanner scanner = table.getScanner(scan);
Result result = null;
while(null != (result = scanner.next()) ) {
System.out.println(result.toString());
}
```

7.5 Intel Hadoop Hive 的功能扩展和编程示例

7.5.1 开源 Hive 的不足

Hive 依赖于 Hadoop，使用 HDFS 作为存储，使用 MapReduce 完成底层计算。

Hive 0.6 版本以后推出了 storage-handler，用于将数据存储到 HDFS 以外的其他存储系统中，并通过 Hive 进行数据插入、查询等操作。

Hive 提供了针对 HBase 的 hive-hbase-handler，使得用户在节省开发 MapReduce 代码成本的同时，还能获得 HBase 的处理特性。这些特性包括：提供 SQL 接口，支持 JDBC/ODBC（Hive），能对数据进行插入、更新等操作（HBase），提供高效的数据查询接口（HBase）。

在基于 HDFS 的 Hive 运行环境中，提交了 HiveQL 语句后，Driver（驱动）将该语句发送给 Compiler（编译器），Compiler 会根据实际的业务需求将 HiveQL 语言编译成 MapReduce 程序加以执行。编译为 MapReduce 程序以后，在 Driver 的驱动下，由 Hive 的执行引擎将编译好的 MapReduce 发送到 Hadoop JobTracker，任务得到分配执行后将最终结果返回。因此，Hive 使用 MapReduce 完成底层的计算。由于 MapReduce 在执行时需要大量的作业调度，在作业调度时需要较长的时间，因而延时较为严重，并且 MapReduce 的 shuffle 阶段同样会花费较长的时间，并且会产生大量的网络开销。

7.5.2 Intel Hadoop "Hive over HBase" 优化设计

开源 Hive 可以支持 HBase，但性能较差。Intel Hadoop Hive 实现了 "Hive over HBase" 的优化，使得 Hive 可满足即时查询分析要求。Intel Hadoop "Hive over HBase" 相比于开源的实现，具有以下几个主要优点：

1）完全兼容 HiveQL，对用户编程透明。

2）采用在 HBase 服务器端本地分布式汇总，性能比采用 MapReduce 的实现要快 2 ~ 10 倍。

3）提供快速数据并行扫描及过滤功能，根据条件组合来分析规律。

4）可将复杂的 join 自动转换并采用 MapReduce 传统执行路径来完成。

5）提供 "Hive over HBase" 功能使用开关（设置 Hive 参数：sethive.exec.storagehandler.local=true;)，缺省是关闭该功能的。

详情请参考 www.intel.cn/idh 上最新的技术文档。

7.5.3 Hive over HBase 的架构

Hive over HBase 的实现框架如图 7-7 所示。它使用 HBase Endpoint Coprocessor 代替 MapReduce 执行程序。这样处理可以获得以下优点：

1）减少网络数据传输，提高计算性能。

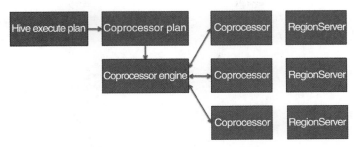

图 7-7　Hive over HBase 架构图

2）服务器端 Region 本地 scan 数据，无数据拷贝。

3）代之以将大量 Region 中的数据记录传输和返回给客户端进行计算，Coprocessor 仅将数据记录在本地计算后的结果返回客户端，大幅减少了数据传输，提高了响应时间。

如图 7-8 所示，程序执行流程是，客户端提交请求，在 Driver 的作用下由 Compiler 对语句进行相应的分析编译，生成执行计划，该执行计划会被转为 Coprocessor 执行计划，再由 Coprocessor 执行引擎完成对 RegionServer 数据的本地化处理。获得最终结果以后将结果通过 Driver 返回给客户端。

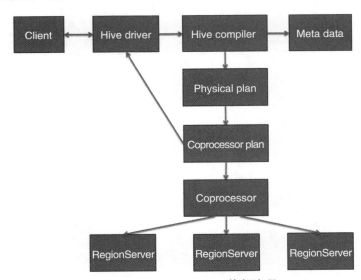

图 7-8　Hive over HBase 执行流程

开源 Hive 在使用 MapReduce 进行数据处理时需要经过复杂的过程（任务调度过程、Shuffle 阶段的数据处理过程），在这个过程中会有较大的处理延时以及数据结果的网络传输开销。然而 Intel Hadoop Hive 打破了这种思想，提出了新的解决办法，使用 Coprocessor 进行服务器端本地化计算。使用 Coprocessor 使得数据处理过程相对简单，在 RegionServer 端本地进行数据的扫描，仅将 Region 计算后结果返回客户端，减少了数据传输开销，节省了网络带宽。

MapReduce 的编程和算法设计

第 8 章

MapReduce 基础算法程序设计

MapReduce 可广泛使用于各种基础算法。本章主要介绍如何在大数据场景下使用 MapReduce 进行一些典型基础算法的设计与实现,这些基础算法包括:最基本的 WordCount 算法、矩阵乘法、各种关系代数运算、单词共现算法、文档倒排索引算法、PageRank 网页排名算法,最后本章介绍了一组简单的基于 MapReduce 的专利文献数据分析统计算法。

本节所介绍的所有算法均由笔者完整实现,完整程序代码可在本书配套网站下载。

8.1 WordCount

8.1.1 WordCount 算法编程实现

WordCount 是 Hadoop 自带的示例程序之一,整个程序虽然简单却涵盖了 MapReduce 的最基本使用方法。一般我们学习一门程序设计语言,最开始的上手程序都是"Hello World",可以说 WordCount 就是学习掌握 Hadoop MapReduce 编程的"Hello World"。

WordCount 的功能是统计输入文件(也可以是输入文件夹内的多个文件)中每个单词出现的次数。基本的解决思路也很直观,就是将文本文件内容切分成单词,将其中相同的单词聚集在一起,统计其数量作为该单词的出现次数输出。

WordCount 的 Mapper 实现代码如下:

```
// 继承自 Mapper 接口,输入类型 <Object, Text>
// 输出类型为 <Text, IntWritable>
public static class TokenizerMapper
                    extends Mapper<Object, Text, Text, IntWritable>
{
    // one 是对整数 1 的 IntWritable 型封装
```

```
    private final static IntWritable one = new IntWritable(1);
    private Text word = new Text();

    public void map(Object key, Text value, Context context)
              throws IOException, InterruptedException {
        StringTokenizer itr = new StringTokenizer(value.toString());
        while (itr.hasMoreTokens()) {
            word.set(itr.nextToken());   // word 存储被切割出来的单词
            context.write(word, one);
        }
    }// map() 函数结束
}
```

该类 map 方法调用默认的 LineRecordReader，得到的 value 值是文本文件中的一行（以回车符号作为结束标记），key 值为该行首字符相对于文本文件首地址的偏移量。之后 StringTokenizer 类将 value 值拆分成一个个单词，并将 <word, 1> 作为 map 方法的 key-value 对输出，其中前面已经介绍过 IntWritable 和 Text 类是 Hadoop 对 Int 和 String 类的封装。

WordCount 的 Reducer 实现代码如下：

```
// 继承自 Reducer 接口，输入类型 <Text, IntWritable>
// 输出类型为 <Text, IntWritable>
public static class IntSumReducer
                    extends Reducer<Text,IntWritable,Text,IntWritable>
{
    private IntWritable result = new IntWritable();
    public void reduce(Text key, Iterable<IntWritable> values, Context context )
              throws IOException, InterruptedException {
        int sum = 0;
        // 根据得到的 <key,list{value}> 计算 value 的和值，即单词的出现次数
        for (IntWritable val : values) {
            sum += val.get();
        }
        result.set(sum);
        context.write(key, result);
    }// reduce() 函数结束
}
```

Reducer 函数从 Map 端得到形如 <word, {1, 1, …}> 的输出，根据这些 value 值累加得到该单词的出现次数并输出。

需要注意的是，在这个程序中，设置了 Combiner 函数。为了减轻 Mapper 和 Reducer 之间的数据传输开销，Combiner 对 Map 输出的中间结果数据进行适当的合并，将本地 Map 节点输出的主键相同的键值对进行合并，再输出给 Reducer，以此大量减少从 Map 节点到 Reduce 节点中间结果数据的传输量。由于本例中 Combiner 与 Reducer 类有完全同样的实现，因此，可直接使用上述 Reducer 类作为 Combiner 使用。为此，在 WordCount 程序的作业配置程序中，需要有以下的设置语句：

```
job.setCombinerClass(IntSumReducer.class);
```

程序运行时的命令行代码如下：

```
hadoop jar $HADOOP_HOME/hadoop-examples-0.20.205.0.jar \
wordcount <inputPath> <outputPath>
```

下面用图示的方法具体解释 WordCount 程序的运行过程。

这里我们假设有两个输入文本文件，输入数据经过默认的 LineRecordReader 被分割成一行行数据，再经由 map() 方法得到 <key，value> 对，Map 过程如图 8-1 所示。

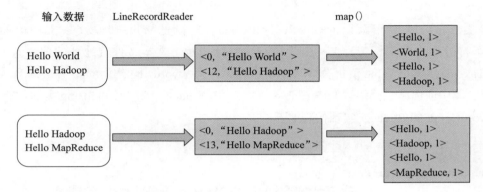

图 8-1 对输入文本执行 map() 方法得到的中间结果

map() 方法输出的 <key, value> 对，在 Map 端还会按照 key 值进行排序，最后交由 Combiner 得到 Mapper 部分的最终输出结果，如图 8-2 所示。

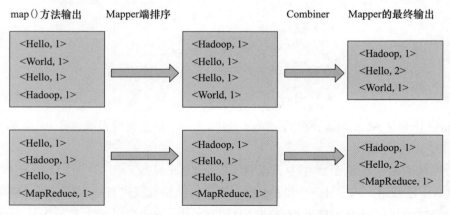

图 8-2　经由 Combiner 后得到 Mapper 的最终输出结果

Reducer 对从 Mapper 端接收的数据进行排序，之后由 reduce() 方法进行处理，将相同主键下的所有值相加，得到新的 <key, value> 对作为最终的输出结果，这个过程如图 8-3 所示。

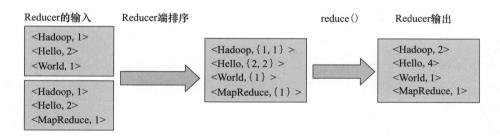

图 8-3　Reducer 的最终输出结果

当 WordCount 进行词频统计的对象是包含大量小文本文件的目录时，由于 Wordcount 定义的 InputFormat 是默认的 TextInputFormat，每一个文件都至少是一个 Split，当有大量小文件文本需要统计时，虽然每次 Map 任务只会处理少量数据，但是会有大量的 Map 任务，对于 Hadoop 性能造成了相当大的影响。所以另外一种思路就产生了，将大量的小文件合并成一个 Split，减少 Map 任务数量。Hadoop 的示例程序中自带了这样一个程序 MultiFileWordCount，该程序自定义了 RecordReader，将文本内容不断读入而不分片切割成 Split，其中的 Mapper 和 Reducer 部分则与 WordCount 几乎一样。有兴趣的读者请参见 Hadoop 自带的本示例程序。

8.2　矩阵乘法

8.2.1　矩阵乘法原理和实现思路

并行化矩阵乘法是可以用 MapReduce 实现的一项基础算法，最早 Google 公司将 MapReduce 引入到工业界的原因就是要解决 PageRank（见 8.6 节内容）中包含的大量矩阵乘法运算。在进一步介绍算法实现前，先回顾一下矩阵乘法的定义。

对于任意矩阵 M 和 N，若矩阵 M 的列数等于矩阵 N 的行数，则记 M 和 N 的乘积 $P=M \cdot N$。其中 m_{ij} 记作矩阵 M 的第 i 行第 j 列的元素，n_{jk} 记作矩阵 N 的第 j 行第 k 列的元素，则其乘积矩阵 P 的元素可由下式求得：

$$p_{ik} = (M \cdot N)_{ik} = \sum_{j} m_{ij} n_{jk} \qquad (8\text{-}1)$$

由公式（8-1）可以看出，决定最后 p_{ik} 位置的是（i, k），所以可以将其作为 Reducer 的输入 key 值。而为了求出 $m_{ij}n_{jk}$，我们需要分别知道 m_{ij} 和 n_{jk}。对于 m_{ij}，其所需要的属性有矩阵名称 M，所在行数 i，所在列数 j，和其本身的数值大小 m_{ij}；同样对于 n_{jk}，其所需要的属性有矩阵名称 N，所在行数 j，所在列数 k，和其本身的数值大小 n_{jk}。这些属性值由 Mapper 处理得到，基本处理思路如下。

Map 函数：对于矩阵 M 中的每个元素 m_{ij}，产生一系列的 key-value 对 $\langle$ (i, k)，(M, j,

m_{ij}) $\rangle$，其中 $k=1, 2\cdots$ 直到矩阵 N 的总列数；对于矩阵 N 中的每个元素 n_{jk}，产生一系列的 key-value 对 $\langle (i, k), (N, j, n_{jk}) \rangle$，其中 $i=1, 2\cdots$ 直到矩阵 M 的总行数。

Reduce 函数： 对于每个键 (i, k) 相关联的值 (M, j, m_{ij}) 及 (N, j, n_{jk})，根据相同的 j 值将 m_{ij} 和 n_{jk} 分别存入不同数组中，然后将两者的第 j 个元素抽取出来分别相乘，最后相加，即可得到 p_{ik} 的值。

以下以实际示例进行解释。

设矩阵 $M[1\ 2]$，矩阵 $N\begin{bmatrix} 2 & 1 & 3 \\ 0 & 2 & 4 \end{bmatrix}$，其中，$i=1$，$j=1, 2$，$k=1, 2, 3$。经过 map() 函数之后得到如下的输出，请注意，为便于观察，横向上我们刻意对 Map 过程的中间输出结果按照 j 值进行放置：

$\langle (1, 1), (M, 1, m_{11}) \rangle\langle (1, 1), (N, 1, n_{11}) \rangle\langle (1, 1), (M, 2, m_{12}) \rangle\langle (1, 1), (N, 2, n_{21}) \rangle$

$\langle (1, 2), (M, 1, m_{11}) \rangle\langle (1, 2), (N, 1, n_{12}) \rangle\langle (1, 2), (M, 2, m_{12}) \rangle\langle (1, 2), (N, 2, n_{22}) \rangle$

$\langle (1, 3), (M, 1, m_{11}) \rangle\langle (1, 3), (N, 1, n_{13}) \rangle\langle (1, 3), (M, 2, m_{12}) \rangle\langle (1, 3), (N, 2, n_{23}) \rangle$

Reduce 函数对于输入的每个 key 值 (i, k)，根据 j 值进行抽取出对应的元素 m_{ij} 和 n_{jk} 相乘，然后再累加。

对于 key 值为（1, 1）的输入：$m_{11} \times n_{11} + m_{12} \times n_{21} = 1 \times 2 + 2 \times 0 = 2$，

对于 key 值为（1, 2）的输入：$m_{11} \times n_{12} + m_{12} \times n_{22} = 1 \times 1 + 2 \times 2 = 5$，

对于 key 值为（1, 3）的输入：$m_{11} \times n_{13} + m_{12} \times n_{23} = 1 \times 3 + 2 \times 4 = 11$。

8.2.2 矩阵乘法的 MapReduce 程序实现

具体实现矩阵乘法的 MapReduce 程序时，可以有以下的思路：一共有两个输入文本文件，分别存放矩阵 M 和 N 的元素，文件内容每一行的形式是"行坐标，列坐标 \t 元素数值"（\t 是一个 Tab 键间隔符，用以区分开坐标和元素数值）。在本例中，我们并不关心矩阵实际元素的数据，所有元素数据用随机数产生，具体的测试数据可以用下面的 shell 脚本生成。

```
#!/bin/bash
for i in 'seq 1 $1'
do
    for j in 'seq 1 $2'
    do
        s=$((RANDOM%100))
            echo -e "$i,$j\t$s" >>M_$1_$2
    done
done
for i in 'seq 1 $2'
do
    for j in ' seq 1 $3'
    do
```

```
        s=$((RANDOM%100))
        echo -e "$i,$j\t$s" >>N_$2_$3
    done
done
```

注意，该脚本运行时需要三个参数，分别是矩阵 *M* 的行数和列数以及矩阵 *N* 的列数，每个矩阵的行数和列数保存在文件名中，以方便之后的 MapReduce 程序处理。

矩阵乘法 Mapper 类程序代码如下：

```
public static class MatrixMapper
                extends Mapper<Object, Text, Text, Text>
{
    private Text map_key = new Text();
    private Text map_value = new Text();
    /** 执行 map() 函数前先由 conf.get() 得到 main 函数中提供的必要变量，
     *  也就是从输入文件名中得到的矩阵维度信息
     */
    public void setup(Context context) throws IOException
    {
        Configuration conf = context.getConfiguration();
        columnN = Integer.parseInt(conf.get("columnN"));
        rowM = Integer.parseInt(conf.get("rowM"));
    }

    public void map(Object key, Text value, Context context)
                throws IOException, InterruptedException
    {
        // 得到输入文件名，从而区分输入矩阵 M 和 N
        FileSplit fileSplit = (FileSplit) context.getInputSplit();
        String fileName = fileSplit.getPath().getName();

        if (fileName.contains("M")) {
            String[] tuple = value.toString().split(",");
            int i = Integer.parseInt(tuple[0]);
            String[] tuples = tuple[1].split("\t");
            int j = Integer.parseInt(tuples[0]);
            int Mij = Integer.parseInt(tuples[1]);
            for (int k = 1; k < columnN + 1; k++) {
                map_key.set(i + "," + k);
                map_value.set("M" + "," + j + "," + Mij);
                context.write(map_key, map_value);
            }// for 循环结束
        }
        else if (fileName.contains("N")) {
            String[] tuple = value.toString().split(",");
            int j = Integer.parseInt(tuple[0]);
            String[] tuples = tuple[1].split("\t");
            int k = Integer.parseInt(tuples[0]);
            int Njk = Integer.parseInt(tuples[1]);
```

```
        for (int i = 1; i < rowM + 1; i++) {
            map_key.set(i + "," + k);
            map_value.set("N" + "," + j + "," + Njk);
            context.write(map_key, map_value);
        }// for 循环结束
    }
}// map() 函数结束
}
```

对每一行数据，根据间隔符号进行分割，这样我们就得到了形如 <(2, 2), (M, 3, 7)> 这种格式的 key-value 对，从而输出给 Reducer，Reducer 类的程序代码如下：

```java
public static class MatrixReducer
                extends Reducer<Text, Text, Text, Text>
{
    private int sum = 0;
    public void setup(Context context) throws IOException {
        Configuration conf = context.getConfiguration();
        columnM = Integer.parseInt(conf.get("columnM"));
    }

    public void reduce(Text key, Iterable<Text> values, Context context)
            throws IOException, InterruptedException {
        // 定义两个数组，根据 j 值，分别存放矩阵 M 和 N 中的元素
        int[] M = new int[columnM + 1];
        int[] N = new int[columnM + 1];

        for (Text val : values) {
            String[] tuple = val.toString().split(",");
            if (tuple[0].equals("M")) {
                M[Integer.parseInt(tuple[1])] = Integer.parseInt(tuple[2]);
            } else
                N[Integer.parseInt(tuple[1])] = Integer.parseInt(tuple[2]);
        }// for 循环结束

        // 根据 j 值，对 M[j] 和 N[j] 进行相乘累加得到乘积矩阵的数据
        for (int j = 1; j < columnM + 1; j++) {
            sum += M[j] * N[j];
        }
        context.write(key, new Text(Integer.toString(sum)));
        sum = 0;
    }// reduce() 函数结束
}
```

值得注意的是，关于 rowM、columnM 和 columnN 这三个需要共享的变量，可以通过 main() 函数从运行参数的文件名中得到，并通过 conf.setInt() 方法设置成每个 Map 和 Reduce 节点都可以全局共享的变量，Mapper 和 Reducer 可以通过 conf.get() 方法读取到具体的数值。

8.3　关系代数运算

MapReduce 可以在关系代数的运算上发挥重要的作用，因为关系代数运算具有数据相关性低的特性，这使得其便于进行 MapReduce 的并行化算法设计。

常见的关系代数运算包括选择、投影、并、交、差以及自然连接操作等，都可以十分容易地利用 MapReduce 来进行并行化。下面介绍几种基于 MapReduce 的关系代数运算算法实现。首先以下面两张表（见表 8-1 和表 8-2）作为例子说明不同关系运算的流程：

表 8-1　关系 R

ID	NAME	AGE	GRADE	ID	NAME	AGE	GRADE
1	张小雅	20	91	3	李婷	21	82
2	刘伟	19	87	4	孙强	20	95

表 8-2　关系 S

ID	GENDER	HEIGHT	ID	GENDER	HEIGHT
1	女	165	3	女	170
2	男	178	4	男	175

首先我们定义了相应的类 Relation 来记录一条关系 R 或关系 S 中的数据。具体实现时会涉及到 MapReduce 计算框架从关系数据库获得数据的问题，这里我们暂且假设我们的输入数据存储在文本文件中。

8.3.1　选择操作

对于关系 R 应用条件 C，例如在一张记录学生学号、姓名和成绩的关系表中查询分数大于 90 分的学生。我们只需要在 Map 阶段对于每个输入的记录判断是否满足条件，将满足条件的记录 Rc 输出即可，输出键值对为（Rc，null）。Reduce 阶段无需做额外的工作。例如下面的代码就是找出关系 R 中所有属性号为 id、属性值为 value 的项并输出：

Mapper 实现代码如下：

```
// 扫描表，找到满足条件的记录发送出去
public static class SelectionMap
          extends Mapper<LongWritable, Text, RelationA, NullWritable>
{
    privateint id;
    private String value;
    @Override
    // 读入用户设置的条件
    protected void setup(Context context)
              throws IOException,InterruptedException
    {
        id = context.getConfiguration().getInt("col", 0);
```

```
                value = context.getConfiguration().get("value");
        }
        @Override
        // 扫描表，找到满足条件的记录发送出去
        public void map(LongWritableoffSet, Text line, Context context)
                    throws IOException, InterruptedException
        {
            RelationA record = new RelationA(line.toString());
            if(record.isCondition(id, value))
            context.write(record, NullWritable.get());
        }
    }
```

Map 端代码只需要将满足条件的数据记录项输出即可，所以只有键没有值。而 Reduce 端不需要做任何事情。这里具体实现时我们不需要去写 Reduce 端代码，因为在 MapReduce 执行的过程中，其会生成一个系统自带的 Reduce，这个 Reduce 是 MapReduce 为了保持框架的完整性自动调用的，它与我们自定义的 Reduce 不同的是，这个 Reduce 不会执行 shuffle 和数据传送，其输出的文件就是 Map 端输出的文件。当然我们也可以通过将 Reduce 的数目设为 0 来实现。

8.3.2 投影操作

例如在关系 R 上应用投影操作获得属性 AGE 的所有值，我们只需要在 Map 阶段将每条记录在该属性上的值作为键输出即可，此时对应该键的值为 MapReduce 一个自定义类型 NullWritable 的一个对象。而在 Reduce 端我们仅仅将 Map 端输入的键输出即可。注意，此时投影操作具有去重的功能，例如在此例子中我们会获得 20，19，21 三个结果。

Mapper 实现代码如下：

```
// 获得制定列上的值并将其发送出去
public static class ProjectionMap
            extends Mapper<LongWritable, Text, Text, NullWritable>
{
    private int col;
    @Override
// 获得用户设置的列号
    protected void setup(Context context)
                throws IOException,InterruptedException
    {
        // 获得投影操作属性的列号
        col = context.getConfiguration().getInt("col", 0);
    }
    @Override
    public void map(LongWritable offSet, Text line, Context context)
                throws IOException, InterruptedException
    {
```

```
    RelationA record = new RelationA(line.toString());
    context.write(newText(record.getCol(col)),NullWritable.get());
    }
}
```

Reduce 端实现代码如下:

```
public static class ProjectionReduce
        extends Reducer<Text, NullWritable, Text, NullWritable>
{
    @Override
    // reduce 端不需要做任何工作
    public void reduce(Text key, Iterable<NullWritable> value, Context context)
            throws IOException,InterruptedException
    {
        context.write(key, NullWritable.get());
    }
}
```

8.3.3　交运算

获得两张表交集的主要思想如下: 如果有一个关系 T 和关系 R 为同一个模式, 我们希望获得 R 和 T 的交集, 那么在 Map 阶段我们对于 R 和 T 中的每一条数据记录 r 输出 (r, 1)。在 Reduce 阶段汇总计数, 如果计数为 2, 我们则将该条记录输出。这里我们有一个需要额外注意的地方。我们只有将 R 和 T 表中相同的记录都发送到了同一个 Reduce 节点才会被其正确的判断为是交集中的一个记录而输出, 因此我们必须保证相同的记录会被发送到相同的 Reduce 节点。由于实现时使用了 RelationA 对象作为主键, 这是 MapReduce 默认会通过对象的 hashcode 值来划分 Map 的中间结果并输出到不同的 Reduce 节点, 因此这里我们需要重写自定义类的 hashCode 方法使得值相同的对象的 hashcode 值也一定相同。例如, 这里对应关系 R 的类的定义如下 (给出了重写的 hashCode 方法, 省略了其他方法), 我们需要根据四个域的值来重写 hashCode() 方法使得具有相同域值的记录具有相同的哈希值。

```
public class RelationA implements WritableComparable<RelationA>
{
    private int id;
    private String name;
    private int age;
    private int grade;
    @Override
    // 重写的 hashCode 方法
    public int hashCode()
    {
        int result = 17;
        result = 31 * result + id;
        result = 31 * result + name.hashCode();
        result = 31 * result + age;
```

```
        result = 31 * result + grade;
        return result;
    }
}
```

交运算 Mapper 实现代码如下：

```
public static class IntersectionMap
            extends Mapper<LongWritable, Text, RelationA, IntWritable>
{
    private IntWritable one = new IntWritable(1);
    @Override
// 对于每一条记录发送 (record,1) 出去
    public void map(LongWritable offSet, Text line,Context context)
                throws IOException, InterruptedException
    {
        RelationA record = new RelationA(line.toString());
        context.write(record, one);
    }
}
```

Reduce 端实现代码如下：

```
public static class IntersectionReduce
            extends Reducer<RelationA, IntWritable, RelationA, NullWritable>
{
    @Override
// 统计一条记录的值的和，等于 2，则是两个关系的交
    public void reduce(RelationA key, Iterable<IntWritable> value, Context context)
        throws IOException,InterruptedException{
        int sum = 0;
        for(IntWritableval : value){
sum += val.get();
        }
        if(sum == 2)// 等于 2，则发送出去
        context.write(key, NullWritable.get());
        else
            System.out.println("find an exception!");
    }
}
```

8.3.4　差运算

例如，计算 R-T（这里关系 T 和关系 R 为同一种模式），也即希望找出在 R 中存在而在 T 中不存在的记录，则对于 R 和 T 中的每一条记录 r 在 Map 阶段分别输出键值对 (r, R) 和 (r, T)。在 Reduce 阶段检查一条记录 r 的所有对应值列表，如果只有 R 而没有 T 则将该条记录输出。这里与上面的交运算相似，都需要注意相同的记录应该被发送到相同的 Reduce 节点。

差运算 Map 端实现代码如下：

```
public static class DifferenceMap
                extends Mapper<Text, BytesWritable, RelationA, Text>
{
    @Override
    // 对于每一条记录发送键值对 (record, relationName) 出去
    public void map(Text relationName, BytesWritable content, Context context)
                throws IOException, InterruptedException
    {
        String[] records = new String(content.getBytes(),
                                    "UTF-8").split("\\n");
        for(inti = 0; i<records.length; i++){
            RelationA record = new RelationA(records[i]);
            context.write(record, relationName);
        }
    }
}
```

代码中我们以整个关系文件作为一个 **Map** 节点的输入，在输出键值对时，键为每条记录项，而值则为该关系的名称。

Reduce 端代码如下：

```
public static class DifferenceReduce
                extends Reducer<RelationA, Text, RelationA, NullWritable>
{
    String setR;
    @Override
    // 获得用户设置的减集的名称
    protected void setup(Context context)
                    throws IOException,InterruptedException
    {
    setR = context.getConfiguration().get("setR");
    }
    @Override
    public void reduce(RelationA key, Iterable<Text> value, Context context)
                throws IOException,InterruptedException
    {
        // 检查来自一条记录的关系名称中有没有减集，没有则发送出去
    for(Text val : value){
    if(!val.toString().equals(setR))
        return;
    }
    context.write(key, NullWritable.get());
    }
}
```

在 **Reduce** 端我们在一个键的所有值中查询有没有减集，如果没有，则该记录需要被输出。

8.3.5 自然连接

例如，我们需要在属性 ID 上做关系 R 和关系 S 的自然连接。在 Map 阶段对于每一条 R

和 S 中的记录 r，我们把它的 ID 的值作为键，其余属性的值以及 R（S 中的记录为 S 的名称）的名称作为值输出出去。在 Reduce 阶段我们则将同一键中所有的值根据它们的来源（R 和 S）分为两组做笛卡尔乘积然后将得到的结果输出出去。

例如以上面的关系 R 和关系 S 为例。关系 R 中 ID 为 1 的记录会以键值对（1,（relationR，张小雅，20，91））发射出去，而关系 S 中 ID 为 1 的记录会以键值对（1,（relationS，女，165））发射出去，这里在值前面添加来源关系的名称是为了 Reduce 端能够辨别键值对的来源。在 Reduce 端 ID 为 1 的值有两个，按照它们的来源分为两组（张小雅，20，91）和（女，165），然后将这两组进行笛卡尔乘积并添加上 ID（也就是键）作为新的值发出去，这里新的值为：（1，张小雅，20，91，女，165）。

自然连接操作 Map 端的实现代码如下：

```
public static class NaturalJoinMap
                extends Mapper<Text, BytesWritable, Text, Text>
{
    private int col;
    @Override
    // 获得用户设置的连接属性的列号
    protected void setup(Context context)
                    throws IOException,InterruptedException
    {
        col = context.getConfiguration().getInt("col", 0);
    }
    @Override
    public void map(Text relationName, BytesWritable content, Context context)
                throws IOException, InterruptedException
    {
        String[] records = new String(content.getBytes(),"UTF-8")
                                    .split("\\n");
        for(inti = 0; i<records.length; i++){
        RelationA record = new RelationA(records[i]);
        context.write(new Text(record.getCol(col)),
                        new Text(relationName.toString() + " " +
                        record.getValueExcept(col)));
        }
    }
}
```

Map 端首先从用户获得需要连接的属性的列号，然后对于每一条记录，以相应属性上的值作为键，剩余的属性作为值发送键值对到 Reduce 端。

Reduce 端的实现代码如下：

```
public static class NaturalJoinReduce
                extends Reducer<Text,Text,Text,NullWritable>
{
// 存储关系名称
```

```
        private String relationNameA;
        protected void setup(Context context)
                        throws IOException,InterruptedException
        {
            relationNameA =context.getConfiguration().get("relationNameA");
        }
        public void reduce(Text key, Iterable<Text> value, Contextcontext)
                    throws IOException,InterruptedException
        {
            ArrayList<Text>setR = new ArrayList<Text>();
            ArrayList<Text>setS = new ArrayList<Text>();
            // 按照来源分为两组，然后做笛卡尔乘积
            for(Text val : value){
            String[] recordInfo = val.toString().split(" ");
                if(recordInfo[0].equalsIgnoreCase(relationNameA))
                setR.add(new Text(recordInfo[1]));
                else
                    setS.add(new Text(recordInfo[1]));
            }
            for(int i = 0; i<setR.size(); i++){
            for(int j = 0; j <setS.size(); j++){
                    Text t = new Text(setR.get(i).toString() + ","
                                    +key.toString() + "," +
                                    setS.get(j).toString());
                    context.write(t, NullWritable.get());
                }
            }
        }
    }
}
```

　　除了以上这些常用的关系代数算法之外，MapReduce 当然还可以加速更多的关系代数操作。因为大多数的关系代数操作都可以分解为对关系数据库中每一条数据的操作，所以可以很方便地应用 MapReduce 计算框架来进行算法设计。

8.4　单词共现算法

8.4.1　单词共现算法的基本设计

　　单词共现算法是 MapReduce 可以用来高效解决的一大类问题的抽象化描述。在自然语言处理以及建立语料库上也有着重要的应用。其目的是在海量语料库中发现在固定窗口内单词 a 和单词 b 共同出现的频率，从而构建单词共现矩阵，这样的矩阵可以是对称的，也可以是不对称的，这要看具体的应用。

　　这种抽象化的任务的有效解决在实际生活中有着很多的应用。例如电子商家希望发现不同物品被同时购买的情况以便有效安排货物的摆放位置；同时对信息检索领域同义词词典的构建以及文本挖掘等都有着重要的实际应用价值。

设有一个英文语句：

we are not what we want to be but at least we are not what we used to be.

设共现窗口定义为连续出现的两个单词，则表 8-3 给出了上句英文的共现矩阵。

表 8-3　示例英文语句的共现矩阵

	we	are	not	what	we	want	to	be	but	at	least	used
we		2				1						1
are	2		2									
not		2		2								
what			2									
want	1						1					
to						1		1				1
be							1					
but										1		
at											1	
least												
used	1						1					

8.4.2　单词共现算法的实现

这里我们利用 MapReduce 实现了单词共现算法中的一种称作 pairs 的算法，其算法伪代码如下。

Map 端伪代码如下：

```
class Mapper
    method Map(dociddid, doc d)
    for all word w ∈ d
    for all word u ∈ Window(w)
// 发射出现计数 1
                Emit(pair (w, u), 1)
```

Reduce 端伪代码如下：

```
class Reducer
    method Reduce(pair p; countlist [c1, c2,…])
        s = 0
    for all count c in countlist [c1, c2,…]
    s = s + c          // 求所有出现的累加和
    Emit(pair p, count s)
```

上述 Mapper 伪代码中使用了一个 Window 定义，表示如果单词 u 属于单词 w 的窗口内，则认为是 (u, w) 的一次共现。这里窗口 Window 可以根据不同的应用需求有不同的定义，比例，可定义为一个固定大小的窗口，或者是前后相连出现、在同一句中出现、在同一段落中出现的单词等。

例如，如果窗口中的单词为 [w1, w2, w3]，我们发射 ((w1, w2), 1) 和 ((w1, w3), 1) 出去然后窗口向后移动一个单词。Reduce 阶段则对发来的相同键的值进行简单的求和即可。这里单词顺序有无关系需要看具体的情况而定。另外，在实际实现中我们需要传入 Map 的数据是以一个文本为单位的，这里需要实现一个 WholeFileInputFormat 以便一个文本不被拆分被整个传入到一个 Map 节点。这里我们以一个具体的例子来说明算法的工作流程，例如一个文档中的内容如图 8-4 所示。

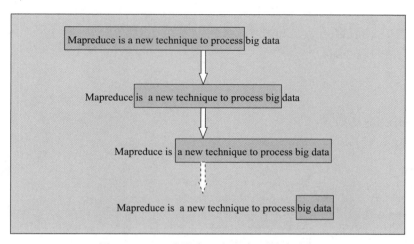

图 8-4　Map 阶段窗口在文本上滑动过程

例如在 Map 阶段，一个 Map 节点接收到如图 8-4 所示的一个文档的全部内容，窗口大小为 7，那么首先窗口先覆盖了 Mapreduce is a new technique to process big data，然后该节点将键值对 ((Mapreduce, is), 1), ((Mapreduce, a), 1), ((Mapreduce, new), 1), ((Mapreduce, technique), 1), ((Mapreduce, to), 1), (Mapreduce, process), 1) 发射出去。随后窗口向后滑动一格，与上面相似，这时将 ((is, a), 1), ((is, new), 1), ((is, technique), 1), ((is, to), 1), ((is, process), 1), ((is, big), 1) 发射出去。最后再向后滑动一个单词至文档的末尾，与上面相似，发送相应的键值对出去。当窗口尾部已经到达文档尾部时，滑动窗口则通过将窗口头部向后"缩进"来进行，此过程一直进行到窗口大小为 2 停止。

8.4.3　单词共现算法实现中的细节问题

这里在具体实现时我们需要注意一些细节。首先我们发射出去的键是单词对而不再是一些基本数据类型，因此首先我们需要自定义一个 WordPair 类，该类需要实现 WritableComparable 接口。另外，由于 Hadoop 默认使用的 Partitioner 是 HashPartitioner，其计算方法为 Reducer=(key.hashCode() &Integer.MAX_VALUE)%numReduceTasks，以此得到所选择的 Reduce 节点。所以我们需要重写自定义类 WordPair 的 hashCode() 方法，使得相同的 WordPair 主键（不考虑顺序）都被发送到相同的 Reduce 节点去。另外，我们还需要重写 compareTo() 和 equals() 方法使得相同的 WordPair 键的值可以比较大小和排序。这里我们定义了新的类 WordPair，其主要代码如下：

```
public class WordPair implements WritableComparable<WordPair>
{
    private String wordA;
    private String wordB;
}
```

我们重写其 hashCode() 方法如下：

```
private int hashCode()
{
    return (wordA.hashCode() + wordB.hashCode()) * 17;
}
```

重写 equals() 方法如下：

```
publicboolean equals(Object o)
{
    //无序对，不用考虑顺序
    if(!(o instanceof WordPair))
        return false;
    WordPair w = (WordPair)o;
    if((this.wordA.equals(w.wordA)&&this.wordB.equals(w.wordB))||
        (this.wordB.equals(w.wordA) &&this.wordA.equals(w.wordB)))
    return true;
    return false;
}
```

而 compareTo() 方法则调用 equals() 方法来判断两个对象是否相等，至此我们重写了一些方法使得所有键值对可以被正确地送至目的地 Reduce 节点。

单词共现算法中 Map 端实现代码如下：

```
public void map(Text docName, BytesWritable docContent, Context context)
            throws IOException, InterruptedException
{
    Matcher matcher = wordPattern.matcher
                        (newString(docContent.getBytes(),"UTF-8"));
    while(matcher.find()){
        windowQueue.add(matcher.group());
        if(windowQueue.size() >= windowSize){
        Iterator<String> it = windowQueue.iterator();
            String w1 = it.next();
            while(it.hasNext()){
            String next = it.next();
                context.write(new WordPair(w1, next), one);
            }
        windowQueue.remove();
    }
}
```

```
    }
    while(!(windowQueue.size() <= 1)){
    Iterator<String> it = windowQueue.iterator();
        String w1 = it.next();
        while(it.hasNext()){
            context.write(new WordPair(w1,it.next()), one);
        }
        windowQueue.remove();
    }
}
```

而 Reduce 端的代码则比较简单，只是将同一个键的所有值进行简单的累加而已。这里不再给出具体代码，读者可以自己实现或者参考本书网站代码中的实现。

8.5　文档倒排索引

倒排索引（Inverted Index）是目前几乎所有支持全文检索的搜索引擎都需要依赖的一个数据结构，该索引结构被用来存储某个单词（或词组）在一个文档或者一组文档中存储位置的映射，即提供了一种根据内容来查找文档的方式，由于不是根据文档来确定文档所含的内容，而是进行了相反的操作，因而被称为倒排索引。

8.5.1　简单的文档倒排索引

我们先用图 8-5 的示例来直观地介绍如何对三个小文档进行倒排索引。

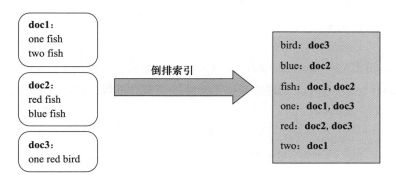

图 8-5　简单的文档倒排索引实例

检索时，例如我们检索单词"fish"，通过倒排索引，我们知道这个单词在文档 1 和文档 2 中出现。而基本的倒排索引数据结构可以用图 8-6 表示。

在图 8-6 中，一个倒排索引由大量的 postings 列表构成，每一个 posting 列表与一个单词 term 相关联，由多个 posting 的列表组成，每个 posting 表示对应的单词 term 在一个具体的文档中出现时的描述信息，包括文档名（docid）以及在该文档中的出现词频、出现位置等相关属性构成。本节先介绍简单的不带词频等属性的倒排索引。

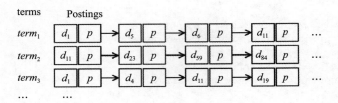

图 8-6 基本的倒排索引结构

简单文档倒排索引的 Mapper 部分，需要输出单词，及其出现位置所在行相对于首地址偏移量的 key-value 对，下面是其实现代码：

```
public static class InvertedIndexMapper
            extends Mapper<Object, Text, Text, Text>
{
    public void map(Object key, Text value, Context context)
            throws IOException, InterruptedException
    {
        FileSplit fileSplit = (FileSplit) context.getInputSplit();
        String fileName = fileSplit.getPath().getName();// 得到文件名
        Text word = new Text();
        Text fileName_lineOffset = new Text(fileName + "#" + key.toString());
        StringTokenizer itr = new StringTokenizer(value.toString());
        for (; itr.hasMoreTokens();) {
            word.set(itr.nextToken());
        context.write(word, fileName_lineOffset);
        }
    }// map() 函数结束
}
```

得到的输出格式是 <word, filename#offset>，文件名的获取方法见 map() 函数前两行。

Reducer 部分，将 Mapper 的输出根据 key 值进行累加拼接，即可得到某个单词的所有出现位置，其实现代码如下：

```
public static class InvertedIndexReducer
            extends Reducer<Text, Text, Text, Text>
{
    public void reduce(Text key, Iterable<Text> values, Context context)
            throws IOException, InterruptedException {
        Iterator<Text> it = values.iterator();
        StringBuilder all = new StringBuilder();
        if (it.hasNext())
            all.append(it.next().toString());
        for (; it.hasNext();) {
            all.append(";");
            all.append(it.next().toString());
        }
        context.write(key, new Text(all.toString()));
```

```
    } // reduce() 函数结束
}
```

其最终输出键值对形式为：<fish, doc1#0; doc1#8;doc2#0;doc2#8 >

8.5.2　带词频等属性的文档倒排索引

在一个真实的搜索引擎中，可能需要根据搜索单词出现的频度来显示搜索结果，并可能会需要在结果页面上加亮显示搜索单词。这种情况下，就需要考虑单词 term 在每个文档中出现的词频、位置等诸多属性，这时前述简单的倒排算法就不足以有效工作。所以这里介绍带词频统计的文档倒排索引，主要功能是实现每个单词的倒排索引，并且统计出单词在每篇文档中出现的次数，并且要求对每个单词 term 按照文档的顺序形成 postings。此外，本算法的倒排对象还移除了 stopwords（即诸如 he，of，is 这些在检索中没有必要实现倒排索引的词汇）。为了处理方便，让每个节点都能共享该停词表，需要在程序的 main 函数部分添加共享的 CacheFile，其示例代码如下：

```
Configuration conf = new Configuration();
DistributedCache.addCacheFile(new URI(
        "hdfs://master01:54310/user/Stop-Words.txt"), conf);
```

这里停词表文件 Stop-Words.txt 的位置请根据你的 HDFS 环境具体设置。

如果沿用 8.5.1 节的方法来处理带词频属性的倒排文档算法，会存在一定的可扩展性问题。在倒排索引中，Reducer 从 Mapper 处得到 postings 时需要按文档次序进行一个内排序，当数据集不断增大时，有可能造成内存溢出，所以这里我们采用 value-to-key 的转换技巧，让 MapReduce 执行框架具有的根据主键值自动排序的特点来帮我们完成按文档次序排序这一步骤，具体实现就是将 Mapper 输出的 key-value 对改成 <(term, docid), P>。于是，改进后算法的中间过程由图 8-5 变成了图 8-7 所示。

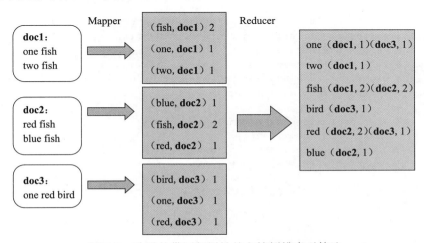

图 8-7　改进的带词频属性的文档倒排索引算法

与 8.5.1 节中简单版本的倒排索引不同，由于添加了停词表，这里的 Mapper 部分还需要一个初始化的 setup() 函数，另外 map() 函数也与上一小节的不同，具体代码见下：

```
public static class InvertedIndexMapper
                extends Mapper<Object, Text, Text, IntWritable>
{
    private Set<String> stopwords;
    private Path[] localFiles;

    public void setup(Context context) throws IOException, InterruptedException
    {
        stopwords = new TreeSet<String>();
        Configuration conf = context.getConfiguration();
        localFiles = DistributedCache.getLocalCacheFiles(conf);// 获得停词表
        for (int i = 0; i < localFiles.length; i++) {
            String line;
            BufferedReader br =
                new BufferedReader(new FileReader(localFiles[i].toString()));
            while ((line = br.readLine()) != null) {
              StringTokenizer itr = new StringTokenizer(line);
                while (itr.hasMoreTokens()) {
                    stopwords.add(itr.nextToken());
                }
            }
        }// for 循环结束，停词表文件读取完毕
    }

    /** map() 函数这里使用自定义的 FileNameRecordReader
     *   得到 key: filename 文件名 ; value: line_string 每一行的内容
     **/
    protected void map(Object key, Text value, Context context)
                throws IOException, InterruptedException
    {
        FileSplit fileSplit = (FileSplit) context.getInputSplit();
        String fileName = fileSplit.getPath().getName(); // 得到文件名
        String temp = new String();
        String line = value.toString().toLowerCase();
        StringTokenizer itr = new StringTokenizer(line);
        for (; itr.hasMoreTokens();) {
            temp = itr.nextToken();
            if (!stopwords.contains(temp)) {
                Text word = new Text();
                word.set(temp + "#" + fileName);
                context.write(word, new IntWritable(1));
            }
        }// for 循环结束，将不属于停词表中的单词添加进来
    }// map() 函数结束
}
```

上述 Mapper 程序输出的中间结果中，会包含大量相同主键的键值对。为此，需要使用

Combiner 将 Mapper 部分的输出的中间结果中的词频进行累加，以此减少向 Reduce 节点传输的数据量。Combiner 代码如下：

```
/** 使用 Combiner 将 Mapper 的输出结果中 value 部分的词频进行统计 **/
public static class SumCombiner
                extends Reducer<Text, IntWritable, Text, IntWritable>
{
    private IntWritable result = new IntWritable();

    public void reduce(Text key, Iterable<IntWritable> values, Context context)
                throws IOException, InterruptedException {
        int sum = 0;
        for (IntWritable val : values) {
            sum += val.get();
        }
        result.set(sum);
        context.write(key, result);
    }// Combiner 的 reduce() 函数结束
}
```

　　不过这样的处理又会带来另一个问题，由于 key 值从原先的单词 term 变成了（term, docid），在对 key-value 对进行 shuffle 处理以传送给合适的 Reduce 节点时，将按照（term, docid）进行排序和选择 Reduce 节点，因而同一个 term 可能被分发到不同的 Reduce 节点，进而无法在 Reduce 中正确统计出每个单词的出现频度。针对这个问题，我们的解决方法是定制一个 Partitioner，基本思想是把组合的主键（term, docid）临时拆开，"蒙骗" Partitioner 按照 term 而不是（term, docid）进行分区选择正确的 Reduce 节点，这样可保证同一个 term 下的键值对一定被分区到同一个 Reduce 节点。Partitioner 的具体实现代码如下：

```
public static class NewPartitioner
            extends HashPartitioner<Text, IntWritable>
{
    public int getPartition(Text key, IntWritable value, int numReduceTasks){
        String term = new String();
        term = key.toString().split(",")[0]; // (term, docid)=>term
        return super.getPartition(new Text(term),value, numReduceTasks);
    }
}
```

Reducer 从 Partitioner 处得到键值对后，其处理生成带词频的倒排索引实现代码如下：

```
public static class InvertedIndexReducer
            extends Reducer<Text, IntWritable, Text, Text>
{
    private Text word1 = new Text();
    private Text word2 = new Text();
    String temp = new String();
    static Text CurrentItem = new Text(" ");
```

```
    static List<String> postingList = new ArrayList<String>();

    /**reduce() 函数输出的 key-value 对格式: term  <doc1,num1>...<total,sum>**/
    public void reduce(Text key, Iterable<IntWritable> values, Context context)
            throws IOException, InterruptedException
    {
        int sum = 0;
        word1.set(key.toString().split("#")[0]);
        temp = key.toString().split("#")[1];
        for (IntWritable val : values) {
            sum += val.get();
        }
        word2.set("<" + temp + "," + sum + ">");
        if (!CurrentItem.equals(word1) && !CurrentItem.equals(" ")) {
            StringBuilder out = new StringBuilder();
            long count = 0;
            for (String p : postingList) {
                out.append(p);
                out.append(";");
                count +=
                    Long.parseLong(p.substring(p.indexOf(",") + 1, p.indexOf(">")));
            }
            out.append("<total," + count + ">.");
            if (count > 0)
                context.write(CurrentItem, new Text(out.toString()));
            postingList = new ArrayList<String>();
        }
        CurrentItem = new Text(word1);
        postingList.add(word2.toString());// 不断向 postingList 也就是文档名称中添加词
    }// reduce() 函数结束

    /** cleanup 一般情况默认为空，此处的 cleanup 函数用于输出最后一个单词的 posting **/
    public void cleanup(Context context)
            throws IOException, InterruptedException {
        StringBuilder out = new StringBuilder();
        long count = 0;
        for (String p : postingList) {
            out.append(p);
            out.append(";");
            count +=
                Long.parseLong(p.substring(p.indexOf(",") + 1, p.indexOf(">")));
        }
        out.append("<total," + count + ">.");
        if (count > 0)
            context.write(CurrentItem, new Text(out.toString()));
    }// cleanup() 函数结束
}
```

8.6 PageRank 网页排名算法

Google 并不是第一家搜索引擎公司，但作为行业的后来者，却极大地改进了搜索的精确度，并一举成为行业龙头，其中 PageRank 算法发挥了重要的作用。PageRank 算法是 Google 公司创始人之一 Larry Page 发明的，它是一个用来衡量评估网页重要性或者等级的算法。Google 公司据此标识网页的 PR 值，从 0 级到 10 级，级数越高说明该网页越重要。因而，一个网页想要拥有较高的 PR 值，最直观的条件就是有很多网页链接到它，尤其是要有高 Rank 值的网页链接到该网页。本节先从一个简化的基本 PageRank 模型讲起。

8.6.1　PageRank 的简化模型

互联网上各个网页之间的链接关系我们都可以看成是一个有向图，对于任意的网页，它的 PR 值可以表示为：

$$PR(u) = \sum_{v \in B_u} \frac{PR(v)}{L(v)}$$

其中，B_u 是所有链接到网页 u 的网页集合，网页 v 是属于集合 B_u 的一个网页，$L(v)$ 则是网页 v 的对外链接数（即出度）。我们给出一个简单的例子来阐述这个公式，设有 A，B，C，D 四个网页，其之间的链接关系如下面这个有向图（图 8-8）所示：

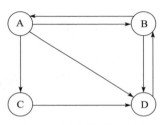

图 8-8　四个网页之间的链接关系有向图

由图 8-8 所示的有向图，我们可以得到如下的初始转移矩阵

$$M = \begin{bmatrix} 0 & 1/2 & 0 & 0 \\ 1/3 & 0 & 0 & 1 \\ 1/3 & 0 & 0 & 0 \\ 1/3 & 1/2 & 1 & 0 \end{bmatrix}$$

这个矩阵中，第一列表示用户从网页 A 跳转到其他页面的概率，即用户分别有 1/3 的概率从网页 A 跳转到其他三个页面，同样的第二列表示用户从网页 B 跳转到其他页面的概率。根据 PageRank 简化模型的计算公式，我们有以下的计算过程（见表 8-4），初始值我们都赋予 0.25。

表 8-4　根据图 8-8 计算的 PR 值

	PR(A)	PR(B)	PR(C)	PR(D)
初始值	0.25	0.25	0.25	0.25
一次迭代	0.125	0.333	0.083	0.458
二次迭代	0.1665	0.4997	0.0417	0.2912
n 次迭代	0.1999	0.3999	0.0666	0.3333

当我们经过几次迭代之后，PR 值逐渐收敛稳定，如表 8-4 所示，表格中的数据也符合我们的直观判读，即被链接多的网页 B 和 D 有较高的 PR 值。

但是在实际的网络超链接环境中，并没有这么理想化，这种简化的 PageRank 模型会面临以下两个问题：

1. 排名泄漏

如图 8-9 所示，如果存在网页没有出度链接，如 A 节点所示，则会产生排名泄漏问题，经过多次迭代之后，所有网页的 PR 值都趋向于 0。

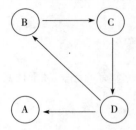

	PR（A）	PR（B）	PR（C）	PR（D）
初始值	0.25	0.25	0.25	0.25
一次迭代	0.125	0.125	0.25	0.25
二次迭代	0.125	0.125	0.125	0.25
三次迭代	0.125	0.125	0.125	0.125
…	…	…	…	…
n次迭代	0	0	0	0

图 8-9 无出度网页链接引起排名泄漏

2. 排名下沉

图 8-10 所示，将各网页的链接情况表示成有向图时，若有网页没有入度链接，如节点 A 所示，其所产生的贡献会被由节点 B、C、D 构成的强联通分量"吞噬"掉，就会产生排名下沉，节点 A 的 PR 值在迭代后会趋向于 0。

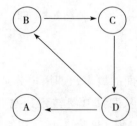

	PR（A）	PR（B）	PR（C）	PR（D）
初始值	0.25	0.25	0.25	0.25
一次迭代	0	0.375	0.25	0.375
二次迭代	0	0.375	0.375	0.25
三次迭代	0	0.25	0.375	0.375
四次迭代	0	0.375	0.25	0.375
五次迭代	0	…	…	…

图 8-10 无入度网页链接引起排名下沉

为了解决这两个问题，我们引入随机浏览模型，下面就介绍 PageRank 的随机浏览模型。

8.6.2 PageRank 的随机浏览模型

我们假定上网者随机从一个网页开始浏览，并且不断点击当前页面的链接进行浏览，直到链接到一个没有任何链出页面的网页，或者上网者感到厌倦，因而随机转到另外的网页开始新一轮的浏览，这种模型显然更加接近于真实用户的浏览习惯。为了处理那些没有任何出度链接的页面，引入阻尼系数 d（damping factor）来表示用户到达某页面后继续向后浏览的概率，一般我们将其设置为 0.85，而 $1-d$ 就是用户停止点击，随机转到另外的网页开始新一轮浏览的概率。所以引入随机浏览模型的 PageRank 公式如下：

$$PR(u) = \frac{1-d}{N} + d\sum_{v \in B_u} \frac{PR(v)}{L(v)} \qquad (8\text{-}2)$$

公式（8-2）中 N 表示所有的网页数目。

如图 8-11 所示，根据这个随机浏览模型可以看出，公式后面的部分实际上描述的是原有实际的网页链接关系图（图中实线表示的链接关系），而公式前面的部分描述的是可以从当前的网页随机跳转到任意一个其他网页，而这样做的实际效果是，在原有的网页链接图上添加了一个全连接的浏览关系图（图中虚线表示的部分），显然添加了这个全连接关系后，整个网页浏览关系图就完全克服了前述的网页排名泄漏和排名下沉的问题。

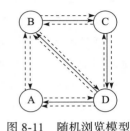

图 8-11   随机浏览模型

对于公式（8-2），在实际处理时可以将其简化为：

$$PR(u) = 1 - d + d\sum_{v \in B_u} \frac{PR(v)}{L(v)} \qquad (8\text{-}3)$$

在具体用 MapReduce 实现时我们也采用公式（8-3），实际上 Larry Page 在最初发表的论文中使用的就是上面这个公式，二者所得出的 PageRank 值在相对顺序上没有区别。

需要注意的是，从公式（8-3）可以看出，计算 PR 的过程是一个明显的迭代过程，因此，实现时需要进行很多轮的迭代，直至满足一定的收敛条件（如网页排名基本不再变化）为止。

8.6.3   PageRank 的 MapReduce 实现

在介绍实现思路前，先对实验数据进行一个简单阐述，我们的实验数据是截止 2007 年中旬从英文维基百科上爬下来的网页的描述数据，图 8-12 是其中的一行：

```
<title>Cuisine of france</title> <id>1233192</id> <revision> <id>16980698</id>
<timestamp>2005-05-27T17:47:15Z</timestamp><contributor> <username>Timwi</username>
<id>13051</id> </contributor> <minor/> <comment>fix double-redirect</comment>
<text xml:space="preserve">#REDIRECT [[French cuisine]]</text> </revision>
```

图 8-12   英文维基百科实验数据示例

这一行数据表示了一个维基百科网页自身的描述信息（如网页标题和 ID 等）以及它所指向的其他网页。由于一行内容太长，我们这里采用分行的显示方法，其中对于求解 PageRank 有用的信息包括：当前网页标题（即加粗的 **Cuisine of france**），以及该网页所指向的链接（也就是被两个括号所括住的 **French cuisine**，这里"[[…]]"格式表明其所指出的链接）。

下面我们采用三个步骤来实现 PageRank。

1. GraphBuilder

该步骤主要目的是从上述维基百科源数据中分析建立网页之间的链接关系图。在实际的实验中，输入源数据文件就是上述的英文维基百科的网页链接信息构成的文本，每行包含网页名及其所链接的全部网页名。相应的 Mapper 和 Reducer 实现方法如下：

Mapper：逐行分析原始数据，输出键值对 <URL, (PR_init, link_list)>。其中，URL 我们使用前述的网页标题来表示，每行网页 URL 作为输出 key 值，PageRank 的初始值 PR_init 和网页的出度链表一起作为 value 值，两者之间用一定的分隔符区分开。值得注意的是，由于源数据还包含一些其他我们不需要使用的数据，因此需要对内容做一些预处理，主要是处理 html 标签，以提取正确的网页名称。

Reducer：直接输出 <URL, (PR_init, link_list)> 即可，并不需要做任何处理。

本段 Mapper 代码如下，Reducer 无需做任何处理：

```
public static class GraphBuilderMapper
                 extends Mapper<LongWritable, Text, Text, Text>
{
    private static final Pattern wikiLinksPatern =
             Pattern.compile("\\[.+?\\]");// 该 Pattern 用于寻找链接网页
    public void map(LongWritable key, Text value, Context context)
             throws IOException, InterruptedException {
        String pagerank = "1.0\t";// 初始化网页的 PR 值
        boolean first = true;
        String[] titleAndText = parseTitleAndText(value);
        String pageName = titleAndText[0];
        Text page = new Text(pageName.replace(',', '_'));
        Matcher matcher = wikiLinksPatern.matcher(titleAndText[1]);
        while (matcher.find()) {
            String otherPage = matcher.group();
            // 过滤出只含有 wiki 内部链接的网页链接
            otherPage = getWikiPageFromLink(otherPage);
            if (otherPage == null || otherPage.isEmpty())
                continue;
            StringTokenizer itr = new StringTokenizer(otherPage.toString(), "\n");
            for (; itr.hasMoreTokens();) {
                if (!first)
                    pagerank += ",";
                pagerank += itr.nextToken();
                first = false;
            }// for 循环结束
        }// map() 函数结束
        context.write(page, new Text(pagerank));
    }
}
```

2. PageRankIter

该步骤的主要目的是迭代计算 PageRank 数值，直到满足运算结束条件，比如收敛或者达到预定的迭代次数。我们这里采用预设迭代次数的方式，多次运行该步骤，其中的 Mapper 和 Reducer 采用如下设计：

Mapper：对于出度链表 link_list 中的每一个网页 *u*，输出键值对 <*u*, cur_rank/|link_list|>，其中 *u* 表示当前 URL 所链接到的网页，在本实验的环境下就是网页名称，并将之作为 key 值。cur_rank 是当前 URL 的 PageRank 值，是当前 URL 的出度数量，将作为 value 值。

另外，为了完成迭代计算过程，在这个 Mapper 中，还需要传递每个网页的原始链接信息以在迭代过程中传承原始链接图的结构，所以还需要输出键值对 <URL, link_list>

Reducer：从 Mapper 处得到的键值对 <URL, link_list> 中 link_list 作为当前 URL 的链出信息继续传递给下一轮迭代过程。而得到的多个 <*u*, cur_rank/|link_list|> 中，*u* 是一个网页，cur_rank/|link_list| 值表示每个链入网页对当前网页 *u* 所贡献的 PageRank 值，把这些贡献值相加即可得到当前网页 *u* 的新的 PageRank 值 new_rank，从而输出键值对 <*u*, (new_rank, link_list)>。

本段 Mapper 代码如下：

```java
public static class PRIterMapper
                    extends Mapper<LongWritable, Text, Text, Text>
{
    public void map(LongWritable key, Text value, Context context)
                throws IOException, InterruptedException {
        String line = value.toString();
        String[] tuple = line.split("\t");
        String pageKey = tuple[0];
        double pr = Double.parseDouble(tuple[1]);
        if (tuple.length > 2) {
            String[] linkPages = tuple[2].split(",");
            for (String linkPage : linkPages) {
                String prValue =
                    pageKey + "\t" + String.valueOf(pr / linkPages.length);
                // 将传递给该网页的 PR 值进行输出
                context.write(new Text(linkPage), new Text(prValue));
            }// for 循环结束
            // 传递整个图的结构
            context.write(new Text(pageKey), new Text("|" + tuple[2]));
        }
    }// map() 函数结束
}
```

Reducer 部分代码如下：

```java
public static class PRIterReducer extends Reducer<Text, Text, Text, Text>
{
    public void reduce(Text key, Iterable<Text> values, Context context)
                throws IOException, InterruptedException {
        String links = "";
        double pagerank = 0;
        for (Text value : values) {
            String tmp = value.toString();
```

```
                if (tmp.startsWith("|")) {
                    links = "\t" + tmp.substring(tmp.indexOf("|") + 1);
                    continue;
                }
                String[] tuple = tmp.split("\t");
                if (tuple.length > 1)
                    // 对所有指向该网页的链接提供的 PR 值进行求和
                    pagerank += Double.parseDouble(tuple[1]);
            }
            pagerank = (double) (1 - damping) + damping * pagerank;
            context.write(new Text(key), new Text(String.valueOf(pagerank) + links));
        }// reduce() 函数结束
    }
```

3. PageRankViewer

该步骤将迭代计算得到的最终排名结果按照 PageRank 值从大到小进行顺序输出，并不需要 Reducer。注意最后输出时并非按照默认的根据 key 值从小到大进行排序，而需要根据 key 值从大到小进行排序，所以需要重载 key 值的比较函数。

Mapper：从前面最后一次迭代的结果中读出 PageRank 值和文件名，并以 PR 值作为 key，网页名称作为 value，输出键值对 <PageRank, URL>。

本部分 Mapper 代码如下：

```
public static class PageRankViewerMapper
                    extends Mapper<LongWritable, Text, FloatWritable, Text>
{
    private Text outPage = new Text();
    private FloatWritable outPr = new FloatWritable();

    public void map(LongWritable key, Text value, Context context)
            throws IOException, InterruptedException {
        String[] line = value.toString().split("\t");
        String page = line[0];
        float pr = Float.parseFloat(line[1]);
        outPage.set(page);
        outPr.set(pr);
        // PR 值作为 Key 值，网页名作为 Value 进行输出
        context.write(outPr, outPage);
    }// map() 函数结束
}
```

将这三个步骤串联起来进行多趟 MapReduce，此外我们还需要一个 PageRankDriver 类来运行多趟程序，其主要代码如下：

```
public class PageRankDriver
{
    private static int times = 10;        // 迭代次数

    public static void main(String[] args) throws Exception {
```

```
String[] forGB = { "", args[1] + "/Data0" };
forGB[0] = args[0];
GraphBuilder.main(forGB);

String[] forItr = { "", "" };
// 循环以执行 PageRank，共执行 times 次数
for (int i = 0; i < times; i++) {
    forItr[0] = args[1] + "/Data" + i;
    forItr[1] = args[1] + "/Data" + String.valueOf(i + 1);
    PageRankIter.main(forItr);
}
String[] forRV = { args[1] + "/Data" + times, args[1] + "/FinalRank" };
PageRankViewer.main(forRV);
}
}
```

上述 Driver 程序中，需要特别说明的是，为了完成循环，我们把上一轮的输出目录置为下一轮的输入目录；然后，由于 Hadoop 程序运行前输出目录不能预先存在（有系统运行时建立，如先存在将导致出错），因此，每轮迭代时做了一个不断产生新的输出目录名的处理。

可以看出，我们在第二个步骤处设置迭代运行了 10 次，这个迭代次数也可以增加使得结果更加趋于收敛。运行时将这四个类打包成一个 jar 文件，运行代码的命令如下。

```
hadoop jar CH8_6.jar <inputPath> <outputPath>
```

8.7　专利文献分析算法

本节的例子是 MapReduce 在专利文献分析方面的一个简单应用。我们的数据源来自美国专利文献数据 http://www.nber.org/patents/ 中两个主要的数据文件：

（1）Citation data set：cite75_99.txt，专利文献引用关系数据文件（见图 8-13）

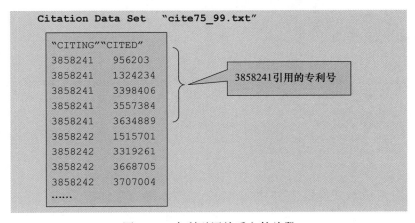

图 8-13　专利引用关系文件片段

文件中为多条行记录，每条记录由两个专利号构成，表示的是前一个专利号引用后一个专利号的关系。

（2）Patent description data set：apat63_99.txt，专利描述文件，描述每个专利的相关信息。

利用 MapReduce 我们可以进行以下简单的专利文献的分析：

1）构建专利被引用列表。

2）专利被引用次数统计。

3）专利被引用次数直方图统计。

4）按照年份或国家统计专利数。

以上这些分析工作都不难用 MapReduce 来实现。

8.7.1　构建专利被引用列表

构建专利被引用列表可以让我们得到每个专利被引用的情况，这个列表可以从专利引用关系数据文件 cite75_99.txt 获得。实现时，在 Map 端只需要将输入的引用关系数据记录键值对（引用专利号 citing_id，被引专利号 cited_id）按照键值对（被引专利号 cited_id，引用专利号 citing_id）发射出去，即对于原始的专利引用文件做一个倒排索引。以图 8-13 中第一条数据来说，Map 端发射出去的键值对就是（956203, 3858241）。Reduce 端对每个键的所有值进行简单的拼接就可以得到引用该专利的所有专利 id 了。

Map 端实现代码如下：

```
// 发送键值对（被引 id, 引用文章 id）出去
public void map(LongWritable key, Text value, Context context)
            throws IOException, InterruptedException
{
    String[] citation = value.toString().split(",");
    context.write(new Text(citation[1]), new Text(citation[0]));
}
```

Reduce 端实现代码如下：

```
// 将同一个被引 id 的引用文章 id 汇聚到一起
public void reduce(Text key, Iterable<Text> values, Context context)
        throws IOException, InterruptedException
{
    StringBuilder csv = new StringBuilder("");
    for(Text val:values) {
        if (csv.length() > 0) {
            csv.append(",");
        }
        csv.append(val.toString());
    }
    context.write(key, new Text(csv.toString()));
}
```

上面的代码执行完毕后我们可得到如下的结果（这里只截取了一部分）：

```
1001180          4795115,4934634
1001198          5123888,5295940,5197936
1001205          5544977,5439320,4738565,4903406
1001209          4630384,5639131
1001212          5297914,5297920
1001213          5423267
1001214          5446932,4050106
1001218          5156335
1001222          5187141
1001228          5495261
1001229          5426859,5501019
1001231          4826425
1001238          4862726
1001242          4044807,3918463
1001244          4138874,4117707,5934132
1001247          4563354
......
```

其中，左侧为被引用的专利号，右侧为所有引用左侧专利的专利号。

8.7.2 专利被引用次数统计

专利被引用次数的统计相对来说比较容易实现。其相关流程和上例相似。在 Map 端对于输入的键值对（citing_id，cited_id），只需要提取出其中的 cited_id，也就是被引用的专利号，然后发送（cited_id，1）出去即可。而 Reduce 端则完成对于同一个 cited_id 所有值的累加，即获得该专利被引用的次数。

Map 端实现代码如下：

```
public static class PatentCitationMapper
                    extends Mapper<LongWritable,Text,Text,IntWritable>
{
    private IntWritable one = new IntWritable(1);
    public void map(LongWritable key, Text value, Context context)
            throws IOException, InterruptedException
    {
        // 输入 key: 行偏移值；value: "citing 专利号，cited 专利号"数据对
        String[] citation = value.toString().split(",");
        // 输出 key: cited 专利号；value: 1
        context.write(new Text(citation[1]), one);
    }
}
```

Reduce 端实现代码如下：

```
public static class ReduceClass
                extends Reducer<Text, IntWritable, Text, IntWritable>
```

```
    {
        public void reduce(Text key, Iterable<IntWritable> values, Context context)
                throws IOException, InterruptedException
        {
            int count = 0;
            for(IntWritableval : values){
                count += val.get();
            }
            //输出 key: 被引专利号; value: 被引次数
            context.write(key, new IntWritable(count));
        }
    }
```

以下是该代码的部分运行结果：

```
1001180        2
1001198        3
1001205        4
1001209        2
1001212        2
1001213        1
1001214        2
1001218        1
1001222        1
……
```

与构建专利被引用列表的结果相比较后我们可以验证其正确性，上面专利号为 1001180 的专利被专利号为 4795115 和 4934634 的专利引用了，这里我们得到结果显示专利 1001180 被引用 2 次。

8.7.3 专利被引用次数直方图统计

利用 MapReduce 对专利文献进行分析的另外一项有意义的应用就是绘制出专利被引用次数的直方图。在所有被引用的专利中，有些被引用 1 次而有些则可能被引用多次，我们希望看到引用次数的分布情况。该计算任务我们需要上例中的结果作为我们的输入来完成。

从上例的结果我们获得了每个专利被引用次数，因此我们的输入键值对为（cited_id, citationCount），其中 cited_id 代表被引用的专利号，citationCount 代表该专利被引用的次数。Map 端程序接收到这样的输入后只需要简单地发送键值对（citationCount, 1）出去即可，而 Reduce 端代码只需要对于同一个 citationCount 的所有出现次数值进行累加就可以了。这样我们就获得了被引用次数为一定值的专利的个数。下面我们简单看一下具体的代码实现。

Map 端实现代码如下：

```
public static class MapClass extends Mapper<Text, Text, IntWritable,
    IntWritable>
{
    private IntWritable one = new IntWritable(1);
    // 对于每一个引用次数发送（引用次数，1）出去
    public void map(Text key, Text value, Context context)
        throws IOException, InterruptedException
    {
        IntWritable citationCount = new IntWritable(Integer.
                                            parseInt(value.toString()));
        context.write(citationCount, one);
    }
}
```

Reduce 端实现代码如下：

```
public static class ReduceClass extends Reducer<IntWritable,
                    IntWritable, IntWritable,IntWritable>
{
    public void reduce(IntWritable key, Iterable<IntWritable> values,
                Context context)throws IOException, InterruptedException
    {
        int count = 0;
        for(IntWritable val : values){
            count += val.get();
        }
        // 输出 key：被引次数；value：总出现次数
        context.write(key, new IntWritable(count));
    }
}
```

运行之后我们得到结果，绘制出如图 8-14 所示的统计图。可以明显观察到被引用次数在 30 以内的文献占据了大多数。

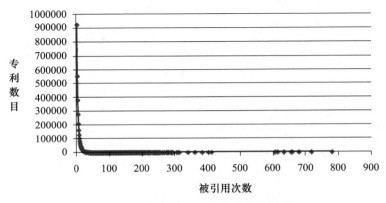

图 8-14　专利被引用次数分布统计图

8.7.4 按照年份或国家统计专利数

下面我们来分析挖掘一下专利描述数据。专利描述数据集的格式和示例如图 8-15 所示。

```
"PATENT","GYEAR","GDATE","APPYEAR",  "COUNTRY",   "POSTATE","ASSIGNEE",  "
ASSCODE","CLAIMS","NCLASS","CAT","SUBCAT","CMADE","CRECEIVE",  "RATIO
CIT","GENERAL","ORIGINAL","FWDAPLAG","BCKGTLAG","SELFCTUB",  "SELFCT
LB","SECDUPBD","SECDLWBD"
3070801,1963,1096,,"BE","",,1,,269,6,69,,1,,0,,,,,,
3070802,1963,1096,,"US","TX",,1,,2,6,63,,0,,,,,,,,,
3070803,1963,1096,,"US","IL",,1,,2,6,63,,9,,0.3704,,,,,,
3070804,1963,1096,,"US","OH",,1,,2,6,63,,3,,0.6667,,,,,,
3070805,1963,1096,,"US","CA",,1,,2,6,63,,1,,0,,,,,,
```

图 8-15 专利描述数据集

专利描述数据集中有很多信息可以用来继续分析统计，例如我们可以挖掘不同年份专利申请的数目或者不同国家专利申请的数目等。这些都可以通过 MapReduce 方便地实现。不管是按照年份、国家还是其他属性信息来获得专利数目，其基本思想都是相同的。例如按照年份统计不同年份专利申请的数目，我们在 Map 端只需要取出对应年份那一列的属性值 GYEAR 并且发送 (year, 1) 键值对出去即可，而在 Reduce 端只需要对同一年份的所有值进行累加即可得到所要的统计结果。

Map 端实现代码如下：

```java
public static class MapClass
            extends Mapper<LongWritable, Text, Text, IntWritable>
{
    private IntWritable one = new IntWritable(1);
    private int colNo;// 属性的列号，决定按照哪个属性值进行统计，年份 1，国家 4。
    @Override
    // 获得用户设置的统计列号
    protected void setup(Context context)
                    throws IOException,InterruptedException
    {
        // 获得需要统计的属性的列号
        colNo = context.getConfiguration().getInt("col", 1);
    }
    public void map(Text key, Text value, Context context)
                throws IOException, InterruptedException
    {
        // 读入一行专利的所有描述信息
        String[] cols = value.toString().split(",");
    String col_data = cols[colNo];
        context.write(new Text(col_data), one);
    }
}
```

Reduce 端实现代码如下：

```
public static class ReduceClass
            extends Reducer<Text, IntWritable, Text, IntWritable>
{
    public void reduce(Text key, Iterable<IntWritable> values, Context context)
            throws IOException, InterruptedException
    {
        int count = 0;
        for(IntWritable val : values){
            count += val.get();
        }
        // 输出 key: 年份或国家; value: 总的专利数
        context.write(key, new IntWritable(count));
    }
}
```

下面我们以国家为例运行了程序，看看不同国家贡献的专利文献数目的情况，最后的结果我们选取了专利数目排名前十的国家，见图 8-16。

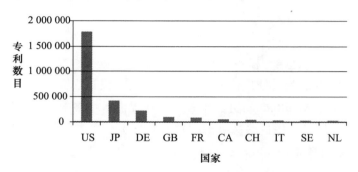

图 8-16 按国家统计专利数量柱状图

可以明显看出，美日在专利文献贡献数目上占据了绝对的优势。我们也可以改变统计的属性，例如统计不同年份专利文献数目情况，这里只需要对程序做一点点改动就可以完成。

第 **9** 章
MapReduce 高级程序设计技术

MapReduce 并行计算框架为程序员屏蔽了很多底层的处理细节，对于很多计算问题，程序员通常可以使用缺省设置去处理诸多底层细节，仅需设计实现 Map 和 Reduce 这两个函数。与此同时，Hadoop MapReduce 并行编程框架还提供了很多丰富而灵活的处理机制和高级编程技术。程序员可以使用这些高级编程技术和方法，完成各种复杂计算问题的设计实现。本章将介绍一系列高级 MapReduce 编程技巧和方法。

9.1 简介

MPI（Message Passing Interface）等并行编程方法缺少高层并行编程模型和统一计算框架支持，需要程序员处理数据和计算任务划分、任务分派、节点调度、数据通信、结果收集等诸多底层细节。为了克服 MPI 等并行编程方法存在的以上缺陷，对付大规模数据并行处理时，MapReduce 在三个层面上做了系统而巧妙的设计构思。

第一个层面，在大数据处理的基本方法上，对相互间计算依赖关系不大的数据，MapReduce 采用了"分而治之"的处理思想和策略。第二个层面，MapReduce 在总结了诸多流式大规模数据处理特征的基础上，借鉴了 Lisp 函数式语言中的思想，用 Map 和 Reduce 两个函数提供了高层的并行编程抽象模型和接口，通过该模型和接口，程序员仅仅需要描述"做什么"，而不需要关注具体"怎么做"。第三个层面上，对于具体的"怎么做"的问题，即诸多底层的实现和处理细节，MapReduce 提供了一个统一的计算框架，该框架为程序员隐藏了诸多系统层细节，把数据的存储访问、数据块划分、计算节点调度管理、数据通信、结果收集、容错处理、负载均衡、性能优化等诸多低层细节交由系统负责处理，因而大大减轻了程序员进行并行编程时的负担。

　　基于 MapReduce 精巧的设计构思，对于很多计算问题，程序员通常可以使用缺省设置去处理诸多底层细节，仅需设计实现 Map 和 Reduce 这两个函数即可完成整个计算任务。然而，这并不意味着在解决复杂问题时，程序员就完全没有足够的灵活处理手段和编程方法。事实上，在最基本的 Map 和 Reduce 编程接口外，Hadoop MapReduce 并行编程框架还提供了很多丰富而灵活的处理机制，以及一些高级的编程技术和方法。程序员可以使用这些高级编程技术和方法，完成各种复杂计算问题的处理和程序设计实现。

　　为了让程序员在理解和掌握了基本的 MapReduce 编程方法后，进一步学习一些高级编程技术和方法，本章将介绍一系列的 MapReduce 高级编程技术和方法。

　　MapReduce 的高级编程技术有很多，限于篇幅，本章主要将介绍以下内容：9.2 节介绍如何使用复合键值对实现一些优化设计和处理功能；9.3 节介绍用户如何根据需求定制自己的数据类型；9.4 节介绍用户如何定制自己的数据输入输出格式；9.5 节介绍用户如何定制 Partitioner 和 Combiner；9.6 节介绍如何使用多种组合式 MapReduce 编程方法完成复杂的 MapReduce 计算任务；9.7 节介绍多数据源的连接方法；9.8 节介绍全局参数 / 数据文件的传递与使用方法；9.9 节介绍 MapReduce 与关系数据库的连接访问方法。

9.2　复合键值对的使用

　　MapReduce 处理数据时都是以键值对（key，value）形式输入和输出数据记录的，包括 Map 向 Reduce 节点输出的中间结果。在一般的不需要考虑很多性能因素的简单程序中，对这些键值对的使用方法通常比较简单，大都仅需考虑简单的键值对使用方法。

　　但是，在一些情况下我们可以巧妙地使用复合键值对来完成很多有效的处理。本节将介绍如何将大量小的键值对合并为大的键值对来减少网络数据通信开销、提高程序计算效率；同时，我们还将介绍如何巧用复合键让系统帮助我们完成一些特殊的排序处理。

9.2.1　把小的键值对合并成大的键值对

　　Map 计算过程中所产生的中间结果键值对将需要通过网络传送给 Reduce 节点。因此，如果程序产生大量的中间结果键值对，将导致网络数据通信量的大幅增加，既增加了网络通信开销，又降低了程序执行速度。为了提供一个基本的减少键值对数量的优化手段，MapReduce 设计并提供了 Combiner 类在每个 Map 节点上合并所产生的中间结果键值对。但是，仍然有大量的特定于应用的情况是 Combiner 所无法处理的。

　　尤其是很多应用中，我们可以用适当的方式把大量小的键值对合并为较大的键值对，以此大幅减少传送给 Reduce 节点的键值对数量。

　　例如，在单词共现矩阵计算中，单词 a 可能会与多个其他的单词共同出现，因而一个 Map 节点可能会产生单词 a 与其他单词间的很多小的键值对。如图 9-1 所示，这些键值对可以在 Map 过程中合并成右侧的一个大的键值对；然后，在 Reduce 阶段，把每个单词 a 的键值对进行累加，即可获取单词 a 与其他单词间的同现关系及其具体的共现次数。

采用了这种合并方法后，单词共现矩阵计算时间开销和网络通信开销都得到大幅降低。Jimmy Lin 对单词共现矩阵计算进行了研究，对来自 Associated Press Worldstream（APW）的 2.27 百万个文档、多达 5.7GB 的语料库进行了键值对合并对比研究。

$(a,b) \rightarrow 1$
$(a,c) \rightarrow 3$
$(a,d) \rightarrow 5$
$(a,e) \rightarrow 8$
$(a,f) \rightarrow 4$

$a \rightarrow \{b:1, c:3, d:5, e:8, f:4\}$

$a \rightarrow \{b:2, \quad d:3, e:5\}$
$+ \quad a \rightarrow \{b:1, c:3, d:5, e:4, f:2\}$
$\overline{\quad a \rightarrow \{b:3, c:3, d:8, e:9, f:2\}\quad}$

图 9-1   把小的键值对合并成大的键值对

研究结果表明，计算时间从小键值对时的约 62 分钟下降到大键值对时的约 11 分钟；而数据量方面，使用小键值对时，Map 节点共产生了 26 亿条中间键值对，经过 Combiner 处理后降低到 11 亿条，最终 Reduce 节点输出了 1.46 亿条结果键值对；而使用大键值对时，Map 节点仅产生了 4.63 亿条中间键值对，经过 Combiner 处理后进一步大幅降低到 2.88 千万条，最终 Reduce 节点仅输出了 1.6 百万条结果键值对。

图 9-2 显示了在处理不同的语料库数据量时两种方法的性能对比，结果表明，采用合并成大键值对的方法比小键值对方法的计算速度要快得多，而且语料数据量越大，速度提升越大，原因是大语料数据时，每个单词的键值对合并机会越大。

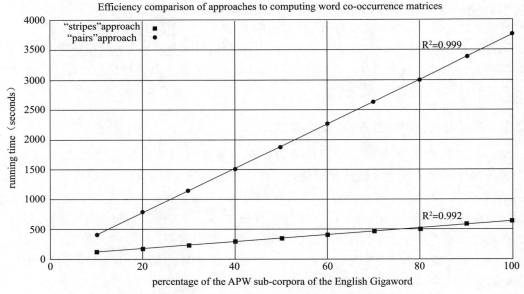

图 9-2   小键值对与合并成大键值对时共现矩阵计算性能对比

插图来源：Jimmy Lin, Data-Intensive Text Processing with MapReduce.University of Maryland, College Park, 2010

在运行自己的 MapReduce 计算程序时，如需要观察键值对合并前后 Map、Combiner 和 Reduce 阶段在具体的数据量上的变化，可以用 JobTracker 的 Web 监视用户界面查看详细的统计数据。

9.2.2　巧用复合键让系统完成排序

Map 计算过程结束后进行分区（Partition）处理时，系统自动按照 Map 的输出键进行排序，因此，进入 Reduce 节点的所有键值对（key, {value}）将保证是按照 key 值进行排序的，而键值对后面的 {value} 列表则不保证是排好序的。然而在某些应用中，进入 Reduce 节点的 {value} 列表有时恰恰希望是以某种顺序排序的。

解决这个问题的一个办法是，在 Reduce 过程中对 {value} 列表中的各个 value 进行本地排序。但当 {value} 列表数据量巨大、无法在本地内存中进行排序时，将需要使用复杂的外排序。因此，这个解决方法缺少良好的可扩展性。

一个具有可扩展性的办法是，将 value 中需要排序的部分加入到 key 中形成复合键，这样将能利用 MapRecue 系统的排序功能自动完成排序。

为了具体说明如何使用复合键让系统完成排序，我们以"带词频的文档倒排索引"程序实例来展示具体的实现方法。

设有如下 3 个文本文档及其所包含的具体文本：

doc1: read file, read data

doc2: data file, text file

doc3: read text file

为了能对这 3 个文档进行全文检索，我们需要对其建立如下的文档倒排索引：

data -> doc1:1, doc2:1

file -> doc1:1, doc2:2, doc3:1

read -> d1:2, d3:1

text -> doc2:1, doc3:1

上述文档倒排索引的基本格式是：t-> <d:f>，其中，左侧的 t 是单词，右侧的 <d: f> 称为文档词频项，其中，d 是单词 t 所出现的文档，f 是单词 t 在文档 d 中出现的频度。当一个单词在多个文档中出现时，该单词的倒排索引将包含多个 <d:f> 文档词频项，如上例中 file 一词包含 doc1:1, doc2:2，以及 doc3:1 这 3 个文档词频项，我们把右侧这样一组文档词频项称为"文档词频列表"。

如图 9-3 所示，我们先用最基本的 MapReduce 处理方法来生成倒排索引。其中，Map 阶段键值对（key, value）的格式是：（t, <d:f>），而最后 Reduce 输出的键值对的格式是（t, <d:f,

d:f, d:f, …>)。

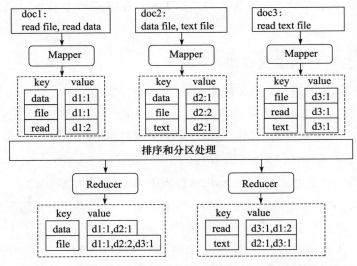

图 9-3　带词频的文档倒排索引基本的 MapReduce 处理方法

注意：最后所生成的倒排索引中，每个单词对应的文档词频列表中，文档词频项 <d:f> 之间在缺省状态下并不保证有任何排序，如果需要排序，则需要在 Reduce 阶段加入一个本地排序处理。

这种基本倒排索引的 Map 和 Reduce 程序如以下的伪代码所示：

```
1: class Mapper
2: method Map (docid n, doc d)
3:      F ← new Array
4:    for all t ∈ doc d do
5:          F{t} ← F{t} + 1
6:    for all t ∈ F do
7:          Emit(t, <d:F{t}>)
```

```
1: class Reducer
2: method Reduce (t, {d1:f1, d2:f2…} )
3:      L ← new List
4:    for all <d:f> ∈ {d1:f1, d2:f2…} do
5:          Append(L, <d:f>)
6:      Emit(t, L)
```

假定现在我们希望搜索引擎在列出所有击中的文档时，能根据所检索单词在文档中出现的频度从大到小的次序来显示出文档列表。这种情况下，上述方法所生成的倒排索引中文档词频列表就需要按照词频从大到小进行排序。

如前所述，虽然可以在 Reduce 节点本地对每一个文档词频列表进行排序，但当一个单词的文档词频列表项数很大、以致无法在本地节点的内存中完成排序时，将需要使用复杂的外排序。在真实的搜索引擎中网页文档数可能会达到数十亿计，因此，一个单词的文档词频项数确有可能会达到很大的数目，加上还有其他诸如出现位置、文档 URL 等辅助信息，很容易达到很大的数据量以致难以在一个节点的本地进行排序处理。这种情况下就需要使用复杂的外排序，因此这种解决办法不具备可扩展性。

一个巧妙的方法是，在 Map 阶段，我们可以把需要排序的数据从键值对（key, value）后部的 value 中拆分出来，与前部的 key 组合起来，形成复合键，然后在进入 Reduce 前，利用 MapReduce 的排序和分区功能，由系统按照复合键自动完成排序。

在本例中的具体做法是，把 <d:f> 中需要排序的词频 f 拆分出来，与前面的 t 组合起来，形成 <t:f> 作为主键，而仅仅把文档标识号 d 作为键值对中的 value 部分。在 Reduce 阶段，再把频度值 f 从复合键 <t:f> 中拆回来，与文档标识号 d 重新合并为最终的文档词频列表，以此，在 Reduce 阶段所得到的每个单词的文档词频列表 <d:f, d:f, d:f,…> 就会成为按词频排序的有序列表。

根据这个思路，我们可以改进前述的方法，改进后的处理过程如图 9-4 所示，为了突出按词频排序的结果，文档词频列表中每一项把频度放在了文档标识前面。

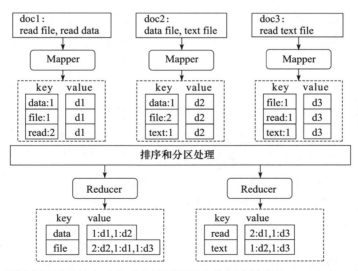

图 9-4　用复合键让系统自动完成文档词频列表按频度排序的 MapReduce 处理方法

改进后的倒排索引的 Map 和 Reduce 程序如以下的伪代码所示：

```
1: class Mapper
2: method Map (docid n, doc d)
3:    F ← new Array
4:    for all t ∈ doc d do
```

```
5:        F{t} ← F{t} + 1
6:    for all t ∈ F do
7:        Emit(<t: F{t}>, d)


1: class Reducer
2: method Setup                    // 初始化
3:    tprev ← ∅;
4:    L ← new List
5: method Reduce ( <t:f>, {d1,d2,…} )
6:    if t ≠ tprev ^ tprev ≠ ∅ then
7:        Emit(tprev, L)            // 输出前一单词的文档词频列表
8:        L.RemoveAll()
9:    for all d ∈ {d1,d2,…} do
10:       L.Add(<d:f>)             // 把一个词频项 <d:f> 添加到单词 t 的文档词频列表中
11:   tprev ← t
12: method Close
13:    Emit(t, L)                   // 输出最后一个单词的文档词频列表
```

上述 MapReduce 程序执行后可得到如图 9-4 中由 Reduce 输出的最后结果。

但是，细心的读者可能已经看出来，上述改进方法还存在一个问题。把频度值与单词合并形成复合键后，同一个单词的复合键值 <t:f> 不一样了，这将会使得来自不同 Map 节点的同一单词的键值对（<t:f>, d）无法正确分区到同一个 Reduce 节点上。例如，在上图中，由于第一个 Map 节点的复合键 <file:1> 与第二个节点的复合键 <file:2> 不相同，它们将不能保证被分区到同一个 Reduce 节点，因而 Reduce 过程结束后将无法把单词 file 的多个文档词频项合并在一起。

解决这个问题的方法是巧妙利用 Partition 处理过程，需要定制一个专门的 Partitioner 类，在该类中，把复合键 <t:f> 中的单词 t 拆出来，作为 Partitioner 类中的 getPartition() 方法的主键 key 参数值，以此“欺骗”一下分区处理过程，让 Partitioner 照常将包含同一单词的复合键值对（<t:f>, d）分区到同一个 Reduce 节点上。关于如何具体定制 Partitioner 类来实现这一目标，详细内容请参见 9.5.1 节用户定制 Partitioner。

同样地，如果希望最后的文档词频列表按照文档标识号而不是按照词频进行排序，可做类似处理，即把文档标识号 d 与单词 t 合并构成复合键，把词频值 f 留在 value 部分。

9.3　用户定制数据类型

Hadoop 提供了很多内置的数据类型，但是，在很多复杂计算问题中，仅仅使用这些内置的简单数据类型有时难以满足程序设计的需要，编程和计算处理效率不高。为此，需要提供有效的方法让程序员根据需要定制自己的数据类型。本节在介绍了 Hadoop 内置的数据类型后，进一步介绍让程序员定制和使用自己的数据类型的方法。

9.3.1　Hadoop 内置的数据类型

Hadoop 提供了如下内置的数据类型，这些数据类型都实现了 WritableComparable 接口，以便用这些类型定义的数据可以被序列化进行网络传输和文件存储，以及进行大小比较。

BooleanWritable：标准布尔型数值。

ByteWritable：单字节数值。

DoubleWritable：双字节数。

FloatWritable：浮点数。

IntWritable：整型数。

LongWritable：长整型数。

Text：使用 UTF8 格式存储的文本。

NullWritable：当（key，value）中的 key 或 value 为空时使用。

9.3.2　用户自定义数据类型的实现

当上述内置数据类型不满足用户的需求时，用户可以定制自己的数据类型。例如，在上一节中我们介绍的复合主键，其实现方法是将几个字符串数据简单拼接而成。但是这种用字符串拼接形成的复合主键在处理时可能效率并不是很高。这时我们可以自定义一个专门的数据类型来表示这个复合主键。

用户自定义数据类型时，第一个基本要求是需要实现 Writable 接口，以便该数据能被序列化后完成网络传输或文件输入输出；第二个要求是，如果该数据需要作为主键 key 使用或需要比较数值大小时，则需要实现 WritableComparable 接口。

下面的程序示例将三维空间的坐标点 P(x, y, z) 定制为一个数据类型 Point3D：

```
public class Point3D implements Writable <Point3D>
{

    private float x, y, z;
    public  float getX() {  return x; }
    public  float getY() {  return y; }
    public  float getZ() {  return z; }

    public void readFields(DataInput in) throws IOException
    {
        x = in.readFloat();
        y = in.readFloat();
        z = in.readFloat();
    }

    public void write(DataOutput out) throws IOException
    {
        out.writeFloat(x);
```

```
            out.writeFloat(y);
            out.writeFloat(z);
    }
}
```

上述程序代码中，write() 和 readFields() 方法实现 Writable 接口中定义的两个接口方法，用以实现 Point3D 类型数据的输入和输出，任何需要定制的数据类型至少需要实现这两个接口方法。

进一步，如果 Point3D 还需要作为主键值使用，或者虽作为一般数值、但需要在计算过程中比较数值的大小时，则该数据类型要实现 WritableComparable 接口，除了实现上述的两个输入输出接口方法外，还需要额外实现一个 compareTo() 方法。仍以上面的 Point3D 为例，实现代码如下：

```
public class Point3D implements WritableComparable <Point3D>
{
    private float x, y, z;
    public  float getX() {  return x; }
    public  float getY() {  return y; }
    public  float getZ() {  return z; }

    public void readFields(DataInput in) throws IOException
    {
        // 与前相同
    }

    public void write(DataOutput out) throws IOException
    {
        // 与前相同
    }
    public int compareTo(Point3D p)
    {
        // 具体实现比较当前的空间坐标点 this(x, y, z) 与指定的点 p(x, y, z) 的大小，
        // 并输出: -1 (小于),  0 (等于),  1 (大于)
    }
}
```

9.4　用户定制数据输入输出格式

Hadoop 提供了较为丰富的数据输入输出格式，可以满足很多程序设计实现需要。但是，仍然存在很多复杂应用，在这些应用中程序员需要定制特殊的数据输入输出格式。为此，需要提供有效的方法让程序员根据需要定制自己的数据类型。本节在介绍了 Hadoop 所提供的内置数据输入输出格式后，进一步介绍让程序员定制和使用自己的数据输入输出格式的方法，包括如何通过定制数据输出格式实现多集合文件输出。

9.4.1 Hadoop 内置的数据输入格式与 RecordReader

数据输入格式（InputFormat）用于描述 MapReduce 作业的数据输入规范。MapReduce 框架依靠数据输入格式完成输入规范检查（比如输入文件目录的检查）、对数据文件进行输入分块（InputSplit），以及提供从输入分块中将数据记录逐一读出、并转换为 Map 过程的输入键值对等功能。

Hadoop 提供了丰富的内置数据输入格式。最常用的数据输入格式包括：TextInputFormat 和 KeyValueTextInputFormat。

TextInputFormat 是系统缺省的数据输入格式，可以将文本文件逐行读入以便 Map 节点进行处理。读入一行时，所产生的主键 key 就是当前行在整个文本文件中的字节偏移位置，而 value 就是该行的内容。当用户程序不设置任何数据输入格式时，系统自动使用这个数据输入格式。

KeyValueTextInputFormat 是另一个常用的数据输入格式，可将一个按照 <key, value> 格式逐行存放的文本文件逐行读出，并自动解析生成相应的 key 和 value。

对于任何一个数据输入格式，都需要有一个对应的 RecordReader。RecordReader 主要用于将一个文件中的数据记录分拆成具体的键值对，传送给 Map 过程作为键值对输入参数。每个数据输入格式都有一个缺省的 RecordReader。前述 TextInputFormat 的缺省 Record Reader 是 LineRecordReader，而 KeyValueTextInputFormat 的缺省 RecordReader 是 KeyValueLine RecordReader。

除此以外，系统还提供很多其他的数据输入格式和对应的缺省 RecordReader，包括：AutoInputFormat，CombineFileInutFormat，CompositeInputFormat，DBInputFormat，FileInputFormat，LineDocInputFormat，MultiFileInputFormat，NlineInputFormat，Sequence FileAsBinaryInputFormat，SequenceFileAsTextInputFormat，SequenceFileInputFormat，StreamInputFormat 等。这些数据输入格式及其对应的 RecordReader 的详细使用方法请参见 Hadoop MapReduce 类库 API。

9.4.2 用户定制数据输入格式与 RecordReader

虽然 Hadoop 提供了很多内置的数据输入格式和 RecordReader，但在某些情况下可能仍然无法满足用户的特殊需要，这种情况下用户将需要定制自己的数据输入格式和 RecordReader。

为了向读者展示如何定制自己的数据输入格式和 RecordReader，让我们用具体的编程示例加以说明，这里我们仍然以文档倒排索引程序为例。

设一个简单的不考虑词频的文档倒排索引程序使用了缺省的 TextInputFormat 和相应的 LineRecordReader 读取待索引的文本文件。为了能更细粒度地记录每个单词在文档中出现的位置信息，在记录每个单词出现的文档标识的同时，还记录单词在文档文件中出现时的行位置信息。这里假定文档文件的标识就是文件名 FileName，而单词在文件中出现的行位置信息就是该行在文档中的偏移量 LineOffset；在倒排索引中，我们把这样一个完整的单词出现位置信息记为 FileName@LineOffset。该程序的 Mapper 实现代码如下：

```
import java.io.IOException;
import java.util.StringTokenizer;
import org.apache.hadoop.io.Text;
import org.apache.hadoop.mapreduce.Mapper;
public class InvertedIndexMapper extends Mapper<Text, Text, Text, Text>
{    @Override
    protected void map(Text key, Text value, Context context)
             throws IOException, InterruptedException
    {    // 设使用了缺省的 TextInputFormat, LineRecordReader
         // 则主键 key: line offset;   value: line string
         Text word = new Text();
         // 读取所需的 FileName
         FileSplit  fileSplit = (FileSplit)context.getInputSplit();
         String  FileName = fileSplit.getPath().getName();
         Text FileName_LineOffset = new Text(FileName+"@"+key.toString());
         StringTokenizer itr = new StringTokenizer(value.toString());
         for(; itr.hasMoreTokens(); )
         {
         word.set(itr.nextToken());
         context.write(word, FileName_LineOffset);
         }
    }
}
```

在上述程序中，由于使用了缺省的 TextInputFormat 和 LineRecordReader，所需要的 LineOffset 部分很容易得到，也就是 Map 的键值对中的 key 值部分。但是，为了获得文档文件名 FileName，需要使用黑体部分的两行代码做些特殊处理，先取得当前的输入数据块 InputSplit，进一步从 InputSplit 取得当前的文件名 fileName；然后合并文件名和单词出现的行位置信息，即可获得整个单词的完整位置信息 FileName_LineOffset，亦即 FileName@key.toString()。

假定我们要为此实现一个定制的数据输入格式 FileNameLocInputFormat 和 FileNameLoc RecordReader，以便直接产生 FileName@LineOffset 主键值，则定制代码如下：

```
public class FileNameLocInputFormat extends FileInputFormat<Text, Text>
{    @Override
    public RecordReader<Text, Text> createRecordReader(InputSplit split,
                    TaskAttemptContext context)
    {
         FileNameLocRecordReader fnrr = new FileNameRecordReader();
```

```
        try
        {
                fnrr.initialize(split, context);
        }
        catch (IOException e)  {    e.printStackTrace();       }
        catch (InterruptedException e) {  e.printStackTrace(); }
        return fnrr;
    }
}

public class FileNameLocRecordReader extends RecordReader<Text, Text>
{
    String FileName;
    LineRecordReader lrr = new LineRecordReader();
     ......
    @Override
    public Text getCurrentKey() throws IOException, InterruptedException
    {
        return new Text("(" + FileName + "@" + lrr.getCurrentKey() + ")");
    }

    @Override
    public Text getCurrentValue() throws IOException, InterruptedException
    {
        return lrr.getCurrentValue();
    }

    @Override
    public void initialize(InputSplit arg0, TaskAttemptContext arg1)
            throws IOException, InterruptedException
    {
       lrr.initialize(arg0, arg1);
       FileName = ((FileSplit)arg0).getPath().getName();
    }
}
```

  定制的 FileNameLocInputFormat 类继承了数据输入格式基类 FileInputFormat，然后重载方法 createRecordReader()，该方法创建了一个定制的 FileNameLocRecordReader 实例，在调用 initialize() 方法完成初始化后返回了该实例作为新的 RecordReader。初始化方法 initialize() 将进一步调用基类 RecordReader 的初始化方法，并获取当前文件名以备后用。然后，定制的 FileNameLocRecordReader 创建了一个 LineRecordReader 实例，并重载实现了 getCurrentKey() 方法以及 getCurrentValue() 方法。在 getCurrentKey() 方法内将获取的当前文件名 FileName 与原有的 LineRecordReader 的 key 值（即 LineOffset）拼接起来，形成新的 key 值 FileName@LineOffset，而 getCurrentValue() 方法则直接获取 LineRecordReader 原有的 value。

然后，在下面的作业配置程序中，我们通过显式地将 InputFormatClass 设置为 FileName
LocInputFormat 即可使用所定制的数据输入格式和 RecordReader。

```java
public class InvertedIndexer
{
    public static void main(String[] args)
    {
    try {
        Configuration conf = new Configuration();
        job = new Job(conf, "invert index");
        job.setJarByClass(InvertedIndexer.class);
        job.setInputFormatClass(FileNameLocInputFormat.class);
        job.setMapperClass(InvertedIndexMapper.class);
        job.setReducerClass(InvertedIndexReducer.class);
        job.setOutputKeyClass(Text.class);
        job.setOutputValueClass(Text.class);
        FileInputFormat.addInputPath(job, new Path(args[0]));
        FileOutputFormat.setOutputPath(job, new Path(args[1]));
        System.exit(job.waitForCompletion(true) ? 0 : 1);
        }
    catch (Exception e)  {  e.printStackTrace();     }
    }
}
```

通过定制和使用新的数据输入格式和 RecordReader，原来的简单倒排索引程序将改造为
如下代码：

```java
import java.io.IOException;
import java.util.StringTokenizer;
import org.apache.hadoop.io.Text;
import org.apache.hadoop.mapreduce.Mapper;
public class InvertedIndexMapper extends Mapper<Text, Text, Text, Text>
{   @Override
      protected void map(Text key, Text value, Context context)
              throws IOException, InterruptedException
    {
      // InputFormat: FileNameLocInputFormat
      // RecordReader: FileNameLocRecordReader
      // key: filename@lineoffset; value: line string
       Text word = new Text();
       StringTokenizer itr = new StringTokenizer(value.toString());
       for(; itr.hasMoreTokens(); )
       {
           word.set(itr.nextToken());
           context.write(word, key);
       }
    }
}
```

当然，在本例中用定制数据输入格式和 RecordReader 的方法似乎比原来要复杂不少，

从实现代价的角度看似乎完全不需要这样做，这里仅仅是为了演示如何定制数据输入格式和相应的 RecordReader。

此外，本例是基于已有的 TextInputFormat 和 LineRecordReader，通过重载其中的主要方法、添加和扩充其功能完成了数据输入格式和 RecordReader 的定制，当然用户也可以完全从最基本的基类 InputFormat 和 RecordReader 开始定制过程，主要需要实现 InputFormat 中的 createRecordReader() 和 getSplits() 这两个抽象方法，而 RecordReader 中则需要实现 getCurrentKey()、getCurrentValue() 等几个抽象方法，具体的抽象方法的描述请参见 Hadoop MapReduce 类库 API。

9.4.3 Hadoop 内置的数据输出格式与 RecordWriter

数据输出格式（OutputFormat）用于描述 MapReduce 作业的数据输出规范。MapReduce 框架依靠数据输出格式完成输出规范检查（如检查输出目录是否存在）以及提供作业结果数据输出等功能。

Hadoop 提供了丰富的内置数据输出格式。最常用的数据输出格式是 TextOutputFormat，也是系统缺省的数据输出格式，可以将计算结果以"key+\t+value"的形式逐行输出到文本文件中。

与数据输入格式中的 RecordReader 类似，数据输出格式也提供一个对应的 RecordWriter，以便系统知道将输出结果写入到文件中的具体格式。TextInputFormat 的缺省 RecordWriter 是 LineRecordWriter，其实际操作是将结果数据以"key+ \t+value"的形式输出到文本文件中。

此外，Hadoop 也提供了很多其他的数据输出格式及其相应的 RecordWriter，包括：DBOutputFormat, FileOutputFormat, FilterOutputFormat, IndexUpdateOutputFormat, LazyOutputFormat, MapFileOutputFormat, MultipleOutputFormat, MultipleSequenceFileOutput Format, MultipleTextOutputFormat, NullOutputFormat, SequenceFileAsBinaryOutputFormat, SequenceFileOutputFormat，等等。这些数据输出格式及其对应的 RecordWriter 的详细使用方法请参见 Hadoop MapReduce 类库 API。

9.4.4 用户定制数据输出格式与 RecordWriter

与数据输入格式类似，用户可以根据应用程序的需要定制数据输出格式与 RecordWriter。但定制输出格式和 RecordWriter 比定制输入格式和 RecordReader 要容易实现一些。

如果基于 Hadoop 内置的数据输出格式和内置的 RecordWriter 进行定制，则需要重载 getRecordWriter() 方法以便获取新的 RecordWriter，同时在定制的 RecordWriter 类中重载

write(K key, V value) 方法，对 key-value 键值对实现所期望的输出处理。

如果完全基于抽象的输出格式类 OutputFormat 和抽象的 RecordWriter 类进行全新的程序定制，则需要实现 OutputFormat 中的 getRecordWriter() 等抽象方法和 RecordWriter 中的 write(K key, V value) 等抽象方法。具体的抽象类 OutputFormat 和 RecordWriter 的接口规范请参见 Hadoop MapReduce 类库 API。

9.4.5 通过定制数据输出格式实现多集合文件输出

缺省情况下，MapReduce 将产生包含一至多个文件的单个输出数据文件集合。但有时候作业可能希望输出多个文件集合。

比如，在处理巨大的访问日志文件时，由于文件太大，我们可能希望按每天的日期将访问日志记录输出为每天日期下的文件。在处理专利数据集时，我们希望根据不同国家，将每个国家的专利数据记录输出到不同国家的文件目录中。

Hadoop 提供了 MultipleOutputFormat 类帮助完成这一处理功能。在 Reduce 进行数据输出前，我们需要实现 MultipleOutputFormat 的一个子类，实现其中的一个重要方法：

```
protected String generateFileNameForKeyValue(K key, V value, String name)
```

通过该方法，程序可以根据输入的主键产生并返回一个所期望的输出数据文件名和文件路径，从而可以实现多集合文件输出功能。

例如，对于如下的美国专利数据记录（第一行为字段标题，后续为每个专利的具体描述数据，数据间以 "," 隔开）：

```
"PATENT","GYEAR","GDATE","APPYEAR","COUNTRY", "POSTATE","ASSIGNEE", "ASSCODE",
"CLAIMS","NCLASS","CAT","SUBCAT","CMADE","CRECEIVE", "RATIOCIT","GENERAL",
"ORIGINAL","FWDAPLAG","BCKGTLAG","SELFCTUB", "SELFCTLB","SECDUPBD","SECDLWBD"
    3070801,1963,1096,,"BE","",,1,,269,6,69,,1,,0,,,,,,,
    3070802,1963,1096,,"US","TX",,1,,2,6,63,,0,,,,,,,,,
    3070803,1963,1096,,"US","IL",,1,,2,6,63,,9,,0.3704,,,,,,,
    3070804,1963,1096,,"US","OH",,1,,2,6,63,,3,,0.6667,,,,,,,
    3070805,1963,1096,,"US","CA",,1,,2,6,63,,1,,0,,,,,,,
    ......
```

其中每一行表示一个具体的专利的描述信息，包括专利号、授予年份、申请国家等。现在希望能按照国家名称将以上专利记录分开输出到相应的文件目录中。以下是实现按国家分类输出专利数据文件的程序代码，其中包括定制的多集合文件输出格式类：

```
public static class MapClass extends Mapper
                <LongWritable, Text, NullWritable, Text>
{
    public void map(LongWritable key, Text value, Context context)
                throws IOException, InterruptedException
```

```
    {
        context.write (NullWritable.get(), value);
    }

    public static class SaveByCountryOutputFormat
                extends MultipleTextOutputFormat<NullWritable,Text>
    {
        protected String generateFileNameForKeyValue
                    (NullWritable key, Text value, String filename)
        {
            String[] dataRecord = value.toString().split(",", -1);
            String country = dataRecord[4].substring(1,3);
                            // 获取国家缩写名称
            return  country + "/" + filename;
        }
    }
}
```

其中，程序实现了一个 MultipleTextOutputFormat 的子类，并具体实现了其中的
generateFileNameForKeyValue() 方法，该方法从 value 中的数据记录中读取国家缩写名称，
然后以国家名为目录，加上文件名作为完整的文件路径返回，最后在 value 中的每个完整的
专利数据记录将被输出到该路径指定的文件目录中。

此外，在作业的配置程序中需要把所实现的 MultipleTextOutputFormat 的子类设置为输
出格式：

```
public class MultiFileDemo
{
    public static void main(String[] args) throws Exception
    {
        Configuration conf = new Configuration();
        Job job = new Job(conf, MultiFileDemo.class);
        ......
        job.setMapperClass(MapClass.class);
        job.setInputFormat(TextInputFormat.class);
        job.setOutputFormat(SaveByCountryOutputFormat.class);
        Job.waitForCompletion(true);
    }
}
```

程序运行后，如果用文件列表命令 ls 列出输出目录下的文件，可看到按国家缩写名称为
目录名的子目录，而每个国家的子目录下的文件将仅仅包含该国家名下的专利数据记录。

9.5 用户定制 Partitioner 和 Combiner

Hadoop MapReduce 提供了缺省的 Partition 来完成 Map 节点数据的中间结果向 Reduce 节
点的分区处理。但是有时候我们需要定制自己的 Partitioner 让程序完成一些分区处理功能。

为了减少 Map 过程输出的中间结果键值对的数量，降低网络数据通信开销，我们可以定制和使用 Combiner，让程序在 Map 过程处理结束后、发送给 Reduce 节点前，调用定制的 Combiner，用适当的方式合并中间结果键值对。本节将介绍定制 Partitioner 和 Combiner 的具体方法。

9.5.1　用户定制 Partitioner

在 MapReduce 程序中，Partitioner 用来决定 Map 节点的输出将被分区到哪个 Reduce 节点。MapReduce 提供的缺省的 Partitioner 是 HashPartitioner，它根据每条数据记录的主键值进行 Hash 操作，获得一个非负整数的 Hash 码，然后用当前作业的 Reduce 节点数（分区数）进行取模运算，以此决定该记录将被分区到哪个 Reduce 节点。当 Hash 函数足够理想时，所有的记录将能被均匀地分区到各个 Reduce 节点上，而且保证具有同一个主键的记录将被分区到同一个 Reduce 节点上。

大多数情况下，应用程序仅需使用缺省的 HashPartitioner 即可满足计算要求。然而，有些应用情形下缺省的 Partitioner 可能不能满足 Map 输出数据的分区要求，这时，用户可以定制并使用自己的 Partitioner。

为了具体说明如何定制 Partitioner，我们仍以 9.2 节带词频的文档倒排索引程序为例。回顾一下这个例子，为了让系统帮助对文档词频列表中的词频进行排序，我们使用了由单词和词频组成的复合主键 <t:f>。但这样处理带来了一个问题，即同一单词下的键值对将无法保证被分区到同一个 Reduce 节点上，导致最后无法形成正确的倒排索引。

为了解决这个问题，我们可以定制一个 Partitioner，并重载 Partitioner 的 getPartition() 方法。在该方法中，我们把复合键 <t:f> 拆开，仍然使用单词 t 作为 Partitioner 的主键，"欺骗"一下 Partitioner，对于 Map 节点输出的每一个键值对（<t:f>，d），让其仍然按照单词 t 进行分区，这样无论一个单词的词频如何不同，所有同一单词下的键值对将保证被分区到同一个 Reduce 节点。

定制以上的 Partitioner 的具体实现代码如下：

```
Class NewPartitioner extends HashPartitioner<K,V>
{   // override the method
    getPartition(K key, V value, int numReduceTasks)
    {
        term = key. toString().split(":")[0]; //<t:f>=>t
        super.getPartition(t, value, numReduceTasks);
    }
}
```

定制 partitioner 可以继承 HashPartitoner，然后重载 getPartition() 方法，在该方法中用新的主键值进一步调用 HashPartitioner 的 getPartition() 方法。最后还需要在 Job 的配置程序中进行如下的 Partitioner 设置，以此完成整个 Partitioner 定制和使用的过程：

```
Job.setPartitionerClass(NewPartitioner)
```

9.5.2　用户定制 Combiner

程序员可以根据需要定制自己的 Combiner。Combiner 的目的是为了减少 Map 阶段输出中间结果的数据量，以便降低数据的网络传输开销、缩短程序计算时间。

我们借用美国专利文献统计数据来具体说明如何定制 Combiner。设有如下的美国专利数据记录（第一行为字段标题，后续为每个专利的具体描述数据，数据间以 "," 隔开）：

```
"PATENT","GYEAR","GDATE","APPYEAR","COUNTRY", "POSTATE","ASSIGNEE",  "ASSCODE",
"CLAIMS","NCLASS","CAT","SUBCAT","CMADE","CRECEIVE", "RATIOCIT","GENERAL",
"ORIGINAL","FWDAPLAG","BCKGTLAG","SELFCTUB",  "SELFCTLB","SECDUPBD","SECDLWBD"
    3070801,1963,1096,,"BE","",,1,,269,6,69,,1,,0,,,,,,,,
    3070802,1963,1096,,"US","TX",,1,,2,6,63,,0,,,,,,,,,
    3070803,1963,1096,,"US","IL",,1,,2,6,63,,9,,0.3704,,,,,,,
    3070804,1963,1096,,"US","OH",,1,,2,6,63,,3,,0.6667,,,,,,,
    3070805,1963,1096,,"US","CA",,1,,2,6,63,,1,,0,,,,,,,,
    ……
```

其中每一行表示一个具体的专利的描述信息，包括专利号、授予年份、申请国家等。现假定需要统计每年申请美国专利的国家数，则基本的 Map 程序处理过程如下：

1）Map 中用 <year, country> 作为 key 输出，Emit（<year, country>, 1），如：

（<1963, BE>, 1），（<1963, US>, 1），（<1963, US>, 1），…

2）实现一个定制的 Partitioner，保证同一年份的数据划分到同一个 Reduce 节点。

3）Reduce 中对每一个（<year, country>, [1, 1,1, …]）输入，忽略后部的出现次数列表，仅考虑 key 部分：<year, country>。

但这里存在一个问题：由于专利文档中可能包含大量的来自同一国家同一年份的专利记录，Map 输出后进入 Reduce 的中间结果（<year, country>, [1, 1, 1, …]）时，其后部的列表可能会包含大量的 1，导致较大的网络数据通信量。而实际上，上述列表中的每个 1 表示某个具体年份下某个国家申请过 1 个特定专利，在统计每年申请专利的国家数时，这些 1 都是重复而不能计算的，因此可以把这些重复的 1 去掉，仅考虑为 1 次出现。

为此，可实现一个 Combiner，将后部包含大量数据的列表 [1, 1, 1, …] 合并为 1。Combiner 程序代码如下：

```
public static class NewCombiner extends Reducer
                    < Text, IntWritable, Text, IntWritable >
{
    public void reduce(Text key, Iterable<IntWritable> values,
                    Context context)
                throws IOException, InterruptedException
    {   // 忽略 (<year, country>, [1, 1,1,…]) 后部大量重复的 [1, 1,1,…]
```

```
// 归并为 <year, country> 的 1 次出现
context.write(key, new IntWritable(1));
    }
}
```

然后，在作业配置程序中，需要设置这个新的 Combiner，以此完成 Combiner 的定制和使用过程：

Job. setPartitionerClass(NewPartitioner)

9.6 组合式 MapReduce 计算作业

一些复杂任务难以用一趟 MapReduce 处理过程来完成，需要将其分拆为多趟简单些的 MapReduce 子任务进行处理。比如，如果要求 WordCount 程序最后的输出结果不是按单词字典顺序、而是按照单词的计数次数从高到低输出，则需要将整个计算任务分为两个阶段完成：第一阶段完成正常的 WordCount 处理，并按照单词的字典顺序输出结果；第二阶段，对前面的输出结果再进行一次 MapReduce 处理，Map 阶段简单地把主键 word 和计数值 count 对调一下，把 count 作为主键，把 word 作为值，在 Reduce 阶段系统将根据 count 主键自动进行排序。

本节将介绍多种不同形式的组合 MapReduce 计算任务，包括迭代方法完成 MapReduce 计算任务，顺序组合式 MapReduce 计算任务，具有依赖关系的组合式 MapReduce 计算任务，以及专用于完成 Map 和 Reduce 主过程前处理和后处理的链式 MapReduce 计算任务。

9.6.1 迭代 MapReduce 计算任务

一些求解计算需要用迭代方法求得逼近结果（求解计算必须是收敛性的）。当使用 MapReduce 进行这样的问题求解时，运行一趟 MapReduce 过程将无法完成整个求解过程，因此，需要采用迭代方法循环运行该 MapReduce 过程，直到达到一个逼近结果。

例如，著名的页面排序算法 PageRank 就是这样一类需要用循环迭代 MapReduce 计算进行求解的问题。PageRank 算法使用了一种随机浏览模型来确定每个网页的 rank。该随机浏览模型的基本思想是：假设一位上网者随机地浏览一些网页，则其：

1）有可能从当前网页点击一个链接继续浏览，设其概率为 d。

2）有可能随机跳转到其他 N 个网页中的任一个，设其概率为 1–d。

则任一网页 p_i 的 PageRank 值可以看成该网页被随机浏览的概率：

$$PR(p_i) = \frac{1-d}{N} + d \sum_{p_j \in M(p_i)} \frac{PR(p_j)}{L(p_j)}$$

其中，$L(p_j)$ 为网页 p_j 上的超链个数。

问题是，在求解 $PR(p_i)$ 时，需要递归调用 $PR(p_j)$，而 $PR(p_j)$ 本身也是待求解的。因此，

我们只能先给每个网页赋一个假定的 PR 值，如 0.5。但这样求出的 PR(p$_i$) 肯定不准确。然而，当用求出的 PR 值反复进行迭代计算时，会越来越趋近于最终的准确结果。

因此，在 MapReduce 主控程序（如 main() 函数）中，需要用一个循环控制 MapReduce 作业的循环执行，直至第 n 次迭代后的结果与第 n–1 次的结果小于某个指定的阈值时结束，或者通过经验值可确定在运行一定的次数后能得到接近的最终结果，也可以控制循环固定的次数。

9.6.2 顺序组合式 MapReduce 作业的执行

多个 MapReduce 子任务可以用手工逐一执行，但更方便的做法是将这些子任务串起来，前面 MapReduce 任务的输出作为后面 MapReduce 的输入，自动地完成顺序化的执行，如：

```
mapreduce-1 -> mapreduce-2  -> mapreduce-3 -> ...
```

单个 MapRecuce 作业需要提供专门的作业配置代码。同样，顺序组合式 MapReduce 中的每个子任务也都需要提供独立的作业配置代码，并按照前后子任务间的输入输出关系正确设置输入输出路径，而任务完成后所有中间过程的输出结果目录都可以删除掉。

例如，前述的 3 个顺序组合式 MapReduce 子任务，相应的作业配置代码如图 9-5 所示。其中，子任务 1 的输出目录 outpath1 将作为子任务 2 的输入目录，而子任务 2 的输出目录 outpath2 又作为子任务 3 的输入目录。

子任务作业配置代码运行后，将按顺序逐个执行每个子任务作业。由于后一个子任务需要使用前一个子任务的输出数据，因此，每一个子任务将需要等到前一个子任务执行完毕后才允许执行，这是通过 job.waitForCompletion(true) 方法加以保证的。

```
// 子任务 1 配置执行代码
Configuration  jobconf1 = new Configuration();
job1 = new Job(jobconf1, "Job1");
job1.setJarByClass(jobclass1);
……
FileInputFormat.addInputPath(job1, inpath1);
FileOutputFormat.setOutputPath(job1,   outpath1 );
job1.waitForCompletion(true);

// 子任务 2 配置执行代码
Configuration  jobconf2 = new Configuration();
job2 = new Job(jobconf2, "Job2");
job2.setJarByClass(jobclass2);
……
FileInputFormat.addInputPath(job2, outpath1 );
FileOutputFormat.setOutputPath(job2, outpath2 );
job2.waitForCompletion(true);

// 子任务 3 配置执行代码
Configuration  jobconf3 = new Configuration();
job3 = new Job(jobconf3, "Job3");
job3.setJarByClass(jobclass3);
……
FileInputFormat.addInputPath(job3, outpath2 );
FileOutputFormat.setOutputPath(job3, outpath3);
job3.waitForCompletion(true);
```

图 9-5 顺序组合式 MapReduce 作业的配置和执行

9.6.3 具有复杂依赖关系的组合式 MapReduce 作业的执行

如图 9-6 所示，设一个 MapReduce 作业由子任务 x、y 和 z 构成，其中 x 和 y 是相互独立的，但 z 依赖于 x 和 y，因此，x、y 和 z 不能按照前述的顺序方式执行。例如，x 处理一个数据集 Dx，y 处理另一个数据集 Dy，然后 z 需要将 Dx 和 Dy 进行一个连接（join）处理，则 z 一定要等到 x 和 y 执行完毕才能开始执行。

为了给这类具有复杂数据依赖关系的组合式 MapReduce 作业提供一种执行和控制机制，Hadoop 通过 Job 和 JobControl 类为这类作业提供具体的编程方法。Job 除了维护子任务的配置（Conf）信息外，还能维护子任务间的依赖关系。而 JobControl 类用来控制整个作业的执行过程。把所有子任务作业加入到 JobControl 中，执行 JobControl 的 run() 方法即可开始整个作业的执行过程。图 9-6 的示例作业的配置程序如下：

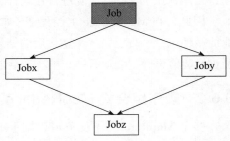

图 9-6　具有复杂依赖关系的组合式 MapReduce 作业示例

```
// 配置jobx
Configuration jobxconf= new Configuration();
jobx = new Job(jobxconf, "Jobx");
……  // jobx 的其他设置

// 配置joby
Configuration jobyconf= new Configuration();
joby = new Job(jobyconf, "Joby");
……  // joby 的其他设置

// 配置jobz
Configuration jobzconf= new Configuration();
jobz = new Job(jobzconf, "Jobz");
……  // jobz 的其他设置

// 设置jobz 与 jobx 的依赖关系，jobz 将等待 jobx 执行完毕
jobz.addDependingJob(jobx);
// 设置jobz 与 joby 的依赖关系，jobz 将等待 joby 执行完毕
jobz.addDependingJob(joby);

// 设置 JobControl，把三个 job 加入 JobControl
JobControl JC = new JobControl ("XYZJob");
JC.addJob(jobx);
JC.addJob(joby);
JC.addJob(jobz);
JC.run();      // 启动这个包含 3 个子任务的整体作业执行过程
```

9.6.4　MapReduce 前处理和后处理步骤的链式执行

一个 MapReduce 作业可能会有一些前处理和后处理步骤，比如，文档倒排索引处理前需要一个去除 "停词"（Stop-word，即那些经常出现但对于搜索没有太多意义的单词，如 the，this，to 等）的前处理；而倒排索引处理后还需要一个变形词的后处理步骤（如把 making 和

made 转换成 make，然后所有 making 和 made 的出现都一起累加为 make 单词的出现次数）。将这些前后处理步骤以单独的 MapReduce 任务实现也可以达到目的，但由于增加了多个 MapReduce 作业，将增加整个作业的处理周期，而且还将增加很多 I/O 操作，因而处理效率不高。

一个较好的办法是在核心的 Map 和 Reduce 过程之外，把这些前后处理步骤实现为一些辅助的 Map 过程，将这些辅助 Map 过程与核心 Map 和 Reduce 过程合并为一个链式 MapReduce 任务，从而完成整个作业。

Hadoop 为此提供了专门的链式 Mapper（ChainMapper）和链式 Reducer（ChainReducer）来完成这种处理。ChainMapper 允许在一个单一 Map 任务中添加和使用多个 Map 子任务；而 ChainReducer 则允许在一个单一 Reduce 任务执行了 Reduce 处理后，继续使用多个 Map 子任务完成一些后续处理。

ChainMapper 和 ChainReducer 都提供了 addMapper 方法以便加入一系列 Mapper：

```
ChainMapper.addMapper（……）
ChainReducer.addMapper（……）
```

addMapper() 方法的调用形式是：

```
public static void addMapper
    (
    Job job,                                    // 主作业
    Class<? extends Mapper> class,              // 待加入的 map class
    Class<?> inputKeyClass,                     // 待加入的 map 输入键 class
    Class<?> inputValueClass,                   // 待加入的 map 输入键值 class
    Class<?> outputKeyClass,                    // 待加入的 map 输出键 class
    Class<?> outputValueClass,                  // 待加入的 map 输出键值 class
    org.apache.hadoop.conf.Configuration mapperConf
                                                // 待加入的 map 的 conf
    )
```

此外，ChainReducer 专门提供了一个 setReducer（ ）方法用来设置整个作业中唯一出现的 Reducer：

```
public static void setReducer
(
    Job job,                                    // 主作业
    Class<? extends Reducer> klass,             // 待加入的 reduce class
    Class<?> inputKeyClass,                     // 待加入的 map 输入键 class
    Class<?> inputValueClass,                   // 待加入的 map 输入键值 class
    Class<?> outputKeyClass,                    // 待加入的 map 输出键 class
    Class<?> outputValueClass,                  // 待加入的 map 输出键值 class
    org.apache.hadoop.conf.Configuration reducerConf
)
```

注意：该方法必须在 ChainReducer 最开始的地方使用，其后方可用 addMapper() 方法加

入后续的辅助处理 Mapper。

另一个需要注意的问题是，这些链式 Mapper 和 Reducer 之间传递的键值对数据类型必须保证前后一致。

为了具体展示如何使用链式 MapReduce，我们看一个具体的例子。设有一个完整的 MapReduce 作业，由 Map1, Map2, Reduce, Map3, Map4 构成。如果使用 ChainMapper 和 ChainReducer 来完成这个计算任务，则需要先使用 ChainMapper 把 Map1 和 Map2 加入其中并得以执行，然后再用 ChainReducer 把 Reduce、Map3 和 Map4 加入到 Reduce 过程中。实现代码如下所示：

```
// 初始化作业
Configuration conf = new Configuration();
Job job = new Job(conf);
job.setJobName("ChainJob");
job.setInputFormat(TextInputFormat.class);
job.setOutputFormat(TextOutputFormat.class);
FileInputFormat.setInputPaths(job, in);
FileOutputFormat.setOutputPath(job, out);

// 在 ChainMapper 中加入 Map1 和 Map2
Configuration map1Conf = new Configuration(false);
ChainMapper.addMapper(job, Map1.class, LongWritable.class,
                    Text.class, Text.class, Text.class, true, map1Conf);
Configuration map2Conf = new Configuration(false);
ChainMapper.addMapper(job, Map2.class, Text.class, Text.class,
                    LongWritable.class, Text.class, true, map2Conf);

// 在 ChainReducer 中加入 Reducer, Map3 和 Map4
Configuration reduceConf = new Configuration(false);
ChainReducer.setReducer(job, Reduce.class, LongWritable.class, Text.class,
                  Text.class, Text.class, true, reduceConf);
Configuration map3Conf = new Configuration(false);
ChainReducer.addMapper(job, Map3.class, Text.class, Text.class,
                  LongWritable.class, Text.class, true, map3Conf);
Configuration map4Conf = new Configuration(false);
ChainReducer.addMapper(job, Map4.class, LongWritable.class, Text.class,
                  LongWritable.class, Text.class, true, map4Conf);
job.waitForCompletion(true);
```

9.7 多数据源的连接

一个 MapReduce 任务很可能需要访问和处理两个甚至多个数据集。在关系数据库中，这将是两个或多个表的连接（join）处理，且具体的连接操作完全由数据库系统负责处理。但 Hadoop 系统没有关系数据库中那样强大的连接处理功能，因此多数据源的连接处理比关系数据库中要复杂一些，大多需要程序自己实现。根据不同的应用需求和相关因素的权衡，可以采用几种不同的连接方法。

　　本节将介绍基于 DataJoin 类库实现 Reduce 端连接的方法，用全局文件复制实现 Map 端连接的方法，带 Map 端过滤的 Reduce 端连接方法，以及 MapReduce 数据连接方法的限制。

9.7.1　基本问题数据示例

　　为具体展示如何用不同的连接方法实现多数据源的连接，我们还是使用一个具体的例子。

　　设有两个文本数据源：一个是顾客（Customer），另一个是顾客订单（Order）。两个数据集的示例数据记录如下。第一个是顾客的数据集：

Customer ID, Name, PhoneNumber

1，王二，025-1111-1111

2，张三，021-2222-2222

3，李四，025-3333-3333

4，孙五，010-4444-4444

第二个是顾客的订单数据集：

Customer ID, Order ID, Price, Purchase Date

3，订单 1，90，2011.8.1

1，订单 2，130，2011.8.6

2，订单 3，220，2011.8.10

3，订单 4，160，2011.8.18

以 CustomerID 进行内连接（inner join）后的数据记录将是：

Customer ID, Name, PhoneNumber, Order ID, Price, Purchase Date

1，王二，025-1111-1111，订单 2，130，2011.8.6

2，张三，021-2222-2222，订单 3，220，2011.8.10

3，李四，025-3333-3333，订单 1，90，2011.8.1

3，李四，025-3333-3333，订单 4，160，2011.8.18

9.7.2　用 DataJoin 类实现 Reduce 端连接

1. 基本处理方法和处理过程

　　Hadoop 的 MapReduce 框架提供了一种较为通用的多数据源连接方法。该方法用 DataJoin 类库为程序员提供了完成数据连接所需的编程框架和接口，尽可能帮助程序员完成一些数据连接所必须考虑的操作，以简化数据连接处理时的编程实现。用 DataJoin 类库完成数据源连接的基本处理方法和处理过程如下。

为了能完成不同数据源的连接，首先我们需要为不同数据源下的每个数据记录定义一个数据源标签（Tag）。例如，上例中我们把两个数据源标签分别设置为 Customers 和 Orders。进一步，为了能准确地标识一个数据源下的每个数据记录并完成连接处理，我们需要为每个待连接的数据记录确定一个连接主键（GroupKey），例如，上例中我们用每个数据记录中的 CustomerID 作为连接主键。

然后 DataJoin 类库分别在 Map 阶段和 Reduce 阶段提供一个处理框架，并尽可能帮助程序员完成一些处理工作，仅留下一些必须由程序员来实现的部分让程序员完成。

（1）Map 处理过程

DataJoin 类库首先提供了一个抽象的基类 DataJoinMapperBase。该基类实现了 map() 方法，帮助程序员对每个数据源下的文本数据记录生成一个带标签的数据记录对象。Map 处理过程中，将由程序员指定每个数据源的标签 Tag 是什么，将用哪个字段作为连接主键 GroupKey（本例中，GroupKey 是 CustomerID）。Map 过程结束后，这些确定了标签和连接主键的数据记录将被传递到 Reduce 阶段进行后续的处理。Map 阶段的处理过程如图 9-7 所示。

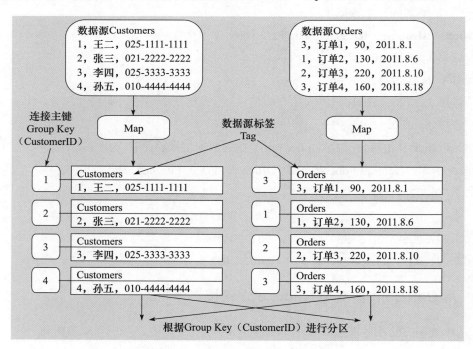

图 9-7   DataJoin 连接时的 Map 处理过程

经过以上的 Map 处理过程后，所有带标签的数据记录将根据连接主键 GroupKey 进行分区处理，因而所有带有相同连接主键 GroupKey 的数据记录将被分区到同一个 Reduce 节点上。

（2）Reduce 处理过程

Reduce 节点接收到这些带标签的数据记录后，如图 9-8 所示，Reduce 过程将对不同数据源标签下具有同样 GroupKey 的记录进行笛卡尔叉积，自动生成所有不同的叉积组合。然后对每一个叉积组合，由程序员实现一个 combine() 方法，根据应用程序的需求将这些具有相同 GroupKey 的不同数据记录进行适当的合并处理，以此最终完成类似于关系数据库中不同实体数据记录的连接。

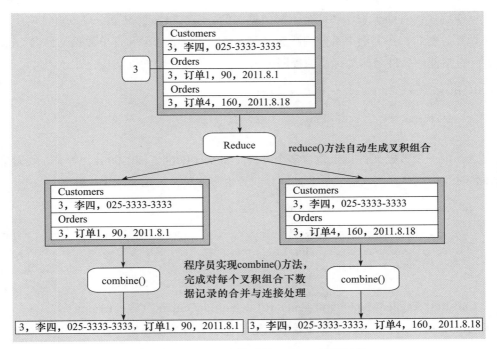

图 9-8　DataJoin 连接时的 Reduce 处理过程

DataJoin 类库提供了 3 个抽象基类，以此提供基本的编程框架和接口：

1）DataJoinMapperBase：程序员的 Mapper 类将继承这个基类。该基类已为程序员实现了 map() 方法用以完成标签化数据记录的生成，因此程序员仅需实现产生数据源标签、GroupKey 和标签化记录所需要的三个抽象方法。

2）DataJoinReducerBase：程序员的 Reducer 类将继承这个基类。该基类已实现了 reduce() 方法用以完成多数据源记录的叉积组合自动生成，程序员仅需实现 combine() 方法以便对每个叉积组合中的数据记录进行合并连接处理。

3）TaggedMapOutput：描述一个标签化数据记录，实现了 getTag() 和 setTag() 方法；作为 Mapper 的 key-value 输出中的 value 的数据类型，由于需要进行 I/O，程序员需要继承并实现 Writable 接口，并实现抽象的 getData() 方法用以读取记录数据。

2. 基类 DataJoinMapperBase 的使用与 Mapper 的实现

为了在 Map 过程中能让程序员定义具体的数据源标签 Tag 以及确定用什么字段作为连接主键 GroupKey，继承了抽象基类 DataJoinMapperBase 的 Mapper 类需要实现以下 3 个抽象方法：

（1）abstract Text generateInputTag（String inputFile）

通过该方法由程序员决定如何产生记录的数据源标签。数据源标签定义没有一定之规，程序员可使用任何有助于表示和区分不同数据源的标签。很多情况下，可以直接使用文件名来作为标签。例如，在上例中可使用顾客文本文件名 Customers 和订单数据文件名 Orders 作为标签。直接使用文件名作为标签的程序可用如下简单的代码加以实现：

```
protected Text generateInputTag(String inputFile)
{
    return new Text(inputFile);
}
```

但是，当一个数据文件目录包含多个文件（如 part-0000，part-0001，等）以致无法直接用文件名时，可以从这些文件名的公共部分或者由程序员自行定义一个标签名：

```
protected  Text  generateInputTag(String inputFile)
{
    // 取 "-" 前的 "part" 作为标签名
    String datasource = inputFile.split('-')[0];
    return new Text(datasource);
}
```

（2）abstract TaggedMapOutput generateTaggedMapOutput（Object value）

该抽象方法用于把数据源中的原始数据记录包装为一个带标签的数据记录。例如，

```
protected  TaggedMapOutput  generateTaggedMapOutput(Object value)
{
    // 设程序员继承实现的 TaggedMapOutput 子类为 TaggedRecordWritable
    // 把 value 所表示的数据记录封装为一个 TaggedMapOutput 对象
    TaggedRecordWritable retv = new TaggedRecordWritable((Text) value);
    // 将 generateInputTag() 方法确定的、存储在 Mapper.inputTag 中的
    // 标签设为数据源标签
    retv.setTag(this.inputTag);
    return retv;
}
```

此外，每个记录的数据源标签可以是由 generateInputTag() 所产生的标签，但需要时也可以通过 setTag() 方法为同一数据源的不同数据记录设置不同的标签。

（3）abstract Text generateGroupKey（TaggedMapOutput aRecord）

该方法主要用于根据数据记录确定具体的连接主键 GroupKey。例如，在顾客和订单数

据记录示例中，把第一个字段 CustomerID 作为连接主键，实现代码如下：

```
protected Text generateGroupKey(TaggedMapOutput aRecord)
{
    String line = ((Text) aRecord.getData()).toString();
    String[] tokens = line.split(",");
    // 取 CustomerID 作为 GroupKey
    String groupKey = tokens[0];
    return new Text(groupKey);
}
```

基于以上介绍，下面列出实现顾客和订单数据连接的完整的 Mapper 代码：

```
public static class MapClass extends DataJoinMapperBase
{
    protected  Text  generateInputTag(String inputFile)
    {
        String datasource = inputFile.split("-")[0];
        // 使用输入文件名作为标签
        return new Text(datasource);
        // 该数据源标签将被 map() 保存在 inputTag 中
    }

    protected  Text  generateGroupKey(TaggedMapOutput aRecord)
    {
        String line = ((Text) aRecord.getData()).toString();
        String[] tokens = line.split(",");
        String groupKey = tokens[0];
        return new Text(groupKey);       // 取 CustomerID 作为 GroupKey(key)
    }

    protected TaggedMapOutput generateTaggedMapOutput(Object value)
    {
        TaggedRecordWritable retv = new TaggedRecordWritable((Text) value);
        retv.setTag(this.inputTag);      // 把一个原始数据记录包装为标签化的记录
        return retv;
    }
}
```

此外，为了能实现数据记录的序列化处理和数据输出，还需要实现抽象类 TaggedMapOutput 的一个子类（设为 TaggedRecordWritable），该子类中必须实现带标签数据记录的输入输出操作，以及从中读取具体的数据记录的操作：

```
public static class TaggedRecordWritable extends TaggedMapOutput
{
    private Writable data;
    public TaggedRecordWritable(Writable data)
    {
        this.tag = new Text("");
        this.data = data;
```

```
    }
    public Writable getData()
    {
        return data;
    }
    public void write(DataOutput out) throws IOException
    {
        this.tag.write(out);
        this.data.write(out);
    }
    public void readFields(DataInput in) throws IOException
    {
        this.tag.readFields(in);
        this.data.readFields(in);
    }
}
```

3. 基类 DataJoinReducerBase 的使用与 Reducer 的实现

系统所提供的抽象基类 DataJoinReducerBase 已经实现了 reduce() 方法。对从 Map 过程输出的带标签和连接主键的数据记录，具有同一 GroupKey 的数据记录将被分区到同一 Reduce 节点上。通过 reduce() 方法，将对这些来自不同数据源、具有同一 GroupKey 的数据记录，自动完成叉积组合处理。然后对每一个叉积组合下的数据记录，程序员需要实现抽象方法 combine() 以告知系统如何具体完成数据记录的合并和连接处理。注意，这里的 combine() 方法与 MapReduce 框架中的 Combiner 类是两个完全不同的东西，请勿混淆。

基于 DataJoinReducerBase 实现 Reducer 的完整程序代码如下，其中主要就是 combine() 方法的实现：

```
public static class ReduceClass extends DataJoinReducerBase
{
    protected TaggedMapOutput combine(Object[] tags, Object[] values)
    {
        if (tags.length < 2) return null;
                            // 一个以下数据源，没有需连接的数据记录
        String joinedData = "";
        for (int i=0; i<values.length; i++)
        {
            if (i > 0) joinedData += ",";
            TaggedRecordWritable trw = (TaggedRecordWritable) values[i];
            String recordLine = ((Text) trw.getData()).toString();
            // 把 CustomerID 与后部的字段分为两段
            String[] tokens = recordLine.split(",", 2);
            if(i==0) joinedData += tokens[0];            // 拼接一次 CustomerID
            joinedData += tokens[1];                     // 拼接每个数据源记录后部的字段
        }
        TaggedRecordWritable retv =
```

```
                        new TaggedRecordWritable(new Text(joinedData));
        retv.setTag((Text) tags[0]);// 把第一个数据源标签设为 join 后记录的标签
        return retv; // join 后的该数据记录将在 reduce() 中与 GroupKey 一起输出
    }
}
```

最后该示例程序的作业配置和执行代码如下：

```
public Class DataJoinDemo
{
    public static void main(String[] args) throws Exception
    {
        Configuration conf = getConf();
        JobConf job = new JobConf(conf, DataJoinDemo.class);
        Path in = new Path(args[0]);
        Path out = new Path(args[1]);
        FileInputFormat.setInputPaths(job, in);
        FileOutputFormat.setOutputPath(job, out);
        job.setJobName("DataJoin");
        job.setMapperClass(MapClass.class);
        job.setReducerClass(Reduce.class);
        job.setInputFormat(TextInputFormat.class);
        job.setOutputFormat(TextOutputFormat.class);
        job.setOutputKeyClass(Text.class);
        job.setOutputValueClass(TaggedRecordWritable.class);
        job.set("mapred.textoutputformat.separator", ",");
        Job.waitForCompletion(true);
    }
}
```

9.7.3　用全局文件复制方法实现 Map 端连接

1. 基本的全局文件复制方法实现 Map 端连接

前述用 DataJoin 类实现的 Reduce 端连接方法中，连接操作直到 Reduce 阶段才能进行，因而很多无效的连接组合数据在 Reduce 阶段才能去除，而这时这些数据已经通过网络从 Map 阶段传送到了 Reduce 阶段，占据了很多的通信带宽。因此，这个方法虽然较为通用，但效率不是很高。

当一个数据源的数据量较小、能够存放在单个节点的内存中时，我们可以使用一个称为"复制连接"（Replicated Join）即全局文件复制的方法，把较小的数据源文件复制到每个 Map 节点上，然后在 Map 阶段完成连接操作。

Hadoop 提供了一个 Distributed Cache 机制，用于将一个或多个文件分布复制到所有节点上。要利用 Distributed Cache，将涉及到以下两部分的编程设置：

（1）Job 类中：

public void addCacheFile（URI uri）：将一个文件存放到 Distributed Cache 文件中。

（2）Mapper 或 Reducer 的 context 类中：

public Path[] getLocalCacheFiles()：获取设置在 Distributed Cache 中的文件路径，以便能将这些文件读入到每个节点中。

用全局文件复制方法实现 Map 端连接的作业配置执行代码如下：

```
Configuration conf = getConf();
Job job = new Job(conf, DataJoinDC.class);
// 将第一个数据源（假定是较小的那个）放置到 Distributed Cache 文件中
Job.addCacheFile(new Path(args[0]).toUri());
Path in = new Path(args[1]);
Path out = new Path(args[2]);
FileInputFormat.setInputPaths(job, in);
FileOutputFormat.setOutputPath(job, out);
job.setJobName("DataJoin with Distributed Cache");
job.setMapperClass(MapClass.class);
job.setNumReduceTasks(0);
job.setInputFormat(KeyValueTextInputFormat.class);
job.setOutputFormat(TextOutputFormat.class);
job.set("key.value.separator.in.input.line", ",");
Job.waitForCompletion(true);
```

然后，Map 端连接的具体实现代码如下。由于在 Map 端即实现了连接，因而示例程序中不再需要实现 Reducer。

```
public static class MapClass extends Mapper<Text, Text, Text, Text>
{
    private Hashtable<String, String> joinData
                           = new Hashtable<String, String>();
    public void setup(Mapper.Context context)    // override setup()
    {   // 将 distributed cache file 装入各个 Map 节点本地的内存数据 joinData 中
        try
        {
            Path [] cacheFiles = context.getLocalCacheFiles();
            if  (cacheFiles != null && cacheFiles.length > 0)
            {
            String line;
            String[] tokens;
            BufferedReader joinReader = new BufferedReader
                    (new FileReader(cacheFiles[0].toString()));
            try
            {   // 以 CustomerID 作为 key，将后部的字段数据存入一个 Hashtable
                // 以便后面使用
                while ((line = joinReader.readLine()) != null)
                {   tokens = line.split(",", 2);
                    joinData.put(tokens[0], tokens[1]);
                }
            } finally {  joinReader.close(); }
        } // end of if
```

```
    } catch (IOException e)
    {
        System.err.println("Exception reading DistributedCache: " + e);
    }
}  // end of setup()

public void map(Text key, Text value, Context context)
                throws IOException, InterruptedException
{
// 将 value 与 joinData 中的相应记录进行 join
    String joinValue = joinData.get(key);
    if (joinValue != null)
    {
        output.collect(key,
        new Text(value.toString() + "," + joinValue));
    }
}
}
```

2. 全局文件复制方法的一个变化使用

即使是两者中较小的数据源文件，也可能仍然无法全部存放在内存中处理。但如果计算问题本身仅需要使用较小数据源中的部分记录，如仅仅需要查询电话区号为 025（南京）地区的顾客的订单信息，此时可先将顾客 Customers 的数据记录进行过滤，仅保留电话区号为 025 的顾客记录，并保存为一个临时文件（如 Customers025）；当这个临时文件数据记录能存放在内存中时，即可使用全局文件复制方法进行处理。

需要做的额外处理是实现一段代码，以便能根据一定的条件过滤 Customers 数据记录、并保存为一个临时文件。

另外一个可能的方法是，对一个大的数据源，可采用分拆为数据子集的方法进行处理。设有两个数据集 S 和 R，较小的数据集 R 可以被分为 R1, R2, R3,……的子集，且每个子集都足以存放在内存中处理，则可以先对每个 Ri 用全局文件复制方法进行与 S 的连接处理，最后将处理结果合并起来（Union），以完成数据集 S 与 R 的连接处理。

9.7.4　带 Map 端过滤的 Reduce 端连接

如果过滤后数据仍然无法存放在内存中处理，我们可采用带 Map 端过滤的 Reduce 端连接方法来处理。

前述 Reduce 端连接的主要问题是，在 Map 端仅仅做了给数据记录打标签和确定连接主键的工作，而大量最终无效的数据记录仍然通过网络传送到了 Reduce 节点。为此，根据过滤条件，我们可以在 Map 端先生成一个仅包含连接主键（如 CustomerID）的过滤文件（如 CustomersIDFile），并将这个临时文件存放在 Distributed Cache 文件中，然后在 Map 端先过滤掉不在这个列表中的所有 Customer 记录和 Order 记录，然后再实现正常的 Reduce 端连接。

9.7.5   多数据源连接解决方法的限制

以上的多数据源连接只能是具有相同主键和外键的数据源间的连接，如果数据源两两之间需要进行多个不同的主键和外键的连接，则无法一次性完成数据源的连接，而需要使用多次 MapReduce 过程完成不同主 / 外键间的连接处理。

例如，设有三个数据源（或数据表）：

Customers（CustomerID 主键）

Orders（OrderID 主键，CustomerID 外键，ItemID 外键），以及

Products（ItemID 主键）

这三个数据表在关系数据库中的连接较为简单：

Select … from Customers C

join Orders O on C.CustomerID=O.CustomerID

join Products P on O.ItemID=P.ItemID

但在 MapReduce 中将需要分两个 MapReduce 作业来完成这 3 个数据源的连接：第一个 MapReduce 作业完成 Customers 与 Orders 的连接，然后，连接后的结果再通过第二个 MapReduce 作业完成与 Products 的连接。

9.8   全局参数 / 数据文件的传递与使用

MapReduce 并行计算框架的一个重要设计原则是，通过程序向数据迁移的方式，尽量做本地化计算，以减少网络传输数据的通信量，提高程序计算性能。因此，大多数情况下每个 Map 或 Reduce 节点都仅仅负责处理本地的数据，不需要考虑在全局范围内共享访问和处理数据。但是，有时候，我们可能会需要让每个节点共享一些重要的计算参数或数据。对于小的计算参数，我们可以通过 Configuration 类来传递；对于较大的数据，我们可以用共享数据文件来进行传递。本节将介绍让所有节点共享全局的计算参数或数据的具体方法。

9.8.1   全局作业参数的传递

为了能让用户灵活设置某些作业参数，避免用硬编码方式在程序中设置作业参数，一个 MapReduce 计算任务可能需要在执行时从命令行输入这些作业参数，并将这些参数传递给各个计算节点。

比如，上一节中两个数据源连接时程序用硬编码方式指定了第 1 个数据字段（CustomerID）为连接主键。但如果要实现一个具有一定通用性的程序、允许任意指定一列字段为连接主键的话，就需要在程序运行时在命令行中指定连接主键所在的数据列或字段名

称。然后该输入参数可以作为一个属性保存在 Configuration 对象中，并允许 Map 和 Reduce
节点从 Configuration 对象中获取和使用该属性值。

Configuartion 类专门提供了以下用于保存和获取属性的方法：

```
public void set(String name, String value)                    // 设置字符串属性
public String get(String name)                                // 读取字符串属性
public String get(String name, String defaultValue)           // 读取字符串属性
public void setBoolean(String name, boolean value)            // 设置布尔属性
public boolean getBoolean(String name, boolean defaultValue)  // 读取布尔属性
public void setInt(String name, int value)                    // 设置整数属性
public int getInt(String name, int defaultValue)              // 读取整数属性
public void setLong(String name, long value)                  // 设置长整数属性
public long getLong(String name, long defaultValue)           // 读取长整数属性
public void setFloat(String name, float value)                // 设置浮点数属性
public float getFloat(String name, float defaultValue)        // 读取浮点数属性
public void setStrings(String name, String... values)         // 设置一组字符串属性
public String[] getStrings(String name, String... defaultValue) // 读取一组字符串属性
```

需要说明的是，setStrings 方法将把一组字符串转换为用“，”隔开的一个长字符串，然
后 getStrings 时再根据“，”自动分拆成一组字符串，因此，在该组中的每个字符串都不能包
“，”，否则会出错。

例如，在前述的顾客和订单数据源连接处理中，如连接主键参数希望通过在命令行中给
出连接主键的列号来进行设置（设该参数在命令行中是第 2 个参数，即 args[2]），则具体的参
数设置代码为：

```
Configuration jobconf = new Configuration();
Job job = new Job(jobconf, MyJob.class);
...
// 将第 1 个输入参数设置为 GroupKeyColIdx 属性
jobconf.setInt("GroupKeyColIdx", Integer.parseInt(args[2]));
......
Job.waitForCompletion(true);
```

然后，可在 Mapper 或 Reducer 类的初始化方法 setup() 中从 Configuration 对象中读出该
属性值：

```
public static class MapClass extends Mapper <Text, Text, Text, Text>
{
    string GroupKeyColIdx;
    public void setup(Mapper.Context context)
    {
        Configuration jobconf = context.getConfiguration();
        GroupKeyName = jobconf.getString("GroupKeyColIdx", "");
                        // 无值时置为空串
    }
```

```
protected  Text  generateGroupKey(TaggedMapOutput aRecord)
{
    String line = ((Text) aRecord.getData()).toString();
    String[] tokens = line.split(",");
    String groupKey = tokens[GroupKeyColIdx];
                                        // 使用了获取的参数避免了硬编码
    return new Text(groupKey);        // 取 CustomerID 作为 GroupKey(key)
}

protected void map(Text key, Text value, Context context)
            throws IOException, InterruptedException
{
    // 需要时继续使用 GroupKeyColIdx 完成数据处理
    ......
    }
}
```

9.8.2 查询全局的 MapReduce 作业属性

程序在需要时可以通过 Configuration 对象，使用预定义的属性名称查询计算作业相关的
信息。表 9-1 列出全局的 MapReduce 作业相关信息，可供各节点程序查询使用：

表 9-1 全局的 MapReduce 作业属性信息及其描述

作 业 属 性	类　　型	属 性 描 述
mapred.job.id	string	作业 ID
mapred.jar	string	在 Jar 目录中的 Jar 文件位置
job.local.dir	string	作业的本地工作目录
mapred.tip.id	string	任务 ID
mapred.task.id	string	任务尝试 ID
mapred.task.is.map	boolean	指明是否为 Map 任务的标记
mapred.task.partition	int	作业内任务分区 ID
map.input.file	string	Mapper 读取数据的文件路径
map.input.start	long	当前 Mapper 的输入分块相对于文件的起始偏移量
map.input.length	long	当前 Mapper 的输入分块的长度（字节数）
mapred.work.output.dir	string	任务的工作输出目录

作业属性信息的读取方法与前述的在 Configuartion 类中设置和读取用户属性的方法一
样，也是通过 Configuartion 类中提供的属性获取方法进行，在属性读取方法中把相应的作业
属性名设置好即可，如：

```
public static class MapClass extends Mapper <Text, Text, Text, Text>
{
    public void setup(Mapper.Context context)
    {
        String JobID;
```

```
        Configuration jobconf = context.getConfiguration();
        // 读取作业 ID，无值时置为空串
        JobID = jobconf.getString("mapred.job.id", "");
    }
    ......
}
```

9.8.3　全局数据文件的传递

如 9.7.3 节"用全局文件复制方法实现 Map 端连接"中的示例那样，有时候一个 MapReduce 作业可能会使用一些较小的、且准备复制到各个节点的数据文件。为此，可以使用 Distributed Cache 文件传递机制，先将这些文件传送到 Distributed Cache 中，然后各个节点从 Distributed Cache 中将这些文件复制到本地的文件系统中使用。具体使用时，为提高访问速度，通常会将这些较小的文件数据读入内存中使用。

要利用 Distributed Cache，将涉及到以下部分的编程设置：

（1）Job 类中：

public void addCacheFile（URI uri）：将一个文件存放到 Distributed Cache 文件中。

（2）Mapper 或 Reducer 的 context 类中：

public Path[] getLocalCacheFiles()：获取设置在 Distributed Cache 文件中的文件路径，以便能将这些文件读入到每个节点中。

在 MapReduce 作业的初始化配置过程中将文件存入 Distributed Cache 的代码如下：

```
Configuration conf = getConf();
Job job = new Job(conf, DataJoinDC.class);
// 将第一个数据源（假定是较小的那个）放置到 Distributed Cache 文件中
Job.addCacheFile(new Path(args[0]).toUri());
Path in = new Path(args[1]);
......
```

然后，从 Mapper 或 Reducer 的 setup() 方法中进行读取文件的初始化处理：

```
public static class MapClass extends Mapper<Text, Text, Text, Text>
{
    private Hashtable<String, String> joinData
                                  = new Hashtable<String, String>();
    public void setup(Mapper.Context context)     // override setup()
    {   // 将 distributed cache file 装入各个 Map 节点本地的内存数据 joinData 中
        try
        {
            Path [] cacheFiles = context.getLocalCacheFiles();
            if (cacheFiles != null && cacheFiles.length > 0)
            {    String line;
                String[] tokens;
                BufferedReader dataReader = new BufferedReader
```

```
                                  (new FileReader(cacheFiles[0].toString())));
                try
                {
                    while ((line = dataReader.readLine()) != null)
                    {      // 读取文件中的数据行
                        ......
                    }
                } finally {  dataReader.close(); }
            }  // end of if
        } catch (IOException e)
        { System.err.println("Exception reading DistributedCache: " + e); }
    }  // end of setup()
}  // end of MapClass
```

9.9　关系数据库的连接与访问

Google 的 MapReduce 技术发表后，曾遭到关系数据库研究者的挑剔和批评，认为 MapReduce 不具有类似于关系数据库中的结构化数据存储和处理能力。为此，Google 和 MapReduce 社区进行了很多努力。一方面，他们设计并提供了类似于关系数据库中结构化数据表的技术（Google 的 BigTable，Hadoop 的 HBase）提供一些粗粒度的结构化数据存储和处理能力；另一方面，为了增强与关系数据库的集成能力，Hadoop MapReduce 设计提供了相应的访问关系数据库的编程接口。本节将介绍如何从关系数据库中读取数据以及如何向关系数据库输出数据的具体编程方法。

9.9.1　从数据库中输入数据

Hadoop 提供了相应的从关系数据库查询和读取数据的接口：

DBInputFormat：提供从数据库读取数据的格式。

DBRecordReader：提供读取数据记录的接口。

虽然 Hadoop 允许用以上接口从数据库中直接读取数据记录作为 MapReduce 的输入，但处理效率较低，而且大量频繁地从 MapReduce 程序中查询和读取关系数据库可能会大大增加数据库的访问负载，因此，DBInputFormat 仅适合读取小量数据记录的计算和应用，不适合数据仓库联机数据分析大量数据的读取处理。

读取大量数据记录一个更好的解决办法是，用数据库中的 Dump 工具将大量待分析数据输出为文本数据文件，并上载到 HDFS 中进行处理。

9.9.2　向数据库中输出计算结果

基于数据仓库的数据分析和挖掘输出结果的数据量一般不会太大，因而可能适合于直接向数据库写入。Hadoop 提供了相应的向关系数据库直接输出计算结果的编程接口：

DBOutputFormat：提供向数据库输出数据的格式。

DBRecordWriter：提供向数据库写入数据记录的接口。

DBConfiguration：提供数据库配置和创建连接的接口。

DBConfiguration 类中提供了一个静态方法创建数据库连接：

```
public static void configureDB (Job job, String driverClass,
                    String dbUrl, String userName, String password)
```

其中，job 为当前准备执行的作业，driverClass 为数据库厂商提供的访问其数据库的驱动程序，dbUrl 为运行数据库的主机的地址，userName 和 password 分别为数据库提供访问的用户名和相应的访问密码。

数据库连接完成后，即可完成从 MapReduce 程序向关系数据库写入数据的操作。为了告知数据库将写入哪个表中的哪些字段，DBOutputFormat 中提供了一个静态方法来指定需要写入的数据表和字段：

```
public static void setOutput (Job job, String tableName, String... fieldNames)
```

其中，tableName 指定即将写入的数据表，后续参数将指定哪些字段数据将写入该表。以下是一段示例代码：

```
Configuration conf = new Configuration();
Job job = new Job(conf, JobClass.class);
// 设置 DBOutPutFormat
job.setOutputFormat(DBOutputFormat.class);
// 建立数据库连接，该例中将建立一个 MySql 数据库的连接
DBConfiguration.configureDB(job, "com.mysql.jdbc.Driver",
                "jdbc:mysql:// db.host.com/mydb", "myname", "mypassword");
// 准备向 Customers 表中写入客户姓名 Name 和电话 PhoneNumber 字段数据
DBOutputFormat.setOutput(job, "Customers", "Name", "PhoneNumber");
```

此外，为了能完成向数据库中的数据写入，程序员还需要实现 DBWritable：

```
public class CustomersDBWritable implements Writable, DBWritable
{
    private string CustomerName;
    private string PhoneNumber;
    public void write(DataOutput out) throws IOException
    {
        out.writeUTF (CustomerName);
        out.writeUTF(PhoneNumber);
    }

    public void readFields(DataInput in) throws IOException
    {
        CustomerName = in.readUTF();
        PhoneNumber = in.readUTF();
    }
```

```
public void write(PreparedStatement statement) throws SQLException
{
    statement.setString(1, CustomerName);
    statement.setString(2, PhoneNumber);
}

public void readFields(ResultSet resultSet) throws SQLException
{
    CustomerName = resultSet.getString(1);
    PhoneNumber = resultSet.getString(2);        }
    // 除非使用 DBInputFormat 直接从数据库输入数据
    // 否则 readFields 方法不会被调用
}
}
```

MapReduce 数据挖掘基础算法

很多大数据分析处理问题最终会落到机器学习和数据挖掘基础算法上来。然而，大数据给很多传统的机器学习和数据挖掘算法带来了很大的挑战。在数据集较小时很多单机机器学习和数据挖掘算法都可以有效工作，但当数据规模较大时，现有的单机算法将难以在可接受的时间开销内完成计算任务。因此，有必要设计实现面向大数据处理的并行化机器学习和数据挖掘算法。虽然 Hadoop 平台提供了一个包含各种机器学习和数据挖掘基础算法的软件工具包 Mahout 可供大家直接编程使用，但是读者对这些工具包所提供的算法是知其然不知其所以然，而且在大数据处理实际应用中，往往需要定制各种改进和优化的并行化机器学习和数据挖掘算法。所以，为了让读者能深度学习和掌握并行化处理问题的分析方法和编程思想方法、并能在需要时设计实现定制的并行化机器学习和数据挖掘算法，本章将详细介绍典型的并行化机器学习和数据挖掘算法的分析和设计实现，包括 K-Means 聚类算法、KNN 最近邻分类算法、朴素贝叶斯分类算法、决策树分类算法、频繁项集挖掘算法以及 HMM（隐马尔科夫）模型和 EM（最大期望）算法。本章所给出的这些基本算法未必是最佳的，主要目的是呈现这些并行化算法的分析和设计方法。

本章所介绍的所有算法均由作者完整实现并提供本书配套网站代码下载。

10.1 K-Means 聚类算法

10.1.1 K-Means 聚类算法简介

聚类分析是数据挖掘以及机器学习领域的重要问题之一。它在模式识别、机器学习以及图像分割等领域有着重要的作用。本小节探讨聚类分析中一种重要的聚类算法——K 均值算法（K-Means Algorithm）。

聚类算法最终的目的之一是将目标集合划分成若干个簇，使得簇内具有较高的相似度而簇与簇之间相对分离。聚类的图示过程见图 10-1，其中有三个明显的簇。

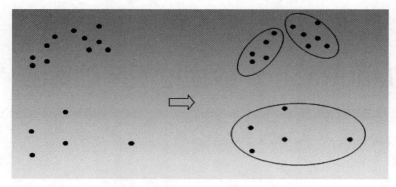

图 10-1　聚类分析示例

K-Means 基本流程为：作为一种基于划分的聚类算法，K-Means 算法首先从原始目标集合中选取 K 个点作为初始的 K 个簇的中心，随后再将每个点指派到离该点最近的簇中心。最后，当所有的点都被划归到一个簇后，我们对簇中心进行更新。簇中心的更新通常是通过计算簇内所有点的均值完成的。不断重复这样的过程直到簇中心收敛或者其他收敛条件满足（通常为迭代次数）。

这里我们需要考虑两个方面的问题：第一个问题是距离度量，也就是如何衡量两个数据点之间的距离。我们需要根据数据点的类型来使用不同的距离度量方法。欧氏空间中我们可以使用欧几里得距离来衡量两个数据点之间的距离；而对于非欧氏空间，我们则有 Jaccard 距离、Cosine 距离、Edit 编辑距离等多种距离度量方法，这需要根据不同的实际应用来选择使用合适的距离度量函数。对于某些特定的应用我们甚至可以自定义特定的距离度量函数。第二个问题是聚类簇中心的表示问题。在首次迭代中通常随机抽取 K 个原始数据点作为最初的 K 个簇中心，而后续的迭代通常通过取属于一个簇的所有点的平均值作为新的簇中心。

下面是整个 K-Means 算法的伪代码。

输入：待聚类的 N 个原始数据点以及待聚类的个数 K

输出：K 个聚类

Begin

　　从原始的数据点中选取 K 个作为原始的簇中心

　　While 终止条件不满足

　　对于数据中的每个点 p，计算其到每个簇中心的距离，并将其划分到相应的簇

　　重新计算每个簇中心

　　EndWhile

End

例如我们有 6 个数据点要划分成 2 个簇，划分过程如图 10-2 所示：

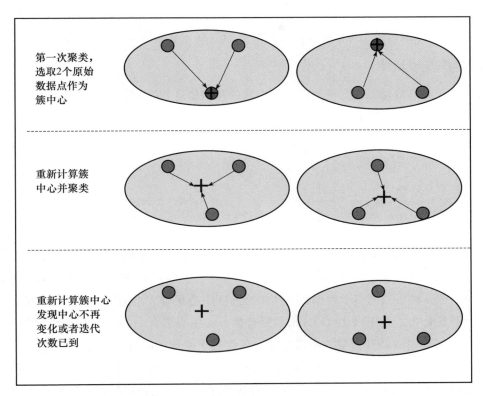

图 10-2　6 个数据点的聚类过程

对于有 N 个样本数据、预期生成 K 个簇的任务来说，K-Means 算法 t 次迭代的时间复杂度为 O(NKt)。不难看出，每次迭代中我们都需要为每个点找出离其最近的簇中心，这一步集中了最多的计算量。由于每个点找到离其最近点的计算是相互独立的，K-Means 这一较好的局部性，使得我们可以利用 MapReduce 并行计算框架挖掘其并行度，以此大幅缩短聚类计算的时间。具体地说，就是集合中的点被分给若干个 Map 节点，这些 Map 节点并行地为每个点找出距离它们最近的中心点。下一节我们按照这个思想设计实现一个 MapReduce 聚类算法。

10.1.2　基于 MapReduce 的 K-Means 算法的设计实现

1. 基本算法步骤

用 MapReduce 实现 K-Means 算法主要分为三个阶段。

1）第一阶段扫描原始数据集合中的所有的点，并随机选取 K 个点作为初始的簇中心。

2）第二阶段各个 Map 节点读取存在本地的数据集，用上述算法生成聚类集合，最后在 Reduce 阶段用若干聚类集合生成新的全局聚类中心。重复第二阶段的过程直到满足结束条件。

3）第三阶段根据最终生成的簇中心对所有的数据元素进行划分聚类的工作。

2. 初始簇中心选择

首先给出簇的数据结构，该类保存一个簇的基本信息如簇 id、中心坐标以及属于该簇的点的个数。其类型定义如下：

```
// Cluster 类的定义
public class Cluster implements Writable
{
    private int clusterID;              // 簇 id
    private long numOfPoints;           // 属于该簇的点的个数
    private Instance center;            // 簇中心点信息
}
```

该类需要实现 Writable 接口，以便可以作为可在节点间传输的数据类型。

然后我们需要随机抽取 K 个点作为初始的簇中心。我们的随机抽取流程为：初始化簇中心集合为空，然后扫描整个数据集。如果当前簇中心集合大小小于 K，则将扫描到的点加入到簇中心集合中，否则以 $1/(1+K)$ 的概率替换掉簇中心集合中的一个点。本节算法主要考虑 K-Means 主要过程的并行化，所以这部分仅仅做了简单的串行化处理，当数据量巨大时，读者也可以考虑将这一部分的处理用 MapReduce 进行并行化。通过这一步我们将产生的簇中心信息写入 Cluster-0 目录下，该目录中的文件作为下一轮迭代时的全局共享信息加入到 MapReduce 的分布共享缓存（Distributed Cache）中作为全局共享数据。

3. 迭代计算簇中心

第二阶段是需要执行多次迭代的阶段，在这一阶段开始之前每个 Map 节点都首先需要在 setup() 方法中读入上一轮迭代中产生的簇的信息，实现代码如下：

（1）读入初始簇中心

读出存放在分布共享缓存中为所有节点共享的初始簇中心数据。

```
// 读入初始簇信息
protected void setup(Context context)
                throws IOException,InterruptedException
{
    super.setup(context);
    FileSystemfs = FileSystem.get(context.getConfiguration());
    FileStatus[] fileList=fs.listStatus(new Path(context.getConfiguration().get("clusterPath")));
    BufferedReader in = null;
    FSDataInputStream fsi = null;
    String line = null;
```

```
for(int i = 0; i<fileList.length; i++){
    if(!fileList[i].isDir()){
        fsi = fs.open(fileList[i].getPath());
        in = new BufferedReader(new InputStreamReader (fsi,"UTF-8"));
        // 每一行都是一个簇信息
        while((line = in.readLine()) != null){
            Cluster cluster = new Cluster(line);
            cluster.setNumOfPoints(0);
            kClusters.add(cluster);
        }
    }
}
in.close();
fsi.close();
}
```

（2）Map 方法的实现

Map 方法需要为每个传入的数据点找到离其最近的簇中心，并且将簇中的 id 作为键，该数据点作为值发射出去，表示这个数据点属于 id 所在的簇。Map 实现代码如下：

```
// 判断每个点属于哪个中心，将判断结果发送出去
public void map(LongWritable key, Text value, Contextcontext)
                throws IOException, InterruptedException
{
    Instance instance = new Instance(value.toString());
    int id;
    try { // 获得最近的簇 id
        id = getNearest(instance);

        if(id == -1)
                throw new InterruptedException("id == -1");
        else{
            Cluster cluster = new Cluster(id, instance);
            cluster.setNumOfPoints(1);
            // 获得最近的簇 id 后将其发送出去
            context.write(new IntWritable(id), cluster);
        }
    } catch (Exception e)
    {   // TODO Auto-generated catch block
        e.printStackTrace();
    }
}
```

（3）Combiner 的实现

为了减轻网络数据传输开销，我们在 Map 端利用 Combiner 来对 Map 端产生的结果做一次归并，这样既减轻了 Map 向 Reduce 端的数据传输开销，同时也减轻了 Reduce 端的计算开销。这里我们需要注意的是，Combiner 输出的键和值的类型必须和 Map 输出的键和值的类型

相同。在 Reduce 程序中，我们根据属于同一个簇的所有点的信息计算出这些点的临时中心，这里以简单求均值的方法实现，即将簇中所有点相加除以该簇中此时所含有的所有点的个数。

```
// 综合 map 发送的信息更新簇中心信息
public static class KMeansCombiner extends Reducer
            <IntWritable,Cluster,IntWritable,Cluster>
{
    public void reduce(IntWritable key, Iterable<Cluster> value,
                Context context) throws IOException, InterruptedException
    {
        Instance instance = new Instance();
        intnumOfPoints = 0;
        // 统计属于一个簇的所有点的信息
        for(Cluster cluster : value){
            numOfPoints += cluster.getNumOfPoints();
            Instance=instance.add(cluster.getCenter()
                                    .multiply(cluster.getNumOfPoints()));
        }
        // 更新簇信息
        Cluster cluster = new Cluster(key.get(),instance.divide(numOfPoints));
        cluster.setNumOfPoints(numOfPoints);
        context.write(key, cluster);
    }
}
```

（4）Reducer 的实现

Reduce 阶段和 Combiner 所做几乎一样，其将 Combiner 的输出结果进行进一步的归并输出，这里就不再赘述。第二阶段是一个多次迭代逐步逼近最终的聚类中心的过程，因此，需要重复本步骤的处理，直到所求得的聚类中心不再发生变化为止。

4. 按照最终的聚类中心划分数据

在第三阶段，获得了最终的聚类中心后，我们需要依据所获得的聚类中心，扫描所有数据集合，将每个数据点划分到距离最近的聚类中心即可。

10.2 KNN 最近邻分类算法

10.2.1 KNN 最近邻分类算法简介

K 最近邻（K Nearest Neighbors, KNN）算法的思想较为简单。该算法认为有着相同分类号的样本相互之间也越相似，因而我们可以通过计算待预测样本和已知分类号的训练样本之间的距离来判断该样本属于某个已知分类号的概率，并选取概率最大的分类号作为待预测样本的分类号。

KNN 分类算法作为一种懒惰分类算法，其模型的建立直到待预测实例进行预测时才开始。输入一个待预测样本，我们计算它与每个训练样本的距离，获得离它最近的 K 个训练样本实例，然后根据这 K 个训练样本实例的分类号，用某种"投票"模型计算得到该待预测样本的分类号，或者直接选取 K 个分类中概率最大的分类值作为待预测样本的分类结果。

通常情况下，我们可以将这 K 个训练样本实例中出现次数最多的分类号作为此样本的分类号。也可以通过赋予不同的权值进行判断，例如根据距离的远近赋予不同的权值，具体的方法可以视具体的应用需求而定。和 K-Means 相似，距离度量需要根据具体的应用来使用不同的距离度量模型。图 10-3 给出了 KNN 分类的示例。

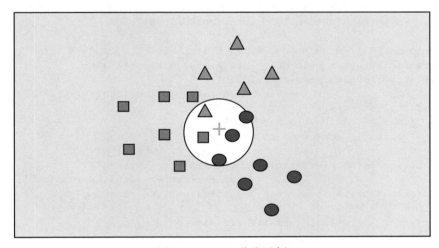

图 10-3　KNN 分类示例

图 10-3 中所有的训练样本共有三种不同的分类号，当给定一个新的待分类的样本时，我们计算出该待预测样本与所有训练样本的距离并获得与其最近的 K 个样本，然后根据这 K 个训练样本的分类号来确定该待预测样本的分类号。

图 10-3 中我们找出了离待分类样本最近的五个训练样本，这五个"邻居"中有三个为圆，如果我们按照邻居的分类号进行"投票"的话，则可以将该样本分类为圆。

10.2.2　基于 MapReduce 的 KNN 算法的设计实现

类似于上一节 K-Means 算法的实现，我们不难设计 KNN 算法的 MapReduce 实现。我们这里给出简单的实现框架。这里有一个假设是训练集相对较小、可以作为缓存文件在每个节点上共享。

每个 Map 任务开始之前调用 setup() 方法读入缓存文件中的所有训练样本集合存放在本地数据结构中。map() 方法获得的主键 key 为待分类样本在文件中的偏移量，值为该样本的文本表示。随后计算与该样本最近的 K 个训练样本，获得它们的分类号并将其加入到线性表 list 中，然后将键值对 (offset, list) 发射出去。这里我们将偏移量作为 key，是因为在一个文件中一个训练样本的偏移量是唯一的。但这也就要求我们的输入文件只能有一个,因为多个输入文件可能会出现不同样本偏移量相同的情况。另一个处理办法是,每个训练样本分配一个唯一的 ID 号(如顺序编号)作为该样本的 key。

1. Map 方法的实现

Map 方法的实现代码如下:

```
// 寻找与每个待分类样本最近的 k 个训练样本的类标号
public void map(LongWritable textIndex, Text textLine, Context context)
          throws IOException, InterruptedException
{
    // distance 存储当前最近的 k 个距离的值,trainLable 存储对应的类标号
    ArrayList<Double> distance = new ArrayList<Double>(k);
    ArrayList<DoubleWritable>trainLable =
                         new ArrayList<DoubleWritable>(k);
    for(int i = 0;i<k;i++){
        distance.add(Double.MAX_VALUE);
        trainLable.add(new DoubleWritable(-1.0));
    }
    ListWritable<DoubleWritable>lables=  new ListWritable
                            <DoubleWritable> (DoubleWritable.class);
    Instance testInstance = new Instance(textLine.toString());
    // 更新最近的 k 个中心列表
    for(int i = 0;i<trainSet.size();i++){
        try {
            double dis = Distance.EuclideanDistance(
                            trainSet.get(i).getAtrributeValue(),
                            testInstance.getAtrributeValue());
            int index = IndexOfMax(distance);
            if(dis <distance.get(index)){
                distance.remove(index);
                trainLable.remove(index);
                distance.add(dis);
                trainLable.add(new DoubleWritable
                            (trainSet.get(i).getLable()));
            }
        } catch (Exception e) {
            // TODO Auto-generated catch block
            e.printStackTrace();
        }
    } // end of for
    lables.setList(trainLable);
    context.write(textIndex, lables);
} // end of map()
```

Reduce 阶段的任务则是从待分类样本所获得的所有 K 个分类号获得出现频率最高的分类号作为该样本分类号,因为 Map 阶段的主键为对应待分类样本在文件中的偏移值,其在

Map 阶段完成时会被 MapReduces 框架自动排序，所以 Reduce 阶段输出的分类号就对应了待分类样本在原文件中的顺序。

2. Reduce 方法的实现

Reduce 方法的实现代码如下：

```
// 根据最近的 k 个类标号判断该样本的类别
public void reduce(LongWritable index,
                    Iterable<ListWritable<DoubleWritable>>kLables,
                    Context context)
            throws IOException, InterruptedException
{
    DoubleWritable predictedLable = new DoubleWritable();
    for(ListWritable<DoubleWritable>val: kLables){
        try {
            // 一个键只可能有一个 list
            predictedLable = valueOfMostFrequent(val);
            break;
        } catch (Exception e) {
            // TODO Auto-generated catch block
            e.printStackTrace();
        }
    }
    context.write(NullWritable.get(), predictedLable);
}
```

需要说明的是，本节所实现的算法中是选取了出现频度最大的分类作为待分类样本的分类号。实际应用中可以使用不同的方法来确定最终的分类号。

10.3　朴素贝叶斯分类算法

10.3.1　朴素贝叶斯分类算法简介

在介绍这个算法之前，先来回顾一下概率的相关知识。

在一个论域中，某事件 A 发生的概率用 $P(A)$ 表示，事件的条件概率 $P(A|B)$ 的定义为：在事件 B 已经发生的前提下事件 A 发生的概率。其计算式如公式（10-1）所示：

$$P(A|B) = \frac{P(AB)}{P(B)} = \frac{P(A)*P(B|A)}{P(B)} \qquad （10\text{-}1）$$

公式（10-1）称作贝叶斯定理。以下讨论这个公式在分类算法上的应用。

我们知道，分类问题是，给定已知的一组类 $Y_1, Y_2, \cdots, Y_k$ 以及一个未分类样本 X，判断 X 应该属于 $Y_1, Y_2, \cdots, Y_k$ 中的哪一个类。如果利用贝叶斯定理，问题也可以转换成：若 X 是一个样本，那么 X 属于这 k 个类中的哪一个的概率最大。

将贝叶斯定理变一下形，便能得到上述分类问题的计算公式：

$$P(Y_i \mid X) = \frac{P(Y_i) * P(X \mid Y_i)}{\sum_{i=1}^{k} P(Y_i) * P(X \mid Y_i)} = \frac{P(Y_i) * P(X \mid Y_i)}{P(X)} \qquad (10\text{-}2)$$

下面分析一下朴素贝叶斯分类问题和基本计算过程。

设每个数据样本用一个 n 维特征向量来描述其 n 个属性的值，即：$X = \{x_1, x_2, \cdots, x_n\}$。假定有 m 个类，分别用 $Y_1, Y_2, \cdots, Y_m$ 表示。给定一个未分类的数据样本 X，若朴素贝叶斯分类时未分类样本 X 落入分类 Y_i，则一定有 $P(Y_i \mid X) \geqslant P(Y_j \mid X)$，$1 \leqslant j \leqslant m$。

根据贝叶斯定理（公式（10-2）），由于未分类样本 X 出现的概率 $P(X)$ 对于所有分类为定值，因此只需计算 $P(Y_i \mid X)$ 相对值大小，所以概率 $P(Y_i \mid X)$ 可转化为计算 $P(X \mid Y_i)P(Y_i)$。

如果样本 X 中的属性 x_j 有相关性，计算 $P(X \mid Y_i)$ 将非常复杂，为此，通常假设 X 的各属性 x_j 是互相独立的，这样 $P(X \mid Y_i)$ 的计算可简化为求 $P(x_1 \mid Y_i)$，$P(x_2 \mid Y_i)$，$\cdots$，$P(x_n \mid Y_i)$ 之积；而每个 $P(x_j \mid Y_i)$ 和 $P(Y_i)$ 都可以从训练数据集求得。

据此，对一个未知分类的样本 X，可以先分别计算出 X 属于每一个分类 Y_i 的概率 $P(X \mid Y_i)$ $P(Y_i)$，然后选择其中概率最大的 Y_i 作为其分类。

根据以上的分析过程，朴素贝叶斯分类算法分为两个阶段：样本训练阶段和未分类样本的分类预测阶段。

根据前述的思路，判断一个未分类测试样本属于哪个类 Y_i 的核心任务成为：根据训练数据集计算 Y_i 出现的频度和所有属性值 x_j 在 Y_i 中出现的频度。

训练时，需要计算每个分类 Y_i 出现的频度，记为 FY_i（即 $P(Y_i)$），以及每个属性值 x_j 出现在 Y_i 中的频度，记为 F_xY_{ij}（即 $P(x_j \mid Y_i)$）。

分类预测时，对一个未分类的测试样本 X，针对其包含的每个具体属性值 x_j，根据从训练数据集计算出的 F_xY_{ij} 进行求积得到样本 X 对于 Y_i 的条件概率 F_xY_i（即 $P(X \mid Y_i)$），再乘以 FY_i 即可得到 X 在各个 Y_i 中出现的频度 $P(X \mid Y_i)P(Y_i)$，取得最大频度的 Y_i 即为 X 所属的分类。

10.3.2　朴素贝叶斯分类并行化算法的设计

为了基于 MapReduce 实现并行化的朴素贝叶斯分类算法，我们需要分析哪些部分可以并行，而结果又如何汇总。

首先通过比较容易发现，训练过程中，统计两个频度 FY_i 和每个属性值 x_j 出现在 Y_i 中的频度 F_xY_{ij} 可以在 Map 阶段实现，而对应的 Reduce 过程只是简单将各节点的统计频度汇总一下即可。

接下来，分类过程中，因为各未分类样本之间的计算互不影响，所以每个未分类样本的分类预测计算过程可以使用 Map 逐个处理，而 Map 之后的结果可以直接输出，所以就不需要 Reduce 过程了。并且，对未分类样本 X 进行分类测试的过程就变成查询前述样本训练过程所产生的两个频度表的处理。综上所述，整个算法的伪代码如下。

1. 训练算法设计

（1）训练算法的 Mapper 伪代码

```
// 输入数据：整个训练样本数据集
// 输出数据：各 Map 节点输出的局部频度数据 FYi 和 FxYij
class TrainMapper
{
    map(key, TR)            // TR 为一个训练样本，
                            // 由一个样本标识 trid、属性 X 以及分类值 y 组成
    {
        TR->trid, X, y
        emit(y, 1)
        for j=0 to X.length
        {   X[j] -> 属性名 xnj 和属性值 xvj
            emit(<y, xnj, xvj>, 1)
        }
    }
}
```

（2）训练算法的 Reducer 伪代码

```
// 输入数据：Map 节点输出的局部频度数据 FYi 和 FxYij
// 输出数据：全局的频度数据 FYi 和 FxYij
class TrainReducer
{
    reduce(key, value_list)
    {
        // key 或为分类标记 y，或为 <y, xnj, xvj>
        // value_list 中的每个值是 key 出现的次数
        // 累加后即为 FYi 或者 FxYij
        // reduce 只是简单地汇总两个频度即可
        sum =0
        while(value_list.hasNext())
        sum += value_list.next().get();
        emit(key, sum)
    }
}
```

Reduce 完成后，FY_i 和 F_xY_{ij} 频度数据将输出并保存到 HDFS 文件中。

2. 分类预测算法设计

分类预测算法的 Mapper 伪代码如下：

```
// 输入数据：测试样本数据集
// 输出数据：各测试样本及其分类结果
class TestMapper
{
    分类频度表 FY  数组定义;
    属性频度表 FxY 数组定义;
```

```
setup(…)
{
    // 初始化时读取从训练数据集得到的频度数据
    // 分别装入频度表 FY 和 FxY 供各个 map 节点共享访问
    分类频度表 FY = { (Yi，每个 Yi 的频度 FYi) }
    属性频度表 FxY = { (<Yi, xnj, xvj>，出现频度 FxYij ) }
}
map(key, TS)    // TS 为一个测试样本，由标识 tsid 和属性 X 构成
{
    TS->tsid, X
    MaxF = MIN_VALUE; idx = -1;
    for (i=0 to FY.length)
    {   FXYi = 1.0;
        Yi = FY[i].Yi;
        FYi = FY[i].FYi;
        for (j=0 to X.length)
        {   xnj = X[j].xnj;
            xvj = X[j].xvj
            根据 <Yi, xnj, xvj> 扫描 FxY 表，取得 FxYij
            FXYi = FXYi * FxYij;
        }
        // 执行到此的时候，FXYi 等价于公式中的 P(X|Yi)
        if(FXYi* FYi > MaxF)  { MaxF = FXYi*FYi;  idx = i; }
    } // end of for
    emit(TS, FY[idx].Yi);
}
}
```

10.3.3 朴素贝叶斯分类并行化算法的实现

根据以上介绍的算法设计过程，具体的算法编码实现如下。

1. 训练算法的实现

（1）训练算法的 Mapper 实现

```
public static class TrainMapper
            extends Mapper<Object, Text, Text, IntWritable>
{
    public NaiveBayesConf nBConf;
    private final static IntWritable one = new IntWritable(1);
    private Text word;

    // 此函数要获取分类信息，包括一组分类的名字和训练样本的每个属性的名字
    public void setup(Context context)
    {
        try{
            nBConf = new NaiveBayesConf();
            Configuration conf = context.getConfiguration();
```

```
            nBConf.ReadNaiveBayesConf(conf.get("conf"), conf);
        }
        catch(Exception ex)
        {
            ex.printStackTrace();
            System.exit(1);
        }
    }
    // 训练过程的 map ( ) 方法
    public void map(Object key, Text value, Context context)
                throws IOException, InterruptedException
    {
        Scanner scan = new Scanner(value.toString());
        String str, vals[], temp;
        int i;
        word = new Text();
        while(scan.hasNextLine())
        {
            str = scan.nextLine();
            vals = str.split(" ");
            word.set(vals[0]);
            context.write(word, one); // 输出 <y,1>
            for(i = 1; i<vals.length; i++)
            {
                word = new Text();
                temp = vals[0] + "#" + nBConf.proNames.get(i-1);
                // 上面一句是获取属性名字
                temp += "#" + vals[i];
                word.set(temp);
                context.write(word, one); // 输出 <y#xnj#ynj, 1>
            }
        }// end of while
    }// end of map()
}// end of class mapper
```

（2）训练算法的 Reducer 实现

```
public static class TrainReducer
                extends Reducer<Text,IntWritable,Text,IntWritable>
{
    private IntWritable result = new IntWritable();
    // 训练过程的 reduce () 方法

    public void reduce(Text key, Iterable<IntWritable> values,
                                Context context)
            throws IOException, InterruptedException
    {
        // 整个函数就是汇总输出
        int sum = 0;
        for (IntWritable val : values)
```

```
            {
                sum += val.get();
            }
            result.set(sum);
            context.write(key, result);
        } // end of reduce()
} //end of class reducer
```

2. 分类预测算法的 Mapper 实现

```
public static class TestMapper
                extends Mapper<Object, Text, Text, Text>
{
    public NaiveBayesConf nBConf;
    public NaiveBayesTrainData nBTData;
    public void setup(Context context)
    {
        try{
            Configuration conf = context.getConfiguration();

            nBConf = new NaiveBayesConf();
            nBConf.ReadNaiveBayesConf(conf.get("conf"), conf);
            // 获得频度数据，这个函数是通过在 HDFS 中临时存储实现的
            nBTData = new NaiveBayesTrainData();
            nBTData.getData(conf.get("train_result"), conf);
        }
        catch(Exception ex)
        {
            ex.printStackTrace();
            System.exit(1);
        }
    }
    // 分类预测 map() 方法
    // 此函数中代码对应的伪代码用注释标在语句后面
    public void map(Object key, Text value, Context context)
                throws IOException, InterruptedException
    {
        Scanner scan = new Scanner(value.toString());
        String str, vals[], temp;
        inti,j,k,fxyi,fyi,fyij,maxf,idx;
        Text id;
        Text cls;

        while(scan.hasNextLine())
        {
            str = scan.nextLine();
            vals = str.split(" ");
            maxf = -100; // MaxF = MIN_VALUE
            idx = -1;       // idx = -1
```

```
          for(i = 0; i<nBConf.class_num; i++)
              // for(i=0 to FY.length)
          {
              fxyi = 1;
              String cl = nBConf.classNames.get(i);
            // Yi = FY[i].Yi
              Integer integer = nBTData.freq.get(cl);
              if(integer == null)
                  fyi = 0;
              else
                  fyi = integer.intValue(); // FYi = FY[i].FYi
              for(j = 1; j<vals.length; j++) // for(j=0 to A.length)
              {
                  temp = cl + "#" + nBConf.proNames.get(j-1) \
                         + "#" + vals[j];
                  // 上句，获得 xnj 与 ynj
                  integer = nBTData.freq.get(temp);
                  // 扫描 FxY 表，取得 FxYij
                  if(integer == null)
                      fyij = 0;
                  else
                      fyij = integer.intValue();
                  fxyi = fxyi*fyij; // FXYi = FXYi*FxYij
              }
              if(fyi*fxyi>maxf) // 之后的 if 操作
              {
                  maxf = fyi*fxyi;
                  idx = i;
              }
          }
          id = new Text(vals[0]);
          cls = new Text(nBConf.classNames.get(idx));
          context.write(id, cls); // emit(tsid, FY[idx].yi)
      }// end of while
  }// end of map()
} // end of class mapper
```

3. 程序的编辑执行

此程序的全部文件和代码见本书网站代码附录。

程序编译命令如下：

```
javac *.java
```

打成 jar 包：

```
jarcvf NaiveBayes.jar *.class
```

程序运行命令如下：

```
hadoop jar NaiveBayes.jar NaiveBayesMain\
    <dfs_path><conf><train><test><out>
```

参数含义见表 10-1：

表 10-1　程序运行参数含义

参　数　名	含　　义
<dfs_path>	数据在 HDFS 上的存储路径
<conf>	配置文件路径
	配置文件中有两行，第一行是每个分类的名称，
	第二行，每两个一组，每组的第一个字符串是属性名，
	第二个是取值范围（这里没用）
<train>	训练集文件
<test>	测试集文件
<out>	输出路径

以下给出一个命令实例，这是我们调试时的运行命令，具体的文件见本书网站代码附录：

```
hadoop jar NaiveBayes.jar NaiveBayesMain \
    /user/data/naivebayes/ NBayes.confNBayes.trainNBayes.test\
    NBayes.out
```

另外，在调试程序的过程中，不可避免地要用到 System.out.println，System.err.println，exception.printStackTrace 等过程来输出变量的值或者异常信息，方便程序员检查。如果是在 main 函数中，那么可以直接在运行的终端下查看结果；如果是在 Map 或者 Reduce 中调用，那么就必须到 JobTracker 的网页该作业对应的 Map 和 Reduce 过程页面下查看。这样比起直接在终端下查看确实麻烦很多，但是，也不失为一种方法。一般情况下，可以先在自己的机器上建立单机 Hadoop 环境，把程序写好，然后再放到集群上运行检验实际执行结果。

10.4　决策树分类算法

10.4.1　决策树分类算法简介

分类是数据挖掘中的一个重要课题，决策树算法因为构造速度快、结构简单、分类准确度高等优点在数据挖掘领域受到了广泛的关注。决策树是以实例为基础的归纳学习算法。它从一组无次序、无规则的元组中推理出决策树表示形式的分类规则。它采用自顶向下的递归方式，在决策树的内部节点进行属性值的比较，并根据不同的属性值从该节点向下分支，叶节点是要学习划分的类。从根节点到叶节点的一条路径就对应着一条合取规则，整个决策树就对应着一组析取表达式规则。在决策树算法研究方面，1986 年 Ross Quinlan 提出了著名的 ID3 算法，在 ID3 算法的基础上，1993 年 Quinlan 又提出了 C4.5 算法。为了适应处理大规模数据集的需要，后来又提出了若干改进的算法，比如 SLIQ（supervised learning in quest）和 SPRINT(scalable parallel induction of decision trees）算法。决策树的基本思想是贪心算法，它以自顶向下递归和各个击破的方式构造出整棵决策树。决策树分类算法的种类繁多，但是其基本工作流程很类似，下面我们以一种经典的决策树算法—ID3 为例介绍决策树算法及其基于 MapReduce 的并行化策略。

设 S 是 s 个数据样本的集合。假定类标号属性具有 m 个不同值，定义 m 个不同类 C_i（$i = 1, 2, \cdots, m$）。设 s_i 是类 C_i 中的样本数。ID3 决策树算法的基本流程如下：

1）创建一个决策树中的分类节点（第一个节点为根节点）。如果发现这时候输入给该节点的所有的样本都在同一类，则算法停止，并把该节点改成树叶节点，并用该类进行标记（该标记即为该类的编号）。

2）否则，选择一个能够最好地将该训练集分类的属性，并以该属性作为该节点的测试属性（即进一步区分各个样本的属性）。

3）对测试属性中的每一个值，创建相应的一个分支，并继续据此划分输入样本。

4）使用同样的流程，自顶向下地递归，直到满足下面三个条件中的一个停止递归。

　　a）给定节点的所有输入样本都属于同一类。

　　b）不再有剩余的属性可以用来划分。

　　c）给定的分支已没有输入样本。

在第 2 步中，对于一个节点，我们需要选取出其测试属性，即最能够将输入给它的训练集划分开来的属性。有很多种计算出测试属性的方法，大多是基于信息熵的理论，常用属性度量标准有以下几种：信息增益、增益率以及 GINI 指标。

其中，信息增益是 ID3 使用的属性选择度量，在节点 N 存放的 D 的元组（D 为输入给该节点的训练样本），选择最高信息增益的属性作为 N 的分裂属性。该属性使结果划分中的元组分类所需的信息量最小，并反映这些划分中的最小随机性或"不纯性"。对于 D 元组分类所需的期望信息：

$$\text{Info}(D) = -\sum_{i=1}^{m} p_i \log_2(p_i) \tag{10-3}$$

其中，p_i 是 D 中任意元组属于类 C_i 的概率，并用 $|C_{i,D}|/|D|$ 估计。

基于按属性 A（v 个不同值）划分对 D 的元组分类所需要的期望信息：

$$\text{Info}_A(D) = -\sum_{j=1}^{v} \frac{|D_j|}{|D|} \times \text{Info}(D_j) \tag{10-4}$$

信息增益为原来的信息需求与新的需求之间的差：

$$\text{Gain}(A) = \text{Info}(D) - \text{Info}_A(D) \tag{10-5}$$

本算法中采用增益率度量标准。增益率在选取属性时避免了信息增益中对大量值属性的偏倚，从而提高了决策树的分类准确率。它定义了一个分裂信息：

$$\text{SplitInfo}_A(D) = -\sum_{j=1}^{v} \frac{|D_j|}{|D|} \times \log_2 \frac{|D_j|}{|D|} \qquad (10\text{-}6)$$

由公式（10-5）、公式（10-6）进一步得到增益率，并选取具有最大增益率的属性作为分裂属性：

$$\text{GainRatio}_A(A) = \frac{\text{Gain}(A)}{\text{SplitInfo}(A)} \qquad (10\text{-}7)$$

为了便于理解该算法的原理并配合下面的并行化方案的叙述，我们以一个数据集作为描述示例，数据集如表 10-2 所示。它记录了不同的顾客对某个商品是否购买的结果。分类的目的就是根据某一位顾客的属性，如年龄、收入、是否学生以及信用度等，来判断这一位顾客是否会购买某产品。

表 10-2   顾客数据训练集

rid	age	income	student	credit	buy
1	youth	high	no	fair	no
2	youth	high	no	excellent	no
3	middle	high	no	fair	yes
4	senior	medium	no	fair	yes
5	senior	low	yes	fair	yes
…	…	…	…	…	…

根据上面的算法描述，构造一棵决策树从根节点开始，不断地分治、递归、生长，直至得到最后的结果。根节点处的输入代表整个训练样本集，在每个节点通过对某个属性的测试验证，算法将递归地把训练数据集分成更小的数据集进行后续迭代轮中的计算。最终，某一节点对应的子树对应着原训练数据集中满足某一属性测试的部分数据集。整个计算的递归过程将一直进行下去，直到某一节点对应的子树所对应的数据集都属于同一个类为止。顾客数据集对应得到的决策树如图 10-4 所示。

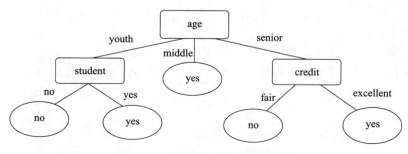

图 10-4   顾客数据训练产生的决策树

以上就是传统决策树算法的一些介绍。目前，随着数据信息量爆炸性的增长，大规模数据处理任务很难由一般的单机系统在可接受的时间内完成，因而传统的基于单机内存的决策树算法在处理海量数据时性能较差、甚至无法完成处理。为了解决该问题，下面我们将介绍一种基于 MapReduce 的并行化决策树算法。

10.4.2 决策树并行化算法的设计

1. 决策树并行化算法的基本设计思路

MapReduce 并行计算框架通过 Map 和 Reduce 两个阶段实现大规模数据的并行化处理，使得大规模数据集可以在普通机器集群上实现并行运算。通过分析该算法可知，属性选择度量在每一轮的决策树生成阶段是最为关键的任务，选取最佳分裂属性是整个决策树生成中占用计算机资源最大的阶段。因此，如何利用 MapReduce 框架对这个阶段进行最大化的并行计算是决策树算法并行化的突破口。

考虑到信息增益率计算是基于属性间相互独立的特点，我们可以利用 MapReduce 并行地统计计算增益率所需要的各个属性的相关信息，最后在构造决策树的主程序中利用这些统计好的信息快速地计算出属性的增益率，并选取最佳分裂属性。

整个算法的具体设计分为以下几个部分。

2. 决策树主程序设计

与本章前述几节介绍的几个并行化数据挖掘算法不太一样，由于决策树算法需要在决策树结构上不断逐层迭代，因此，程序实现上首先需要有一个复杂的主体控制程序。

决策树的主体控制程序主要负责完成两个功能：1）执行构造决策树的串行算法（在本算法示例中是简化版的 ID3 算法），2）在决策树构造算法需要计算信息增益率时，调用 MapReduce 过程在大规模的训练样本上进行统计，获得各个属性的统计信息，然后利用这些信息计算出属性的信息增益率。因此，在实现主程序时主要由两个模块组成，分别完成决策树构造算法和 MapReduce 过程的调用。下面分别介绍这两部分的实现思路。

传统的串行决策树构造算法一般采用深度优先的策略生成决策树，即在生成一个节点后，会继续深入构造该节点的子节点。而在 MapReduce 并行化决策树生成算法中，采用的是基于广度优先的生成策略。之所以选择使用广度优先策略，是因为一次 MapReduce 作业的执行开销很大，因此我们希望通过一次 MapReduce 作业执行统计尽可能多的节点的信息，以减少调用 MapReduce 过程的次数。在本算法中，决策树将通过多次迭代过程分层地生成。第一轮迭代过程计算出根节点的最佳分裂属性，然后对根节点进行分裂，产生第二层的节点。第二轮迭代则对第二层中可以分裂的节点进行统计和计算，计算出它们的最佳分裂属性，然后分裂，产生第三层的节点。一直重复此过程，直到不再产生可以分裂的节点，即某轮迭代产生的所有新节点都满足终止条件，则决策树生成算法运行结束。因为只是在节点的处理顺序上有差别，其他步骤完全相同，根据 ID3 算法本身的过程，可以证明基于广度优先策略的 ID3 算法和基于深度优先策略的 ID3 算法具有同样的输出结果。

在决策树的生成过程中，每一个树的节点都可以由一个判断规则来指定，例如在图 10-4 中的树中，处于最左边的那个叶节点可以由 (age=youth & student=no) 这个划分条件唯一指定，因此在算法的实现过程中，我们也把决策树中的节点称为由某个划分条件指定的节点。给出一个划分条件，那么在决策树中就能找到与其对应的中间节点。

整个决策树主控程序的流程见图 10-5。在每一轮迭代中，都会将上一轮迭代产生的新一层树节点的划分规则（这些划分规则保存在一个队列中）写入 HDFS 的文件中。然后调用 MapReduce 过程在大规模训练样本上进行统计。其主要统计的内容是落入各个决策树节点的训练样本在不同的属性和类标号上的取值情况。然后决策树算法主控程序会从 HDFS 中读取 MapReduce Job 输出的统计信息，并将这些信息转化为若干个哈希表中保存起来。

在获得统计信息以后，对于当前层的每一个节点，主控程序会根据哈希表中保存的统计信息，计算出每个节点的最佳分裂属性，然后对每个节点进行分裂。对于新分裂出的子节点，主控程序会检查其是否满足终止条件，如果满足终止条件，则将其作为叶子节点写入决策树模型；否则将其加入下一层节点的队列中保存起来，在后一轮迭代中进行计算。对于每个节点的处理流程，可以见图 10-6 的流程图。

在主控程序中，主要通过两个划分条件队列保存树节点信息。一个队列 currentQueue 保存当前正在处理的层的树节点的划分条件，另一个队列 newQueue 保存下一层的树节点的划分条件。每个队列中的划分条件都有一个临时的 ID 号 nid，其取值为该条件在队列中的位置（1，2，…,|Q| 队列长度）。这个临时的 nid 号，将在 MapReduce 过程中用于区分各个不同的树节点。

最终，根据本节的设计思想，对于表 10-2 给出的顾客数据训练集，可以得出如图 10-4 所示的该训练数据集产生的决策树。这里介绍的并行算法的思路和串行算法在功能和理论上都是等价的，因此该决策树与串行算法得出的结果也是一样的。

3. Map 阶段设计

在生成决策树时，Map 阶段的主要任务是对输入的大规模训练样本按照决策树中某一层节点的划分条件进行切分，这里的划分条件就是该树节点在决策树中已经生成的路径。在本算法中决策树路径的构造方法是基于层次切分数据的广度优先策略。

假设对输入的待划分的训练集 D，划分在决策树的同一层的 n 个节点为：D_1，D_2，…，D_n，则必定满足：$D–D'=D_1 \cup D_2 \cup \cdots \cup D_n$。其中，D' 为已生成为叶节点的部分的子训练集，且满足：$D_1 \cap D_2 \cap \cdots \cap D_n = \Phi$。

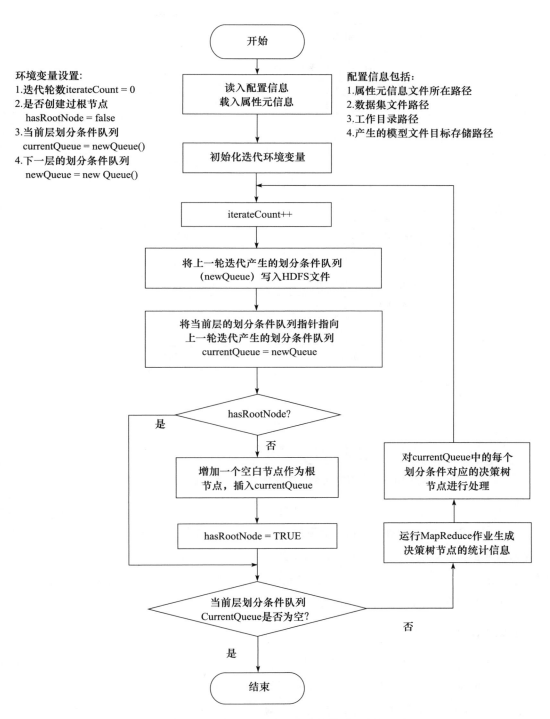

图 10-5 决策树主控程序的执行流程图

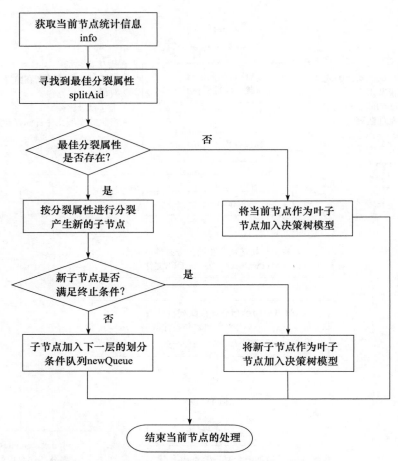

图 10-6 决策树主控程序处理每个节点时的执行流程图

具体地，Map 函数主要负责以单个元组的形式分解数据，并以 <key,value> 的形式输出 D_1，D_2，…，D_n，以方便在 Reduce 阶段对其进行统计计算。其中 key 由用于标记不同树节点的临时 nid（其定义见上文。假设 nid=i，则 D_i 表示满足第 i 个树节点的划分条件的样本组成的子训练集 ）、决策表的某个属性 S、该元组对应属性 S 的值 s 以及该元组的所属决策类 c 组成；而 value 值为 1 即可。

4. Reduce 阶段设计

Reduce 阶段的任务相对比较清晰，即完成对 Map 输出的 <key,value> 进行整理，将带有相同 key 值的 value 值累加得到 value-sum。同时，将统计好的 <key,value-sum> 输出到分布式文件系统 HDFS 的文件中，以供主控程序计算各个属性的信息增益率的时候使用。

主控程序在读取这些信息后，就会生成一个哈希表。从表中，我们可以容易地查到对于某个节点 i，在落在其中的子训练样本集中，在属性 S 上的取值是 s 且类标号为 c 的样本有多少个。利用这些信息，我们可以很容易地计算出某个节点 i 在某个属性 S 上的信息增益率，从而找到最佳分裂属性。

10.4.3　决策树并行化算法的实现

下面具体地描述并行化决策树训练流程中的算法实现。该算法实现主要由 DecisionTreeMapper、DecisionTreeReducer、DecisionTreeDriver 这 3 个类组成。需要注意的是，下面将要描述的程序，具体实现了原始决策树的生成算法，其不包含剪枝等操作，并且只能处理离散属性。如果读者需要剪枝、处理连续属性、允许同一个属性在某条决策树路径上多次出现等复杂情况，请根据需要修改相应类中的具体实现。不过用 MapReduce 设计决策树并行化算法的整体框架是相同的，即利用 MapReduce 在大数据样本上进行计数，计算出属性的统计信息，然后让 Driver 程序利用这些信息进行分裂属性的选择和决策树的生长。下面将具体介绍各个类的实现。

1. 规则数据结构

因为树节点的决策规则（即划分条件）的数据结构对于整个程序非常重要，因此单独列出来供读者参考。

```
/** 决策树的节点对应的决策规则（即划分条件）*/
public class Rule
{
   // 决策规则包含的所有条件
   // conditions 的 Key 是属性 ID（从 1 开始编号），value 是该属性取值
   // 如果 conditions 包括 {<1,middle>,<3,no>} 就表示
   // "属性 1 == middle && 属性 3 == no" 这个条件

   public Map<Integer, String> conditions = new HashMap<Integer, String>();
   // 该规则最终指向的 label。如果是 ""，则表示暂时没法确定，这个规则没有构造完全
   public String label = "";

   // 将该规则输出，输出数据的格式如下:
   // "condition:label"，即在满足 condition 时该规则输出 label
   // condition 按照下面格式组织: aid1,avalue1&aid2,avalue2&...
   // aid1 表示条件中第一个属性的 id，avalue1 表示在该属性上的取值。
   // 多个条件之间使用 '&' 分隔。
   // 上述条件表示了（aid1 == avalue1）&& （aid2 == avalue2）这个条件
   public String toString()
   {
      StringBuilder str = new StringBuilder();
      // 输出条件部分 s
      for (Integer aid : conditions.keySet()) {
         str.append(aid.toString() + "," + conditions.get(aid) + "&");
```

```
        }
        // 将 str 末尾的 & 替换为 label 分隔符 ':'
        str.setCharAt(str.length() - 1, ':');
        // 输出 label
        str.append(this.label);
        return str.toString();
    } // end of toString()

    // 根据一行文本解析出规则对象，输入文本的格式见 toString() 函数的注释。
    public static Rule parse(String source)
    {
        ...... // 细节省略，参见本书配套网站本算法的完整代码
    }
} // end of Rule class
```

2. 决策树主控程序 DecisionTreeDriver

该类是整个算法执行的主控程序，主要包括两个主要部分。第一部分实现前述决策树主控程序的处理逻辑，第二部分是在训练样本集上进行统计的 MapReduce 作业的配置和执行控制程序。

（1）MapReduce 作业配置和执行控制程序

由于整个决策树主控程序 DecisionTreeDriver 实现代码较为复杂，为了增加叙述的清晰程度便于读者理解整个主控程序，我们把第二部分用于在训练样本集上产生统计信息的 MapReduce 作业的配置和执行控制程序先独立拿出来介绍。该程序实现为整个 DecisionTreeDriver 程序中的一个方法 runMapReduceJob()，其主要功能是在大规模的训练样本集上进行统计工作，为该层所有树节点产生统计信息。其实现代码如下：

```
/** 运行 MapReduce 作业来进行统计 */
private static void runMapReduceJob
                    (String dataSetPath,String nodeRuleQueueFilePath,
                    String statisticFilePath, int itCount)
        throws Exception
{
    conf = new Configuration();
    // 将 Queue 文件加入 DistributedCache
    DistributedCache.addCacheFile
                (new Path(nodeRuleQueueFilePath).toUri(), conf);
    Job job = new Job(conf, "MR_DecisionTree-" + itCount);
    job.setJarByClass(DecisionTreeDriver.class);
    // 设置 Map 阶段配置
    job.setMapOutputKeyClass(Text.class);
    job.setMapOutputValueClass(IntWritable.class);
    job.setMapperClass(DecisionTreeMapper.class);
    // 设置 Reduce 阶段配置
    job.setOutputKeyClass(Text.class);
    job.setOutputValueClass(IntWritable.class);
```

```
    job.setReducerClass(DecisionTreeReducer.class);
    // 这里也可以选择使用 Hadoop 自带 IntSumReducer
    // job.setReducerClass(IntSumReducer.class);
    // 设置 Reduce 节点的个数，这个可以根据实际情况调整
    job.setNumReduceTasks(4);
    // 配置输入输出
    job.setInputFormatClass(TextInputFormat.class);
    job.setOutputFormatClass(TextOutputFormat.class);
    FileInputFormat.addInputPath(job, new Path(dataSetPath));
    FileOutputFormat.setOutputPath(job, new Path(statisticFilePath));

    job.waitForCompletion(true);
} // end of runMapReduceJob
```

（2）决策树算法主控程序实现代码

决策树算法主控程序主要负责控制算法的整体流程，包括检查是否已满足迭代终止条件。如果满足终止条件则退出程序，否则开启新一轮的迭代计算过程，包括计算该轮的划分条件并进行切分、启动 MapReduce 作业搜集统计信息、根据统计信息计算信息增益率、决定选取测试属性、更新决策树的路径等。程序代码如下：

```
// 输入：训练数据集 D
// 输出：决策树模型 R
public class DecisionTreeDriver
{
    // 属性取值的值域范围，数据结构的第一维代表属性 ID，
    // 第二维列表表示该属性的所有可能离散取值。
    // 目前程序只能处理离散属性。这里面不包含 Label 属性
    static List<List<String>> attributeRange;
    // 类标签 Label 取值范围
    static List<String> labelRange;
    // 记录决策树模型，即所有已经确定的决策规则
    static Queue<datatype.Rule> model = new LinkedList<datatype.Rule>();
    static Configuration conf = new Configuration();

    /* 主控函数 */
    public static void main(String[] args) throws Exception
    {
        if (args.length < 4)
        {
            System.out.println("Usage: DecisionTree.jar MetaFile DataSet "
                            +"TmpWorkingDir TargetModelFilePath");
            return;
        }
        // 存储数据属性元信息的文件的路径
        String attributesMetaInfoPath = args[0];
        // 训练集数据文件所在路径
        String dataSetPath = args[1];
        // 当前统计结果所在文件夹的路径
```

```
String statisticFilePath = args[2] + "/static";
// 当前层节点队列文件的路径
String nodeRuleQueueFilePath = args[2] + "/queue";
// 模型文件的目标存储路径
String modelFilePath = args[3];

// 载入属性元信息
loadAttributeRange(attributesMetaInfoPath);
// 当前层的划分条件队列
Queue<datatype.Rule> currentQueue = new LinkedList<datatype.Rule>();
// 下一层的划分条件队列
Queue<datatype.Rule> newQueue = new LinkedList<datatype.Rule>();

// 是否包含 Root 节点, 用于甄别是否是初始执行
boolean hasRootNode = false;
// 当前迭代的轮数, 即决策树的深度
int iterateCount = 0;
do { // 增加一轮迭代
    iterateCount++;
    // 准备当前轮迭代的环境变量
    String queueFilePath = nodeRuleQueueFilePath
                           + "/queue-" + iterateCount;
    String newstatisticFilePath =
            statisticFilePath + "/static-" + iterateCount;
// 将 NewQueue 中保存的划分条件信息写入文件,
// 作为本轮迭代中 MapReduce 作业的 Queue 输入信息

outputNodeRuleQueueToFile(newQueue, queueFilePath);
// 将当前层的队列指针指向上一轮迭代的输出
currentQueue = newQueue;
// 判断是否有根节点, 对于第一轮迭代需要单独处理
if (!hasRootNode)
{ // 向 Queue 中插入一个空白的节点, 作为根节点
  Rule rule = new Rule();
  currentQueue.add(rule);
  hasRootNode = true;
}
// 判断一下当前层数上是否有新的节点可以生长
if (currentQueue.isEmpty())
{   // 已经没有新的节点供生长了, 决策树模型已经构造完成
    // 退出构造整个 while 循环
    break;
}
// 否则继续运行, 说明当前层还有节点可供生长

// 运行 MapReduce 作业, 对当前层节点的分裂信息进行统计
runMapReduceJob(dataSetPath, queueFilePath,
                newstatisticFilePath, iterateCount);
// 从输出结果中读取出统计好的信息, 其中 Map 的 Key 代表节点 (规则) 临时编号,
// Value 是落在该节点上的样本的统计信息
```

```java
Map<Integer, NodeStatisticInfo> nodeStatisticInfos
                = new HashMap<Integer, NodeStatisticInfo>();

loadStatisticInfo(nodeStatisticInfos, newstatisticFilePath);

int i = 0;
int Qlength = currentQueue.size();
// 对于当前层上的每个节点依次进行处理
for (i = 0; i < Qlength; i++)
{
  Rule rule = currentQueue.poll();
  // 节点统计信息 Map 里应该包含 1 到 |Q| 这 |Q| 个规则
  // 因为编号从 1 开始，所以这里是 i+1
  assert (nodeStatisticInfos.containsKey(new Integer(i + 1)));
  // 获取一些当前节点的统计信息备用
  NodeStatisticInfo info = nodeStatisticInfos
                              .get(new Integer(i + 1));
  // 统计该节点的样本中出现次数最多的类标签
  String mostCommonLabel = info.getMostCommanLabel();
  // 查找最佳分裂属性，Aid 是该分裂属性的 ID（从 1 编号）
  int splitAid = findBestSplit(rule, info);
  System.out.println("BEST_SPLIT_AID:" + splitAid);
  // 如果无法找到最佳分裂属性，即属性分裂不再能够提供更多的信息增益了，
  // 那么就停止构建新的子节点
  if (splitAid == 0)
  { // 将“当前规则 -> 当前多数标签”这个决策树叶子节点规则加入模型中
    Rule newRule = new Rule();
    newRule.conditions =
                new HashMap<Integer,String>(rule.conditions);
    newRule.label = mostCommonLabel;
    model.add(newRule);
    continue;// 继续处理当前层的下一个节点
  }
  // 可以继续分裂当前节点，按照分裂属性的值域进行分裂
  for (String value : attributeRange.get(splitAid - 1))
  {
    // 判断按照 SplitAID=Value 这个条件分裂出的新节点是否满足终止条件，
    // 如果新的节点是一个叶节点，则 cLabel 将包含这个叶节点的标签，否则为 NULL
    String cLabel = satisfyLeafNodeCondition
                        (rule, info, splitAid, value);
    // 增加新的规则
    Rule newRule = new Rule();
    newRule.conditions = new HashMap<Integer,String>(rule.conditions);
    newRule.conditions.put(new Integer(splitAid), value);
    if (cLabel != null)
    { // 新节点是叶子节点
      newRule.label = cLabel;
      // 将叶节点加入模型
      model.add(newRule);
      System.out.println("NEW RULE for label:" + cLabel + " /"
```

```
                + model.size());
            } else {
                // 新节点是中间节点，把这个规则加入到 newQueue 中
                newRule.label = "";
                newQueue.add(newRule);
            } // end of if
        } // end of for of AttributeValue
    } // end of for of Queue
    // 保存一下中间结果
        writeModelToFile(modelFilePath);
    } while (true); // 不断地向深层扩展决策树
}// end of main()
```

```
/** 判断新增加的子节点是否是叶节点
 * @param rule  当前节点规则
 * @param info  当前节点统计信息
 * @param splitAid  属性 ID
 * @param value  属性值
 * @return 如果新节点是叶节点，则返回叶节点的 Label，否则返回 null */
private static String satisfyLeafNodeCondition
                        (Rule rule, NodeStatisticInfo info,
                         int splitAid, String value)
{
    // CASE1: 如果新节点不包含任何有效的训练样本
    ...... return label;    // 细节见代码文件
    // CASE2: 判断新节点中的样本是否都属于同一个类
    ...... return label;    // 细节见代码文件
    // CASE3: 如果不具有可以用于分裂的属性
    ...... return label;    // 细节见代码文件
    // 不满足终止条件
    return null;
}
/** 从输出结果文件中读取统计信息。
 * @param info  用于存储的数据结构
 * @param filePath  统计结果文件所在路径
 * 统计结果文件格式见前文所述。*/
public static void loadStatisticInfo(Map<Integer, NodeStatisticInfo> info,
String filePath)
{ // 从 HDFS 中读取统计结果文件，并保存到 info 对象中，细节见代码文件
} // end of loadStatisticInfo

/** 将队列中的子节点规则信息输出到文件中 */
static void outputNodeRuleQueueToFile(Queue<datatype.Rule> queue,
 String filePath)
{......}

// 该数据类型用于一次性返回集合大小和集合的信息熵两个值使用
static class SetInformation
{
    double infoD;
    int size;
}
```

```
/* 根据 rule 和统计信息 info，找到最佳的分裂属性。
如果没有好的能带来信息增益的属性，则返回 0。 */
static int findBestSplit(Rule rule, NodeStatisticInfo info)
{
    // 假设集合 D 是满足 rule 条件的样本集合
    // 计算 InfoD, |D|
    Integer DSize = new Integer(0);
    SetInformation sinfo = calcInfoD(info.getRecords(new Integer(0), ""));
    double infoD = sinfo.infoD;// InfoD
    DSize = new Integer(sinfo.size);// |D|
    double maxGainRation = 0.0;
    Integer bestSplitAID = null;
    Integer ADSize = new Integer(0);// 一个临时用的 double 变量
    // 遍历当前节点中每一个可能的候选属性
    for (Integer aid : info.getAvailableAIDSet())
    {
        double infoAD = 0.0;
        double splitInfoAD = 0.0;
        // 利用统计信息计算属性的 InfoAD, SplitInfoAD, 细节见代码文件
        ......
        // 计算 GainA
        double gainA = infoD - infoAD;
        // 计算 GainRation
        double gainRatio = gainA / splitInfoAD;
        if (gainRatio > maxGainRation)
        {
            maxGainRation = gainRatio;
            bestSplitAID = aid;
        }
    } // end of for
    if (bestSplitAID == null) return 0;
    else return bestSplitAID.intValue();
} // end of functionfindBestSplit


/* 计算 records 所包含的样本记录集合的信息熵，该函数同时通过 size 域传回样本集的大小 */
private static SetInformation calcInfoD(List<StatisticRecord> records)
    { ...... }
/* 从文件中载入属性的取值范围信息。
属性文件的每一行代表一个属性值的所有可能取值，
    每一行具有如下的格式：" attributeName:value1,value2,... " 其中 attributeName 是该属性的
名称，后面的 value1,value2 是可能的取值，每个取值之间使用 ',' 分隔。
    attributeName 可以为空，但是冒号必须保留。最后一行的属性被认为是 label。 */
    static void loadAttributeRange(String filePath)
    {......}

    /* 将已有模型 model 写入文件 */
    public static void writeModelToFile(String filePath)
        {......}
} // end of DecisionTreeDriver
```

3. DecisionTreeMapper

该类主要是实现对输入的训练样本按照划分条件进行切分的处理，中间结果发射到 Reduce 端。

```
// 输入：训练数据集 D
// D 中每一行都是一个训练样本，样本的各个属性之间使用 ',' 分隔。
// 条件集队列 Q（以 DistributedCache 的方式传入）。
// 输出：<key, value> 组，其中 key 是一个复合类型，
// 具体为 key = < 条件临时编号 nid# 属性号，属性取值，样本所属类 >; value 值为 1。
public class DecisionTreeMapper
        extends Mapper<Object, Text, Text, IntWritable>
{
  private final static IntWritable one = new IntWritable(1);
  // 划分条件队列
  private List<Rule> ruleQueue = new LinkedList<Rule>();

  /** 初始化函数，主要负责从 DistributedCache 中读取划分条件队列 */
  public void setup(Context context) throws IOException
  {
    // 利用 DistributedCache 机制读入队列描述文件
    Path[] filePath =
    DistributedCache.getLocalCacheFiles(context.getConfiguration());
    // 因为一次只会传入一个文件，所以第一个文件就是 Queue 文件
    assert (filePath.length == 1);
    // 载入条件队列信息，将文件中每个条件解析成 Java 内部数据结构
    loadQueueFile(filePath[0], context.getConfiguration());
  } // end of setup

  /** 从 filePath 中读取 Queue 文件，并保存到 ruleQueue 对象中 */
  private void loadQueueFile(Path filePath, Configuration conf)
            throws IOException
  {
    Scanner scanner = new Scanner(new File(filePath.toString()));
    while (scanner.hasNextLine())
    {
    String line = scanner.nextLine();
    if (line.length() == 0)  continue;
    // Rule 对象保存一个具体的条件
    Rule rule = Rule.parse(line);
    ruleQueue.add(rule);
    } // end of while
    scanner.close();
    if (ruleQueue.size() == 0)
    { // 说明 ruleQueue 文件是空的，那么此时应该正在处理根节点
      // 我们为根节点生成一个空白的规则，加入队列确保 ruleQueue 队列非空
      ruleQueue.add(new Rule());
    }
```

```
}// end of loadQueueFile()

/** Map 函数 */
@Override
public void map(Object key, Text value, Context context)
             throws IOException,InterruptedException
{
    String line = value.toString();
    // 将读入的行数据解析成样本记录
    String[] aValues = line.split("\\,");
    String label = aValues[aValues.length - 1];
    // 假设最后一个字段保存的是类标号
    // 对于每一个划分条件，依次处理，判断样本是否符合该划分条件
    int nid = 0;
    // nid 从 1 开始编号一直到 ruleQueue.size()
    for (nid = 1; nid <= ruleQueue.size(); nid++)
    { // Java 内部从 0 开始标号，这里需转换
      Rule rule = ruleQueue.get(nid - 1);
      if (isFitRule(rule, aValues))
      { // 如果训练样本符合规则，则继续生成
        for (int aid = 1; aid <= aValues.length - 1; aid++)
        { // 遍历每一个属性，看是否已经在划分规则中出现过
          if (!rule.conditions.containsKey(new Integer(aid)))
          { // 规则中之前没有使用过该属性，这是一个可能的候选属性
            String newKey = nid + "#" + aid + "," + aValues[aid - 1] + "," + label;
            context.write(new Text(newKey), one);
          } // end of inner if
        }   // end of for
      } // end of outer if
    }// end of for
}// end of map()

/** 判断一个样本记录是否符合规则要求 */
private boolean isFitRule(Rule rule, String[] aValues)
  {
    ......// 代码细节见具体文件
  }
} // end of Mapper Class
```

这里以表 10-2 中具体的训练数据为例进行说明。如图 10-7 所示，生成的决策树第 3 层节点的条件集队列 Q 为：

```
{ ( 1, youth) & ( 3, no) ,
  ( 1, youth) &( 3, yes) ,
  ( 1, senior) &( 4, fair) ,
  ( 1, senior) &( 4, excellent) }
```

该队列 Q 对应的树模型如图 10-7 的虚框所示。

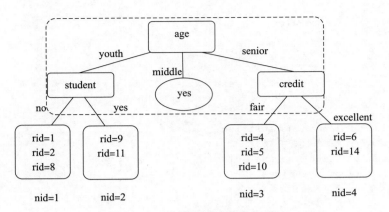

图 10-7   Map 函数处理第 3 层数据

Map 函数利用虚框中条件集 Q 分解整个训练集 D。对于 rid = 4 的元组，因为该元组满足 Q 中第 4 个元素 (1，senior)&(4，excellent)，所以把其归入 nid = 4 的节点中，那么该元组发射到 Reduce 的 <key，value> 对为 <(4#2，medium，yes)，1>，<(4#4，fair，yes)，1> ；其他所有元组的 <key，value> 对依此类推得到。

4. DecisionTreeReducer

该类主要实现对 Map 端发射过来的各个属性下的零散信息，按相同 key 值进行累加统计，并将最后统计的结果写出到 HDFS 中，供主控程序计算信息增益率使用。程序代码如下：

```
// 输入：Map 输出的 <key, value> 对，其中 key 是一个复合类型
// 具体为 key = < 条件号 # 属性号，对应属性值，所属类 >；value 是值，为 1。
// 输出：<key, value-sum> 组，其中 key 是一个复合类型，
// 具体为 key = < 条件号 # 属性号，对应属性值，所属类 >；value 是相同 key 的总数目之和。
public class DecisionTreeReducer
            extends Reducer<Text, IntWritable, Text, IntWritable>
{
  /* 重载 reduce 函数 */
  public void reduce(Text key, Iterable<IntWritable> values, Context context)
            throws IOException,InterruptedException
  {
    int sum = 0;// 保存部分和
    // 读取每一个 value 的值并进行累加
    for(IntWritable value : values)
      sum += value.get();
    // 最终输出累加和
    context.write(key, new IntWritable(sum));
  } // end of reduce()
} // end of Reducer class
```

仍以前述示例进行说明。根据之前 Map 的输出得到 nid = 1 节点的 3 条数据对应的 Map

输出的 <key，value> 对为：

```
<(1#2,high,no),1>
<(1#4,fair,no),1>
<(1#2,high,no),1>
<(1#4,excellent,no),1>
<(1#2,medium,no),1>
<(1#4,fair,no),1>
```

那么 Reduce 输出的 <key，value-sum> 对为：

```
<(1#2,high,no),2>
<(1#4,fair,no),2>
<(1#4,excellent,no),1>
<(1#2,medium,no),1>
```

其他所有节点的 <key，value> 对依此类推得到。

这里展示的 Reducer 是 MapReduce 应用中常见的一种 Reducer 类型。它的功能是将同一个 key 的所有 Int 类型的 value 进行求和，将求和结果作为该 key 的新的 value 输出。在 WordCount 的程序中使用的 Reducer 就是该类型的 Reducer。Hadoop 为这种类型的应用提供了一个标准的 IntSumReducer 实现。读者在实现时，可以直接在 Driver 类中 import 相应的包，然后设置 Reducer 的类为 "IntSumReducer.class" 即可，而不再需要单独编写 Reducer 的代码。

具体地，在本节给出的示例训练集中，本算法通过实验输出的规则集 R 为：

```
{  ( 1, middle: yes)
   ( 1, youth&3, no: no)
   ( 1, youth & 3, yes: yes)
   ( 1, senior&4, fair: yes)
   ( 1, senior&4, excellent: no)
}
```

同时在代码文件中，附带有一个简单的测试集，它仅包含本节例子中的前 5 个训练样本。如果在它上面进行训练，决策树算法的生成结果为一层决策树，它按照 Age 属性进行划分。读者可以利用这个简单的示例数据集进一步了解算法的运行过程和输入输出文件格式。

10.5　频繁项集挖掘算法

10.5.1　频繁项集挖掘问题描述

数据挖掘中还有一类问题，叫做关联规则或频繁项集挖掘。从直观上来讲，频繁项可以看做是两个或多个对象的"亲密"程度，如果同时出现的次数很多，那么这两个或多个对象可以认为是高关联性的，当这些高关联性对象的项集出现次数满足一定阈值时即称其为频繁项。

关联规则和频繁项的一个经典实例就是购物篮分析。超市或者网店可以根据顾客的购买记录进行频繁项或关联规则挖掘，从而发现顾客购买习惯，比如说，购买产品 X 的同时购买 Y，于是就可以根据这种购物习惯进行货架调整，将关联度高的商品放在一起以提高销量。

下面系统地描述一下关联规则和频繁项挖掘问题。假设 $I = \{I_1, I_2, \cdots, I_m\}$ 是包含 m 个项的集合。给定一个表示购物交易的事务数据库 $D = \{T_1, T_2, \cdots, T_n\}$，其中事务 T_i 是 I 的非空子集。关联规则是形如 $X \Rightarrow Y$ 的蕴含式，其中 X, Y 是 I 的子集，并且 $X \cap Y = \Phi$。关联规则 $X \Rightarrow Y$ 的支持度是指 D 中事务包含 $X \cup Y$ 的百分比，置信度是指包含 X 的事务中同时包含 Y 的百分比，也就是条件概率 $P(Y|X)$。如果某一规则 $X \Rightarrow Y$ 的置信度和支持度都高于某个阈值，那么可以认为 X, Y 具有关联性。

如果把满足上述条件的 X, Y 组成一个项集 A，那么我们可以认为，数据库 D 中包含 A 的事务数超过了某个最小支持度。而所谓频繁项集挖掘，就是将所有满足项数为某个固定整数 k、且支持度高于某阈值的项集计算出来。

有多种不同的频繁项集挖掘算法，包括 Apriori，FP-growth，Eclat 等。本节我们将介绍两种不同的频繁项集挖掘算法的并行化设计与实现，一种是 Apriori 频繁项集挖掘算法，另一种是较为简洁的基于求取子集的快速频繁项集挖掘算法。

10.5.2 Apriori 频繁项集挖掘算法简介

Apriori 算法是频繁项集挖掘中的经典算法。Apriori 算法通过多轮迭代的方法来逐步挖掘频繁项集。在第一轮迭代中，计算事务数据库中每一个项的支持度并找出所有频繁项。在之后的每一轮迭代中，将前一轮生成的频繁 $k-$ 项集作为本轮迭代的种子项集，以此来生成候选 $(k+1)-$ 项集。这些候选项集在整个事务数据库中可能是频繁的，也可能是非频繁的。在本轮迭代中，需要计算每个候选 $(k+1)-$ 项集在事务数据库中的实际支持度，以找出全部的 $(k+1)-$ 频繁项集并将其作为下一轮的种子项集。这样的迭代过程将一直进行下去，直到不能产生新的频繁项集为止。

根据频繁项集的定义，为了找出所有的频繁项集，需要对一条事务中的全部项穷尽各种组合（即组成项集），并计算每一种组合的支持度，以判定各组合是否为频繁项集。对于一条包含 m 个项的事务，其所有的组合最多可达 2^m 种。为了减小项集组合的搜索空间，Apriori 算法利用了以下两条性质：

性质 1：频繁项集的任何非空子集都是频繁的。

性质 2：非频繁项集的任何超集都是非频繁的。

基于以上两条性质，Apriori 算法生成全部频繁项集的过程如下：

```
Apriori Algorithm:
  L₁={frequent 1-itemsets};                    // 全部的频繁 1- 项集
```

```
for(k = 2; L_{k-1} ≠ null; k++) do begin          // 多轮迭代过程
    C_k=apriori-gen(L_{k-1});                      // 候选 k- 项集
    for each transaction t ∈ D do begin
        C_t = subset(C_k, t);                      // 生成子集
        for each candidate c ∈ C_t do
            c.count++;                             // 计算实际的支持度
    end
    L_k ={c=C_k | c.count ≥ minsup}} ;
 end
Answer =U_kL_k;                                    // 最终结果
```

在 Apriori 算法中，apriori-gen 函数从频繁 $(k-1)-$ 项集生成候选 $k-$ 项集时利用了上述两条性质。apriori-gen 函数将从输入的 $(k-1)-$ 频繁项集连接生成一个候选 $k-$ 项集，并根据性质 1 和性质 2 对生成的候选 $k-$ 项集进行剪枝，删除非频繁的候选 $k-$ 项集。

10.5.3　Apriori 频繁项集挖掘并行化算法的设计

1. Apriori 并行化算法设计基本思路

如上所述，基于 MapReduce 的 Apriori 算法进行并行化设计的基本思路如下。

1）主进程扫描事务数据库，从原始数据集中产生候选 1- 项集。

2）由候选 1- 项集与原始数据集进行对比，算出每个项集的支持度，这些支持度与程序中给定的支持度进行对比，得出频繁 1- 项集。

3）接下来，由频繁 1- 项集产生候选 2- 项集，并通过与原始数据集比较得到频繁 2- 项集。

4）这样逐次迭代直到产生候选 $k-$ 项集，候选 $k-$ 项集与原始数据集对比，如果存在频繁 $k-$ 项集，则继续迭代执行；如果不存在，则最终得到频繁 $(k-1)-$ 项集。

为了实现并行化处理，一个大的原始事务数据集将被划分为很多个数据分片。每个分片由一个 Map 节点进行处理。Map 计算出每个分片下的候选集，接下来 Reduce 合并每个 Map 节点上分片的候选 k- 项集支持数，获取全局候选 k- 项集的支持数，由全局候选集的支持数可以计算出全局频繁 k- 项集。

2. 并行化算法设计[⊖]

（1）第一轮 MapReduce 迭代：计算频繁 1- 项集

在这一阶段中，主程序通过扫描事务数据库，得到频繁 1- 项集。Map 阶段计算出各自分片的候选 1- 项集，Reduce 阶段会对所有 Map 的结果进行求和，并且和 MinSup 进行比较，

⊖ 本算法参照了开源的并行化 Apriori 算法的实现，参见 https://github.com/solitaryreaper/HadoopApriori。

输出符合要求的频繁 1– 项集。

Map 阶段：输入的 <key-value> 对是：key 值为事务数据库的每行首字符相对于文本文件的首地址偏移量；value 值存储的是事务数据库文件中的一行数据。输出的 <key-value> 对是：<key, 1>，其中 key 是候选 1– 项集，value 是其计数，这里是 1。Map 程序的伪代码如下：

```
Map Task:                                    //one for each split Si
    For each transaction t in Si
    Map(line offset, t)                      //Map 函数
    For each item I in t
    Out(I, 1);
    End For each
    End Map()
    End For each
End Map
```

Reduce 阶段，输入的 <key-value> 对是：key 值为上面 Map 输出的 <key-value> 对，其中 key 为候选 1– 项集，value 为 key 的计数。在 Reduce 阶段会对所有 Map 输出的相同 key 的计数进行求和，并且和 MinSup 进行比较，输出符合要求的频繁 1– 项集。输出的 <key-value> 对为：key 值为频繁 1– 项集，value 值为其出现的次数。Reduce 程序的伪代码如下：

```
Reduce Task:
    Reduce(key2, value2)                     // Reduce 函数
    Sum = 0;
    While (value2.hasNext())
        Sum += value2.hasNext();
    End While
    If (Sum ≥ MinSup)
        Out(key2, Sum);                      // 得到频繁 1– 项集
    End If
End Reduce
```

（2）第 K 轮 MapReduce 迭代：计算 K– 频繁项集

在这一阶段中，迭代地由频繁 $(k-1)$– 项集得到频繁 k– 项集。Map 阶段会从输入的频繁 $(k-1)$– 项集中得到候选 k– 项集。Reduce 阶段会对所有 Map 的结果进行求和，并且和 MinSup 进行比较，输出符合要求的频繁 k– 项集。

Map 阶段：输入的 <key-value> 对为：仍然是事务数据分片中的每个事务数据。在这个阶段会从频繁 $(k-1)$– 项集得到候选 k– 项集，频繁 $(k-1)$– 项集存放在 MapReduce 框架的 Distributed Cache 中以便每个 Map 节点共享读取和使用。为了产生候选 k– 项集，这阶段包括连接（join）与剪枝（prune）过程。输出的 <key-value> 对为：key 值为候选 k– 项集，value 值为其出现的次数。Map 程序的伪代码如下：

```
Map Task:                                    // one for each split Si
    Read Lk-1 from HDFS file
```

```
        Cₖ = ap_gen(Lₖ₋₁)                      // self_join 连接过程
        For each transaction t in Si
            Map(line offset, t)
            Cₜ = subset(Cₖ, t)                 // 获取在原始事务数据中出现的候选项集
            For each candidate c in Cₜ
                Out(c, 1)
            End For each
            End Map()
        End For each
    End Map
```

Reduce 阶段：输入的 <key-value> 对是：key 值为上面 Map 输出的 <key-value> 对，其中 key 为候选 k– 项集，value 为其出现的次数。在 Reduce 阶段会对所有 Map 的结果进行求和，并且和 MinSup 进行比较，输出符合要求的频繁 k- 项集。输出的 <key-value> 对为：key 值为频繁 k– 项集，value 值为其出现的次数。Reduce 程序的伪代码如下：

```
Reduce Task:
    Reduce(key2, value2)                    // Reduce 函数
        Sum = 0;
    While (value2.hasNext())
        Sum += value2.hasNext();
    End While
    If (Sum  MinSup)
        Out(key2, Sum);                     // 得到频繁 k 项集
    End If
End Reduce
```

10.5.4 Apriori 频繁项集挖掘并行化算法的实现

1. 第一轮 MapReduce 迭代：计算频繁 1– 项集

Map 阶段：输入的 <key-value> 对是：key 值为事务数据库的每行首字符相对于文本文件的首地址偏移量；value 值存储的是事务数据库文件中的一行数据。输出的 <key-value> 对是：<key, 1>，其中 key 是候选 1– 项集，value 是其计数，这里是 1。

（1）Map 程序实现

Map 程序实现代码如下：

```
// 第一轮迭代的 Map 部分
// Map 部分会扫描事务数据库，得到候选 1- 项集。
public static class AprioriPass1Mapper
            extends Mapper<Object, Text, Text, IntWritable>
{
    private final static IntWritable one = new IntWritable(1);
    private Text item = new Text();
    public void map(Object key, Text txnRecord, Context context)
```

```
                throws IOException, InterruptedException
    {
        Transaction txn = AprioriUtils.getTransaction(txnRecord.toString());
        for(Integer itemId : txn.getItems())
        {
            item.set(itemId.toString());
            context.write(item, one);
        }
    }
}
```

（2）Reduce 程序实现

Reduce 阶段，输入的 <key-value> 对是：key 值为上面 Map 的输出 <key-value> 对，即 <key, 1>，其中 key 为候选 1- 项集。在 Reduce 阶段会对所有 Map 的结果进行求和，并且和 MinSup 进行比较，输出符合要求的频繁 1- 项集。输出的 <key-value> 对为：key 值为频繁 1- 项集，value 值为其出现的次数。Reduce 程序实现代码如下：

```
// 第一轮迭代的 Reduce 部分
// Reducer 会收集上面所有 Mappers 的候选频繁项集输出结果，对其进行汇总，统计其出现的次数
public static class AprioriReducer
            extends Reducer<Text, IntWritable, Text, IntWritable>
{
    public void reduce(Text itemset, Iterable<IntWritable> values,
                    Context context)
            throws IOException, InterruptedException
    {
        intcountItemId = 0;
        for (IntWritable value : values)
        {
            countItemId += value.get();
        }
        Double minSup =Double.parseDouble(
                        context.getConfiguration().get("minSup"));
        Integer numTxns = context.getConfiguration()
                        .getInt("numTxns", 2);
        // 如果候选频繁项集汇总后，出现次数比 MinSup 大，说明其是频繁项集，输出
        if(AprioriUtils.hasMinSupport(minSup, numTxns, countItemId))
        {
            context.write(new Text(itemsetIds),
                        new IntWritable(countItemId));
        }  // end of if
    }  // end of reduce()
}  // end of Reducer
```

2. 第 K 轮 MapReduce 迭代：计算 K 项频繁项集

（1）Map 程序实现

Map 阶段，输入的 <key-value> 对为：value 为事务数据库文件中的一行事务数据，key

是该行的偏移量，在此不用。输出的 <key-value> 对为：key 值为候选 *k*– 项集，value 值为其出现的次数。

本轮迭代需要读取上轮保存的 (*k*–1) 频繁项集数据。从 HDFS 文件中读取到的上轮频繁项集文件格式如下：

```
1，3      5
2，4      6
3，7      3
……
```

其中，左侧为 (*k*–1) 频繁项集，右侧为其出现次数。读出后需要逐个切分出左侧每个项，然后与对应的出现次数一起保存起来。然后基于上述数据生成候选 *k*– 项集。这个过程在 setup() 中完成。

Map 程序实现代码如下：

```
// 第 K 轮 MapReduce 迭代的 Map 部分
// 第 K 轮迭代的 Map 部分会从频繁 (k-1)- 项集中得到候选 k- 项集
public static class AprioriPassKMapper
            extends Mapper<Object, Text, Text, IntWritable>
{
    private final static IntWritableone = new IntWritable(1);
    private Text item = new Text();
    private List<ItemSet>largeItemsetsPrevPass =
                        new ArrayList<ItemSet>();
    private List<ItemSet>candidateItemsets = null;
    private HashTreeNodehashTreeRootNode  = null;
    @Override

    // setup() 初始化，主要功能是从频繁 (k-1)- 项集中生成候选 k- 项集
    public void setup(Context context) throws IOException
    {
        // 设置迭代的次数参数
        int passNum = context.getConfiguration().getInt("passNum", 2);
        // 读取存储在 HDFS 上的频繁 (k-1)- 项集
        String opFileLastPass =
            context.getConfiguration().get("fs.default.name") +
            "/user/user/mrapriori-out-" + (passNum-1) +
            "/part-r-00000";
        try
        {
            Path pt=new Path(opFileLastPass);
            FileSystem fs = FileSystem.get(context.getConfiguration());
            BufferedReader fis= new BufferedReader(
                            new InputStreamReader(fs.open(pt)));
            String currLine = null;
            // 对获取到的频繁 (k-1)- 项集进行处理，以空格和制表符进行切分
```

```
                    while ((currLine = fis.readLine()) != null)
                    {
                        currLine = currLine.trim();
                        String[] words = currLine.split("[\\s\\t]+");
                        if(words.length< 2) continue;
                        List<Integer> items = new ArrayList<Integer>();
                        {
                            String csvItemIds = words["0"];
                            String[] itemIds = csvItemIds.split(","); // 以逗号进行切分
                            for(String itemId : itemIds)
                                items.add(Integer.parseInt(itemId));
                        }
                        String finalWord = words[words.length-1];
                        int supportCount = Integer.parseInt(finalWord);
                        largeItemsetsPrevPass.add(
                                            new ItemSet(items, supportCount));
                    } // end of while
                } // end of try
                catch(Exception e)          {           }
                // 生成候选 k- 项集
                candidateItemsets =AprioriUtils.getCandidateItemsets
                                (largeItemsetsPrevPass, (passNum-1));
                // 对候选 k- 项集构建 HashTree, 加速查找
                hashTreeRootNode = HashTreeUtils.buildHashTree
                                (candidateItemsets, passNum);
            }

            // map() 函数部分
            public void map(Object key, Text txnRecord, Context context)
                        throws IOException, InterruptedException
            {
                // 从事务数据库中读取原始数据, 即事务 transaction
                Transaction txn =
                        AprioriUtils.getTransaction(txnRecord.toString());
                // 在事务数据库查找候选项集, 得到候选项集的出现次数统计
                List<ItemSet>candidateItemsetsInTxn =
                        HashTreeUtils.findItemsets(hashTreeRootNode, txn, 0);
                for(ItemSet itemset : candidateItemsetsInTxn)
                {
                    item.set(itemset.getItems().toString());
                    context.write(item, one);
                }
            } // end of map()
        } // end of Mapper class
```

（2）Reduce 程序实现

Reduce 阶段，输入的 <key-value> 对是：key 值为上面 Map 的输出 <key-value> 对，即 <key, value>，其中 key 为候选 k 项集，value 为其出现的次数。输出的 <key-value> 对为：key 值为频繁 k- 项集，value 值为其出现的次数。Reduce 程序实现代码如下：

```
// 第 K 轮迭代的 Reduce 部分
// Reducer 会收集上面所有 Mappers 的候选频繁项集输出结果，对其进行汇总，
// 统计其出现的次数
public static class AprioriReducer
               extends Reducer<Text, IntWritable, Text, IntWritable>
{
    public void reduce(Text itemset, Iterable<IntWritable> values,
                       Context context)
               throws IOException, InterruptedException
    {
        int countItemId = 0;
        for (IntWritable value : values)
            countItemId += value.get();
        Double minSup =Double.parseDouble(context
                        .getConfiguration().get("minSup"));
        Integer numTxns = context.getConfiguration()
                                 .getInt("numTxns", 2);
        // 如果候选频繁项集汇总后，出现次数比 MinSup 大，说明其是频繁项集，输出
        if(AprioriUtils.hasMinSupport(minSup, numTxns, countItemId))
            context.write(new Text(itemsetIds),
                          new IntWritable(countItemId));
    }  // end of reduce()
}  // end of Reducer class
```

10.5.5　基于子集求取的频繁项集挖掘算法的设计

1. 算法基本思路

现在介绍一个思路较为简单、但是更符合 MapReduce 并行化设计的算法，而这个算法基于一个很明显的事实：一个频繁项集 F 必然是 D 中某个事务的子集，也就是说，我们不需要知道整个项集，只要根据事务数据本身就可以计算频繁项集。本算法的基本思路是通过求取子集快速完成频繁项集的挖掘。

算法的大致思路如下：

假设数据库为 D，事务为 T，项集大小为 k。

首先，扫描数据库，对数据库中的每一个事务做如下操作：将该事务所有大小为 k 的子集求出来（Mapper）。

然后，统计输出所有子集的个数，如果某个子集的个数超过了某一阈值 S，那么就可以认为这个子集是频繁项集，将所有这样的子集输出即可（Reducer）。

2. 求取子集

这里，求子集的算法利用 java 中的 BitSet 类，构造由初始状态 start 到结束状态 end 的转化过程。

假设某集合有 n 个元素，要求其大小为 k 的所有子集。用一个长度为 n 的比特向量对应一个子集，某一项对应的比特位为 1，说明该项属于该子集，反之则不属于。如果把大小为 k 的子集对应的比特向量按照从前到后的顺序列出来，那么第一个向量为 start = (1，1，1，… 0，0)，前 k 项为 1，后面的 $n-k$ 项为 0；而最后一个为 end = (0，0，0，…1，1)，前面的 $n-k$ 项为 0，后面的 k 项为 1。

然后，只要构造一个从 start 向量到 end 向量的逐步转化过程即可，而这一转化过程又可以看做向量中 1 的不断移动。每一次移动，都有若干个 1 向后移动，直到最后一位为 1，此时便要计算新的移动起点，然后开始下一次移动。

求子集算法过程如下：

1）初始化 start, end 向量。

2）在 start 中寻找第一个（1，0）出现的位置，这里（1，0）是指 start 向量中某连续两位，前项为 1，后项为 0。如果有，设 1 对应位置为 i，转下步；否则结束。

3）观察 start 向量中最后一位的值，如果该位为 0，则说明单轮移动还未结束，那么将 start 中第 i 位的 1 和第 $i+1$ 位的 0 交换位置即可，然后转到第 2 步；否则转下步。

4）如果 start 向量中最后一位为 1，说明单轮移动已经到头了。那么，首先将 start 中第 i 位的 1 和第 $i+1$ 位的 0 交换位置，i 自增 1。然后要将这些 1 放回到新的起点，放回的过程如下：

　　a）令 $j = i$，对 start 向量中从 j 开始的每一位，如果该位为 1，那么；

　　b）将 start 向量中该位和第（$i+1$）位交换位置；

　　c）i 自增 1；

　　d）转第 2 步。

注：在求子集算法中，每获得一个新的向量，便要把对应子集加入结果集合中。

10.5.6　基于子集求取的频繁项集挖掘并行化算法的实现

1. 并行化算法设计

（1）Mapper 设计伪代码

根据以上的基本算法思路，基于 MapReduce 的并行化算法设计的 Mapper 伪代码如下：

```
Class MiningMapper{
    map(T) //T 为数据库中的一个事务
    {
        /** 求出 T 所有大小为 k 的子集 **/
        /** 若 T 的项数小于 k 则子集数为 0 **/
        Subsets = FindSubsets(T, k);
        for(i = 0;i<Subsets.size(); i++)
            subset = Subsets.get(i);
        emit(subset, 1);
```

```
    }
}
```

（2）Reducer 设计伪代码

```
Class MiningReducer
{
    reduce(key, value_list)
    {
    // 只是简单地汇总而已
        sum =0
        while(value_list.hasNext())
            sum += value_list.next().get();
        if(sum >minSupport) // 判断是否超过最小支持度
        emit(key, sum);
    }
}
```

　　另外，还要对 Mapper 的输入分片方式进行设置，Hadoop 中提供了 NLineInput-Format 类（org.apache.hadoop.mapreduce.lib.input），这个类可以将输入的若干行作为一个 split，而不是按 64M 分组，这样 Mapper 和 Reducer 的数量会增加很多，可以充分利用 Hadoop 集群的并行性。

2. 并行化算法的实现

　　由此便可以得出基于子集求取的频繁项集挖掘 MapReduce 并行化算法实现。

（1）Mapper 实现

Mapper 实现代码如下：

```
public static class MiningMapper
    extends Mapper<Object, Text, Text, IntWritable>
{
    private final static IntWritable one = new IntWritable(1);
    private Text word;
    // 输入参数 :value: 一行事务文本数据 ,key: 文本偏移量 , 不使用
    public void map(Object key, Text value, Context context)
                throws IOException, InterruptedException
    {
        Configuration conf = context.getConfiguration();
        Scanner scan = new Scanner(value.toString());
        String vals[];
        String item1, item2;
        List<String>cur_Items = new ArrayList<String>();
        List<List<String>> subsets;
        List<String> subset;

        int i,j;
        int k,s;
```

```
            FindSubset fs;

            word = new Text();
            k = Integer.parseInt(conf.get("cur_k"));
            while(scan.hasNextLine() == true)// 对输入 split 的每一行
            {
                vals = scan.nextLine().split(",");// 取出所有元素
                for(i = 0; i<vals.length; i++)
                    cur_Items.add(vals[i]);
                fs = new FindSubset(cur_Items);
                fs.execute(k);
                subsets = fs.getSubsets();// 获取所有大小为 k 的子集
                if(subsets == null)
                    continue;
                for(i = 0; i<subsets.size(); i++)
                {
                    subset = subsets.get(i);
                    vals = new String[subset.size()];
                    subset.toArray(vals);
                    Arrays.sort(vals);// 防止相同子集被分别统计，所以要排序
                    for(j = 1; j<vals.length; j++)
                    {
                        vals[0] += "," + vals[j];
                    }
                    word.set(vals[0]);
                    context.write(word, one);
                }// end of for
                subsets.clear();
            }// end of while
            cur_Items.clear();
            fs.clearSubsets();// 所有子集会占用很大内存，释放空间
        }// end of map()
}//end of class mapper
```

（2）Reducer 实现

Reducer 实现代码如下：

```
public static class MiningReducer
        extends Reducer<Text,IntWritable,Text,IntWritable>
{
    private IntWritable result = new IntWritable();

    // combiner 中的 reduce 过程和此函数基本相同，不同之处在于没有 if 语句
    public void reduce(Text key, Iterable<IntWritable> values,
                    Context context)
            throws IOException, InterruptedException
    {
        Configuration conf = context.getConfiguration();
        int support = Integer.parseInt(conf.get("support"));
        // support 通过配置 support 进行传递
```

```
        int sum = 0;
        for (IntWritableval : values)
        {
            sum += val.get();
        }
        if(support < sum)
        {// 只有超过支持度阈值的，才会输出，
            result.set(sum);
            context.write(key, result);
        }
    }// end of reduce
}//end of class reducer
```

（3）Combiner 实现

为了进行中间结果传输的优化，需要设计实现一个 Combine 类。Combiner 的代码和 Reducer 的代码基本相同，只是没有 Reduce 部分后面的比较操作。

（4）程序的编译与运行

程序编译命令如下：

```
javac *.java
```

打成 jar 包：

```
jar cvfFreqItemSet.jar *.class
```

程序的命令运行如下：

```
hadoop jar FreqItemSet.jar FreqItemSetMain \
    <dfs_path><input><k><spt_dg><output>
```

几个参数的含义见表 10-3：

表 10-3　程序参数含义

参　　数	含　　义
<dfs_path>	文件在 HDFS 上的存储路径
<input>	输入文件（本地路径）
<k>	项集的大小 k
<spt_dg>	支持度阈值
<output>	输出文件（本地路径）

以下给出一个命令实例，这是笔者调试时的运行命令。

```
hadoop jar FreqItemSet.jar FreqItemSetMain\
    /user/data/freqItemSet/ data 2 2 out
```

众所周知，Hadoop MapReduce 在迭代处理上的性能较差，必须用 DistributedCache 或是 HDFS 临时文件的方式，才能在每次迭代过程中传递数据。而这个算法的好处在于思路很

清晰，而且实现很简单，只需要一次 MapReduce 过程即可完成，又可以充分利用集群并行性。此算法中，除了求子集的算法可能复杂一些，其余的部分很容易理解。

10.6 隐马尔科夫模型和最大期望算法

隐马尔科夫模型（Hidden Markov Model，HMM）是自然语言处理中的一个基本模型，用途广泛，如汉语分词、词性标注及语音识别等，在自然语言处理领域中占有重要的地位。对于一个隐马尔科夫模型，它的状态序列不能直接观察得到，但能通过观测向量序列隐式推导得出。各种状态序列按照概率密度分布进行转换，同时每一个观测向量是由一个具有相应概率密度分布的状态序列产生。EM 算法（Expectation-Maximization algorithm，最大期望算法）在统计中被用于寻找依赖于不可观察的隐性变量的概率模型中，做参数的最大似然估计。

10.6.1 隐马尔科夫模型的基本描述

一个隐马尔科夫模型可以由如下几个要素构成。

（1）模型的状态

设状态集合为 $S = \{s_1, s_2, \cdots, s_N\}$，时刻 t 时所处的状态为 $q_t \in S$。状态之间可以互相转移。

（2）状态转移矩阵

描述状态之间如何进行转移的状态转移矩阵 $A = (a_{ij})_{N \times N}$，$a_{ij}$ 表示状态转移概率。

（3）模型的观察值

设观察值集合为 $V = \{v_1, v_2, \cdots, v_M\}$，当 t 时刻的状态转移完成的同时，模型都产生一个可观察输出 $o_t \in V$。

（4）输出的概率分布矩阵

描述产生输出的概率分布矩阵 $B = (b_{ij})_{N \times M}$。其中，

$$b_{ij} = b_i(j) = b_i(v_j) = P(o_t = v_j \mid q_t = s_i) \quad 1 \leqslant i \leqslant N, 1 \leqslant j \leqslant M \qquad （10\text{-}8）$$

表示 t 时刻状态为 s_i 时输出为 v_j 的概率。

（5）初始状态分布

模型的初始状态分布。设为 $\pi = \{\pi_1, \pi_2, \cdots, \pi_N\}$，

其中，

$$\pi_i = P(q_1 = s_i) \qquad 1 \leqslant j \leqslant N$$

这样，一个隐马尔科夫模型可以由五元组（S，A，V，B，π）完整描述。但实际上，A，B 中包含对 S, V 的说明。因此，通常用 $\lambda = \{A, B, \pi\}$ 来表示一组完备的隐马尔科夫模型参数。

图 10-8 是一个具有三个状态的隐马尔科夫模型。图中显示的一个状态序列为（s_1, s_2, s_3），其输出的观察序列为（o_1, o_2, o_3, o_4, o_5）。

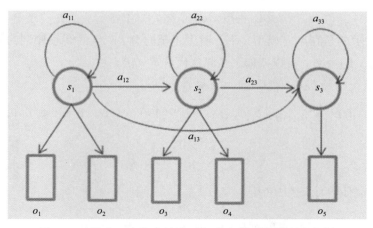

图 10-8 具有三个状态的隐马尔科夫模型及其观察向量

在上述给定的模型框架下，为使隐马尔科夫模型能够用于解决实际问题，首先需要解决三个基本问题，它们是：

问题一：给定观察向量序列 $O=(o_1, o_2, \cdots, o_T)$ 和隐马尔科夫模型 $\lambda=(A, B, \pi)$，如何计算由该模型产生该观察序列的概率 $P(O_\lambda)$。

问题二：给定观察向量序列 $O=(o_1, o_2, \cdots, o_T)$ 和隐马尔科夫模型 $\lambda=(A, B, \pi)$，如何获取在某种意义下最优的内部状态序列 $Q=(q_1, q_2, \cdots, q_T)$。

问题三：如何选择（或调整）模型的参数 λ，使得在该模型下产生观察序列 O 的概率 $P(O_\lambda)$ 最大。

问题一实际上是一个评估问题，即计算给定的模型和观察序列的匹配程度。当用几个模型去竞争匹配给定的观察序列时，问题一的求解使我们可以从中选出一个最合适的模型。问题二也被称为解码问题，即根据给定的模型和观察序列，寻找最有可能生成这个观察序列的内部状态。问题二的求解也会在问题三中接触到。问题三是训练问题，即在给定一些观察序列作为样本的条件下优化模型参数，使得模型能够最佳地描述这些观察序列。可见，问题三是所有隐马尔科夫模型应用的基础。如果不能解决训练问题，就根本无法得到隐马尔科夫模型。

10.6.2 隐马尔科夫模型问题的解决方法

本节分别给出隐马尔科夫模型中上述三个问题的求解方法。

1. 解决第一个问题

问题一为计算由给定模型 λ 生成某一观察序列 $(o_1 o_2 \cdots o_t)$ 的概率 $P(O|\lambda)$。为此，先定义前向变量 $\alpha_t(i)$：

$$\alpha_t(i) = P(o_1, o_2, \cdots, o_t, q_t = s_i \,|\, \lambda) \tag{10-9}$$

前向变量表示的是在给定模型 λ 下，时刻 1 至时刻 t 产生的观察序列为 $(o_1 o_2 \cdots o_t)$、且 t 时刻系统状态为 s_i 的概率。可以按如下步骤迭代求解 $\alpha_t(i)$。

1）初始化：$\alpha_1(i) = \pi_i b_i(o_1)$，其中 $1 \leq i \leq N$

2）迭代：$\alpha_{t+1}(j) = \left[\sum_{i=1}^{N} \alpha_t(i) a_{i,j}\right] b_j(O_{t+1})$：，其中 $1 \leq j \leq N$，$1 \leq t \leq T{-}1$，a_{ij} 为状态转移概率

3）终止：$P(O|\lambda) = \left[\sum_{i=1}^{N} \alpha_t(i) a_T(i)\right]$

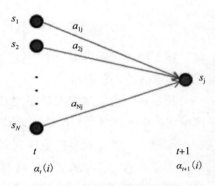

图 10-9 为前向变量迭代求解过程的示意图。可以看到，在 $t+1$ 时刻，第 j 个状态 s_j 可以由 t 时刻的 N 个状态转移而至。由于 $\alpha_t(i)$ 是时刻 t 时处于第 i 个状态 s_i 和产生观察序列 $(o_1 o_2 \cdots o_t)$ 的联合概率，故 $\alpha_t(i) a_{ij}$ 是时刻 $t+1$ 时由第 i 个状态 s_i 转移至第 j 个状态 s_j 和产生观察序列 $(o_1 o_2 \cdots o_t)$ 的联合概率。i 从 1 取到 N，这 N 个乘积加在一起，就获得了时刻 $t+1$ 时处于第 j 个状态 s_j 和产生观察序列 $(o_1 o_2 \cdots o_t)$ 的联合概率。然后乘以在第 j 个状态产生观察向量 o_{t+1} 的概率，就获得了 $\alpha_{t+1}(j)$。

图 10-9 前向变量迭代求解过程示意

可以类似地定义反向变量 $\beta_t(i)$：

$$\beta_t(i) = P(o_{t+1}, \cdots, o_T | q_t = s_i, \lambda) \tag{10-10}$$

即在给定模型 λ 且 t 时刻状态为 s_i 的条件下，自时刻 $t+1$ 至时刻 T 产生观察序列 $(o_{t+1} \cdots o_T)$ 的概率。

反向变量同样可以如下迭代计算：

1）初始化：$\beta_T(i) = 1$，其中 $1 \leq i \leq N$

2）迭代：$\beta_t(i) = \sum_{j=1}^{N} \beta_{t+1}(j) a_{ij} b_j(o_{t+1})$，其中 $1 \leq i \leq N$，$t = T{-}1, T{-}2, \cdots, 1$；$a_{ij}$ 为状态转移概率

尽管在问题一的求解中只需要计算前向变量，但反向变量在问题三的求解中需要使用。

2. 解决第二个问题

在给定的观察序列 O 下，Q 是由每一个时刻 t 最有可能处于的状态 q_t 所构成的。该优化标准使状态序列 Q 中正确状态的期望数量最大化。

对此问题的求解可以用基于动态规划思想的 Viterbi 算法。

为了求解在观察序列 $O=(o_1, o_2, \cdots, o_T)$ 的条件下，最优的内部状态序列 $Q=(q_1, q_2, \cdots, q_T)$，定义变量：

$$\delta_t(i) = \max_{q_1, q_2, \cdots q_{t-1}} P(q_1, \cdots, q_t = s_i, o_1, \cdots, o_t | \lambda) \tag{10-11}$$

该变量表示的是在 t 时刻，沿着一条路径抵达状态 s_i，并生成观察序列 $(o_1 o_2 \cdots o_t)$ 的最大概率。利用迭代计算可获得：$\delta_{t+1}(j) = \left[\max\limits_{i=1}^{N} \delta_t(i) a_{ij} \right] b_j(o_{t+1})$

为了能够得到最优的状态序列，在求解过程中，对每一个时刻和状态，需要保留使得上式中最大化条件得以满足的上一时刻的状态。完整的算法描述如下。

1）初始化：

$$\delta_1(i) = \pi_i b_i(o_1) \quad 1 \leqslant i \leqslant N$$
$$\Psi_1(i) = 0 \quad 1 \leqslant i \leqslant N$$

2）迭代：

$$\delta_{t+1}(j) = \left[\max_{i=1}^{N} \delta_t(i) a_{ij} \right] b_j(o_{t+1}) \quad 1 \leqslant j \leqslant N, \quad 1 \leqslant t \leqslant T-1$$
$$\Psi_{t+1}(j) = \left[\operatorname*{argmax}_{i=1}^{N} \delta_t(i) a_{ij} \right] b_j(o_{t+1}) \quad 1 \leqslant j \leqslant N, \quad 1 \leqslant t \leqslant T-1$$

3）终止：

$$P^* = \max_{i=1}^{N} [\delta_T(i)]$$
$$q_T^* = \operatorname*{argmax}_{i=1}^{N} [\delta_T(i)]$$

4）回溯：

$$q_t^* = \Psi_{t+1}(q_{t+1}^*), \ \text{其中} \ t = T-1, T-2, \cdots, 1$$

除了回溯的步骤之外，问题二的解和问题一的解是类似的，主要的不同是在迭代过程中，求和的步骤变为最大化。事实上，如果认为每一个观察序列都是由一个与它最相关的内部状态序列生成的，那么在问题一的解中，求和步骤也可以近似地用最大化代替，即

1）初始化：

$$\delta_1(i) = \pi_i b_i(o_1) \quad 1 \leqslant i \leqslant N$$

2）迭代：

$$\delta_{t+1}(j) = \left[\max_{i=1}^{N} \delta_t(i) a_{i,j} \right] b_j(o_{t+1}) \quad 1 \leqslant j \leqslant N, 1 \leqslant t \leqslant T-1$$

3）终止：

$$P(O|\lambda) \approx \max_{Q} P(O, O|\lambda) = \max_{i=1}^{N} [\delta_T(i)]$$

3. 解决第三个问题

问题三是模型的参数估计问题，即依据一些观察序列，估计一组隐马尔科夫模型的参数

(A, B, π)，使得在该参数模型下，产生这些观察序列的概率最大化。到目前为止，训练问题没有已知的解析解法。事实上，在给出一些观察序列作为训练数据之后，不存在最佳的计算模型参数的方法。通常使用 Estimation-Maximization 法（诸如 Baum-Welch 法）将模型参数 $\lambda=(A, B, \pi)$ 调整至 $P(O|\lambda)$ 的局部极值。这是一个参数重估的迭代过程。为了便于描述，首先定义 $\xi_t(i, j)$ 为在给定模型 $\lambda=(A, B, \pi)$ 和观察序列 O 的条件下，在 t 时刻状态为 s_i 且 $t+1$ 时刻状态为 s_j 的概率，即：

$$\xi_t(i, j) = P(q_t= s_i, q_{t+1}=s_j|O, \lambda) \tag{10-12}$$

如图 10-10 所示，依据前向变量和反向变量的定义，可以将 $\xi_t(i, j)$ 写为以下形式：

$$\xi_t(i,j) = \frac{\alpha_t(i)\, a_{ij} b_j(o_{t+1})\beta_{t+1}(j)}{P(O\lambda)} = \frac{\alpha_t(i)\, a_{ij} b_j(o_{t+1})\beta_{t+1}(j)}{\sum\limits_{k=1}^{N} \sum\limits_{l=1}^{N} \alpha_t(k)\, a_{kl} b_i(o_{t+1})\beta_{t+1}(l)}$$

式中，分子即为 $P(q_t=s_i, q_{t+1}=s_j, O\lambda)$，除以分母 $(P(O|\lambda))$ 后，归一化条件得以满足。

此前已定义了 $\gamma_t(i)$ 为在给定模型参数 λ 和观察序列 O 的条件下，时刻 t 位于状态 s_i 的条件概率，现在可以通过将 $\xi_t(i, j)$ 对 j 求和把两者联系起来，即

$$\gamma_t(i) = \sum_{j=1}^{N} \xi_t(i,j)$$

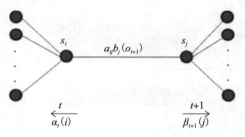

图 10-10 t 时刻位于状态 s_i 且 $t+1$ 时刻位于状态 s_j 的联合事件

如果将 $\gamma_t(i)$ 对下标 t 求和，将可以得到在观察序列 O 下状态 s_i 的期望出现次数；如果在求和过程中除去 $t=T$ 这一项，就得到了在观察序列 O 下，由状态 s_i 转移到其他状态的期望次数。类似地，将 $\gamma_t(i)$ 对下标 t 自 1 到 $T-1$ 求和，就可以得到在观察序列 O 下，由状态 s_i 转移到状态 s_j 的期望次数，即：

$$\sum_{t=1}^{T-1} \gamma_t(i) = \text{由状态 } s_i \text{ 转移出的期望次数}$$

$$\sum_{t=1}^{T-1} \xi_t(i,j) = \text{由状态 } s_i \text{ 转移至 } s_j \text{ 的期望次数}$$

利用以上所描述的公式和概念，可以给出如下一组隐马尔科夫模型的参数重估公式：

$$\pi_i = \text{在时刻 } t = 1 \text{ 时位于状态 } s_i \text{ 的期望次数} = \gamma_t(1) \tag{10-13a}$$

$$a_{ij} = \frac{\text{由状态 } s_i \text{ 转移至状态 } s_j \text{ 的期望次数}}{\text{由状态 } s_i \text{ 转移出的期望次数}} = \frac{\sum\limits_{t=1}^{T-1} \xi_t(i,j)}{\sum\limits_{t=1}^{T-1} \gamma_t(i)} \tag{10-13b}$$

$$b_j(v_k) = \frac{\text{由状态 } s_j \text{ 输出观察向量 } v_k \text{ 的期望次数}}{\text{位于状态 } s_j \text{ 的期望次数}} = \frac{\sum\limits_{\substack{1 \le t \le T \\ s.t o t = v_k}} \gamma_t(i)}{\sum\limits_{t=1}^{T} \gamma_t(i)} \tag{10-13c}$$

从一个初始模型 $\lambda=(A, B, \pi)$ 开始,可以利用上面的一组重估公式得到新的模型 $\lambda=(A, B, \pi)$ 来代替原模型。如此不断迭代,新的模型的 $P(O \lambda)$ 将不断变大,直到抵达局部的极值点。最终获得的隐马尔科夫模型被称为极大似然模型,该模型使产生观察序列 O 的概率最大化。

解决了上述三个基本问题,隐马尔科夫模型就可以用于解决实际问题。

10.6.3　最大期望算法概述

针对隐马尔科夫模型的训练,也就是问题三的求解,主要使用最大期望(EM)算法。EM 算法在统计学中被用于寻找在不可观察的隐形变量的概率模型(如 HMM 模型)中的参数最大似然估计。

EM 算法经过两个步骤交替进行计算,第一步就是计算期望(E),利用对隐形变量的现有估计值,计算其最大似然估计值;第二步是最大化(M),最大化在 E 步上求得的最大似然值来计算参数的值。M 步上找到的参数估计值被用于下一个 E 步计算中,这个过程不断交替进行。因此,EM 是一个在已知部分相关变量的情况下,估计未知变量的迭代技术。EM 算法的流程如下:

1)初始化分布参数。

2)E-M 过程:

　　a)E 步骤:估计未知参数的期望值,给出当前的参数估计。

　　b)M 步骤:重新估计分布参数,以使得数据的似然性最大,给出未知变量的期望估计。

3)重复直到收敛。

10.6.4　并行化隐马尔科夫算法设计

传统隐马尔科夫模型的缺点在于模型训练时间很长,对于规模较大的训练语料甚至无法在可接受的时间内完成训练。面向大规模的训练语料,采用 MapReduce 并行化框架可以大大降低训练过程所需的时间,使得计算速度得到大幅提升。

1. 基于 MapReduce 的 EM 并行化算法设计

最大期望(Expectation Maximization,EM)算法可以很自然地用 MapReduce 编程模型实现。利用 MapReduce 实现的 EM 算法特点如下:

1)EM 过程的每次迭代是一个 MapReduce job。

2)控制过程(即驱动程序)产生 MapReduce job,跟踪迭代次数和收敛参数。

3)模型参数 $\theta(i)$,在一个 MapReduce job 中是静态的,由每个 Mapper 从 HDFS 或其他数据来源加载。

4)Mapper 部分在独立的训练实例中,计算部分隐含变量的后验概率。

5)Combiner 汇总 Mapper 所产生的中间结果统计数据,以减少整个网络传输的数据量

6）Reducer 汇总所需的训练得到的统计数据，解决一个或更多的 M-step 优化问题。

因为参数是在一个被假定的样本集合中估计，每一个训练实例可以独立处理而与其他的实例无关，所以 E-step 一般可以有效地并行化。事实上，每一个独立的训练实例甚至可以通过一个单独的 Mapper 处理。

然而，Reducer 必须收集所需的统计数据解决模型的优化问题。隐马尔科夫模型需要在 M-step 解决几个独立的优化问题。在这种情况下，Reducer 可以并行运行。

2. 基于 MapReduce 的 HMM 并行化算法设计

正如我们所期望的，HMM 模型（隐马尔科夫模型）的训练很适合用 MapReduce 进行并行化。这个过程可以概括如下：在每一次迭代过程中，Mapper 过程训练实例，用前面介绍的前向 – 后向（forward-backward）算法计算期望参数并发射出去。Reducer 整合期望参数，计算 E-step 并且为下一轮迭代生成参数估计。

首先，在 HMM 模型的训练过程中，大多数的计算代价是 forward 和 backward 算法的运行。因为可运行的 Mapper 数目没有限制，一个集群的计算资源可以来解决这个问题。其次，由于在 HMM 训练过程中，每次迭代的 M-step 有 $|s|$ 个状态，这就需要至少 $2|s|+1$ 个 Reducers 并行运行。

（1）Mapper 的设计

Mapper 部分要处理两个部分。第一个部分是初始化 HMM 模型：根据相关参数，对 HMM 模型初始化转移矩阵、发射矩阵、初始概率。第二个部分就是 map() 函数过程。HMM 训练过程的 map() 过程伪代码如下所示，其中，输入的 <key-value> 对是：key 值为训练语料数据的每行首字符相对于文本文件的首地址偏移量，value 值存储的是训练语料文本文件中的一行数据。对每个训练实例来说，输出 $2n+1$ 个 stripes，并且每个训练实例都输出相同的 key 值集合。每个 key 值都会在 M-step 进行优化处理。输出的 <key, value> 对是：

1）在每个状态 q 开始时的初始概率：

```
<string 'initial', initialProbabilities>;
```

2）状态 q 产生每个发射状态 o 的概率（发射状态的集合可以从每个训练实例中得到）：

```
<string 'emit from'+ states, Stripe emissionMatrix>
```

3）状态 q 转换到每一个状态 r 的概率：

```
<string 'transit from' + states, Stripe transitionMatrix>
```

用 EM 算法训练 HMM 模型的 Mapper 部分算法的伪代码如下：

```
Class Mapper
    method Initialize(integer iteration)
```

```
    <S, O> ← ReadModel                          // 初始化 HMM 模型的状态集合和观测值集合
    θ ← <A, B, π> ← ReadModelParams(iteration)  // 初始化 HMM 模型的参数
method Map(sample id, sequence x)               // Map() 函数部分
    α ← Forward(x, θ)                           // 前向算法计算出期望参数
    β ← Backward(x, θ)                          // 后向算法计算出期望参数
    I ← new Associativearray                    // 初始化状态期望
    for all q ∈ S do                            // 对每个状态进行循环迭代
        I{q} ← α₁ (q)*β₁ (q)
        O ← new AssociativeArray                // 发射矩阵
        for t = 1 to |x| do                     // 对观察值进行循环迭代
            for all q ∈ S do                    // 对每个状态进行循环迭代
               O(q){xₜ} ← O{q}{xₜ}+αₜ{q}*βₜ(q)
        T ← new AssociativeArray of AssocaitiveArray   // 转移矩阵
        for t = 1 to |x| do                     // 对观察值进行循环迭代
            for all q ∈ S do                    // 对每个状态进行循环迭代
                for all r ∈ S do
                  T{q}{r} ← T{q}{r}+αₜ (q)*Aq (r)*Bᵣ (xₜ₊₁ )*βₜ₊₁ (r)
        Emit(String 'initial', stripe I)
        for all q ∈ S do                        // 对每个状态进行循环迭代
           Emit(String 'emit from' + q, stripe O{q})
           Emit(String 'emit from' + q, stripe T{q})
```

mapper 部分对训练实例（作为观察值的句子）进行 map 处理后，生成初始状态、发射矩阵和转移矩阵的相应值。

（2）Combiner 的设计

用 EM 算法训练 HMM 模型的 Combiner 部分的伪代码如下：

```
Class Combiner
    Method Combine(String t, stripes[C₁, C₂,])
        Cf ← new AssociativeArray
        for all stripe C ∈ stripes [C₁, C₂, ] do
          Sum(Cf, C)
        Emit(String t, stripe Cf)
```

（3）Reducer 的设计

在每次 HMM 模型训练的迭代过程中，Reducer 部分的伪代码如下面所示。当每个 key 值相对应的 value 值被完全收集到的时候，包含所有统计数据的关联数组会为下一轮 EM 过程的迭代计算一个参数子集。下轮迭代的最优参数由本轮迭代计算得到。新计算得到的参数会从 Reducer 发射出去写入 HDFS 中。对应于每个状态 q，会发射出初始概率、转移概率和发射概率。

Reducer 部分输入的 <key，value> 对是：Mapper 部分的输出，即 <string 'initial'，initialProbabilities>；<string 'emit from'+states，Stripe emissionMatrix> 和 <string 'transit from' + states，Stripe transitionMatrix>；Reducer 部分对不同 Mapper 发射来的数据进行整合，为下一轮迭代做准备，输出的 <key，value> 对依然为：<string 'initial'，initialProbabilities>；<string 'emit from'+states，Stripe emissionMatrix> 和 <string 'transit from'+states，

Stripe transitionMatrix>。

用 EM 算法训练 HMM 模型的 Reducer 部分的伪代码如下：

```
Class Reducer
    Method Reduce(String t, stripes[C₁, ⋯ C₂,])
        Cf ← new AssociativeArray
            for all stripe C ∈ stripes [C₁, C₂, ⋯ ] do
                Sum(Cf, C)
            z ← 0
            for all(k,v) ∈ Cf  do
            z ← z+v
                Pf ← new Assocaitive Array     //最终的参数向量
            for all(k,v) ∈ Cf   do
            Pf ← v/z
            Emit(String t, stripe pf)
```

整个 MapReduce 过程需要迭代多次，直至隐马尔科夫模型的训练参数达到收敛。

10.6.5　隐马尔科夫算法的并行化实现

下面详细介绍 HMM 并行化算法的核心部分：HmmParallel.java。其基本任务是，基于观察状态和隐藏状态转移序列建立一个初始化 HMM 模型估计。

在这里，我们使用 ArrayWritable 数组数据类型，用以分别存储 HMM 模型的初始状态、转移矩阵和发射矩阵的一行数据，代表收集到的相关值的集合。

1. Mapper 的实现

（1）初始化 HMM 模型

Mapper 要处理的第一个部分是初始化 HMM 模型：根据相关参数，对 HMM 模型初始化转移矩阵、发射矩阵、初始概率。这个事情在 Mapper 的 setup() 初始化方法中完成。这部分的代码如下：

```
//HMM training mapper:
public static class HmmParallelMap
            extends Mapper<Object, Text, Text, ArrayWritable>{
    // 初始化 HMM 模型
    public void setup(Context context)
            throws IOException, InterruptedException
    {
    hmm = HmmTrainer.trainSupervised(States, Observations,
                            observedSequence, hiddenSequence, 0);
    }
    ……
}
```

（2）Map 方法的实现

然后，HMM 模型的并行化 map() 函数部分，输入的 <key-value> 对是：key 值为训练语料数据的每行首字符相对于文本文件的首地址偏移量；value 值存储的是训练语料文本文件中的一行数据。对每个训练实例来说，输出 2n+1 个 stripes，并且每个训练实例都输出相同的 key 值集合。每个 key 值都会在 M-step 进行优化处理。输出的 <key，value> 对是：在每个状态 q 开始时的初始概率、状态 q 产生每个发射状态 o 的概率（发射状态的集合可以从每个训练实例中得到）、状态 q 转换到每一个状态 r 的概率。

```
//map() 函数实现代码：
public void map(Object key, Text value, Context context)
            throws IOException, InterruptedException
{
    for(int i = 0; i <value.getLength(); i++)
    {
        o[i] = value.charAt(i);
    }
    int T = value.getLength();
    double[][] fwd;                     // 前向矩阵参数
    double[][] bwd;                     // 后向矩阵参数
    // 初始状态概率
    double initialProbabilities[] = new double[hmm.numStates];
    // 转移概率概率
    double transitionMatrix[][] = new double[hmm.numStates][hmm.numStates];
    // 发射概率矩阵
    double emissionMatrix[][] = new double[hmm.numStates][hmm.sigmaSize];
    // 从当前模型中计算出前向和后向参数
    fwd = HmmAlgorithms.forwardAlgorithm(hmm, o, true);
    bwd = HmmAlgorithms.backwardAlgorithm(hmm, o, true);
    // 计算出初始状态概率
    for(int i = 0; i <hmm.numStates; i++)
        initialProbabilities[i] = gamma(i, 0, o, fwd, bwd);
    // 计算出转移概率矩阵
    for(int i =0; i <hmm.numStates; i++){
        for(int j = 0; j <hmm.numStates; j++){
            double num = 0;
            double denum = 0;
            for(int t = 0; t < T - 1; t++){
                num += p(t, i, j, o, fwd, bwd);
                denum += gamma(i, t, o, fwd, bwd);
            }
            transitionMatrix[i][j] = divide(num, denum);
        }
    }
    // 计算出发射概率矩阵
    for(int i = 0; i <hmm.numStates; i++){
        for(int k = 0; k <hmm.sigmaSize; k++){
            double num = 0;
            double denum = 0;
            for(int t = 0; t < T - 1; t++){
                double g = gamma(i, t, o, fwd, bwd);
```

```
                  num += g * (k == o[t] ? 1 : 0);
                  denum += g;
              }
              emissionMatrix[i][k] = divide(num, denum);
          }
      }
      // 将 map() 的结果发射出去: 输出为 <initial, initialProbabilities>、
      // <emit from states, Stripe emissionMatrix>、
      // <transit from states, Stripe transitionMatrix>
      for(int i = 0; i <hmm.numStates; i++){
        pi_tmp[i] = new DoubleWritable(hmm.initialProbabilities[i]);
      }
      piStripe.set(pi_tmp);
      context.write(new Text("initial"), piStripe);
      for(int i = 0; i <hmm.numStates; i++){
          for(int j = 0; j <hmm.sigmaSize; j++){
              em_tmp[j] = new DoubleWritable(hmm.emissionMatrix[i][j]);
          }
          emissionStripe.set(em_tmp);
          context.write(new Text("emit from" + hiddenSequence.toString()), emissionStripe);
      }
      for(int i = 0; i <hmm.numStates; i++){
          for(int j = 0; j <hmm.numStates; j++){
              tr_tmp[j] = new DoubleWritable(hmm.transitionMatrix[i][j]);
          }
          transitionStripe.set(tr_tmp);
          context.write(new Text("transit from" + hiddenSequence.toString()),
                    transitionStripe);
      }
  }
```

2. Combiner 的实现

实现代码如下:

```
//HMM Combiner:
public static class HmmParallelCombiner
              extends Reducer<Text, ArrayWritable, Text, ArrayWritable>
{
    //reduce 函数部分:
    public void reduce(Text key, Iterable<ArrayWritable> values,
                               Context context)
          throws IOException, InterruptedException
    {
        for(ArrayWritable value : values){
            for(int i = 0; i <value.get().length ;i++){
                doubleValue[i] +=
                    Double.parseDouble(value.get()[i].toString());
                Cf_tmp[i] = new DoubleWritable(doubleValue[i]);
            }
```

```
        }
        Cf.set(Cf_tmp);
        context.write(key, Cf);
    }  // end of reduce()
} // end of Reducer
```

3. Reducer 的实现

HMM 模型并行化 Reduce 部分输入的 <key，value> 对是：mapper 部分的输出，即 <string 'initial'，initialProbabilities>；<string 'emit from' +states，Stripe emissionMatrix> 和 <string 'transit from' +states，Stripe transitionMatrix>；Reducer 部分对不同 mapper 发射来的数据进行整合，为下一轮迭代做准备，输出的 <key，value> 对依然为：<string 'initial'，initialProbabilities>；<string 'emit from' +states，Stripe emissionMatrix> 和 <string 'transit from' +states，Stripe transitionMatrix>。

HMM 算法的 Reducer 实现代码如下：

```
//HMM training reducer:
public static class HmmParallelReduce
            extends Reducer<Text, ArrayWritable, Text, ArrayWritable>
{
    //reduce 函数部分:
    public void reduce(Text key, Iterable<ArrayWritable> values,
                            Context context)
        throws IOException, InterruptedException
    {
        for(ArrayWritable value : values){
            for(int i = 0; i <value.get().length ;i++){
                doubleValue[i] +=
                    Double.parseDouble(value.get()[i].toString());
                Cf_tmp[i] = new DoubleWritable(doubleValue[i]);
            }
        }
        Cf.set(Cf_tmp);
        double z = 0;
        for(int i = 0; i <Cf.get().length; i++){
            z += Double.parseDouble(Cf.get()[i].toString());
        }
        // 将参数规整化
        for(int i = 0; i <Cf.get().length; i++){
            Cf_tmp[i] = new DoubleWritable(Double
                            .parseDouble(Cf.get()[i].toString()) / z);
        }
        Cf.set(Cf_tmp);
        context.write(key, Cf);
    }  // end of reduce()
} // end of Reducer
```

第 **11** 章
大数据处理算法设计与应用编程案例

要达到熟练掌握和运用 MapReduce 并行编程技术的目标，仅仅去了解并记住基本编程框架和 API 是远远不够的，更重要的是需要能熟练运用 MapReduce 计算模型和框架去分析所碰到的大数据处理问题，并设计、构建和实现有效的 MapReduce 并行化算法，最终完成大数据应用系统的开发。而要达到这个目标，介绍和展现大量的实际案例是一个较为有效的手段。为此，本章介绍 9 个不同类型的大数据处理算法设计和应用编程案例，这些案例来自我们参加全国大数据技术大赛获奖赛题和算法、数年来我们在 MapReduce 大数据课程教学中的优秀课程设计案例和大数据技术研究中的一些研究案例以及来自 Intel 大数据系统在业界的真实行业应用案例。这些算法设计与应用编程案例包括基于 MapReduce 的搜索引擎算法、大规模短文本多分类算法、大规模基因序列比对算法、大规模城市路径规划算法、大规模重复文档检测算法、基于内容的并行化图像检索算法与引擎、大规模微博传播分析、基于关联规则挖掘的图书推荐以及基于 Hadoop 的城市智能交通综合应用案例。对于每一个案例，我们首先会从基本问题描述入手，然后着重分析介绍基于 MapReduce 进行并行化算法设计的基本思路和方法，最后介绍主要的并行化算法代码实现。

11.1 基于 MapReduce 的搜索引擎算法

Google 公司设计 MapReduce 的最初目的就是解决搜索引擎中大规模网页数据的索引处理问题。全球网站数量已达数亿，每个网站包含的网页数量从几个到几百个甚至几千个不等。为了完成对大量网页的搜索，需要对大规模网页数据建立适当的查询索引并建立有效的搜索引擎。搜索引擎是为用户提供从海量的网页检索相关网页信息的工具。

本节以为南京大学小百合 BBS 实现站内全文搜索引擎为例，介绍全文搜索引擎实现过程的各个环节，并重点阐述基于 MapReduce 完成大规模网页数据索引处理的并行化算法设计实现。

11.1.1　搜索引擎工作原理简介

搜索引擎的工作划分为线下工作（也叫离线工作）和线上工作（也叫在线工作）两部分。离线工作为在线工作提供服务。离线工作是指搜索引擎在接受用户查询请求之前需要完成的一系列准备工作，这部分工作主要包括爬取并整理网页信息、建立倒排索引文件等。在线工作是指用户输入查询请求后，搜索引擎为用户反馈查询结果所要完成的一系列工作，这部分工作主要包括：根据用户查询的关键字从倒排索引文件中找到相应的网页信息，并对这些网页信息进行适当的排序组合。搜索引擎工作的基本原理如图 11-1 所示。

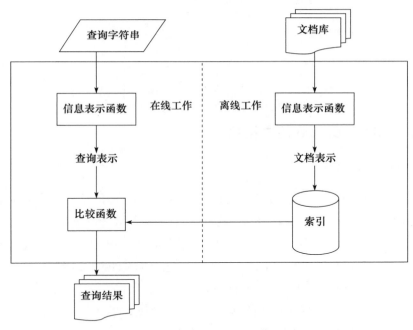

图 11-1　搜索引擎的基本工作原理图

基于上述工作原理，本书所设计实现的原型搜索引擎系统的整体工作过程和结构如图 11-2 所示。系统主要由三大部分组成，其中，网页爬取和 MapReduce 索引处理部分完成离线工作，查询接口部分完成在线工作。网页爬取部分主要负责爬取小百合 BBS 上的网帖并抽取其中的信息。MapReduce 索引处理部分是整个系统的重点，主要负责对上一步搜集的信息进行倒排索引的处理，为后面的在线查询做准备，其目标是根据源文件建立倒排表文件和索引词表文件；为此，本系统设计并实现了一系列基于 MapReduce 的并行化处理算法。查询接口部分主要负责为用户提供一个在线查询接口。

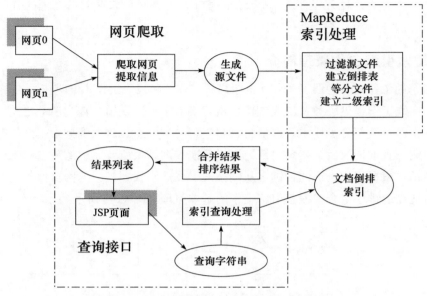

图 11-2　原型搜索引擎的基本工作过程和结构

11.1.2　基于 MapReduce 的文档预处理

1. 网帖数据记录的获取

网页爬取与信息提取是搜索引擎系统的第一部分。网页爬取并提取后的数据是后面 MapReduce 索引处理程序的输入源。爬取网页后，首先通过分析网页源代码，使用正则表达式的方式抽取出每个网帖需要保留的 5 条信息：网帖地址（URL）、网帖人气（HOT）、网帖作者（AUTHOR）、网帖标题（TITLE）以及网帖正文（CONTENT），形成一个完整的网帖数据记录。所有网帖数据记录存储在一个文件中。

存储时，一个网帖记录内部的字段信息之间用换行符 '\007'(不可显示的 ASCII 码) 分隔；网帖记录之间（即网帖与网帖之间）用 '\r\n'（换行符）分隔，数据格式组织如下：

URL'\007'HOT'\007'AUTHOR'\007'TITLE'\007'CONTENT'\r\n'

爬取到这些网帖数据存储到 HDFS 文件之后，我们进一步基于 MapReduce 对其进行一系列的并行化清洗过滤预处理，处理流程如图 11-3 所示。整个清洗过滤操作的第一步是对网帖数据进行一次过滤预分析；然后，针对过滤后的网帖文件，建立倒排索引表；由于倒排索引表文件过于庞大，为提高效率，将倒排索引表切分成若干个小文件，并对小文件建立二级索引。

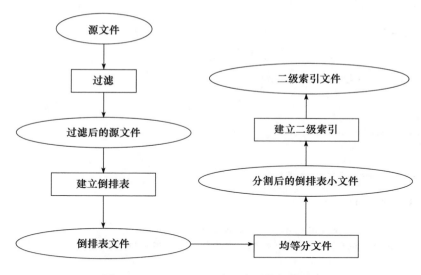

图 11-3　MapReduce 建立索引的操作流程

2. 网帖数据过滤

对网帖数据文件进行一次预分析和过滤以确保数据的完整性和正确性，可以避免后续步骤中由于数据不准确而引发的一些问题。针对网帖数据的过滤处理，我们设计并实现了一个 MapReduce 并行算法，算法基本过程描述如下：

1）在 Map 阶段，每个 map 函数接收到的是一个按前述的网帖数据格式存储的网帖数据记录。其中，输入的 <key, value> 对分别是 offset 和 line。其中，offset 作为 key，对应的是输入的网帖数据记录行的行首相对于整个源文件的偏移量；line 作为 value，对应的是输入的一个网帖数据记录行。

2）对于输入的每条网帖数据记录，在 map 函数中检查其内容和格式的合法性。对于不合法的网帖记录，不输送到 Reducer（实现过滤）；对于合法的网帖记录，输出到下面的 Reducer 处理。输送到 Reducer 处理的 <key,value> 对分别是 URL 和网帖记录。

3）经过 Shuffle 阶段，从 Map 输送来的具有相同 Key（URL）的 <key, value> 对被汇集到同一个 Reducer 端，而每个 reduce 函数只处理具有相同 key 的 <key, value> 对。如果同一个 key 对应多个 value，就意味着同一个网帖被爬取了多次。过滤的方法很简单，对于同一个 key，在输出时只写一次即可。

该算法的 MapReduce 部分伪代码如下：

```
// 该类实现了对数据进行清洗和过滤的功能
public class FilterMapper extends Mapper<LongWritable,Text,Text,Text>
{
    public void map(LongWritable keyin,Text valin,Context context)
```

```
        {
            // 如输入的网帖数据记录有合法的格式，则输出其 URL 作为 key，记录本身作为 value
            if(isLegal(valin.toString())){
                Text keyout=new Text(getURL(val));
                context.write(keyout, valin);
            }
        }

        public boolean isLegal(String val)
        {
            // check whether the input line's structure is legal;
            // If legal return True, else return false;
        }
        public String getURL(val)
        {
            // return the URL part of the input line;
            // split the input line by '\007' and return the first part.
        }
    }

    public static class FilterReducer
            extends Reducer<Text,Text,NullWritable,Text>
    {
        public void reduce(Text keyin,Iterable<Text> valsin,Context context)
        {
            // A sign denotes whether the post with certain URL has been emitted
            boolean flag=false;
            for(Text val:valsin)
            {
                if(flag) break;
                else
                {
                    context.write(NullWritable.get(),val);
                    flag=true;
                }
            }
        }
    }
}
```

11.1.3 基于 MapReduce 的文档倒排索引构建

倒排索引是用文档中所含有的关键词作为索引，把文档作为索引目标的一种结构（类似于有些纸质书籍的索引附录中，用关键词做索引，书的页面是索引目标）。这部分工作是整个系统的重点，大致工作过程如下：

1）对已过滤的网帖数据文件中的每条记录进行切分，并将每条记录中的 TITLE 和 CONTENT 转化为一组词的集合。

2）为了在后期在线查询时能够对用户查询的结果进行排序并显示摘要，在对网帖文本分词过程中，还需要计算出每个索引词对该网帖的相关度（Rank），以及在该网帖中出现的位置（Position）。关于 Rank 的计算和 Position 的记录方式将在后面阐述。

3）在完成上述的分析和准备工作之后，设计 MapReduce 算法，把网帖记录和索引词之间的映射转化为索引词到网帖记录的映射，并在此过程中计算和统计索引词相对于网帖记录的 Rank 和 Position，由此生成的索引文件称为倒排索引表。

分词和 Rank、Position 的计算过程如下。

1. 分词

南京大学小百合 BBS 的网帖内容包含中文和英文，其中大部分内容是中文。网帖由被称作特征项的索引词（词或者字）组成，网帖分析是将一个网帖表示为特征项的过程。本系统采用了分词效果优良的开源的分词软件 IKAnalyzer。经过分词处理，一篇网帖切分出来的有效的词语数量大约在几十到几百个不等。

2. 索引词的 Rank 和 Position 计算

计算并统计索引词相对于网帖的相关度（Rank）的目的是能够在搜索查询时排序显示用户查询到的结果网帖，而记录索引词在网帖中的位置（Position）是用于显示查询结果时，能够生成该词在网帖中的部分摘要。考虑到本系统处理的网页是一条一条的网帖，本系统采用改进的 TF-IDF 算法用于计算 Rank 值。

TF-IDF（Term Frequency-Inverse Document Frequency，词频 – 逆向文档频率）算法的公式描述如下：

$$tf_{i,n} = \frac{n_i}{\sum_k n_k} \tag{11-1}$$

$$idf_i = \log \frac{|D|}{|\{d:t_i \in d\}|} \tag{11-2}$$

$$TfIdf_{i,n} = tf_i \times idf_i \tag{11-3}$$

其中，公式（11-1）中的 n_i 表示词 t_i 在文档 n 中出现的次数，$\sum_k n_k$ 表示文档 n 中词的总个数；公式（11-2）中的 $|D|$ 表示库中文档的总数目；$|\{d:t_i \in d\}|$ 表示包含词 t_i 的文档的数目；公式（11-3）中的 $TfIdf_{i,n}$ 是指词 t_i 与文档 n 的相关度。

本系统改进的部分是将该词出现在文档的区域（标题或正文）加入计算 Rank 的考虑范畴。改进后的算法思想描述如下：

1）令词 i 与网帖 j 的相关度表示为 R_{ij}，这个值越大表示越相关，初始值为 0。

2）统计词 i 在网帖 j 的标题中出现的次数，每出现一次，则 R_{ij} 的值增加 5。

3）统计词 i 在网帖 j 的正文中出现的次数，每出现一次，则 R_{ij} 的值增加 1。

4）在所有网帖中统计出包含词 i 的网帖的数目，记为 num。

5）最后计算出 R_{ij} 的值等于 R_{ij}/num。

Position 的计算只需要在分词过程中记录下来即可。

在 MapReduce 的计算过程中，我们的算法需要在 Map 和 Reduce 阶段之间传递 Rank 和 Position，因此将 Rank 和 Position 封装成类之后，继承了 Hadoop 提供的 Writable 类，重新实现了一个 Writable 类 SingleInfo，用于封装并序列化传输 Rank 和 Position 的信息。类 SingleInfo 的核心实现代码如下：

```java
// 该类实现了对一条记录的信息进行序列化封装的功能
public class SingleRecordWritable
        implements WritableComparable<SingleRecordWritable>
{
    private LongWritable DID=new LongWritable();
    private FloatWritable rank=new FloatWritable();
    private Text positions=new Text();

    // 构造函数
    public SingleRecordWritable()
    {
    }

    public SingleRecordWritable(LongWritable t_DID,
                                FloatWritable t_rank,Text t_positions)
    {
        set(t_DID,t_rank,t_positions);
    }

    public LongWritable GetDID()
    {
        return this.DID;
    }

    public FloatWritable GetRank()
    {
        return this.rank;
    }

    public Text GetPositions()
    {
        return this.positions;
    }

    public void set(LongWritable t_DID,FloatWritable t_rank,
                    Text t_positions)
    {
        this.DID.set(Long.valueOf(t_DID.toString()).longValue());
        this.rank.set(Float.valueOf(t_rank.toString()).floatValue());
        this.positions.set(t_positions.toString());
    }

    public void set(long t_DID,float t_rank,String t_positions)
```

```
{
    this.DID.set(t_DID);
    this.rank.set(t_rank);
    this.positions.set(t_positions);
}

public void set(long t_DID,Rank_Positions t_rankpositions)
{
    // set(LongWritable(t_DID),FloatWritable(t_rankpositions.rank),
    // new Text(t_rankpositions.GetPosiitons()));
    this.DID.set(t_DID);
    this.rank.set(t_rankpositions.rank);
    this.positions.set(t_rankpositions.GetPosiitons());
}

public void setDID(long t_DID)
{
    this.DID.set(t_DID);
}

public void setRank(float rank)
{
    this.rank.set(rank);
}

public void setPositions(Text t_positions)
{
    this.positions.set(t_positions);
}

@Override
public void readFields(DataInput in)
        throws IOException
{
    // TODO Auto-generated method stub
    this.DID.readFields(in);
    this.rank.readFields(in);
    this.positions.readFields(in);
}

@Override
public void write(DataOutput out)
        throws IOException
{
    // TODO Auto-generated method stub
    this.DID.write(out);
    this.rank.write(out);
    this.positions.write(out);
}

@Override
```

```
public boolean equals(Object o)
{
    if(o instanceof SingleRecordWritable)
    {
        SingleRecordWritable tmp=(SingleRecordWritable)o;
        return this.DID.equals(tmp.DID)&&this.rank.equals(tmp.rank)
                        &&this.positions.equals(tmp.positions);
    }
    return false;
}
@Override
public String toString()
{
    return this.DID.toString()+"\t"+this.rank.toString()
                    +"\t"+this.positions.toString();
}
@Override
public int compareTo(SingleRecordWritable tmp)
{
    // TODO Auto-generated method stub
    return this.DID.compareTo(tmp.DID);
}
}
```

3. 建立倒排表

在分析完分词、Rank 值的计算等问题后，接下来我们设计相应的 MapReduce 算法建立倒排索引表。

首先定义倒排索引表的存储格式，这是算法的输出目标，也是查询程序从倒排表中获取信息的数据结构。倒排索引表的存储格式定义如下：

1）倒排索引表文件（Inverted_Index_File）由若干索引词记录组成，每个索引词记录（Term_Record）是由一个索引词（Term）和包含该词的所有网帖的信息（Multi_Info）组成。索引词记录的格式如下：

$$TERM + 合格 + MULTI\_INFO + '\backslash r \backslash n'$$

2）在每条索引词记录中，TERM 是用分词软件切分出来的一个词。而 MULTI_INFO 则由多个单条网帖信息（SINGLE_INFO）组成，格式如下：

$$MULTI\_INFO = SINGLE\_INFO_1; SINGLE\_INFO_2; ...; SINGLE\_INFO_n$$

3）单条网帖信息 SINGLE_INFO，由网帖 ID（DID）、索引词与该网帖的 Rank 值（RANK）、索引词在该网帖中出现的位置（POSITIONS）组成，格式如下：

$$SINGLE\_INFO = DID : RANK : POSITIONS$$

4）SINGLE_INFO 中的 DID 是唯一指定某个网帖的一个值。本系统选择源文件中网帖行首在源文件中的偏移量（offset）作为网帖的 ID（DID）。RANK 用一个浮点类型的数值表示。

POSITIONS 由多个单个位置信息（POSITION）组成，之间用百分号隔开。表示格式如下：

$$POSITIONS = POSITION_1\%POSITION_2\%...\%POSITION_n$$

5）对于单个位置信息（POSITION），其由标题标记标识（ISTITLE）、起始位置（START）、结尾位置（END）组成。格式如下：

$$POSITION = ISTITLE \mid START \mid END$$

下面给出一个索引词记录的存储实例：

黑莓 48522292:162.6:1|2|4%0|804|806;42910773:106.26:0|456|458%0|560|562

该实例说明关键词"黑莓"在 ID 号为"48522292"和"42910773"的两个网帖中出现。在"48522292"中出现了两次，第一次的位置是在标题中，具体出现在第 2 至 4 位；第二次出现在正文中，具体出现在第 804 至 806 位；该词相对于这个网帖的 Rank 值为 162.6。

由于倒排索引表的信息来自于每条网帖，这些网帖可以并行地被处理，因此设计了基于 MapReduce 的并行算法来建立倒排索引表。算法描述如图 11-4 所示。

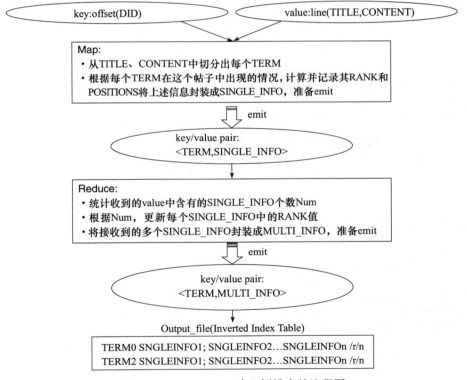

图 11-4　MapReduce 建立倒排表的流程图

实现倒排索引并行化处理的核心代码如下。

1）倒排索引 Mapper 的代码实现：

```
// 该类实现了对构造倒排索引表并计算 Rank 值和 Position 的功能
public class Mapper  extends Mapper<LongWritable, Text, Text,
                                    SingleRecordWritable>
{
    // to Store TMP Info
    public HashMap<Term,Rank_Positions> TokenMap;
    public void map(LongWritable key,Text val,Context context)
    {
        // split post to get title and content
        String[] str=val.toString().split("\007", 5);
        // store line's terms in TMP Info
        HandleToken(str[3],true); HandleToken(str[4],false);
        // after scanned the whole text, emit key and value
        this.EmitMapValue(key,context);
    }

    // handle input line:segement into words,handle the words one by one.
    public HandleToken (Iine,IsTitle)
    {
        while(line.hasnext()){
            if(TokenMap.contians(line.GetTerm())
                // if TMP don't contains the word put in TMP
                TokenMap.Update(line.GetTerm());
            else
                // update the term's info in TMP.
                TokenMap.Put(line.GetTerm());}
    }
    public void EmitMapValue(LongWritable key,Context context)
    {
        // emit the key/value pair one by one
        for(Map.Entry<String,Rank_Positions> entry:TokenMap.entrySet())
                context.write(word, singleRecord);
    }
}
```

2）倒排索引 Reducer 的代码实现：

```
public class LineIndexerReducer
            extends Reducer<Text,SingleRecordWritable,Text,Text>
{
    // input key is a term, input value is a List of Infos that
    // contains the same term, each info represents a Doc.
    public void reduce(Text key,
                Iterable<SingleRecordWritable> values,Context context)
    {
        StringBuilder  Info;
        for(SingleRecordWritable val:values)
        Info.append(ResetFinalRank(val,values.len)+";");
        out.set(info.toString());
        context.write(key,out);
    }
```

```
// The Num of documents in which a term shows is taken into account.
public String ResetFinalRank(SingleRecordWritable Val,long TotalNum)
{
    Val.Rank=Val.Rank/TotalNum;
    return Val.toString();
}
}
```

在经过上面的一系列工作之后，系统的倒排索引核心工作部分就全部完成了。此后，每当从前台接收到一个 Term 查询时，本系统首先从索引文件（INDEX_FILE）中找出这个 TERM 保存在哪个子表的哪个位置（INDEX_INFO）；然后打开对应的子表文件并定位到相应的位置，读出这个 TERM 及其对应的 MULTI_INFO；最后分析 MULTI_INFO 中每个 SINGLE_INFO 的信息，从过滤后的源文件（Flitered_SOURCE_FILE）中找出相应的网帖信息返回即可。

倒排表文件很大，无法直接全部调入内存，通常在内存中存储的只是最近使用的倒排表的部分子表文件。当然，如果内存足够大，所有倒排表子表文件都可以驻留在内存中。内存与外存（磁盘）的响应时间差距很大，本系统为了提高响应时间，直接将索引词表文件（INDEX_FILE）驻留在内存中，用户近期查询过的结果信息也缓存在内存中。

11.1.4 建立 Web 信息查询服务

Web 信息查询服务的主要任务是接收用户的查询请求，并将查询结果即时反馈给用户。由于从发出请求到得到结果期间，用户都处于等待状态，因此搜索引擎对这部分工作的速度要求非常高，期望在秒级以内返回结果。本系统的前台查询接口由一个浏览器端的 Web 查询界面（如图 11-5 所示）和一个服务器端监听的 Web Server 组成。

图 11-5　Web 查询界面

Web 服务器将查询结果反馈给前端的浏览器。用户在浏览器中看到的结果是一个按照 RANK 值降序排列的网帖条目列表，如图 11-6 所示。

网帖的摘要信息需要从网页正文中生成。本系统为了能够突出显示和查询直接对应的文字，尽量在摘要中显示出和用户关心的文字相关的句子，采用了"动态摘要"方式，即在响应查询的时候，根据查询词在文档中的位置，提取出周围的文字来，并在展示时将查询词显示为高亮。由于一次查询得到的结果数目往往很多，为了方便显示和查询，本系统还对查询结果做了分页显示，如图 11-7 所示。

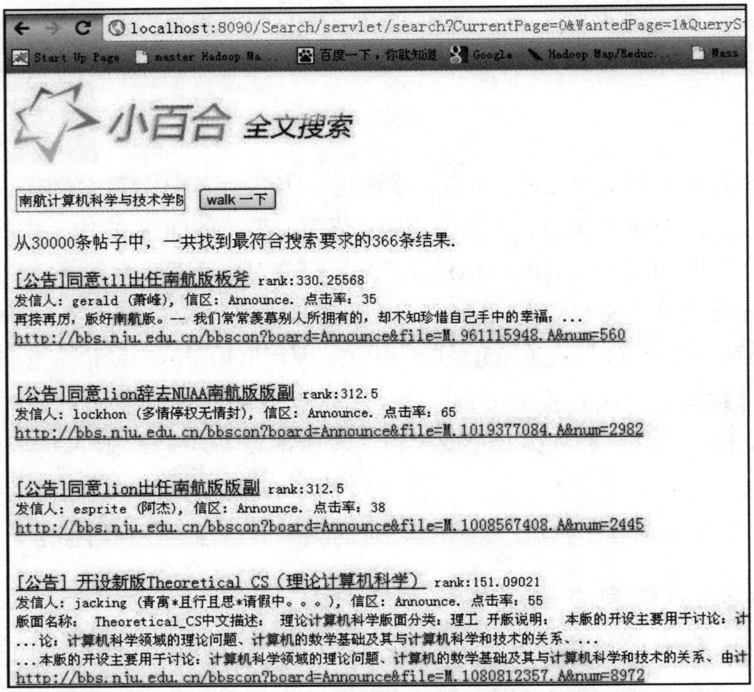

图 11-6　查询结果反馈界面

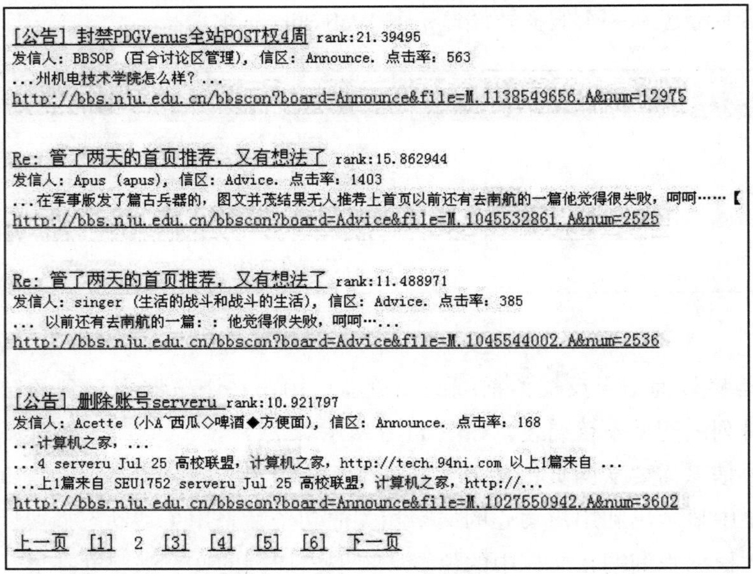

图 11-7　分页效果显示图

11.2 基于 MapReduce 的大规模短文本多分类算法

随着互联网的发展和不断进步,各种短文本数据正在源源不断地大量出现在人们的日常生活中,如搜索引擎的查询、电商的用户评论、文章的摘要、用户的电子邮件、即时聊天消息等。通过对这些短文本进行分类,可以对文本给定一个语义类别的标示,从而更好地提升服务的质量或提供新的服务。本节将介绍一个大规模短文本分类问题,我们首先对该短文本多分类问题进行建模,然后通过 MapReduce 并行化加速模型的训练以及分类预测的过程。本节内容来自 2012 年第一届中国"云计算 / 移动互联网创新大赛"的赛题和我们的获奖算法。该赛题中的短文本数据是百度搜索引擎的真实数据,提供的原始待分类数据有 1000 万条查询短文本,需要分类为 480 个类。赛题同时提供了 10 万条已经标注出所属类别的短文本数据作为训练样本。待分类数据中有少数不属于以上 480 类的异类测试样本,分类时需要能标识出这些不属于以上 480 类的异类样本。本节介绍的是作者参赛获奖算法的设计实现。

11.2.1 短文本多分类算法工作原理简介

目前已经有不少统计分类法和机器学习方法被应用到文本分类中,且都取得了较好的效果,这其中包括:向量空间模型、KNN、决策树模型、朴素贝叶斯、支持向量机和神经网络等。这些方法具有自动化程度高、性能稳定、适应性强的特点。然而,当我们对大规模短文本进行多分类的时候,该问题会变得较为复杂。首先,由于短文本包括的词语相对较少,因此其构造出来的特征向量往往具有高维稀疏性;其次,短文本的目标分类种类有很多,这个问题将不再是一个简单的二分类问题,而直接采用一个多类别分类器可获得的精度较差,且其训练流程难以并行化。

大量实践证实 SVM 针对高维空间数据的分类处理效果较好,而且其中 Linear SVM 分类器的处理速度较快。基于上述原因,我们使用了二类别分类器的 Linear SVM 作为我们基本的分类器。

短文本分类数据样本由一个高维特征向量构成,训练样本数据举例如下。

每一个短文本(即查询词)的数据为一行,包括的字段有 query_id,特征向量的长度,每一个特征的特征 id 和对应的特征权重,每项字段以制表符 (\t) 分隔开,每行以 \r\n 结尾,即:

query_id\t size\t feature_id_1\t feature_weight_1\t feature_id_2\t feature_weight_2\t …\r\n

举一个具体的查询词样例:

0 22 77597 4.19117 57907 2.52463 102261 2.7777 100179 2.28435 100704 4.23765 2409 2.80831 25442 2.76276 138662 11.8289 150839 9.51083 87205 6.54339

该例子所示的查询词 id 为 0,含有 22 个特征,第一个特征的 id 为 77597,特征权重值为 4.19117，后续特征 id 和特征属性依次类推。

每行每个字段具体含义为：

query_id 是查询词的编号，该编号全局唯一；size 表示该查询词 <feature_id,feature_weight> 的 pair 数据的个数，其中，feature_id 是特征的标号，每个特征标号的含义未公布，可以大致认为提取的特征是中文词语。特征空间是 153564 个维度，也就是意味着 feature_id 的标号是在 0 到 153563 之间。feature_weight 对应于特征属性的特征权重，即该特征对 query 的重要程度，为浮点数。需要注意的是，每个查询词的特征数目不等，平均约在 50 个左右。假设待分类的文本的类别总数为 N（实际赛题中为 480）。我们的目标是根据 N 个类别构造出对应的 N 个二类别分类器。首先，我们将训练数据重复为 N 份，每一份都是针对该类别的样本的正例和负例，负例由剩余的 N-1 个类别的样本构成。然后，我们可以对于每一份训练数据训练出某一个类别对应的二类别分类模型。训练的流程见图 11-8。其中每一个二类别分类器均可以判定给定的样本是否属于某个类，同时给出其对于给出的答案的置信度。最后，当需要对待预测样本进行类别判定时，我们首先采用这 N 个二类别分类器对该样本进行判断，这样可以得出 N 个答案；然后，从 N 中选出回答为"是"的分类器，假设有 M 个；接着，选出这 M 个中对其答案置信度最高的那个分类器的类别作为该待预测样本的最终分类结果。如果置信度最高的分类器所给出的置信度的分数仍低于我们预先设定的最低阈值，则判定该样本为异类。以上分类预测处理的流程分别见图 11-8 和图 11-9。

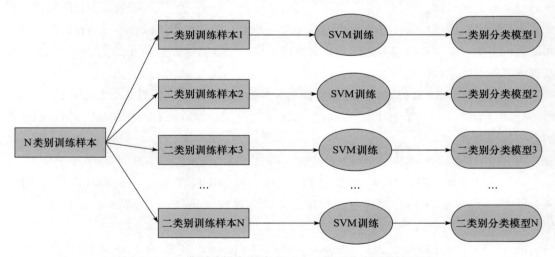

图 11-8　N 类训练样本训练出 N 个二类别分类器的流程图

11.2.2　并行化分类训练算法设计实现

上节介绍了短文本多分类算法的训练模型以及预测样本的流程。事实上，在现实生活中，存在训练样本很大、样本类别多、待预测的样本数量巨大等问题，这会导致训练时间很长。为了提升处理的效率，我们设计并实现了基于 MapReduce 并行化的多分类器。我们的设计和实现主要由数据预处理、训练 N 个二类别分类器以及对待预测样本进行分类三部分组成：

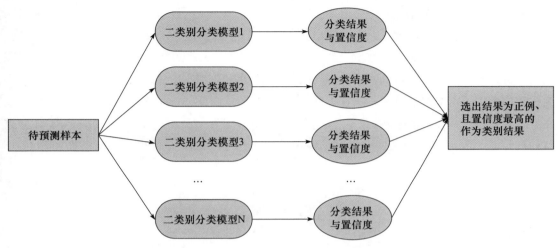

图 11-9　对待预测样本确定其类别的流程图

1. 数据预处理

首先，通常由于原始数据的格式各种各样，我们需要对原始训练数据文件进行预处理，把它处理成 SVM 需要的数据输入格式并进行归一化。其中每条训练数据的处理都是独立的，可以完全并行执行。我们通过一个 MapReduce Job 对整个原始数据进行一次扫描，在 Map 端进行相应的格式转换，并直接将结果输出。处理流程如图 11-10 所示。

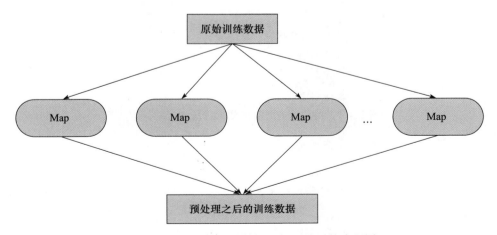

图 11-10　对原始训练数据进行预处理的流程图

2. 训练 N 个二类别 Linear SVM 分类器

接着，我们需要对预处理好之后的训练数据进行训练处理。整个训练过程通过一个 MapReduce Job 完成。输入为整个预处理之后的训练数据文件，对 Map 端读到的每个样本，需要针对每个类别进行一次发射，共发射 N 次。发射 key-value 的格式如下：<classID, <true/false, sampleFeatures>>，其中，true 表示属于这个类别，false 表示不属于这个类别。另一方面，我们将 Reduce 的数量设置为 N 个，每个 Reduce 负责一个二分类器模型的训练过程，因此这 N 个二分类器的训练过程是并行执行的。具体地，每个 Reduce 节点只处理一类标记的数据（属于这个类别，或者不属于这个类别）。由此，这个多类别划分问题被转化成 N 个二分类问题。我们将第 i 个类别分类器模型的参数记为 W_i，并将这 N 个 Linear SVM 分类器的模型输出到 HDFS 的文件中供后续使用。基于 MapReduce 并行化的训练流程如图 11-11 所示。

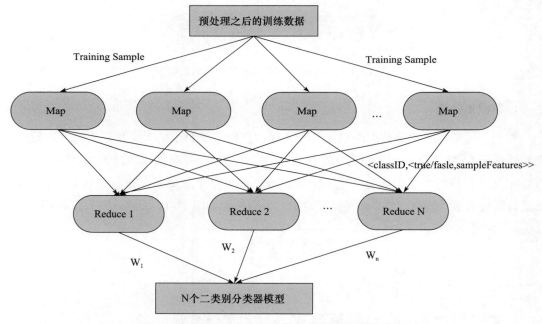

图 11-11　对预处理之后的数据进行训练的流程图

并行化训练 480 个 SVM 分类器对应的 MapReduce 伪代码如下：

```
// 该类实现了基于数据集的并行化 SVM 训练的功能
public class ParallelTrainMapper extends Mapper<LongWritable,Text,Text,Text>
{
    public void map(LongWritable keyin,Text valin,Context context)
    {
        // 解析 value 得出该训练样例的类别以及特征对
```

```
        classID = getClassID(value);
        featurePairs = get featurePairs (value);

        // 根据解析得到的 classID，对该样本进行发射，发送给处理该类别的
        // reduce 标记为 true，表示这是正例；其余的 reduce 均标记为 false，
        // 表示这是负例。发射的 KeyValue 格式为 <classID, <ture/fasle, FeaturePairs>>
        for(int i = 0; i < TotalClassNum; i ++)
        {
            if(i == classID)
                context.write(<classID, <ture, FeaturePairs>>);
            else
                context.write(<classID, <fasle, FeaturePairs>>);
        }
    }
}


public static class ParallelTrainReducer
            extends Reducer<Text,Text,NullWritable,Text>
{
    public void reduce(Text keyIn,Iterable<Text> valsIn,Context context)
    {
        // 每个 reduce 函数负责处理某一类 SVM 分类模型的训练。
        // 其中 keyIn 表示该类的 classID,valsIn 是发送给类的训练样本，该样本的正例或负例。
        classID = getClassID(keyIn);
        traningData = getData(valsIn);
        model = performTraningSVMClassifer(traningData);
        // 训练完后，将训练出的模型写出存储到 HDFS 上，供下面分类预测时使用。
        context.write(classID, model);
    }
}
```

11.2.3 并行化分类预测算法设计实现

最后，在完成上述的对 N 个二分类器进行训练过程、并生成相应的训练模型之后，我们需要对给定的一批待预测的样本利用训练好的模型进行预测，给出其类别。其中每条样本的预测都可以并行执行，每条样本中的 N 个二类别分类器的预测过程也可以并行。考虑到这一点，我们设计了一个 MapReduce 算法来完成整个一批待预测样本的预测工作。首先，map 端读入 N 个 LinearSVM 分类器模型，然后依次输入每个待预测的 sample。用这 N 个分类器针对各个 sample 进行打分，同时将结果值以 <SampleID, <lableID, Score>> 的格式发送出去。这样 reduce 函数会收到同一个 sample 的 N 个分类值 label 以及对应的 score，然后可以选择最大的 score 及其所对应的分类值 label，记为 BestLabel。如果 BestLabel 所给出的置信度的分数高于我们预先设定的最低阈值，则判定该样本为 BestLabel 类，否则判定该样本为异类。基于 MapReduce 并行化的预测流程如图 11-12 所示。

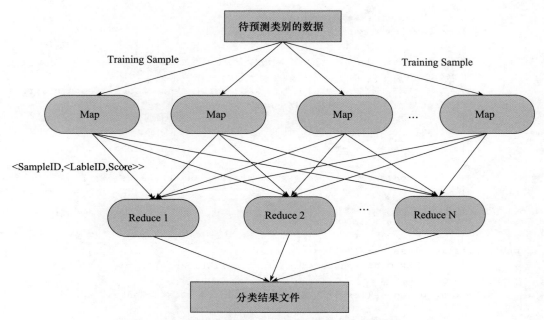

图 11-12 对待预测数据进行分类预测的处理流程图

并行化分类预测的 MapReduce 代码如下。

1）分类预测的 Mapper 代码实现：

```
// 待预测分类的数据文件作为输入（每行是一条待标记样本），MapReduce 会自动并行化划分
public class ParallelPredictMapper
            extends Mapper<LongWritable,Text,Text,Text>
{
    Model[] models;
    // 初始化，载入 480 个分类器的模型；
    public void setup()
    {
        Models = loadModels();
    }

    // 用载入的 480 个 2-class SVM 分类器模型对待预测的样本打分。
    public void map(LongWritable keyin,Text valin, Context context)
    {
        // 解析获取 sampleID 和 featurePairs
        sampleID = getClassID(value);
        featurePairs = get featurePairs (value);

        // 分别用各个分类器打分，对打分结果进行发射，发射的 KeyValue
        // 格式为 <SampleID, <lableID, Score>>
        for(int i = 0; i < TotalClassNum; i ++)
        {
            lableID = i;
```

```
            Score = models[i].predict(featurePairs);
            context.write(<SampleID, <lableID, Score>>);
        }
    }
}
```

2）分类预测的 Reducer 代码实现：

```
public static class ParallelPredictReducer
                extends Reducer<Text,Text,NullWritable,Text>
{
    public void reduce(Text keyIn,Iterable<Text> valsIn,Context context)
    {
        // 每个 reduce 函数负责处理某一个待测样本的得分排序以及类别归属问题。
        // 其中 keyIn 表示该类的 classID，valsIn 是发送给类的训练样本，该样本的正例或负例。
        sampleID = getClassID(keyIn);
        bestLable = getBestLabel(valsIn);
        score = getHighestScore(valsIn);
        if(score < threshold)
            label = -1;            // 最高的得分也低于阈值，标记该样本为异类（-1 表示异类类号）
        else
            label = bestLable;  // 标记该样本为得分最高的类别的类号

        // 预测完后，将结果写出存储到 HDFS 上
        context.write(sampleID, label);
    }
}
```

11.3 基于 MapReduce 的大规模基因序列比对算法

生物信息是一个典型的大数据应用领域。在生物信息学应用中，大量的生物数据带来了突出的大数据计算处理问题，需要考虑大数据并行处理方法。本节给出一个基于 MapReduce 的生物信息学应用案例——大规模并行化基因序列比对算法。我们首先简要介绍基因序列比对的问题背景以及著名的序列比对算法 BLAST，然后给出一种基于 MapReduce 的并行化 BLAST 序列比对算法的设计与实现。得益于 MapReduce 简单的并行编程模型和强大的可扩展性，使得利用 MapReduce 完成 BLAST 算法的并行化设计实现相对比较简单。

本算法完整程序代码可在本书配套网站上下载。

11.3.1 基因序列比对算法简介

序列比对（Sequence Alignment）是生物信息学的核心问题，其重点是研究出高效的方法和工具用以比对生物分子序列（如 DNA 或蛋白质），比对结果信息可以用作基因或蛋白质的同源性分析、蛋白质生物功能和空间结构预测等。序列比对是大多数新型测序技术中的必需步骤。

BLAST（Basic Local Alignment Search Tool）是生物信息学研究中一个使用极为广泛的序列比对工具。已有的生物医学研究工作中，生物医学研究者收集了大量已知功能的各类

核酸和蛋白质序列信息，这些序列信息被人工加以标注并存入专用的序列数据库中。当有新获得的未知功能基因序列时，研究人员可以通过 BLAST 工具，把新序列与序列数据库中已知功能的序列一一比对，找出可能的相似序列，从而推断新序列与已知序列之间的进化关系或者其空间结构以及生物功能等，用以指导进一步的生物学湿实验（wet experiments）和生物医学研究。

BLAST 算法由美国国家生物技术信息中心（NCBI）的 Eugene Myers、Stephen Altschul、Warren Gish、David J. Lipman 等人在 1990 年公布，其后几年内又做了改进，至今仍是众多序列比对工具中最著名的工具之一。

下面以 DNA 序列比对为例给出 BLAST 算法的说明，更详细的说明参见 Stephen F. Altschul 等人关于 BLAST 算法的论文。BLAST 的功能是对一个输入的待比对序列（DNA 或蛋白质）与序列数据库中的大量已知序列逐条比对，返回库中的相似序列及详细的比对结果。图 11-13 是对 BLAST 的一个示意性说明。

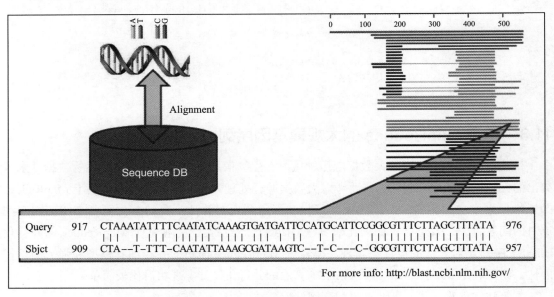

图 11-13　BLAST 使用示例

这里我们以 blastn 为例来说明 BLAST 算法的具体步骤。blastn 的输入是核苷酸序列（即 DNA，它是由 A、G、C、T 四种碱基构成的序列），要搜索的序列数据库存储的也是核苷酸序列。算法主要分为三个步骤：构造单词列表；扫描单词匹配；扩展单词匹配。最初的 BLAST 算法如下：

1）构造单词列表：选定单词长度 w（核酸一般选为 11 或 12），将长度为 n 的查询序列从第一个字符开始取长度为 w 的单词，一直取到序列结束。这样一条长度为 n 的序列所构造的单词列表包含 n−w+1 个单词，如图 11-14 所示。

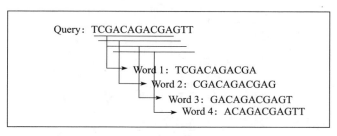

图 11-14　构造单词列表

2）扫描单词匹配：逐条扫描序列数据库中的序列，搜索单词列表中任意单词的完全匹配（hit），对于每一条库中的序列都得到一个匹配位置表，用于下一步的扩展。

3）扩展单词匹配：对第 2 步中找到的单词匹配向两个方向扩展（简单扩展，不允许有空位），同时累加分数（对每个字符对的匹配、错配分别预设加分和罚分值），直到得分开始减小则停止。这一步得到一个更长的、得分更高的序列片段，称作 HSP（high-scoring segment pair），选定一个阈值 S，HPS 得分超过 S 的序列会被选出，如图 11-15 所示。

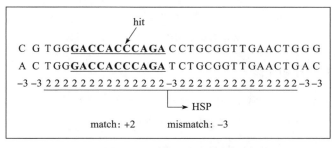

图 11-15　单词匹配扩展

以上是 DNA 比对中 BLAST 算法的简要介绍，本书的重点是用 Hadoop MapReduce 对 BLAST 算法进行并行化的设计及实现，读者对 BLAST 算法本身只要大概了解即可，下面的内容将重点转移到算法的总体框架和并行化算法的具体设计实现上来。

11.3.2　并行化 BLAST 算法的设计与实现

1. 算法总体设计

图 11-16 给出了基于 MapReduce 并行化的 BLAST 算法的总体设计框架。为了实现 BLAST 在集群上的并行执行，首先要把一个大的序列数据库切分成固定大小的数据块（Block），并将其分配给不同的节点。然后重新组织 BLAST 算法的三个部分，将其中计算任务最密集的部分分布在多节点上并行执行，以达到并行加速的目的。

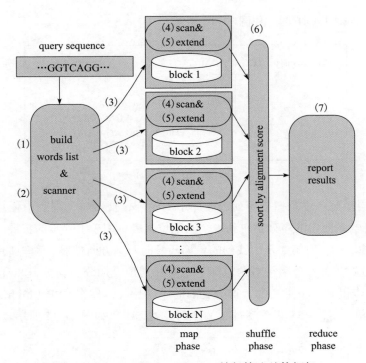

图 11-16 MapReduce-BLAST 并行算法总体框架

2. 序列数据库的切分和存储

算法中所处理的数据来自 NCBI 的官方网站下载的一个 FASTA 格式的序列数据库文件，本例中选取的是 nt 序列数据库（下载地址为 ftp:// ftp.ncbi.nih.gov/blast/db/FASTA/nt.gz），解压后的文件大小约 32GB。FASTA 格式的序列如下：

```
>gi|299823204|emb|FN561842.1| Mytilus galloprovincialis 5S rRNA gene
GTCTACGACCATATCACGCTGAAAACACCGGTTCTCGTCCGATCACCGCAGTTAAGCAGTTA
GTACTTGGATGGGTGACCGCCTGGGAATACCGGGTGTTGTAGACATTCCTTTTTATAATTTTC
TCTGTCTGTTCCTGCCTTCTTCTCAGTAGCTCCTTCACCTGTCCTCTTTTTTTTTTTCATTTTATT
TTGTCCCCTGCATGTTCATATTTACCTTGATAAAACTGTTACAAAAAGGTCGACAGACGAGTT
CCTAAGTCACTACAACATGTACAAGTCGTAACGAATATAACTTGACCGGTAAATTTGTCAAAT
TAGGAAAAACACGAAATATTCA
```

这里给出的是一条比较短的 DNA 序列，第一行是标注信息（包括序列的 ID、收录于哪个机构的数据库等），后面紧接着的各行是 DNA 碱基序列，是用于做序列比对的部分。nt 数据库文件中存储了大量这样的序列，短的可能几 KB，长的可能有一两百 MB。

由于 DNA 序列中仅有五种字符（A、T、C、G 代表四种碱基，N 代表不确定是四种中的哪一种），为了节省存储空间，我们对 DNA 序列中的碱基字符进行编码，同时也考虑到要便于程序的实现，所以取 4 比特代表一个碱基字符，每个字节中存储两个碱基字符。数据库文件采用 Hadoop SequenceFile 格式（可参考 Hadoop 官方文档中对 org.apache.hadoop. io.SequenceFile 的描述）。每条序列以 key-value 对的形式存储，以序列 id 作为 key，序列内容作为 value，即 <seq_id, seq_info>。如果一条序列太长，则将其切分成多个定长的分片，并在分片边缘附加一小段冗余重叠区，以处理查询序列的相似片段刚好处在分片边缘的特殊情况。所以最终 seq_info 的结构为 (start_offset, seq_fragment_length, overlap_length, is_last_fragment, seq_fragment, seq_overlap)。

3. 构造单词列表和扫描器

由于单词列表和扫描器的构造仅依赖于输入的查询序列，所以我们没有将这部分工作放入 MapReduce 作业中，而是由客户程序在本地一次完成，然后分发给各个 map 直接使用。具体地，是在 MapReduce 任务启动前，先在主程序所在的节点上完成扫描器构造，然后通过 Hadoop 提供的 Distributed Cache 机制将扫描器对象分发到需要的节点上。

单词列表的构造很简单。假设，一条 DNA 查询序列有 1000 个碱基字符，且单词长度 w 选定为 11，那么从第 1 个碱基开始到最后倒数第 11 个碱基，以每个碱基为首可以取出 990 个（1000–11+1）单词（允许有内容相同的单词）。

（1）扫描器的构造

这里的单词列表扫描是一个经典的串匹配问题——在一个长字符串中搜索多个短关键词的所有出现，也可以叫做"多字符串匹配"。有一个经典的方法是采用 A-C 自动机，它的实质是有限状态自动机和 KMP 算法的结合。由于本书的重点不在这里，所以不作详细介绍。

（2）扫描器对象的分发

利用 Hadoop 提供的 Distributed Cache 机制可以很方便地分发比较大的只读数据。由输入的查询序列构造出扫描器对象 scanner，通过 Java 的对象输出流先将 scanner 对象写入 HDFS，代码如下：

```
// construct the scanner
String query = BlastUtils.readQueryFromLocalFile(queryFile);
AutomataMachine automaton=new AutomataMachine(query, wordLength);
Scanner scanner=new Scanner(automaton);

// and write scanner object  to file
Configuration conf = new Configuration();
FileSystem fs = FileSystem.get(conf);
String scannerObjFileName = "_Scanner.obj";
Path scannerObjPath = new Path(scannerObjFileName);
scanner.writeToHDFS_File(fs, scannerObjPath);
```

然后调用 DistributedCache 类中的 addCacheFile() 方法将其添加到 Cache 中，调用 createSymlink() 方法在当前目录创建符号链接（在 Linux 的本地文件系统中）。参数中＃号之前的部分为 HDFS 中 scanner 对象的文件路径名，#号之后的部分为所要创建的符号链接文件名。

```
// distribute the scanner object file
DistributedCache.addCacheFile(
                new URI(scannerObjFileName+"#"+scannerObjFileName), conf);
conf.set("blastn.scanner.file", scannerObjFileName);
// create symbolic link to cached files
DistributedCache.createSymlink(conf);
```

使用 Configuration 对象 conf 中的 set() 方法，将文件名作为全局参数传递，在 Mapper 中用 get() 方法获得文件名，然后像读取本地文件一样读取 scanner 对象。这部分代码放置在 Mapper 的 setup() 方法中完成：

```
// load scanner object from cached file on local disk
String scannerFile = conf.get("blastn.scanner.file");
try {
    scanner = Scanner.readFromFile(scannerFile);
} catch (ClassNotFoundException e) {
    e.printStackTrace();
}
```

4. 在 Map 中扫描和扩展

map() 函数输入 <key,value> 对，key 为 seqID（Text 类型），value 为编码后的序列（Bytes Writable 类型）。value 中的序列与查询序列比对后，比对结果以 <score, alignment> 键值对发出，score 为最终的分数，alignment 为两序列比对结果。map() 中的代码框架如下，涉及到的具体序列比对算法的细节不在此列出，直接调用函数 ungappedExtend() 和 extend( ) 分别做精确匹配扩展和允许空位的扩展。

```
map(Text key, BytesWritable val, Context context)
{
    // 取出 val 中的序列 . 每个 byte 右侧 4 位包含一个 bp(encoded in 4 bits)
    byte[] bytes = val.getBytes();
    // 调用 scanner 对象的 scan() 方法, 扫描单词列表的匹配
    ArrayList<TwoHit> twoHitList = scanner.scan(seqbytes, 0,
                        seqSplitLen+overlapLen, twoHitDistanceA);
    // .... 对 twoHitList 列表中的 hit 作精确匹配扩展, 得到过滤后的列表
    ArrayList<GapFreeExtension> filteredExt =
                        new ArrayList <GapFreeExtension>();
    for(TwoHit twoHit: twoHitList){
    // gap free extending, 调用具体序列比对算法的函数 ungappedExtend() 完成精确匹配扩展
    gapFreeExt = ungappedExtend(queryBytes, 0, queryBytes.length,
                seqbytes, 0, seqbytes.length, twoHit,
                this.match, this.mismatch, this.ungappedXDrop);
    if(gapFreeExt.score < ungappedScoreThreshold) continue;
```

```
        filteredExt.add(gapFreeExt);
        // 创建扩展器，设置参数后，用动态规划方法做允许空位的比对，得到最终的比对分数
        DPExtender dpExtender = new DPExtender();
        for(int i = 0; i<10 && i<filteredExt.size(); i++){
            // 调用序列比对算法的函数 extend( ) 分别做允许空位的扩展
            dpExtender.setParameters(
                    queryBytes, 0, queryBytes.length,
                    seqbytes, 0, 0+seqSplitLen+overlapLen,
                    filteredExt.get(i).twoHit.getSecondIndexInQuery(),
                    filteredExt.get(i).twoHit.getSecondIndexInDB_Sequence(),
                    gappedXDrop, match, mismatch, gap);
            try {
                // 设置完参数之后，进行 gapped extending
                if(dpExtender.extend(gappedScoreThreshold)){
                    outValueAlign = dpExtender.getAlignment();
                    outValueAlign.setSubjectSeqID(key.toString());
                    outValueAlign.setSubjectSeqStartOffset(
                        seqStartOffset+outValueAlign.getSubjectSeqStartOffset());
                    outKeyAlignScore.set(outValueAlign.getScore());
                    // context.write(outKeyAlignScore, outValueAlign);
                    Text align=new Text();
                    byte[] bytes1 = outValueAlign.getSubjectSeq();
                    align.set(Arrays.toString(bytes1));
                    context.write(outKeyAlignScore, align);
                } // end of if
            }   // end of try
        } // end of for
} // end of map()
```

5. 主控程序

如果没有需要，Shuffle 阶段的排序和 Reduce 阶段的计算可略去，以节省网络带宽。本节给出主控程序 BlastnDriver 的内容。

```
public class BlastnDriver
{
    // 输出命令使用提示
    public static void printUsage()
    {
        System.out.println("<-query <query_file_name>>
            <-db <database file>> <-out <out path>>" +
        " [-UT <ungapped threshold (int)>] [-w <word length (int)>] " +
        " [- d <distance (int)>]");
    }
    // main ( ) 主函数
    public static void main(String[] args)
                throws Exception
    {
        HashMap<String, Argument> arguments =
                            new HashMap<String, Argument>();
```

```
// 参数解析略去 ......
Configuration conf = new Configuration();
FileSystem fs = FileSystem.get(conf);
// 使用 Configuration 配置全局参数
arg = arguments.get("-UT");
if(arg.isSet){
    int ungappedThreshold = Integer.parseInt(arg.value);
    conf.setInt("blastn.argument.ungappedScoreThreshold",
                    ungappedThreshold);
}
arg = arguments.get("-d");
if(arg.isSet){
    int twoHitDistance = Integer.parseInt(arg.value);
    conf.setInt("blastn.argument.twoHitDistanceA",twoHitDistance);
}

int wordLength=11;
arg = arguments.get("-w");
if(arg.isSet){
    wordLength = Integer.parseInt(arg.value);
    conf.setInt("blastn.argument.wordLen", wordLength);
}
// 构造扫描器
String query = BlastUtils.readQueryFromLocalFile(queryFile);
AutomataMachine automaton=new AutomataMachine(query, wordLength);
Scanner scanner=new Scanner(automaton);
System.out.println("Scanner constructed.");

// write scanner object  to file
String scannerObjFileName = "_"+(new File(queryFile)).getName()
                            + "-Scanner.obj";
Path scannerObjPath = new Path(scannerObjFileName);
scanner.writeToHDFS_File(fs, scannerObjPath);
System.out.println("Scanner object wrriten to file:"
                    + scannerObjFileName);
// 通过 DistributedCache 分发扫描器对象给每个节点
DistributedCache.addCacheFile(new
        URI(scannerObjFileName+"#"+scannerObjFileName), conf);
conf.set("blastn.scanner.file", scannerObjFileName);
System.out.println("scanner object distributed to "
                    + "local disks of slave nodes");
// 分发查询序列给每个节点
byte[] queryBytes = BlastUtils.DNA_String2bytes(query);
String queryBytesFile = "_query.byte";
System.out.print("writing query bytes to HDFS...");
Path queryBytesFilePath = new Path(queryBytesFile);
BlastUtils.writeBytesToHDFS(fs, conf, queryBytesFilePath,
                            queryBytes);
System.out.println("...Done!");
DistributedCache.addCacheFile(new URI(queryBytesFile+
                            "#"+queryBytesFile), conf);
```

```
        conf.set("blastn.query.byte.file",queryBytesFile);
        // create symbolic link to cache files
        DistributedCache.createSymlink(conf);
        // 设置 Job 信息
        Job job = new Job(conf);
        job.setJarByClass(BlastnDriver.class);
        job.setJobName("blastn");
        job.setMapperClass(BlastnMapper.class);
        job.setNumReduceTasks(0);

        job.setOutputKeyClass(IntWritable.class);
        job.setOutputValueClass(Alignment.class);

        job.setInputFormatClass(SequenceFileInputFormat.class);

        FileInputFormat.addInputPath(job, new Path(dbFile));
        FileOutputFormat.setOutputPath(job, new Path(outFile));
        // 启动 job, 等待任务完成
        job.waitForCompletion(true);

        // 清理退出
        fs.deleteOnExit(scannerObjPath);
        fs.deleteOnExit(queryBytesFilePath);
    }
}
```

最终的结果会被写入 HDFS 文件中。

11.4　基于 MapReduce 的大规模城市路径规划算法

本节的案例来自 2012 年第一届"中国云·移动互联网创新大奖赛"的大数据算法设计竞赛题目，本节将介绍作者参赛获奖算法的设计实现。

在实际的城市路径规划处理中，由于城市路径和交通数据量巨大，路径规划时所要处理的数据量和计算量巨大，因此，需要考虑使用基于大规模数据并行化计算技术完成计算任务。为此，本赛题要求选手用 MapReduce 并行程序设计技术来设计和实现具体的城市复杂交通环境的路径动态规划算法。

11.4.1　问题背景和要求

动态交通信息系统是实现交通信息化和智能化的重要技术支撑平台，它为出行者、交通管理人员提供及时、准确的交通信息，不仅为交通路网能力的规划与改造提供科学的决策数据支持，同时更能帮助道路使用者有效规避拥堵，提高出行效率。同时随着电子商务的快速增长，物流行业相应蓬勃发展。对于快递服务企业，提高物流效率，控制运输成本，提升服务质量，是企业核心竞争力的体现。本题目的目标是通过历史和当天路况数据分析挖掘方法分析道路拥堵规律，同时基于动态路径规划算法为速递员选取最快的投递路线，以减少快件派送时间。

该题目的任务描述如下：快递公司每天会分配给每个速递员一批快件进行市内投递。为了使速递员能够高效地工作，进一步提高公司的服务质量，快递公司需要为速递员科学规划投递路线，使得完成所有快件投递任务的总时间最短。为了模拟实际的城市路况和快件投递业务需求，问题附加了一些模拟现实路况和业务需求的约束条件，如当天的道路管制情况和快件投递时需要在与收件人约定的时间点送达等约束条件。

速递员在给定时刻从给定的地点出发，驾车在城市道路内行驶，因此到达各个投递点的时间受到道路交通情况影响。

该题给出过去一段时间内的历史路况数据以及投递当天部分道路的路况数据，我们需要分析这些数据，以预测和填补当天整个路网的路况数据。之后，将基于预测填补后的路况信息，选取最优的投递路径规划方案。

快件的投递顺序不重要，可以按照任何顺序完成投递。速递员在开始投递之前根据路线规划方案，和收件人约定快件到达的预计时间，如果快件实际先于预计时间到达，速递员必须等待至预定时间，再继续下一个快件的投递；如果快件实际到达的时间晚于预计时间（收件人可能会因此投诉），则记录投递迟到时间，所有快件的投递迟到时间将作为评价投递路线的指标之一，具体来说，就是在完成所有投递任务后，将所有快件的投递延迟时间之和加上全天投递任务总时间，作为评价指标。

同时，赛题还要求考虑在某些路段交通发生临时封闭、道路管制的情况时，需要帮助投递员选择其他道路绕行。

11.4.2　数据输入

该题提供的数据分为 5 类：道路路网信息、历史路况数据、投递任务文件、投递当天部分实际路况数据、交通管制数据。

1. 道路路网信息

道路路网信息，或者称为电子地图数据，通过路链拓扑结构给出。所谓路链是指一段无分支的单向车道，实际的一条道路可能由一条或多条路链组成。图 11-17 给出了一个路网示例，并标出了相应的路链表示形式和术语。需要说明的是，路口也是由大量很短的路链组成，但连接关系较复杂，在此省略细节。

路网数据以 csv（逗号隔开的向量）格式存储在 topo.csv 文件中，文件第 1 行为字段名称，实际处理时可以忽略。相应的字段如表 11-1 所示，其中前 9 项数据表示一个路链的基本信息，之后紧接着若干个 5 元组，每个 5 元组表示 1 个与本路链相连接的路链信息。5 元组的个数，为本路链的入链个数和出链个数之和，通过 5 元组依次列出所有入链，然后列出所有出链。

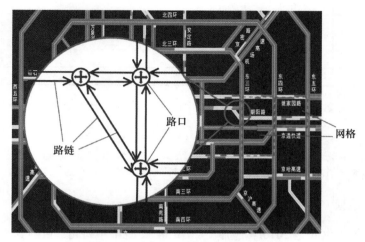

图 11-17　路网、路链及网格示意图

表 11-1 路链拓扑结构

字段序号	字段名称	说　明	实际数据举例
1	序号		24
2	网格号	将地图划分为不同区域网格，本路链所在的网格编号，网格编号与路链号一起，唯一确定地图上的一条路链	595640
3	路链号	网格编号与路链号一起，才能唯一确定地图上的一条路链	30029
4	索引号	路链在路网文件中序号	24
5	路链长	以米为单位的路链长度	92
6	等级	道路等级，如高速路、普通公路等	6
7	入链个数	进入本路链的路链个数	2
8	出链个数	从本路链可达的下一路链个数	3
9	本链路方向	以正北为 0 的极坐标角度数，取值范围为 [0, 359] 之间整数	258
10	网格号	入路链 1	595640
11	路链号	入路链 1	30031
12	索引号	入路链 1	28
13	路链长	入路链 1	91
14	路链方向	入路链 1	260
15	网格号	入路链 2	595640
16	链路号	入路链 2	30
17	索引号	入路链 2	25
18	路链长	入路链 2	101
19	路链方向	入路链 2	223
20	网格号	出路链 1	595640

（续）

字段序号	字段名称	说　　明	实际数据举例
21	路链号	出路链 1	542
22	索引号	出路链 1	536
23	路链长	出路链 1	906
24	路链方向	出路链 1	133
…	…	…	…

上表对应的实际数据对应路网数据文件中的 1 行数据，其存储形式如下，行尾的多余逗号可以忽略：

```
24,595640,30029,24,92,6,2,3,258,595640,30031,28,91,260,595640,30,25,101,223,595640,542,536,906,133,595640,268,297,313,305,595640,273,301,21,253,,,,,,,,,,,,,,,,,
```

2. 历史路况数据

历史路况数据提供的是 2010 年 5 月至 2010 年 11 月半年间北京市的真实动态路况。

动态路况数据同样由一系列 csv 文件给出，按天存储在不同目录中，目录名格式为 YYYYMMDD，如 20101101。每个目录中存放若干 csv 文件，每个 csv 文件表示在 1 个时间点上的当前路况，以 5 分钟为间隔生成动态路况数据文件，文件名格式为：TJamData_YYYYMMDDhhmm.csv，如 TJamData_201011010406.csv，记录了 2010 年 11 月 1 日 4:06 时刻路况。

路况文件第 1 行为字段名称，实际处理时可以忽略。相应的字段含义如表 11-2 所示，其中前 10 项数据表示一个路链的基本情况，之后紧接着若干个 4 元组，每个 4 元组表示 1 个在本路链内划分出的更细的路段交通信息。路段数据量由"拥堵路段数"给出，路链至少划分为 1 个路段（全路链），也可以划分为若干路段。路链的总旅行时间并非各个路段旅行时间简单相加，因为一个路段的旅行时间可以为 0，表示该路段上没有采集到足够的信息用以计算该路段旅行时间，这时路链的总旅行时间将根据其他有数据的路段旅行时间及其长度按比例拟合计算得到。

表 11-2　道路路况数据结构

字段序号	字段名称	说　　明	实际数据举例
1	序号	路链信息序号	14
2	二次网格号	将地图划分为不同区域网格，本路链所在的网格编号，网格编号与路链号一起，唯一确定地图上的一条路链	595640
3	路链号	电子地图中的路链号	601
4	路链序号	可忽略	1
5	路链级别	道路等级，如高速路、普通公路等	1
6	路链长度	路链的长度（米）	1687

（续）

字段序号	字段名称	说　　明	实际数据举例
7	旅行时间	路链旅行时间（秒）	70
8	拥堵程度	路链拥堵程度（1=畅通，2=缓慢，3=拥堵）	1
9	路链车辆数	路链上车辆个数（带有传感器的出租车数量）	1
10	拥堵路段数	路链上拥堵路段的个数	2
11	终端距离	路段终点到路链终点的距离	0
12	路段长度	路链的长度（米）	964
13	拥堵程度	路链拥堵程度（1=畅通，2=缓慢，3=拥堵，0=无数据）	0
14	旅行时间	路链旅行时间（秒），0 表示无数据	0
11	终端距离	路段终点到路链终点的距离	964
12	路段长度	路链的长度（米），如果值为 65534 表示该路段为最后一个路段（最接近路链起点），其长度为路链总长度减去其他路段长度	65534
13	拥堵程度	路链拥堵程度（1=畅通，2=缓慢，3=拥堵）	1
14	旅行时间	路链旅行时间（秒）	30
…	…	…	…

上表对应的实际数据对应历史路况数据文件中 1 行数据，其存储形式如下，行尾的多余逗号可以忽略：

```
14,595640,601,1,1,1687,70,1,1,2,0,964,0,0,964,65534,1,30,
```

3. 投递任务文件

输入文件格式为：

起始时间；网格号 0：路链号 0；网格号 1：路链号 1；网格号 2：路链号 2；…；网格号 n：路链号 n

每个速递员的任务由一个起始时间和一系列路网地址组成，起始时间格式为 YYYYMMDDhhmmss，中间无任何分隔符，用分号与之后的路网地址隔开。路网地址用“网格号：路链号”表示，“网格号：路链号”（均为整数）唯一标识整个路网中的一条路链。不同地址间用分号隔开。第 1 个地址（网格号 0：路链号 0）为起始地址，其余为速递员需要完成的快递任务，规定每个快递目的地在每条路链的起点上。注意，不一定要按照给定的顺序完成快递任务。

投递任务输入文件格式举例：

```
20101201080000;1:204;102:102;49:0;50:192
20101202080000;32:204;22412:102;22349:0;2150:192
…
```

4. 投递当天部分实际路况数据

数据格式同前面介绍的第 2 点中的历史路况数据。

5. 交通管制数据

根据实际情况，交管部门可能需要对某些路段进行临时封闭，在此期间车辆无法通行。在该输入文件中，每一行代表一次交通管制，输入文件格式为：

管制开始时间；管制结束时间；网格号 0：路链号 0；网格号 1：路链号 1；网格号 2：路链号 2；…；网格号 n：路链号 n

每次交通管制由一个管制开始时间、一个管制结束时间和一系列路网地址组成，表示该路网地址在这段时间内不允许车辆通行。开始时间和结束时间格式为 YYYYMMDDhhmmss，中间无任何分隔符，用分号与之后的路网地址隔开。路网地址用"网格号：路链号"表示，"网格号：路链号"（均为整数）唯一标识整个路网中的一条路链。不同地址间用分号隔开。

交通管制数据输入文件格式举例：

```
20101201080000;201012011000;1:204;102:102;49:0;50:192
20101202080000;201012020900;32:204;22412:102;22349:0;2150:192
…
```

以上示例的第一行说明，在 2010 年 12 月 1 日的 8:00-11:00 期间 1:204、102:102、49:0、50:192 不允许车辆通行。

11.4.3 程序设计要求

程序的输出为一个路径规划文件：对于所输入的每一个速递员的任务需求，给出一个可行的路径规划，用一行输出表示。所有速递员的路径规划输出在同一个文件中。文件格式为：

时间 0：快件序号 0：网格号 0：路链号 0-> 时间 1：快件序号 1：网格号 1：路链号 1-> 时间 2：快件序号 2：网格号 2：路链号 2->…-> 时间 n：快件序号 n：网格号 n：路链号 n

时间格式为 YYYYMMDDhhmmss，表示到达各个路链起点的时间，时间 0 为出发时间。快件序号表示在此时刻将对应快件投递给收件人，0 表示是路过此路链，不投递快件，其他整数值 i 表示投递对应的第 i 个快件。快件序号与输入文件一致，从 1 开始编号。

程序需要满足的约束条件：旅行时间必须是单调增长的，忽略投递交接的时间；相邻路链必须在路网拓扑上有链接关系；投递快件数量必须等于输入文件给定的任务数量，所有快递任务必须在 1 天内完成。

本题考核的指标包括以下两个方面：

1）路况推测准确度。根据历史数据推测的路况信息与当天实际的路况信息之间的相近程度来判断。

2）总投递时间。对于每一个速递员任务（对应输入文件 1 行），按照实际路况信息，根据所输出的路线按照任务描述的要求进行模拟投递，计算总旅行时间，并且加上因为投递延迟而产生的惩罚性时间，作为总投递时间。所有速递员的总投递时间之和，总投递时间越小越好。

11.4.4 算法设计总体框架和处理过程

该题的算法设计总体框架如图 11-18 所示，其中带背景色框内的算法都将基于 MapReduce 设计实现，以便充分利用大数据并行程序设计方法对付大量数据的处理和计算。从图中可以看出，可以把整个处理过程分为两个阶段：路况信息预测阶段和路径规划阶段。

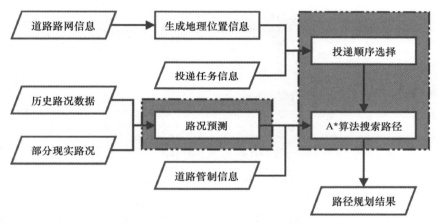

图 11-18 算法设计总体框架

1. 路况信息预测

框架的第一个阶段是路况信息预测，包括有两个任务：生成地理位置信息以及缺失路况信息预测，这两个任务之间是相互独立的。

生成地理位置信息的目的是从道路路网数据中计算得到第二个阶段所需的数据，例如，每个路口（每个路链的末尾都可看作路口，这个路口和路链一样都是逻辑上的概念）的所有出路链与入路链，根据每个路链的长度和方向计算出每个路口的坐标位置，等等。该任务计算量较小，可以单机离线计算得出。

缺失路况信息预测是该阶段的主要任务，具体目标是根据大量的历史路况数据以及当天的少量实际路况数据，预测并补全该天的完整路况信息。为完成该任务，我们需要结合历史路况数据和给定日期的部分真实路况数据，使用数据挖掘的特征选取和聚类方法，结合数值分析中的插值和回归计算方法完成处理。具体方法分为三个步骤，每个步骤均是一个或一组 MapReduce 作业：

1）特征选取：从该城市的十几万条路链中筛选出"主路"作为步骤 2 的特征。

2）基于特征（主干路链）对历史数据进行聚类。

3）基于已有的部分现实路况，结合同类的历史数据，进行数据填充（使用插值和回归）。

整体的路况信息预测任务的 MapReduce Job 链如图 11-19 所示。

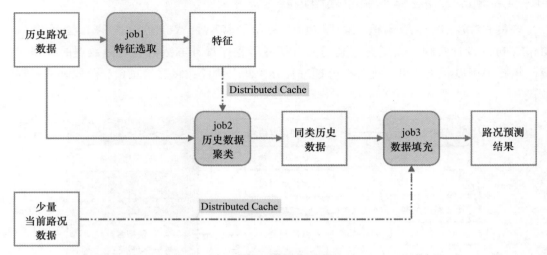

图 11-19　路况信息预测

2. 路径规划

框架的第二个阶段是路径规划，同样有两个任务：投递顺序选择，以及搜索相邻投递点间的最短路径。其中，搜索相邻投递点间的最短路径的任务的执行依赖于投递顺序选择任务的输出。

投递顺序选择的目标是排除掉不可能的投递顺序，仅保留可能最优的若干个投递顺序，以降低搜索最短路径任务的计算量。一个简单的做法是，如果投递点少于 5 个，就对这些投递点进行全排列；否则，根据各点坐标计算并筛选出最优的 100 个投递顺序。

接下来在得到的每一个投递顺序中，使用启发式搜索方法找出各个相邻投递点间的近似最短路径。最后选择最先到达终点的投递顺序，并将它的近似最短路径作为结果输出。

11.4.5　并行化算法的设计与实现

与图 11-18 所示算法设计总体框架对应，我们将按顺序分别介绍路况预测、生成地理位置信息、投递顺序选择、A* 算法搜索路径等算法的设计实现。

路况预测分为特征选取、历史数据聚类、数据填充 3 个步骤。

1. 特征选取算法的 MapReduce 程序设计

首先是特征选取步骤，特征选取的目的是选择主路，我们这里将使用一个较简单的方法：选择那些车流量较大、同时车流量较稳定（不会在一天的不同时段发生剧烈变化）的路链作为主路。用公式表示，即选择 $X=\sigma^2/\mu^2$ 较小的路链，其中 σ^2 为该路链当天各个时段的车流量（以通过时间大小来衡量）的方差，μ 为通过时间的均值。

在特征选取的 Map 阶段，我们需要读取并解析当日路况数据文件，每遇到一个通过时间数据，就输出一个键为"网格号：路链号"、值为 < 通过时间平方，通过时间，> 的键值对。这个值的形式是为了能够尽量使用 Combiner 合并同一路链的数据，使 n 个同键的值合并为 < 通过时间平方之和，通过时间之和，n>。具体的 Mapper 类中的 map() 方法和 Combiner 类中的 reduce() 方法的实现代码如下。

（1）Mapper 的代码实现

```
// 特征选择 Map 类中的 map() 方法实现代码
public void map(LongWritable key, Text value, Context context)
            throws IOException, InterruptedException
{
    String line = value.toString().trim();
    String[] fields = line.split(",");
    try {
        Integer.parseInt(fields[0]);    // 排除 csv 文件的字段行
    } catch (NumberFormatException e) {
        return;
    }
    String gid = fields[1];
    String lid = fields[2];
    float weight = Float.parseFloat(fields[6]);
    String link = gid + ":" + lid;
    float w2 = weight * weight;
    String v = w2 + "," + weight + ",1";

    // 输出：键：网格号：路链号；值：通过时间平方，通过时间，1
    context.write(new Text(link), new Text(v));
}
```

（2）Combiner 的代码实现

```
// 特征选择 Combiner 类中的 reduce() 方法实现代码
public void reduce(Text key, Iterable<Text> values, Context context)
            throws IOException, InterruptedException
{
    float w2s = 0;
    float ws = 0;
    int ns = 0;
    // 归并同路链数据
    for (Text value : values) {
        String[] fds = value.toString().split(",");
        float ww = Float.parseFloat(fds[0]);
        float w = Float.parseFloat(fds[1]);
```

```
            int n = Integer.parseInt(fds[2]);
            w2s += ww;
            ws += w;
            ns += n;
        }
        String v = w2s + "," + ws + "," + ns;

        // 输出: 键: 待归并的路链标号; 值: 通过时间平方之和, 通过时间之和, n
        context.write(key, new Text(v));
    }
```

(3) Reducer 的代码实现

特征选取的 Reduce 阶段, 我们在 reduce() 方法中根据 Map 发送的键值数据, 计算出所有路链的 X 值, 保存在一个有序表中。最后再在 Reducer 类的 cleanup() 方法中输出前 5000 条路链的路链号以及对应的平均通过时间, 即输出不是在 reduce() 方法执行时产生的, 而是在 cleanup() 中产生。注意, Reduce 的个数只能是 1。

```
final int LINK_NUM = 5000; // 特征维数 (即作为主路的路链数)
TreeMap<Float, ArrayList<String>> result = new TreeMap<>();
// 保存结果的有序表, 键按照 X 值排列, 值为路链列表
// (之所以不是路链是由于可能会有若干条路链拥有相同的 X 值)
HashMap<String, Float> exps = new HashMap<>();
// 保存通过时间均值的哈希表, 键为路链号, 值为通过时间的均值
int validNum = 0; // 统计已读取的合法路链数

// 特征选择 Reduce 类中的 reduce() 方法实现代码
public void reduce(Text key, Iterable<Text> values, Context context)
            throws IOException, InterruptedException
{
    String link = key.toString();
    float w2s = 0;
    float ws = 0;
    int ns = 0;
    // 归并同路链数据, 同 Combiner 类
    for (Text value : values) {
        String[] fds = value.toString().split(",");
        float ww = Float.parseFloat(fds[0]);
        float w = Float.parseFloat(fds[1]);
        int n = Integer.parseInt(fds[2]);
        w2s += ww;
        ws += w;
        ns += n;
    }

    float exp = ws / ns;                        // 通过时间的均值
    exps.put(link, exp);
    if (ns > 10) {                              // 数据量小 (不到 10 条记录) 的路链直接排除掉
        validNum++;
        float var = w2s / ns - exp * exp;
        float vpu = var / exp / exp;            // X (含义见正文) 的值
```

```
        ArrayList<String> al = result.get(vpu);
        if (al == null) {
            al = new ArrayList<String>();
            result.put(vpu, al);
        }
        al.add(link);
    }
}

// 特征选择 Reduce 类中的 cleanup() 方法实现代码
public void cleanup(Context context)
            throws IOException, InterruptedException
{
    int i = 0;
    int s = Math.min(LINK_NUM, validNum);
    while (i < s) {
        ArrayList<String> al = result.pollFirstEntry().getValue();
        int n = Math.min(al.size(), s - i);
        for (int j = 0; j < n; j++) {
            String link = al.get(j);
            // 输出：键：路链号；值：通过时间的均值
            context.write(new Text(link), new FloatWritable(exps.get(link)));
        }
        i += n;
    }
    super.cleanup(context);
}
```

2. 历史数据聚类算法的 MapReduce 程序设计

路况预测的第二步是历史数据聚类。具体的方法是，对于每一天的历史数据，求出其主路的当日平均通过时间。

程序的代码如下所示。需要说明的是，Mapper 的数量等于历史数据的天数（210 左右），我们在 MapReduce 作业开始前，使用 HDFS 的 API，读取历史数据的目录，对于每一个日期，我们将会创建一个新文件，并把这个日期字符串写入该文件。这些新文件称为"种子"，作为 Mapper 的输入，仅用于控制 Mapper 的数量以及提供给 Mapper 必要的信息，运行时需要的大量数据由 Mapper 通过 HDFS 的 API 自行读取。在这里每个 Mapper 的 map() 方法只会被调用一次（因为种子文件的数据仅有一行）。

domLinks 内的值就是特征选取步骤的输出结果，通过 Distributed Cache 传入并读取。Map 阶段的输出是键为"该历史数据的日期"，值为"与聚类中心点（即待预测日期）的余弦距离"的键值对。

（1）Mapper 的代码实现

```
FileSystem hdfs;
HashMap<String, Float> domLinks;
```

```java
// domLinks 中保存了各个主路的路链号及其平均通过时间,
// 注意以上 2 个变量的初始化代码及数据读入代码在此省略

public void map(LongWritable key, Text value, Context context)
        throws IOException, InterruptedException
{
    String line = value.toString().trim();
    if (line.equals("")) {
        return;
    }

    Path dateFilePath = new Path(line);
    String date = dateFilePath.getName();
    // 保存用于求通过时间均值的相关数据, 键为路链号, 值为 2 维数组,
    // 其中 [0] 保存通过时间总和, [1] 保存数据个数
    final HashMap<String, float[]> sums = new HashMap<>();

    // 使用 HDFS 的 API, 读取历史数据的目录
    HDFSUtils.readDir(hdfs, dateFilePath, new HDFSUtils.LineParser()
    {
        // 匿名对象, 实现 parse() 接口, 以从文件读入数据到变量 sums 中
        public void parse(String line, String filename) {
            String[] fields = line.split(",");
            try {
                Integer.parseInt(fields[0]);
            } catch (NumberFormatException e) {
                return;
            }
            String gid = fields[1];
            String lid = fields[2];

            String link = gid + ":" + lid;
            if (!domLinks.containsKey(link)) {
                return;
            }
            float weight = Float.parseFloat(fields[6]);
            float[] arr = sums.get(link);
            if (arr == null) {
                arr = newfloat[] { 0.f, 0.f };
                sums.put(link, arr);
            }
            arr[0] += weight;
            arr[1] += 1.f;
        }
    }, false);

    // 以主路的通行时间为向量, 计算余弦距离
    float dist = 0.f;
    for (String link : domLinks.keySet()) {
        float exp1 = domLinks.get(link);
        float[] arr = sums.get(link);
        float exp2 = arr == null ? 0.f : arr[0] / arr[1];
```

```
        float d = exp1 - exp2;
        dist += d * d;
    }
    // 输出
    context.write(new Text(date), new DoubleWritable(Math.sqrt(dist)));
}
```

上述代码中 HDFSUtils.readDir() 静态方法是我们实现的用于读取 HDFS 的整个目录的文件、并做逐行处理的函数，我们将其独立出来是为了代码复用，具体如下：

```java
public class HDFSUtils
{
    public static interface LineParser
    {
        void parse(String line, String filename);
    }

    // 函数功能：读取整个目录，对于其中的每个文件，调用 readFile() 对其进行处理
    // 参数说明：dirPath：要读取的目录路径；
    // callback：用于处理行数据的回调函数；
    // isMROut：标识要读取的目录是否是 MapReduce 的输出
    // (如果是，仅读取名为 "part-r*" 的文件而忽略其他文件)
    public static void readDir(FileSystem hdfs, Path dirPath,
                LineParser callback, boolean isMROut) throws IOException
    {
        FileStatus[] fsts = hdfs.listStatus(dirPath);
        for (FileStatus fst : fsts) {
            Path filePath = fst.getPath();
            if (isMROut && !filePath.getName().contains("part-r")) {
                continue;
            }
            readFile(hdfs, filePath, callback);
        }
    }

    // 函数功能：读取文件，对于每行内容，调用 callback 对象的 parse() 函数进行处理
    public static void readFile(FileSystem hdfs, Path filePath,
                                LineParser callback) throws IOException
    {
        String filename = filePath.getName();
        FSDataInputStream fin = hdfs.open(filePath);
        Scanner scanner = new Scanner(fin);
        while (scanner.hasNextLine()) {
            // 消除行首尾的空格，并忽略空行
            String line = scanner.nextLine().trim();
            if (line.equals("")) {
                continue;
            }
```

```
                callback.parse(line, filename);
            }
            scanner.close();
            fin.close();
        }
    }
```

（2）Reducer 的代码实现

历史数据聚类的 Reduce 阶段的目标就很明确了：汇总 Map 阶段的输出，对于每一个待预测日期，选择保留距离最近的若干（这里为 20）历史日期作为"同类型日期"。和特征选取阶段类似地，该 Reduce 的个数同样为 1，且 reduce() 方法中不产生输出，仅仅是汇总数据并保存起来，cleanup() 方法负责从保存的数据中选择最接近的 20 个并输出。

```
final int NEIGHBOR_NUM = 20; // 相似日期数目
TreeMap<Double, ArrayList<String>> result = new TreeMap<>();
                                // 保存结果的有序表，键按照距离排列，值为路链列表

// 历史数据聚类 Reduce 类中的 reduce() 方法实现代码
public void reduce(Text key, Iterable<DoubleWritable> values,
        Context context) throws IOException, InterruptedException
{
    String date = key.toString();
    for (DoubleWritable value : values) {
        double sim = value.get();
        ArrayList<String> al = result.get(sim);
        if (al == null) {
            al = new ArrayList<String>();
            result.put(sim, al);
        }
        al.add(date);
    }
}

// 历史数据聚类 Reduce 类中的 cleanup() 方法实现代码
public void cleanup(Context context)
        throws IOException, InterruptedException
{
    int i = 0;
    while (i < NEIGHBOR_NUM) {
        Map.Entry<Double, ArrayList<String>> e = result.pollFirstEntry();
        ArrayList<String> al = e.getValue();
        int n = Math.min(al.size(), NEIGHBOR_NUM - i);
        for (int j = 0; j < n; j++) {
            String date = al.get(j);
            // 输出：键：历史日期；值：与待预测日期的余弦距离
            context.write(new Text(date), new DoubleWritable(e.getKey()));
        }
```

```
        i += n;
    }
    super.cleanup(context);
}
```

3. 数据填充算法的 MapReduce 程序设计

路况预测的第三步是数据填充。我们这里依然采用较简单的方法，使用同类型日期的路况数据的平均值来填充缺失的路况。Map 阶段的输入为上一阶段 Reduce 的输出，即 20 个与待预测日期同类型的历史日期。对于每一时刻的通过时间数据，输出一个键为"路链号"，值为"时刻 @ 通过时间"的键值对。tbpLinks 是待填充的路链的集合，这个信息是可以通过离线处理得到的，然后通过 Distributed Cache 传入。

（1）Mapper 的代码实现

```java
HashSet<String> tbpLinks = new HashSet<>();
// 待填充路链集合，数据读入代码省略

public void map(LongWritable key, Text value, final Context context)
            throws IOException, InterruptedException
{
    // 消除行首尾的空格，并忽略空行
    String line = value.toString().trim();
    if (line.equals("")) {
        return;
    }

    Path dateTjamPath = new Path(line);
    HDFSUtils.readDir(hdfs, dateTjamPath, new HDFSUtils.LineParser() {
        // 匿名对象，实现 parse() 接口，以读取历史数据并转化格式
        Public void parse(String line, String filename) {
            String[] fields = line.split(",");
            try {
                Integer.parseInt(fields[0]);
            } catch (NumberFormatException e) {
                return;
            }
            String gid = fields[1];
            String lid = fields[2];
            String link = gid + ":" + lid;
            if (!tbpLinks.contains(link)) {
                return;
            }

            float weight = Float.parseFloat(fields[6]);
            // 从文件名解析出时刻值
            String time = filename.substring(17, 21);
            String v = time + "@" + weight;
```

```
                     try {
                         // 输出：键：路链号；值：时刻 @ 通过时间
                         context.write(new Text(link), new Text(v));
                     } catch (IOException | InterruptedException e) {
                         e.printStackTrace();
                     }
                 }
         }, false);
    }
```

（2）Reducer 的代码实现

数据填充 Reduce 阶段的任务就是将 Map 阶段的数据拼接起来，得到键为"路链号"，值为"时刻 1@ 通过时间 1; 时刻 2@ 通过时间 2;...; 时刻 n@ 通过时间 n"的键值对。在合并时，时刻从早到晚按顺序排列，对于若干个同一时刻的通过时间，则求其均值。

```
public void reduce(Text key, Iterable<Text> values, Context context)
        throws IOException, InterruptedException
{
    TreeMap<String, ArrayList<Float>> tm = new TreeMap<>();
                                // 数据记录表，键按照时间（字符串）排列，值为通过时间的列表
    for (Text v: values) {        // 遍历所有值，保存在变量 tm 中
        String[] fields = v.toString().split("@");
        String time = fields[0];
        float weight = Float.parseFloat(fields[1]);
        ArrayList<Float> al = tm.get(time);
        if (al == null) {
            al = new ArrayList<Float>();
            tm.put(time, al);
        }
        al.add(weight);
    }

    // 遍历所有时刻，对于每一时刻，求出通行时间的均值；并组织成字符串输出
    StringBuffer sb = new StringBuffer();
    for (String time : tm.keySet()) {
        ArrayList<Float> al = tm.get(time);
        float sum = 0.f;
        for (float w : al) {
            sum += w;
        }
        float pw = sum / al.size();
        sb.append(time);
        sb.append("@");
        sb.append(pw);
        sb.append(";");
    }
    sb.deleteCharAt(sb.length() - 1);
    // 输出：键：路链号；值：时刻 1@ 通过时间 1; 时刻 2@ 通过时间 2;...; 时刻 n@ 通过时间 n
    context.write(key, new Text(sb.toString()));
}
```

4. 路径规划算法的 MapReduce 程序设计

路径规划部分实现的流程如图 11-20 所示，这里不再给出具体代码，仅针对该图做出说明。

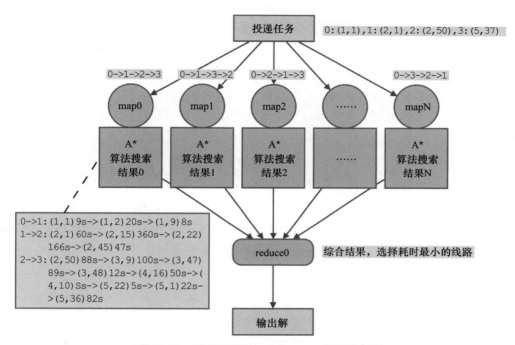

图 11-20　路径规划的 MapReduce 程序流程图

投递顺序选择的目标是粗选得到可能最优的若干个投递顺序。一个简单的做法是，如果投递点少于 5 个，就对这些投递点进行全排列；否则，根据各点坐标计算并筛选出最优的 100 个投递顺序。得到这些可能最优的若干个投递顺序后，使用和历史数据聚类中类似的"种子文件"法，为每一个投递顺序生成一个新的文件，并将投递顺序写入该文件。将这些种子文件作为路径规划的 MapReduce 作业的输入，这样每个 Map 负责求解一个投递顺序。

接下来每个 Map 针对输入的待解投递顺序，使用 A* 算法搜索最短路径。这里使用的最短路径搜索算法和平时常用的最短路径搜索算法没有本质区别，都是单机算法，唯一的不同点在于路网在不同时刻的边权值是不同的，因此不同时刻的最短路径可能并不相同。因此需要将各个时刻的最短路径都保存起来，但为了保证快速收敛，一般仅保留时间较早的几条路径，这样最终得到的是一个近似最短的路径。

最后由唯一的 Reduce 汇总结果，选择总耗时最小的那个投递顺序，并将其解得的最短路径作为结果输出。

11.5　基于 MapReduce 的大规模重复文档检测算法

11.5.1　重复文档检测问题描述

使用搜索引擎时，用户常常有这样的体验，当搜索一个关键词时，在搜索结果页面上列出的结果网页往往大量都是内容重复的（比如一条新闻被大量不同网站转载），这些重复网页给用户的搜索使用带来很大的不便。因此，一个好的搜索引擎需要能具备自动检测和去除重复网页的能力。

重复文档检测是信息检索领域中一个非常重要的问题，其中，重复网页检测问题因为网页结构和内容的多变性显得尤为突出。互联网中存在着大量的近似重复的网页（据统计，中文网页的重复率达 29%），给搜索引擎带来了不少问题，大大增加了网页爬取、索引建立、空间存储的开销和负担，并大幅影响搜索引擎用户的使用体验、降低了用户的满意度。

图 11-21 为两个来自不同网站的新闻网页文档示例。其中，位于两个页面虚线框中的新闻内容完全相同，而其余的网页模板文本则几乎完全不同。对于网页浏览者来说，这两个网页的内容是重复的，因为他们只关心网页的主要内容。显然，用户在浏览新闻的时候会很不希望同时看到图 11-21 中的两个新闻网页，因此搜索引擎需要对这些网页进行查重处理。

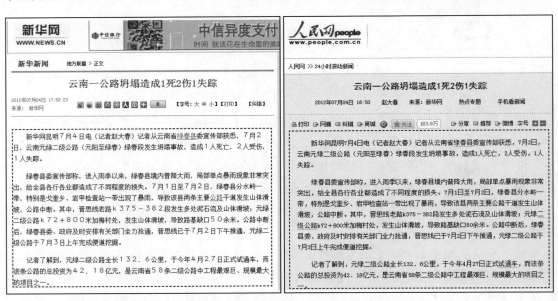

图 11-21　具有重复关系的网页示例

重复网页检测需要解决两个主要问题：第一个问题是如何准确有效地从大规模网页中检测出重复的网页；第二个问题是如何解决大规模文档检测的计算性能问题，重复文档检测需要在大量的文档之间比较相似性，是一个数据密集型的海量数据处理问题，实际应用中存在计算量大、处理效率低下的问题。

重复网页检测早在 10 多年前就已经引起工业界重视，并随后成为学术界的重要研究内容。1997 年，当时著名的搜索引擎 Alvista 公司的工程师 Andrei Z. Broder 为了解决搜索引擎出现大量重复网页的问题，提出了一种称为 Shingling 的检测算法，旨在减少搜索引擎处理重复检测问题的时间。虽然这个方法在性能上显示出非常高的效率，但由于 Shingling 算法没有考虑重复网页检测所需的重要特征，因此对于一些近似重复或者主题内容重复的网页，Shingling 的检测精度很差。此后，重复网页检测问题在学术界和工业界都引起了研究者浓厚的兴趣，并出现了许多新的检测方法，例如，Random Projection、Imatch、SpotSigs 等算法。但这些算法都是针对英语网页进行处理，由于中文与英文之间在语法和语义上存在的显著差别，使得中文处理方法与英文处理方法有着很大的不同。

本节介绍一种以 MapReduce 并行化方法实现的快速中文文档重复检测方法 CCDet，该方法基于中文句号特征字串来提取新闻网页特征并进行有效的重复网页检测。算法主要包括以下几个主要过程：

1）提取中文网页的句号特征，每个网页文档用对应的句号特征向量表示。

2）基于中文句号特征计算文档之间的相似性。

3）设定阈值，相似性超过阈值的网页对即判定为重复关系。

11.5.2 重复文档检测方法和算法设计

1. 重复网页的相似性度量方法

传统方法通常基于文本相似性来度量网页的重复关系，如 Jaccard 相似性和 Cosine 相似性，或者基于公共子序列来度量包含关系，如最长公共子序列 LCS（Longest Common Sequence）或公共子序列 CS。然而，这些度量模型没有考虑重复关系中的一种特殊情况，即包含关系。本节介绍一种联合定义重复关系和包含关系的共性相似性度量模型和方法。假设集合 A 和 B 分别为两个文本特征集合，定义公共包含相似性（Common Containment Similarity，CCS）为：

$$CCS(A,B) = \frac{|A \cap B|}{\min\{|A|, |B|\}} \tag{11-4}$$

不难看出，无论文本 A 和 B 是重复关系还是包含关系（我们称之为公共包含关系），CCS(A,B) 的值均会很高。因此，通过设定一个 CCS 的合理阈值，即可找出网页之间的不同包含关系。但是，为了能够进一步区分重复关系和包含关系的不同，我们进一步定义集合 A 和 B 的公共长度比（Common Length Ratio，CLR）为：

$$CLR(A,B) = \frac{\min\{|A|, |B|\}}{\max\{|A|, |B|\}} \tag{11-5}$$

显然，如果 A 和 B 是重复关系，A、B 集合的长度会很相近，即 CLR(A,B) 接近 1.0；如果 A 和 B 是包含关系，则它们的长度一定相差较远，即 CLR(A,B) 值远小于 1.0。因此，通过如下方式可判定网页 A 和 B 之间的重复关系和包含关系：

若 CCS(A,B)<Tccs，则文档 A 和 B 不具有任何重复和包含关系

若 CCS(A,B)>Tccs 且 CLR(A,B)<Tclr，则文档 A 和 B 为包含关系

若 CCS(A,B)>Tccs 且 CLR(A,B)>Tclr，则文档 A 和 B 为重复关系

其中，Tccs 和 Tclr 分别为 CCS 和 CLR 所设置的判定阈值。

2. 中文句号特征的作用

中文句号"。"只是用于表示某个句子的结束标志，而英文的句号"."还可用于表示小数点等标志。在中文网页的正文部分通常不会出现句号，因此中文句号这个特性可以很好地区分中文网页的正文内容和非正文内容。

图 11-22 所示即为图 11-21 网页截取下来的非正文内容，不难发现，这些非正文内容可能会以感叹号或者问号结尾，但却没有一个句子以句号结尾。这是因为，网页设计者在设计网站的时候，为了语气上的表达，在一些重要链接上会增加感叹号或者问号进行强调。但是句号只用于普通的陈述句的表达，因此网页设计者一般不会在链接后面刻意增加一个句号。这样，对于新闻网页来说，除了正文内容之外，其他的非正文内容不大可能出现句号，因此我们可以利用这个特性来区分新闻网页的正文内容和非正文内容。

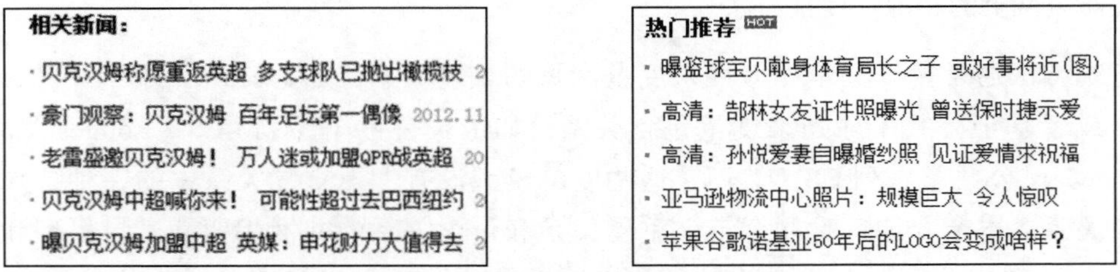

图 11-22 新闻网页中的非正文内容

一般来说，如果两个文档具有重复关系或者包含关系，则这两个文档的绝大部分句子都是相同的，因为句子是语言中表达相对完整意义的最小单位。那么如果两个网页文档越相似，则它们提取出来的句号特征集合就越相似，因此我们可以通过计算句号特征集合的相似性来衡量网页文档间的重复关系。

3. 噪音特征的过滤

对于某个特征 t_i 所对应的倒排索引，一方面，索引中的所有 d_n 需要两两配对，时间复杂度是 $O(n^2)$，如果索引的长度太大，将会耗费大量的时间进行配对；另一方面，由于每篇

网页文档均存在模板内容构成的噪音特征，如果 t_i 是某个文档 d_n 的噪音特征，则 d_n 需要从 t_i 的索引中剪切掉。因此，相似度计算过程中所建立的倒排索引需要被进一步剪切。

一种剪切方法像 IMatch 一样计算每个 t_i 在文档集合中的 IDF 值，如果 IDF 大于阈值，就将 t_i 对应的整个索引全部剪切掉。这种方法显然不够有效，因为 t_i 可能仅仅是某些 d_n 的噪音特征，而如果强行把所有 d_n 剪切掉，反而会损害一些 d_n 的相似性计算。另一种方法是像 SpotSigs 一样，给定 Jaccard 相似性一个上限，SpotSigs 中定义文档 A 和 B 的相似性上限为：

$$\mathrm{sim}(A,B) = \frac{|A \cap B|}{|A \cup B|} \leq \frac{\min\{|A|,|B|\}}{\max\{|A|,|B|\}} \tag{11-6}$$

SpotSigs 首先将索引中的文档按文档的长度进行排序，然后从头开始两两匹配，如果发现两个文档的长度比值超过上限，则停止匹配，这样可以大大减少匹配的次数。然而，SpotSigs 仅仅考虑的是具有重复关系的网页相似性，而没有考虑具有包含关系的网页相似性。遗憾的是，具有包含关系的网页的 Jaccard 相似性并不存在所谓的上界。

基于 IDF 和 SpotSigs 索引剪切方法的启发，本节介绍一种新的索引剪切方法。首先，我们先为每个 t_i 计算 IDF 值。与传统方法不同的是，我们以同一网站中的文档集合为单位为 t_i 计算 IDF 值，即 t_i 的 IDF 的个数不只有一个，而是每个出现 t_i 的网站均有一个 t_i 的 IDF 值。假设 $s_j(j=0,1,\cdots,n-1)$ 用于表示各个出现 t_i 的网站，idf_{ij} 表示 t_i 在 s_j 中的 IDF 值，则对于 t_i，我们得到 IDF 值序列 $(idf_{i0},idf_{i1},\cdots,idf_{in-1}))$，计算 IDF 值序列的平均值得到 cp：

$$cp = \sum_{j=0}^{n-1} idf_{ij} \tag{11-7}$$

那么，我们可以通过如下方法来判断 t_i 是否是 s_j 中的噪音特征，即 t_i 是 s_j 的噪音特征，当且仅当满足如下两个条件：

1）$idf_{ij} < \pi$，其中 π 是 IDF 的阈值，且 $0 < \pi \leq 1$。

2）$idf_{ij} \in [cp(1-\varepsilon),cp(1+\varepsilon)]$，其中 ε 是偏移率，且 $0 \leq \varepsilon \leq \min(1/cp-1,1)$。

一方面，如果 t_i 是模板内容噪音特征，则 t_i 在 s_j 中的倒排词频会很高，因此它的 idf_{ij} 值会超过一定阈值。另一方面，如果出现某些 t_i 倒排词频较高，却又不是网站的模板噪音特征，很可能这个 t_i 是比较常见的字串，那它在所有网站出现的 IDF 值都会很高，因此，我们规定如果 t_i 在 s_j 中是噪音特征，则它的 idf_{ij} 要超过 t_i 的 IDF 平均值。

4. 重复文档检测中的查重处理

利用句号特征字串，基于上述所定义的公共包含相似性度量模型，我们可进一步对所提取出的网页主题文本进行重复文档检测处理。实际处理大量网页文档的相似性比对时，并不是两两逐个比较，而是多个文档同时进行计算和处理。

图 11-23 即为计算多个文档相似度的处理过程，图中 d_n 表示一个网页文档标识号，t_i 表示一个特定的句号特征字串。多文档相似度计算主要分为以下三个步骤：

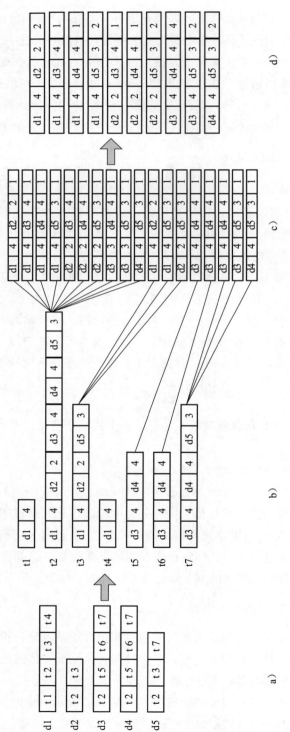

图 11-23 计算多个文档相似度的处理过程

1）为所有待比较的网页主题文本建立句号特征倒排索引，如果某个句号特征字串在多个文本中出现，则将这些文本信息链接到同一链表中，并以句号特征字串为链表的表头。同时文本信息中要包含该文本所拥有的句号特征个数，以便最后进行相似度的计算。这一步得到图 11-23b 所示数据结构。

2）将同一个链表中的所有文本分别与其他文本配对并标记为 1，每一对标记为 1 的文本对表示这两个文本拥有一个相同的句号特征字串。这一步得到图 11-23c 所示数据结构。

3）合并相同的文本对，并将文本对的标记改为它所出现的次数。这一步得到图 11-23d 所示数据结构。

通过第 3 步得到的信息，即可根据 CCS 和 CLR 公式进行计算来判定文本对是否为重复关系或者包含关系。如 d_1 和 d_2 的关系可通过如下方式判断：

$$CCS(d_1, d_2) = |d_1 \cap d_2| / \min\{d_1, d_2\} == 2/2 = 1$$

$$CLR(d_1, d_2) = \min\{d_1, d_2\} / \max\{d_1, d_2\} = 2/4 = 0.5$$

根据统计结果，如果我们将 CCS 的阈值设为 0.7，CLR 的阈值设为 0.8，则可较好判定 d_1 和 d_2 具有重复关系或者包含关系。

11.5.3 重复文档检测并行化算法设计实现

1. 并行化算法的基本设计

基于以上的设计思想和处理过程，我们可以设计出完整的网页重复检测算法。虽然已经完成了以上的重复文档检测算法和基本处理过程的设计，但由于在实际的搜索引擎应用中，每天都会产生大量的新网页，搜索引擎后台处理系统需要在尽可能短的时间内完成重复文档检测和过滤处理并更新索引信息，因此，仅仅有以上的串行化算法是远远无法满足要求的。很显然，在可接受时间内完成如此巨量的文档检测处理，唯一可行和有效的办法就是并行化处理。

CCDet 的主要算法及其并行化过程如图 11-24 所示，包含如下四个步骤：

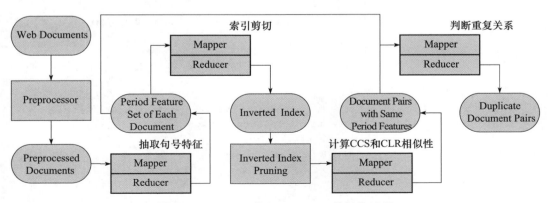

图 11-24 CCDet 的 MapReduce 并行化过程

1）提取和过滤句号特征字串。该步骤首先预处理文档之后，并行地遍历所有文档，并将文档中出现的句号特征提取出来。

2）并行地为所有文档建立倒排索引。

3）利用索引剪切算法对所建立的倒排索引进行剪切。

4）并行地判断所有网页对是否相互重复。

下面给出 CCDet 的几个主要 MapReduce 并行化处理过程实现。

2. 提取和过滤句号特征字串

这个步骤主要完成句号特征的提取并对噪音句号特征字串进行过滤处理（索引剪切）。主要的 MapReduce 代码实现如下：

```
// 提取句号特征字串，其中 IndexDoc 为自定义文档对象，Signature 为自定义句号特征对象
public static class AbstractSignatureMapper
            extends Mapper<Object, IndexDoc, Signature, IndexDoc>
{
    // map 函数
    public void map(LongWritable key, IndexDoc value, Context context)
            throws IOException, InterruptedException
    {
        // 从文档的完整内容中获取文档的句号特征
        Signature[] signatures = value.abstractSignaturesFromText(value.text());
        for (int i=0; i< signatures.length; ++i) {
            context.write(signatures[i],value);
        }
    }
}
```

3. 网页对拥有相同句号特征数统计

这一步将具有相同句号特征的文档两两配对，用于后续统计文档对拥有相同句号特征的个数。其 MapReduce 代码实现如下，其中 DocPair 是自定义 IndexDoc 两元组。

```
public static class CountSameSignatureMapper
            extends Mapper<Signature, IndexDoc, Signature, IndexDoc>
{
    // map 函数
    public void map(Signature key, IndexDoc value, Context context)
            throws IOException, InterruptedException
    {
        context.write(key,value);
    }
}
public static class CountSameSignatureReducer
        extends Reducer<Signature, IndexDoc, DocPair, IntWritable>
```

```
{
    // reduce 函数
    public void reduce(Signature key, Iterable<IndexDoc> values,
                        Context context)
            throws IOException, InterruptedException
    {
        for(IndexDoc indexDoc1: values)
            for(IndexDoc indexDoc2: values)
                if(!indexDoc1.equals(indexDoc2)){
                    IntWritable oneWritable = new IntWritable(1);
                    context.write(new DocPair(indexDoc1,indexDoc2),
                                    oneWritable);
                }
    }
}
```

4. 计算网页间 CCS 值和 CLR 值并判定网页对的关系

这一步计算每对网页之间的 CCS 值和 CLR 值，并判定网页对的关系。MapReduce 代码实现如下：

```
// 计算每对文档之间的 CCS 值和 CLR 值，并判定文档对的关系
public static class ComputeSimilarityMapper
            extends Mapper<DocPair, IntWritable, DocPair, IntWritable>
{
    // map 函数
    public void map(DocPair key, IntWritable value, Context context)
            throws IOException, InterruptedException
    {
                    context.write(key,value);
    }
}

public static class ComputeSimilarityReducer
            extends Reducer<DocPair, IntWritable, DocPair, NullWritable>
{
    // reduce 函数
    public void reduce(DocPair key, Iterable<IntWritable> values,
                        Context context)
            throws IOException, InterruptedException
    {
        int num = 0;
        // 统计文档对的相同特征的个数
        for(IntWritable oneWritable: values)
            num++;
        // 计算文档对的 CCS 值
        double ccs = computeCCS(num, key);
        // 计算文档对的 CLR 值
        double clr = computeCLR(num, key);
        // 判断文档对是否满足重复条件，若满足则输出
```

```
        if(IsSatisfy(ccs,clr)){
            context.write(key, new NullWritable());
        }
    }
}
```

11.6　基于内容的并行化图像检索算法与引擎

11.6.1　基于内容的图像检索问题概述

目前流行的搜索引擎（例如 Google、Yahoo! 或 Bing 等）提供的图像检索还是基于图像标签的文本检索，所以检索的质量往往取决于网页中对图像进行标记的文本是否准确描述了该幅图像。这带来了两个直观的问题：一，网络中存在大量的未被标记的图像，如何使用这些图像？二，由于网络中被标记的图像带有明显的主观性，使得往往一幅多义性的图像只被标注了某一个方面的标签，如何解决这个问题？

基于内容的图像检索（Content-Based Image Retrieval，CBIR）某种程度上为解决上述问题提供了一种可行的途径，这也是近年来检索领域和计算机视觉领域的研究热点之一。如何将计算机视觉中图像理解的技术和大规模数据检索技术有效而巧妙地结合，是解决 CBIR 的关键技术所在。

值得提出的是，目前图像搜索网站 www.tineye.com 基本上实现了相同图像的海量检索。在该搜索引擎中，输入一幅网络中的图像，搜索引擎可以返回所有网络中出现了该图像的网页。但需要注意的是，它的问题和 CBIR 是有很大区别的，它只返回几乎完全相同的图像而非在语义上和检索图像相似的图像，所以实际上该网站的背后是一种称作"图像指纹"（Image fingerprint）的技术。

Google 也发布了以图搜图的功能，但是还是可以看出来，其搜索效果依赖于 Google 巨量的图片库，即其搜索效果较好的图片总是有大量非常相似的照片存在于网上，而对于网上几乎没有出现的图片，其搜索似乎只是根据颜色返回了结果。

在基于内容的图像检索引擎中，主要包含两大技术难点：

1）如何快速有效地表示图像的特征。在计算机视觉领域，图像的特征抽取已经被研究了很多年，图像常见的特征包括颜色特征、纹理特征、频谱特征等，如何提取图像的特征使其在基于内容的图像检索中能够更准确地表征不同图像之间的相似程度，这是第一个技术难题。

2）如何根据一幅图像的特征，返回库中所有与该图像特征接近的图片。图像的特征往往是一个高维的向量，而库中的图像总数也是一个很大的数量。如果将检索图像的特征与库中每个图像的特征进行比较，则根本无法在用户能够容忍的时间范围之内返回检索结果。所以必须使用像在文本检索里建立倒排索引表类似的方法，对库中图像的特征建立索引。但如何建立这样的索引以支持大规模图像的快速检索，这是第二个技术难题。

11.6.2 图像检索方法和算法设计思路

1. 特征向量提取

在第一个问题中，经过研究和反复试验，我们选取 SURF 描述子作为图像的特征。SURF（Speeded Up Robust Features）是一个鲁棒的图像识别和描述算法，首先于 2006 年由 Herbert Bay 等提出。这个算法可被用于计算机视觉任务，如物件识别和 3D 重构。其部分的灵感来自于 SIFT 算法。SURF 标准的版本比 SIFT 要快数倍，并且其在不同图像变换方面比 SIFT 更加稳健。SURF 基于近似的 2D 离散小波变换响应，并且有效地利用了整体图形。

对每一个图像进行 SURF 特征提取，其算法返回若干个特征点的集合，其中每个特征点对应着一个 64 维的特征向量。所以不同的图像得到的特征向量长度是不一样的。这种不等长的特征向量，会导致难以将一幅图像中所有的特征点的特征向量拼接起来作为统一的图像特征向量。

为了建立统一的特征向量，我们将使用类似于文本分类中经常使用的 bag-of-words 方法。在这个方法中，首先对库中所有的图像提取 SURF 特征，每一幅图像都会获得若干个特征点，每一个特征点都会有一个 64 维的特征向量。然后，对所有的 64 维的特征向量作聚类，得到 k 个聚类中心。输入一幅新的图像，计算得到 SURF 特征之后，对得到的每个特征点的特征向量，分别计算其与所有到 k 个聚类中心的距离，得到长度为 k 的 0–1 特征向量。例如有 5 个聚类中心：k1，k2，k3，k4，k5，检索图像的特征点对应的特征向量为 p1，p2，p3，假设其分别属于 k3，k1，k5 所在的聚类，于是该图像的统一特征向量即为（1,0,1,0,1）。

在我们的图像库中，所有图片所提取出来的特征点的个数是巨量的（通常每张图像提取出来的 SURF 点有 300~500 之多，纹理复杂的图片还要更多），所以对海量的 64 维的向量进行聚类，这在单机情况下是无法完成的，因此需要使用 MapReduce 大规模并行计算方法进行聚类处理。

2. 图像特征索引

在第二个问题中，我们需要进行待检索图像与图像库中图像的相似性比较和检索。我们的图像经过第一部分的处理后，用一个高维向量表示，相似性检索一般通过 K 近邻或近似近邻查询来实现。

传统方法是基于空间划分的 tree 类似算法，如 R-tree，Kd-tree，SR-tree。这种算法返回的结果是精确的，但是这种算法在高维数据集上的时间效率并不高。维度高于 10 之后，基于空间划分的算法时间复杂度反而不如线性查找。LSH（Location Sensitive Hash，即位置敏感哈希）方法能够在保证一定程度准确性的前提下，时间和空间复杂度得到降低，并且能够很好地支持高维数据的检索，因此我们采用 LSH 方法。但 LSH 建立索引的过程比较耗时，而且一个好的索引需要对参数进行调整才能获得。因此我们需要用 MapReduce 并行化算法建立索引。

具体的处理方法是，用 LSH 方法对所有图像的特征向量进行索引，采用 m 个哈希表 H 和 k 个哈希函数 f，将所有图像的统一特征向量 X 映射到这个 m × k 的哈希表中，最后落在相同的哈希桶中的一组图像之间具有较高的相似性。

3. 图像检索过程

查询时，对给定的一个检索图像 P，先计算其 SURF 特征，再根据已知的聚类中心计算出其统一特征向量 X，再计算出其对应的哈希桶，这些哈希桶中所有的图像文件构成检索图像 P 的候选相似性图像集合。再利用欧氏相似性计算公式精确判断 P 与每个候选相似性图像的特征向量是否相似，选取相似度最高的图像作为检索结果输出。

4. 整体处理过程

基于以上的处理思路，整体的图像检索处理过程如图 11-25 所示。对于一个图像库中的所有图像，首先进行图像 SURF 特征点提取，然后对图像特征点进行聚类以生成统一图像特征向量；进一步，对所有图像的统一向量用 LSH 哈希映射计算图像特征索引，并生成基于 LSH 的候选相似图像索引表。对于一个待检索的输入图像，也经过 SURF 特征提取和统一特征向量计算，然后到 LSH 索引表中检索获得与该待检索图像相似的候选结果图像，然后再逐个运用精确的相似性比较从候选结果集中检索并输出最终的相似结果图像。

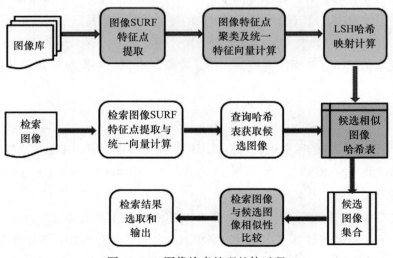

图 11-25　图像检索处理整体过程

这个过程中,由于有大量的图像需要建立索引,索引建立过程中的处理步骤都可以使用 MapReduce 并行化算法来实现,而检索过程中得到候选结果图像后的检索图像与相似图像的比较处理,在候选图像数量很大时也可以考虑使用并行化算法,但如果数量不大,则可以直接使用单机算法。

11.6.3 并行化图像检索算法实现

1. SURF 特征提取

在我们整个系统中,具体 SURF 的实现采用的是著名的开源图像开发库 OpenCV 的实现,SURF 算法的详细流程不是本节的重点,因此不在此赘述,如果有兴趣,可以参考 SURF 算法的经典论文 "SURF: Speeded Up Robust Features"。

我们可以使用 MapReduce 并行化方法对图像库中的大量图像进行并行化的特征提取处理,把大量图像分配给 MapReduce 集群中的不同节点来同时完成特征提取处理。这个步骤的实现比较简单,只要把图像库中的所有图像的文件名都存放在一个数据文件中,然后,由 MapReduce 框架划分这个数据文件,并调度多个 Map 节点同时处理。每个 Map 节点读入一个图像文件名后,再读入具体的图像数据,然后调用 SURF 算法完成 SURF 特征的提取。

2. 特征聚类和统一特征向量计算

接着需要使用聚类方法对所提取的特征点进行聚类处理。K-Means 算法的输入是 K 个起始的聚类中心。在算法的每一次迭代中,对每一个点 p,计算 p 到各个 cluster 的距离,将 p 归入最近的 cluster;然后重新计算每个聚类的中心。不断迭代直至收敛或达到最大迭代次数。这里我们使用的距离度量是欧氏距离。

我们在全局维护一个现有聚类中心的文件,这个文件读入内存后以字符串的形式存储于 Configuration 中,我们在 Mapper 类的 setup 方法中实现全局聚类中心数据的读入处理。在全局文件中,每一行是一个聚类中心,在读入后,处理成如下格式的字符串,存储于 Configuration 中:

聚类中心 1@ 聚类中心 2@……@ 聚类中心 K

在 setup 方法里,我们从 Configuration 中取出这个字符串,并将其分割保存在一个哈希表中,实现代码如下所示:

```
public void setup(Context context)
            throws IOException, InterruptedException
{
    Configuration conf = context.getConfiguration();
    String s1 = conf.get("cluster_center");
```

```
        String[] centers = s1.split("@");
        for (inti = 0; i<centers.length; i++) {
            cluster_center.put(i, parseStringToVector(centers[i]));
        }
        super.setup(context);
    }
```

这里 cluster_center 的类型为 HashMap<Integer, double[]>。

在 Mapper 阶段，我们计算本节点上的每一个点到各个 cluster center 的距离，并为每一个数据点发射键值对信息：

< 与之最近的聚类中心 ID，数据点自身 >

Map 方法的实现代码如下：

```
public void map(Object key, Text value, Context context)
            throws IOException, InterruptedException
{
    double[] point = parseStringToVector(value.toString());
    Iterator<Integer> keys = cluster_center.keySet().iterator();
    double minDistance = Double.MAX_VALUE;
    Integer minID = null;
    while (keys.hasNext()) {
        Integer id = keys.next();
        double[] center_location = cluster_center.get(id);
        doublecurrentDistance = distance(point, center_location);
        if (currentDistance<minDistance) {
            minDistance = currentDistance;
            minID = id;
        }
    }
    no.set(minID.intValue());
    context.write(no, value);
}
```

为了节省通信开销，我们通过 Combiner 来将每个节点发射的隶属于同一个聚类的数据点合并。

在 Combine 阶段，合并所有属于同一个聚类的点，并发射如下的键值对：

< 聚类中心 ID，< 点的个数，点的和 >>

Combiner 的具体实现如下：

```
public void reduce(IntWritable key, Iterable<Text> values, Context context)
            throws IOException, InterruptedException
{
    double[] sum = null;
    int counter = 0;
    for (Text value : values) {
```

```
        double[] point = parseStringToVector(value.toString());
        if (sum == null)
            sum = newdouble[point.length];
        for (int i = 0; i<point.length; i++)
            sum[i] = sum[i] + point[i];
        counter++;
    }
    String output = counter + " ";
    for (inti = 0; i<sum.length; i++)
        output = output + sum[i] + " ";
    context.write(key, new Text(output));
}
```

Reduce 阶段所需要做的是，计算所有发射到同一个聚类中心的数据点求其均值，例如 Reducer-1 收到如下键值对：

$$<\text{cluster-1, }[1,(4,3)]>$$
$$<\text{cluster-1, }[2,(7,5)]>$$

则 cluster-1 的新的聚类中心由 $\left(\dfrac{(4+7)}{(1+2)},\dfrac{(3+5)}{(1+2)}\right)$ 得到。

然后循环迭代以上 MapReduce 过程，直至迭代达到一定的次数为止。

在完成聚类之后，我们对原来的每张图像特征点，使用上述的 bag of words 模型，计算其统一特征向量即可。

3. LSH 索引的建立

获得所有图像的统一特征向量后，我们使用欧氏距离来衡量图像的相似性。对于欧氏距离，比较合适的哈希函数形式是 $h(x)=\left\lfloor\dfrac{(a\cdot x+b)}{W}\right\rfloor$，其中 x 是原始数据，a 是一个 d 维向量，其每一维都是独立的采样自一个稳定分布，正态分布就是一种稳定分布，b 是一个属于 [0,W] 的随机实数。

算法过程如下：

data：图像库中所有图像的统一特征向量数据，每个图像由一个 d 维的统一特征向量表示。

m：哈希表的个数。

k：每个哈希表中哈希函数的个数。

算法输出：

m 个哈希表，每个哈希表包含 k 个哈希函数和不定个数的哈希桶（hash bucket），每个哈希桶由其 k 个哈希函数的值和不定个数的原始数据点组成。

算法实现：输入文件的一行就是一个图像的统一特征向量数据，包含图像编号 id 和图像的特征向量 x。在 map 过程中，计算向量 x 在 m×k 个哈希函数映射下的值，以 $<(i,b_1,b_2,\cdots,b_k),\text{id}>$

的形式输出键值对，其中 $i \in [1,m], b_j = f_j(x), j \in [1,k]$。这样，在同一哈希表中的具有同样哈希值的图像被送到相同的 Reducer 中处理。而 reduce 的功能就比较简单，将 id 合并输出就可以了。

Map 和 Reduce 方法的主要实现代码如下：

```
public void map(LongWritable key, Text value, Context context)
        throws IOException
{
    String[] items = value.toString().split(" ");
    Text name = newText();
    name.set(items[0]);
    items = items[1].split(",");
    text = new Text();
    for (inti = 0; i< l; i++) {
        String s = i + "";
        for (int j = 0; j < k; j++) {
            float sum = b[i][j];
            for (int p = 0; p < d; p++) {
                sum += Float.parseFloat(items[p].trim()) * a[i][j][p];
            }
            int b = (int) (sum / w[i][j]);
            s += "," + b;
        }
        text.set(s);
        context.write(text, name);
    }
}

public void reduce(Text key, Iterator<Text> values, Context context)
        throws IOException
{
    String s = "";
    while (values.hasNext())
        s += ";" + values.next().toString();
        Text text = newText();
        text.set(s.substring(1));
        context.write(key, text);
    }
}
```

LSH 索引创建输出的结果形式如下，其中参数 m=50，k=5。

```
0,-2,-2,0,6,13            027_0025
0,0,-1,-1,-2,1            101_0104
0,0,-1,-1,0,1             053_0018
0,0,-1,0,0,1          062_0014;015_0118
0,0,-1,0,0,2              172_0067
```

```
0,0,-1,0,1,2                        201_0047;064_0006
0,0,-1,0,2,2                           002_0053
0,0,-2,-1,0,3                          064_0007
0,0,-2,-3,-2,3                         224_0056
0,0,0,-1,-1,0                       224_0061;224_0100
0,0,0,-1,-1,1                       193_0007;224_0079
0,0,0,-1,-2,0                          224_0108
0,0,0,-1,0,0                           224_0091
0,0,0,-1,0,1            224_0077;224_0103;224_0078;077_0018
0,0,0,-1,0,2              053_0020;037_0111;224_0071
0,0,0,-1,1,1            225_0036;003_0107;003_0145;001_0089
0,0,0,-1,1,2                           101_0005
0,0,0,-1,1,3                           193_0160
0,0,0,-1,1,5                           225_0062
0,0,0,-1,2,2                           012_0028
0,0,0,-2,-1,2                          224_0029
0,0,0,-2,-2,1                          224_0097
0,0,0,-2,0,1                        101_0102;101_0015
0,0,0,-2,0,2                        224_0110;224_0011
0,0,0,-2,2,3                           002_0071
0,0,0,-5,2,5                           091_0006
```

以其中第 4 行为例解释结果的含义如图 11-26 所示：

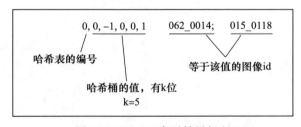

图 11-26   LSH 索引结果解释

4. 在线图像检索

在线图像检索处理时，对一个输入的待检索图像，检索算法单机实现的伪代码如下：

```
Search(x: 图像文件名)
1. s:=surf(x);                     // 计算图像 x 的 SURF 特征
2. v:=centers(s);                  // 用已经算好的聚类中心计算图像 x 的 bag-of-words 特征 v
3. s:=[]                           // 初始化候选图像集合为空
4. for i:=0 to l-1 do
     a) hvalues:=getHashValues(v); // 计算 v 在第 i 个哈希表中的哈希值，有 k 位
     b) si:=lookup(hvalues, i);    // 查询在第 i 个哈希表中具有相同哈希值的图像集合
     c) s:=s ∪ si;                 // 合并到候选图像集合中
5. return sort(d(s,v));            // 对 s 中的所有图像，计算其与 v 的欧式
                                   // 距离，并排序，返回结果
```

该算法的关键在于第 4 步得到的候选集合 s 既不能太大，也不能太小。太大会增加第 5 步中计算距离和排序的开销；而太小可能会漏掉某些相似的图像。通过控制 LSH 索引建立时的参数 m 和 k，可以得到比较合适的候选集合 s。

5. 实现结果

图 11-27 是基于以上算法所实现的图像搜索引擎的搜索结果。每个结果页面最上面的单个图像是输入的待检索图像，而下面列出的是所有检索出的相似图像结果。

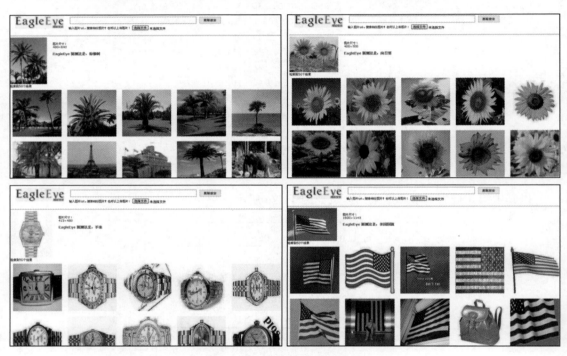

图 11-27 图像检索结果实例

11.7 基于 MapReduce 的大规模微博传播分析

微博作为一个基于用户关系信息分享、传播以及获取的平台，从一出现就引起了人们的广泛关注。微博由于用户量大，其包含了大量有价值的信息，已经成为一个典型的大数据资源，因而，对微博数据的分析挖掘是目前广为关注的研究问题。微博信息在传播的过程中，既可以被阅读者评论，也可以被这些阅读者进行转发和共享，从而形成了一个和用户间关系密切相关的传播网络，这个网络在一定程度上反映了微博信息的传播方式和用户分布情况。因此，对微博数据及其所组成的信息传播网络的分析是一个很有意义的研究课题。然而，由于数据量巨大，现有传统的分析技术和方法难以有效完成大规模微博数据的处理，而 MapReduce 可以为大规模微博数据处理提供有效的技术手段。本节将介绍一种利用 MapReduce 来进行微博评论和传播网络分析的技术方法和算法设计案例。

11.7.1　微博分析问题背景与并行化处理过程

与传统互联网信息发布、传播方式相比，微博网络的信息发布、传播具有很多不同的特点。例如，微博用户不仅可以看到关注用户所发布的状态、所分享的信息，还可以主动发布自己的所见和所闻。普通用户不再是单纯的信息接收个体，同时也是信息的提供者。用户间的信息交流更加频繁、信息传播的实时性更强、传播速度更快。微博网络中的明星博主拥有的粉丝数有的甚至超过数千万，这也就意味着他们能够影响的用户群体非常大。研究微博的评论和转发过程，有助于我们深入了解微博的传播过程、微博用户的分布和影响力等信息，进一步帮助我们进行微博舆情的分析和引导良好的舆论导向。

针对微博传播分析的社交管理平台正是在上述背景下应运而生的。例如，"孔明"社交管理平台就是一个专门针对微博传播分析的应用。它可以对单条微博的转发、评论、覆盖人群、影响人群地域分布、性别分布、时间分布等诸多参数进行统计分析。但是，面向大规模微博统计分析时，由于数据量巨大，分析处理通常需要花费较长的时间开销。由于微博数据是类似于 Web 网页的大量数据记录，因此，微博内容、属性的统计分析很适合于使用 MapReduce 来进行并行化处理，以大幅减小统计分析的时间，从而实现较快的微博传播分析。甚至包括微博源数据的获取也可以通过 MapReduce 框架进行并行的抓取，大大提高后台数据处理的效率。

使用 MapReduce 进行微博数据抓取和统计分析的基本思路是：将对微博相关数据的下载任务和统计分析任务分配到多个 Map 节点和 Reduce 节点上，以实现并行化处理。

更具体地，整个数据获取和分析过程将分为如下两个主要阶段。

1）并行化微博抓取阶段。为了提高微博抓取的效率，将对多个转发和评论的抓取分布在多个节点上同时进行，并把 Map 节点的抓取结果输出到多个文件中。

2）并行化分析阶段。为了提高微博数据分析效率，将分析工作分布在多个节点上同时进行，并把分析结果输出到多个文件中。该阶段可以进一步细分为转发数量、粉丝数量、性别统计、转发层数、转发者地域分布、转发时间段等多个与传播和用户分布相关的指标数据的统计分析任务。

本节重点讨论并行化微博数据获取与分析方法和算法，因此，具体如何利用新浪微博开放平台访问微博数据的详细编程技术不是本节讨论的重点，因此，在此不作具体讨论，读者可参考新浪微博开放平台的编程技术文档。此外，新浪微博数据下载访问对于一般用户存在访问量限制等商业性问题也不是本书讨论的问题，我们假定可以在合作关系下无限制获取到大量微博数据。

11.7.2 并行化微博数据获取算法的设计实现

我们使用新浪微博开放平台的 Java SDK 来抓取新浪微博的数据。表 11-3 是该 SDK 包中的微博类 Status 的一个微博的数据字段。在这里我们关心的字段有：create_at, id, text, source, user, reposts_count, comments_count。

表 11-3　新浪微博数据字段

返回值字段	字段类型	字段说明
created_at	string	微博创建时间
id	int64	微博 ID
mid	int64	微博 MID
idstr	string	字符串型的微博 ID
text	string	微博信息内容
source	string	微博来源
favorited	boolean	是否已收藏，true：是，false：否
truncated	boolean	是否被截断，true：是，false：否
in_reply_to_status_id	string	（暂未支持）回复 ID
in_reply_to_user_id	string	（暂未支持）回复人 UID
in_reply_to_screen_name	string	（暂未支持）回复人昵称
thumbnail_pic	string	缩略图片地址，没有时不返回此字段
bmiddle_pic	string	中等尺寸图片地址，没有时不返回此字段
original_pic	string	原始图片地址，没有时不返回此字段
geo	object	地理信息字段
user	object	微博作者的用户信息字段
retweeted_status	object	被转发的原微博信息字段，当该微博为转发微博时返回
reposts_count	int	转发数
comments_count	int	评论数
attitudes_count	int	表态数
mlevel	int	暂未支持
visible	object	微博的可见性及指定可见分组信息。该 object 中 type 取值，0：普通微博，1：私密微博，3：指定分组微博，4：密友微博；list_id 为分组的组号
pic_urls	object	微博配图地址。多图时返回多图链接。无配图返回"[]"

我们先利用新浪微博开放平台的访问接口获取一个微博 ID 列表，然后针对每个微博 ID，使用以下的 MapReduce 程序并行化地下载单条微博的评论和转发数据。具体根据一个

微博 ID 下载单条微博的 Mapper 类的代码实现如下：

```
// map() 输入数据：value：一条微博 ID
public void map(LongWritable key, Text value,
                OutputCollector<Text,Text> output, Reporter reporter)
            throws IOException
{
    String id = value.toString(); // 读出微博 ID
    Timeline tm = new Timeline(); // 初始化新浪微博开放平台访问对象并获取授权
    tm.client.setToken(access_token);
    // access_token 是开放平台授权处理后获得的一个授权参数
    try {
        long maxpagecount=10; // 设置最大的微博转帖分页访问次数
        for(int i=1;i<=maxpagecount;i++)
        {
            Paging page = new Paging(i,200); // 每个分页读取指定微博的 200 个转帖
            StatusWapper status = tm.getRepostTimeline(id, page);
            Thread.sleep(2000);
            if(status.getStatuses().size()==0)      break;
            // 逐个读取所获取的转帖的相关字段，并拼接成一行输出
            for(Status s : status.getStatuses()){
                User user = s.getUser();
                String content = "sid="+s.getId()+"   ";
                content = content+"createdAt="
                                +s.getCreatedAt().toString()+"   ";
                content = content+"reposts_count="+String.format("%-10d",
                                s.getRepostsCount())+"   ";
                content = content+"comments_count="+String.format("%-10d",
                                s.getCommentsCount());
                content = content+"uid="+user.getId()+"   ";
                content = content+"gender="+String.format("%-2s",
                                user.getGender())+"   ";
                content = content+"followers_count="+String.format("%-10d",
                                user.getFollowersCount());
                content = content+"friends_count="+String.format("%-10d",
                                user.getFriendsCount());
                content = content+"statuses_count="+String.format("%-10d",
                                user.getStatusesCount())+"   ";
                content = content+"profileImageUrl="+String.format("%-60s",
                                user.getProfileImageUrl());
                content = content+"province="+String.format("%-6d",
                                user.getProvince())+"   ";
                content = content+"city="+String.format("%-6d",
                                user.getCity())+"       ";
                content = content+"location="+String.format("%-15s",
                                user.getLocation())+"   ";
                content = content + "screenName="+String.format("%-25s",
                                user.getScreenName())+"   ";
                content = content + "text="+s.getText().replace("\n", " ");
```

```
                            content = content + "\n";
                            output.collect(value, new Text(content));
                    } // end of for
                    maxpagecount =(long) Math.ceil(status.getTotalNumber()/200.0);
            } // end of for
        } catch (Exception e) { e.printStackTrace(); }
} // end of map()
```

11.7.3　并行化微博数据分析算法的设计实现

获取了这些包含了一组微博及其转发与评论的详细数据信息后，我们可以很方便地根据这些微博的转发和评论关系建立一个微博用户关注关系图，除此以外，我们还可以进行各种微博传播和用户分布指标数据分析。

用以上方法获取了一批微博的转帖 / 评论数据记录后，将这些数据记录作为输入，可进行以下六个微博指标分析统计处理：1）二次转发数统计（RepostCount）；2）转发者粉丝统计（RepostFollowersCount）；3）转发者性别统计（RepostGender）；4）转发层数统计（RepostLayer）；5）转发者位置统计（RepostLocation）；6）转发时间统计（RepostTime）。获得这些关于微博传播和用户分布指标统计数据后，可以很方便地绘制出各种统计图或者进行各种深度的微博数据分析利用。

以上的每个子任务分别对应一个类加以实现。以下分别介绍这些子任务的代码实现。

1. 二次转发数统计

MapReduce 实现代码如下：

```
public static class RepostCountMapper
                extends Mapper<LongWritable, Text, IntWritable, Text>
{
    @Override
    public void map(LongWritable key, Text value, Context context)
                throws IOException
    {
        // TODO Auto-generated method stub
        String line = value.toString();
        int beg,end;
        int reposts_count;
        beg = line.indexOf("reposts_count=");
        end = line.indexOf(" ", beg);
        reposts_count = Integer.parseInt
                                (line.substring(beg+14, end).trim());
        String uid;
        beg = line.indexOf("uid=");
        end = line.indexOf(" ",beg);
        uid = line.substring(beg+4,end);
```

```
            context.write(new IntWritable(reposts_count),new Text(uid));
    } // end of map()
} // end of Mapper class

public static class RepostCountReduce
                extends Reducer <IntWritable, Text, IntWritable, Text>
{
    @Override
    public void reduce(IntWritable key, Iterator<Text> values,
                    Context context) throws IOException
    {
        // TODO Auto-generated method stub
        while(values.hasNext()){
            context.write(key, values.next());
        }
    }
}
```

2. 转发者粉丝统计

MapReduce 实现代码如下：

```
public static class RepostFollowersMapper
                extends Mapper<LongWritable, Text, Text, LongWritable>
{
    public static LongWritable Lone = new LongWritable(1);
    @Override
    public void map(LongWritable key, Text value, Context context)
                throws IOException
    {
        // TODO Auto-generated method stub
        String line = value.toString();
        int beg,end;
        int followercount;
        beg = line.indexOf("followers_count=");
        end = line.indexOf(" ",beg);
        followercount = Integer.parseInt
                                (line.substring(beg+16, end).trim());
        Text Tfollowercount = null;
        if(followercount<10) Tfollowercount = new Text("0~9");
        else if(followercount<50) Tfollowercount=new Text("10~49");
        else if(followercount<100) Tfollowercount=new Text("50~99");
        else if(followercount<200) Tfollowercount=new Text("100~199");
        else if(followercount<300) Tfollowercount=new Text("200~299");
        else if(followercount<400) Tfollowercount=new Text("300~399");
        else if(followercount<500) Tfollowercount=new Text("400~499");
        else if(followercount<1000) Tfollowercount=new Text("500~999");
        else if(followercount<2000) Tfollowercount=new Text("1000~1999");
        else if(followercount<3000) Tfollowercount=new Text("2000~2999");
        else if(followercount<4000) Tfollowercount=new Text("3000~3999");
```

```
                else if(followercount<5000) Tfollowercount=new Text("4000~4999");
                else if(followercount<10000) Tfollowercount=new Text("5000~9999");
                else if(followercount<50000) Tfollowercount=new Text("10000~49999");
                else if(followercount<100000) Tfollowercount=new Text("50000~99999");
                else Tfollowercount = new Text(">=100000");
                context.write(Tfollowercount,Lone);
        }   // end of map()
    }   // end of Mapper class

public static class RepostFollowersReducer
            extends Reducer<Text, LongWritable, Text, LongWritable>
{
    @Override
    public void reduce(Text key, Iterator<LongWritable> values,
                    Context context) throws IOException
    {
        // TODO Auto-generated method stub
        long sum = 0;
        while(values.hasNext()){
            sum = sum +  values.next().get();
        }
        context.write(key, new LongWritable(sum));
    }
}
```

3. 转发者性别统计

MapReduce 实现代码如下：

```
public static class RepostGenderMapper
            extends Mapper<LongWritable, Text, Text, LongWritable>
{
    public static LongWritable Lone = new LongWritable(1);
    @Override
    public void map(LongWritable key, Text value, Context context)
            throws IOException
    {
        // TODO Auto-generated method stub
        String line = value.toString();
        int beg,end;
        String gender;
        beg = line.indexOf("gender=");
        end = line.indexOf(" ",beg);
        gender = line.substring(beg+7, end).trim();
        Text Tgender = new Text(gender);
        context.write(Tgender,Lone);
    }
}

public static class RepostGenderReducer
```

```
                extends Reducer<Text, LongWritable, Text, LongWritable>
{
    @Override
    public void reduce(Text key, Iterator<LongWritable> values,
                        Context context) throws IOException
    {
        // TODO Auto-generated method stub
        long sum = 0;
        while(values.hasNext()){
            sum = sum +  values.next().get();
        }
        context.write(key, new LongWritable(sum));
    }
}
```

4. 转发层数统计

这里的一个问题是，如何使用尽量快速的方法判断转发的层数。解决思路是借助微博内容中的"// @"标签来判断：

```
int laycount = 1+(text.length()-text.replace("// @","")
                                    .length())/"// @".length();
```

通常微博在转发的过程中，如果用户不将此标记删除，每转发一层都会对应一个"// @"标记。所以，在不是非常严格的情况下，可以通过此标记的个数计算转发层数。

MapReduce 实现代码如下：

```
public static class RepostLayerMapper
                extends Mapper<LongWritable, Text, LongWritable, Text>
{
    @Override
    public void map(LongWritable key, Text value, Context context)
                throws IOException
    {
        // TODO Auto-generated method stub
        String line = value.toString();
        int beg,end;
        String sid;
        beg = line.indexOf("sid=");
        end = line.indexOf(" ",beg);
        sid = line.substring(beg+4, end).trim();
        String text;
        beg = line.indexOf("text=");
        text = line.substring(beg+5);
        int laycount = 1+(text.length()-text.replace("// @", "")
                                            .length())/"// @".length();
        Text Tsid = new Text(sid);
        LongWritable Llaycount = new LongWritable(laycount);
```

```
            context.write(Llaycount,Tsid);
        }
    }

    public static class RepostLayerReducer
                extends Reducer<LongWritable, Text, LongWritable, Text>
    {
        @Override
        public void reduce(LongWritable key, Iterator<Text> values,
                        Context context) throws IOException
        {
            // TODO Auto-generated method stub
            String ids = "";
            while(values.hasNext()){
                ids = ids + values.next().toString()+" ";
            }
            context.write(key, new Text(ids));
        }
    }
```

5. 转发者位置统计

MapReduce 实现代码如下：

```
public static class RepostLocationMapper
                extends Mapper<LongWritable, Text, Text, LongWritable>
{
    public static LongWritable Lone = new LongWritable(1);
    @Override
    public void map(LongWritable key, Text value, Context context)
                throws IOException
    {
        // TODO Auto-generated method stub
        String line = value.toString();
        int beg,end;
        String location;
        beg = line.indexOf("location=");
        end = line.indexOf(" ",beg);
        location = line.substring(beg+9, end).trim();
        Text Tlocation = new Text(location);
        context.write(Tlocation,Lone);
    }
}

public static class RepostLocationReducer
                extends Reducer<Text, LongWritable, Text, LongWritable>
{
    @Override
    public void reduce(Text key, Iterator<LongWritable> values,
                        Context context) throws IOException
```

```
    {
        // TODO Auto-generated method stub
        long sum = 0;
        while(values.hasNext()){
            sum = sum +  values.next().get();
        }
        context.write(key, new LongWritable(sum));
    }
}
```

6. 转发时间统计

MapReduce 实现代码如下：

```
public static class RepostTimeMapper
            extends Mapper<LongWritable, Text, Text, LongWritable>
{
    public static LongWritable Lone = new LongWritable(1);
    @Override
    public void map(LongWritable key, Text value, Context context)
            throws IOException
    {

        // TODO Auto-generated method stub
        String line = value.toString();
        int beg,end;
        String time;
        beg = line.indexOf("createdAt=");
        end = line.indexOf("reposts_count=",beg);
        time = line.substring(beg+10, end).trim();
        // Fri Jul 05 09:48:02 CST 2013
        time = time.substring(0,13)+time.substring(19);
        Text Ttime = new Text(time);
        context.write(Ttime,Lone);
    }
}

public static class RepostTimeReducer
            extends Reducer<Text, LongWritable, Text, LongWritable>
{
    @Override
    public void reduce(Text key, Iterator<LongWritable> values,
                    Context context) throws IOException
    {
        // TODO Auto-generated method stub
        long sum = 0;
        while(values.hasNext()){
            sum = sum +  values.next().get();
        }
        context.write(key, new LongWritable(sum));
    }
}
```

11.8 基于关联规则挖掘的图书推荐算法

在我国的图书出版和发行行业，经过多年的发展，图书市场在种类规模和总体数量等方面发展和增长迅速。但与此同时也带来了图书过多、读者难以选择的问题。常规的明细分类使得读者可以针对每一种类型的图书进行选择，但是每个分类下依然有成千上万种书籍。因此，基于读者的用户评论分析来进行图书推荐是一个具有实际应用价值的研究。本节将介绍一种基于 Apriori 关联规则挖掘算法进行图书推荐的应用算法设计和实现，将利用在"豆瓣读书"上获取的大量图书评论数据，使用 MapReduce 并行化处理技术来完成图书的 k- 频繁项集挖掘和图书推荐置信度的计算，在此基础上完成图书的推荐应用。

11.8.1 图书推荐和关联规则挖掘简介

近几年，由于多终端接入网络的便利性，越来越多的读者开始利用因特网来记录自己对各种事物的评价，这就形成了针对不同商品的庞大的评论数据集。其中图书的种类繁多，内容相对于小商品、电影、音乐等需要比较长的时间才可以被读者体会，利用其他读者对不同书籍的评价和感兴趣程度为读者提供阅读推荐成为推广文化和扩大书籍销售的一种重要手段。

传统上实现这样的推荐系统可以采用 Apriori 频繁项集挖掘算法。这个算法基于关联规则，挖掘出数据集中有较大联系的数据项，并以此作为依据给读者推荐其可能感兴趣的书籍。但 Apriori 算法存在一个问题，就是它需要不断地去扫描整个数据库，效率很低。在面对一些数据量很大的数据集时，Apriori 算法在单机上的处理速度较慢。为此，我们采用基于 MapReduce 的并行化方法来完成大规模图书数据的关联规则挖掘处理，实现 Apriori 算法在图书推荐上的应用。

关联规则用来描述事物之间的联系，用来挖掘事物之间的相关性。挖掘关联规则的核心是通过统计数据项获得频繁项集。

设 $I=\{i_1, i_2, \cdots, i_m\}$ 是项的集合，设任务相关的数据 D 是数据库事务的集合，其中每个事务 T 是项的集合，每一个事务有一个标志符，称作 TID。设 A 和 B 是两个项集，A、B 均为 I 的非空子集。关联规则是形如 $A\text{->}B$ 的蕴涵式，并且 $A \cap B=\varphi$。关联规则挖掘涉及到以下几个关键概念。

1）置信度 / 可信度（Confidence）。置信度即是"值得信赖性"。设 A，B 是项集，对于事务集 D，$A \in D$，$B \in D$，$A \cap B=\varphi$，$A\text{->}B$ 的置信度定义为：置信度（$A\text{->}B$）= 包含 A 和 B 的元组数 / 包含 A 的元组数。

2）支持度（Support）。支持度（$A\text{->}B$）= 包含 A 和 B 的元组数 / 元组总数。支持度描述了 A 和 B 这两个项集在所有事务中同时出现的概率。

3）强关联规则。设 min_sup 是最小支持度阈值；min_conf 是最小置信度阈值。如果事务集合 D 中的关联规则 $A\text{->}B$ 同时满足 Support($A\text{->}B$)>=min_sup，Confidence($A\text{->}B$)>=min_conf，

则 *A->B* 称为 *D* 中的强关联规则。而关联规则的挖掘就是在事务集合中挖掘强关联规则。

11.8.2 图书频繁项集挖掘算法设计与数据获取

1. 基本的 Apriori 算法描述

Apriori 算法是 R.Agrawal 和 R.Srikant 在 1994 年提出的基本关联规则挖掘算法。该算法的核心思想是基于频集理论的一种递推方法，目的是从数据库中挖掘出那些支持度和置信度都不低于给定的最小支持度阈值和最小置信度阈值的关联规则。

算法通过迭代的方法反复扫描数据库来发现所有的频繁项集。通过频繁项集的性质知道，只有那些确认是频繁项的候选集所组成的超集才可能是频繁项集。故只用频繁项集生成下一趟扫描的候选集，即 L_{i-1} 生成 C_i（其中：L 为频繁项集的集合，C 为候选项集的集合，*i* 为当前扫描数据库的次数），在每次扫描数据库时只考虑具有相同数目数据项的集合。Apriori 算法可以生成相对较少的候选数据项集，候选数据项集不必再反复地根据数据库中的记录产生，而是在寻找 k 频繁数据项集的过程中由前一次循环产生的 k-1 频繁数据项集一次产生。算法的伪代码描述如下：

```
k = 0;                                    // k 表示扫描的次数
L =φ;
C₁ = I;                                   // 初始把所有的单个项目作为候选集
Repeat
k = k + 1;
Lk =φ;
For each Iᵢ ∈ Cₖ do
    Cᵢ = 0;                               // 每个项目集的初始计数设为 0
    For each tⱼ ∈ D do
        For each Iᵢ ∈ Cₖ do
            If Iᵢ ∈ tⱼ then
                Cᵢ = Cᵢ + 1;
For each Iᵢ ∈ Cₖ  do
    If Cᵢ>=(s×|D|) then                   // |D| 为数据库中事务项的总数
        Lk = Lₖ ∪ Iᵢ;
        L = L ∪ Lₖ;
Cₖ + 1 = Apriori — Gen(Lₖ);
Until Cₖ + 1 = φ
```

根据以上的 Apriori 基本算法，基本处理过程如下：

1）采用类似单词计数的过程并行扫描数据库，找出满足最小支持度的 1- 频繁项集 L_1。

2）L_1 通过自身连接产生 2- 候选项集 C_2，采用候选项集支持度的并行化统计方法统计 C_2 的支持度，形成 2- 频繁项集 L_2；以此类推，L_2 产生 L_3，如此迭代循环，直到完成 k- 频繁项集的计算。

求解出图书推荐所需要的频繁项集后，保存这些频繁项集数据。当用户在网站上进行图书阅读记录时我们会根据由频繁项集得到的图书之间的关联关系，给用户推荐可能感兴趣的图书。这种推荐基于众多用户的真实体验，可以更准确地体现读者的需求。

2. 书评数据获取

算法设计实现时，以大量图书的评论数据作为 Apriori 算法挖掘关联规则的源数据。我们采用南京大学图书馆藏书列表作为图书目录，并以此为基础从国内比较流行的豆瓣读书网站上获取用户的评论。

在第一步获取图书馆藏书列表时，利用图书馆以《中图法》为标准定义的分类来检索所有图书，将图书按类别进行遍历，获取其中关于图书的基本信息（ISBN，图书名，作者等），共获得图书 549621 册，按类别统计如表 11-4 所示。

表 11-4 各分类下图书总量

类　别	册　数
A 马列主义、毛泽东思想、邓小平理论	2425
B 哲学、宗教	33088
C 社会科学总论	16888
D 政治、法律	58983
E 军事	3606
F 经济	69740
G 文化、科学、教育、体育	24028
H 语言、文字	28328
I 文学	97519
J 艺术	17150
K 历史、地理	76942
N 自然科学总论	2678
O 数理科学与化学	21983
P 天文学、地球科学	11213
Q 生物科学	7575
R 医药、卫生	7769
S 农业科学	1375
T 工业技术	66154
U 交通运输	310
V 航空、航天	216
X 环境科学, 安全科学	5139
Z 综合性图书	1579

然后使用豆瓣读书网站所提供的 API 来获取所有图书的评论信息，豆瓣读书网站提供了以下的书评网页访问接口：

1）获取书籍信息：

GET http://api.douban.com/book/subject/isbn/{isbnID}

2）获取特定书籍的所有评论：

GET http://api.douban.com/book/subject/isbn/{isbnID}/reviews

利用这两个访问接口共获得图书评论 339621 条，其中涉及图书 39186 本。

11.8.3　图书关联规则挖掘并行化算法实现

以上述过程所得图书和书评数据为基础，采用 Apriori 算法来计算出图书推荐的频繁项集和关联规则。根据前述 Apriori 算法，获得 2– 频繁项集的过程主要有三个部分：1）计算每本图书的支持度；2）统计 2– 频繁项集中每个元组的支持度；3）计算每个 2– 频繁项集元组中图书 A 到图书 B 的置信度。

1. 数据转换预处理

由豆瓣读书网站得到的数据格式为 {ISBN，{{ 用户 ID，用户名，评分 }，…}} 的集合。为进行 2– 频繁项集的统计，我们需要将其转换为 { 用户 ID，{{ISBN}，…}} 的形式，以便将获取的以 ISBN 为索引的评分数据转换为以用户 ID 为索引的数据。这个转换过程我们使用了一个简单的 MapReduce 程序来完成。这个 MapReduce 程序中，在 Map 阶段对每行数据进行转换，以用户 ID 为 key，以 ISBN 为 value，将其传入到下一阶段的 Reducer 中；Reducer 阶段将 key 相同（即用户 ID 相同）的记录进行合并，合并为 { 用户 ID,ISBN;ISBN;ISBN} 的格式以方便之后支持度和 2– 频繁项集的计算。其主要实现代码如下：

```
public class PreJobMapper extends Mapper<Object, Text, Text, Text>
{
    // Input:<key, {ISBN User_ID/User_Name/Rate;…}>
    // Output: <User_ID, (ISBN Rate)>
    // 用于将形如 "ISBN \t User_ID/User_Name/Rate;…" 的输入转换成
    // <User_ID, ISBN Rate> 键值对输出
    public void map(Object key, Text value, Context context)
            throws IOException, InterruptedException
    {
        String bookRate[] = value.toString().split("\t", 0);
        // 得到每一条 ISBN 的用户评分集合
        String rates[] = bookRate[1].split(";", 0);
        for(int i=0;i<rates.length;i++){
            // 得到格式如下的字符串 rateEntry: 用户 ID,用户名,评分
            String rateEntry = rates[i];
            String rateUserID = rateEntry.split("/", 0)[0];  // 得到用户 ID
            String rate = rateEntry.split("/", 0)[2];         // 得到用户评分
            // 输出如下格式的键值对: < 用户 ID, ISBN 评分 >
            context.write(new Text(rateUserID),
                        new Text(bookRate[0]+"\t"+rate));
        }
    }
}
```

```
public class PreJobReducer extends Reducer<Text, Text, Text, Text>
{
    // Input:  <User_ID, (ISBN Rate)>
    // Output: <User_ID, ISBN1;ISBN2;…>
    // 合并同一个用户所评分的书籍
    public void reduce(Text key, Iterable<Text> values, Context context)
                throws IOException, InterruptedException
    {
        Text value = new Text();
        String strISBNs = "";
        Iterator<Text>it=values.iterator();
        while(it.hasNext()){
            String isbn = it.next().toString().split("\t", 0)[0];
            // 判断当前 ISBN 是否已存在于该用户的 ISBN 列表中,
            // 如不存在, 直接添加在该用户列表
            if(strISBNs==""||!strISBNs.contains(isbn))
                strISBNs += isbn+";";
        }
        // 以 User_ID 作为 key, 该用户评过分的书目 ISBN 列表作为 value 输出
        context.write(key, new Text(strISBNs));
    }
}
```

2. 计算图书支持度

在我们的图书推荐算法中，我们把图书支持度定义为每本图书在书评数据集中出现的数量，即每本图书的总评论数。计算图书支持度时，在 Map 阶段从第 1 步转换出的书评数据中统计出每本书的书评出现次数，即需要计算出 <ISBN, 1> 的键值对出现的次数，其中数字 1 表示该书出现了 1 次书评。在 Reduce 阶段再统计每个 ISBN 下的书评出现次数，即可得到图书的支持度。其主要实现代码如下：

```
public static class SupportMapper
            extends Mapper<Object, Text, Text, IntWritable>
{
    // Input: <User_ID, ISBN1;ISBN2;…>
    // Output:<ISBN,1>
    // 合并相同 ISBN, 统计累积被评分的次数, 也就是以该 ISBN 作为 key 的记录条数, 作为支持度
    public void map(Object key, Text value, Context context)
            throws IOException, InterruptedException
    {
        Text newValue = newText();
        String row[] = value.toString().split("\t", 0);
        String allisbn[] = row[1].split(";", 0);
        for (int i = 0; i <allisbn.length; i++)
            context.write(new Text(allisbn[i]), newIntWritable(1));
    }
}
```

```
public static class SupportReducer
            extends Reducer<Text, IntWritable, Text, IntWritable>
{
    // Input: <ISBN,1>
    // Output:<ISBN, support>
    public void reduce(Text key, Iterable<IntWritable> values,
                    Context context)
            throws IOException, InterruptedException
    {
        int total = 0;
        Iterator<IntWritable> it = values.iterator();
        while(it.hasNext()){
            it.next();
            ++total;                    // 统计以当前 ISBN 为 key 的记录条数即为该图书的支持度
        }
        // 以 ISBN 为 key, 支持度为 value 作为输出
        context.write(key, newIntWritable(total));
    }
}
```

3. 计算 2- 频繁项集

2- 频繁项集是每个用户的书评集合中所有图书形成的二元组在所有用户形成的图书二元组中支持度大于某个阈值的二元组集合。当某个用户读了 N 本书时，其产生的图书二元组共有 C_N^2 个。在计算图书的 2- 频繁项集时，我们采用以 ISBN 对形式作为 key，以出现次数作为 value 的方式来进行统计。但是在 Reduce 处理过程中，ISBN1:ISBN2 和 ISBN2:ISBN1 的 key 不会被认为是同一个二元组，为此我们采用对每一个 ISBN1:ISBN2 的二元组合，在输出时也同时输出其 ISBN2:ISBN1 的形式，这样统计出来的 2 项集会比正常的多一倍，但是可以保证每个二元组支持度的计算正确。该部分相关代码如下：

```
public class FreqItemSet2Mapper extends Mapper<Object, Text, Text, Text>
{
    // Input: <User_ID, ISBN1;ISBN2;…>
    // Output:<ISBN1;ISBN2, 1>
    // 统计所有出现过的图书二元组，例如一个用户读过 A,B,C 三本书,
    // 那么会产生 (A,B),(A,C),(B,C) 这三个二元组

    public void map(Object key, Text value, Context context)
            throws IOException, InterruptedException
    {
        Text newValue = newText();
        String row[] = value.toString().split("\t", 0);
        String allisbn[] = row[1].split(";", 0); // 得到该用户评分的所有 ISBN 列表
        for (int i = 0; i <allisbn.length; i++)
            for (int j = i + 1; j <allisbn.length; j++) {
                // 以 (A,B)(B,A) 作为两种独立的输出,
                // 防止 hadoop 将其当做不同的二元组造成支持度计算错误
```

```
                    context.write(new Text(allisbn[i] + ";"
                                  + allisbn[j]), new Text("1;" + row[0]));
                    context.write(new Text(allisbn[j] + ";"
                                  + allisbn[i]), new Text("1;" + row[0]));
                }
            }
    }

public class FreqItemSetReducer extends Reducer<Text, Text, Text, Text>
{
    // Input: <ISBN1;ISBN2, 1>
    // Output: <ISBN1;ISBN2, support>
    // 合并计算相同的二元组出现的个数，并计算支持度
    public void reduce(Text key, Iterable<Text> values, Context context)
            throws IOException, InterruptedException
    {
        int total=0;
        Text value = newText();
        String strUserIDs = "";
        Iterator<Text>it=values.iterator();
        while(it.hasNext()){
            String temp = it.next().toString();
            strUserIDs+= temp.split(";", 0)[1]+";";
            ++total; // 统计相同的 ISBN 二元组出现的个数，即有多少用户同时读过相同的两本书
        }
        if(total>=2)     // 选取支持度大于 2 的二元组
            context.write(key, new Text(total+","+strUserIDs));
    }
}
```

4. 计算置信度

置信度是表示图书之间相关性程度的属性，是生成关联规则的关键，表达的是从事物 A 关联到事物 B 的可信度，其计算方式为：

$$\text{Confidence Level}(A \rightarrow B) = \frac{P(AB)}{P(A)} = P(B|A) \tag{11-8}$$

计算置信度需要知道二元组的支持度和每本图书的支持度，为此需要步骤 2 和 3 中的数据，需要两个表关联操作。将 2– 频繁项集中二元组 {A, B} 的支持度除以二元组中图书 A 的支持度即可得到从图书 A 关联到图书 B 的可信度。以二元组中图书 A 的 ISBN 为 key，将图书 A 的支持度和二元组 {A, B} 的支持度分别作为 value，这样在 Reduce 的过程中做好区分二元组和图书 A 的支持度之后就可以计算出二元组 {A, B} 中图书 A 对图书 B 的置信度。相关的代码实现如下：

```
public static class CountCLMapper extends Mapper<Object, Text, Text, Text>
{
    // Input: <ISBN1;ISBN2, support> or <ISBN, support>
```

```
// Output:<ISBN1, ISBN1;ISBN2,support> or <ISBN support>
publicvoid map(Object key, Text value, Context context)
            throws IOException, InterruptedException
{
    Text newValue = newText();
    String row[] = value.toString().split("\t", 0);
    String keyColumn[] = row[0].split(";", 0);
    if (keyColumn.length == 2) // 长度为 2 说明处理的是二元组
    {
        String newKey = keyColumn[0];
        String support = row[1].split(",")[0];
        // 输出二元组的支持度
        context.write(new Text(newKey),
                        new Text(row[0] + ","    + support));
    } else // 长度为 1 说明处理的是图书的支持度
    {   // 输出图书的支持度
        context.write(new Text(row[0]), new Text(row[1]));
    }
}
}


public static class CountCLReducer extends Reducer<Text, Text, Text, Text>
{
    // Input: <ISBN1, ISBN1;ISBN2,support> or <ISBN support>
    // Output:<ISBN1;ISBN2, ConfidenceLevel>
    public void reduce(Text key, Iterable<Text> values, Context context)
                throws IOException, InterruptedException
    {
        // isbn1 isbn1;isbn2,support or isbn support
        int support = 0;
        List<String>itemSetIsbns = newArrayList<String>();
        Iterator<Text> it = values.iterator();
        while (it.hasNext()) {
            String value = it.next().toString();
            if (value.split(";", 0).length> 1)
                itemSetIsbns.add(value); // 二元组的支持度加入列表
            else
                support = Integer.parseInt(value); // 图书的支持度
        }
        if (itemSetIsbns.size() >= 1)
            for (int i = 0; i <itemSetIsbns.size(); i++) {
                String itemsetEntry = itemSetIsbns.get(i);
                String itemSet[] = itemsetEntry.split(",", 0);
                doubleconfidenceLevel = Double.parseDouble(itemSet[1]);
                confidenceLevel = confidenceLevel / support; // 计算置信度
                // 输出二元组的置信度
                context.write(new Text(itemSet[0]),
                            new Text(Double.toString(confidenceLevel)));
            }
    }
}
```

5. 运行程序

为将上述几个部分连接起来，需要将几个 Job 连接起来执行。为此，将步骤 1 中预处理的结果作为步骤 2 和 3 的输入源，之后将步骤 2 的结果放到步骤 3 中，再进行步骤 4 的运算即可得到 2– 频繁项集的置信度结果，相关启动 Job 的代码如下：

```
public static void main(String[] args) throws IOException
{
    Configuration conf = newConfiguration();
    String[] otherArgs = new GenericOptionsParser(conf, args)
                                .getRemainingArgs();
    if (otherArgs.length != 2) {
        System.err.println("Usage: Test <in><out> ");
        System.exit(2);
    }
    String[] tempPath = new String[6];
    for (int i = 0; i < 6; i++)
    tempPath[i] = "tempDir/temp-"    + Integer.toString(new Random()
                                .nextInt(Integer.MAX_VALUE));
    DoPreJob(otherArgs[0], tempPath[0]);           // 启动预处理程序
    System.out.println("pre job done!");
    DoSingleSupport(tempPath[0],tempPath[1]);      // 启动支持度计算程序
    System.out.println("Support job done!");
    DoItemSet2(tempPath[0],tempPath[2]);           // 启动统计 2– 频繁项集程序
    System.out.println("Get frequent 2-itemset!");
    FileSystem fs = FileSystem.get(conf);
    // 将单支持度与 2– 频繁项集程序输出文件放到同一个文件夹中
    fs.rename(new Path(tempPath[1]+"/part-r-00000"),
            new Path(tempPath[2]+"/support"));
    DoConfidenceLevel(tempPath[2],otherArgs[1]);   // 启动计算置信度程序
    System.out.println("Get confidence level!");
    FileSystem.get(conf).deleteOnExit(new Path("tempDir"));
}
```

6. k– 频繁项集的计算

因为其他 k– 频繁项集 (k>2) 都是 2– 频繁项集的子集，只要将步骤 3 中得到的 2– 频繁项集数据处理为步骤 1 的结果，并再如步骤 3 一样处理就可以得到 3– 频繁项集，以此类推完成 k– 频繁项集的计算。

7. 运行结果

图 11-28 所示是 2– 频繁项集及其置信度计算结果示例数据。

为便于用户使用，我们将该结果存储在关系数据库中，并用 ASP.Net MVC 开发了一个图书推荐网站。推荐网站的查询界面如图 11-29 所示，查询结果如图 11-30 所示。

```
📄 Confidence Level   ✕

9780060929879;9787532731077    0.2222222222222222
9780060929879;9787535438379    0.2222222222222222
9780060929879;9787532748983    0.2222222222222222
9780060929879;9787544253994    0.2222222222222222
9780140108705;9787533909956    0.047619047619047616
9780140108705;9787806579060    0.047619047619047616
9780140108705;9787208061644    0.047619047619047616
9780199283262;9787532750917    1.0
9780316769532;9787530210864    0.04081632653061224
9780316769532;9787532725694    0.04081632653061224
9780375756986;9787806038277    0.2
9780618329700;9787532746958    1.0
9780674021365;9787506335867    1.0
9780674212770;9787300071183    0.4
```

图 11-28　2- 频繁项集及其置信度计算结果

图 11-29　图书推荐系统查询界面

图 11-30　图书推荐结果

11.9 基于 Hadoop 的城市智能交通综合应用案例

11.9.1 应用案例概述

随着智能交通管理基础建设的大力发展，我国一、二线城市已经建立了较为完整的交通监控基础设施和管理体系。遍布每个城市的卡口断面系统，保证了道路监控数据可以被记录在各个断面系统的监控信息系统中。但由于智能交通系统的大数据量、高实时性的特性，怎样将数据实时地上传、汇总和分析利用，以及将来如何对数据进行统计挖掘成为一个较大的难题。因此，为了实现交通控制、交通优化和刑侦等各种服务，建立一个全市统一的交通数据中心来存放全市各个路口的智能交通数据变得非常必要。

以前传统的分中心的解决方案，数据结构不统一，应用程序访问复杂，分中心访问代理成为性能瓶颈。在业务处理上，综合查询、统计、数据挖掘等计算处理工作较为困难，再加上数据分布在不同数据中心中，难以实现关联查询挖掘，导致实时应用在多数据中心部署时复杂程度很高、代价很大。

一般的智能交通系统都需要有以下几个方面的需求，这些需求都是传统的分中心方案难以解决的。

1）统一接入存储：将全市各监控设备上的智能交通数据通过同一接口写入全市统一交通数据中心。在查询时，各操作人员使用的信息系统也可以通过统一接入接口对全市数据进行读取、查询、统计等工作。

2）海量数据存储和容错恢复能力：具有 PB 数据级别的在线存储能力，并具有异地备份和冗余容错恢复能力。

3）高性能、高并发实时数据读写能力：具有高性能和高并发度的实时数据读写能力。

4）数据结构灵活调整：系统需要保证动态存储数据结构改变的能力，并使老结构的数据和新结构的数据在同一数据表中并存并提供统一的查询服务。

5）不停机动态扩容：系统具有不停机动态扩容的能力，在计算和数据存储能力不够、需要扩容时能在不间断服务的情况下进行系统扩容。

6）分布式并行数据统计挖掘：数据中心需要提供一种分布式的数据统计挖掘框架，使得分中心数据统计可以自动地并行化运行，并将结果汇总到一起。

基于以上的需求，实际应用中的交通大数据处理系统解决方案的软件架构如图 11-31 所示。

在该架构下，HBase 充当了提供底层分布式数据库的角色，为上层开发应用提供统一的数据访问平台。因为 HBase 数据库基于 HDFS 的文件存储，所以可以支持海量的数据存储以及高性能的实时高并发数据访问。HBase 支持动态的表结构调整能力，可以灵活地扩展表的定义，以便适应应用系统数据格式日益变化的情况。当需要对数据进行分析和挖掘时，可以使用 MapReduce 框架或者其他数据挖掘框架对存储在 HBase 中的数据直接进行数据分析，同时不影响 HBase 正常访问。由于 HBase 和 HDFS 都是高可用的，因而，整个数据库的查询都会处于高可用状态，而且系统还能支持在不停机的状态下进行扩容。通过这个架构可以解决智能交通数据处理系统亟待解决的上述关键技术问题。

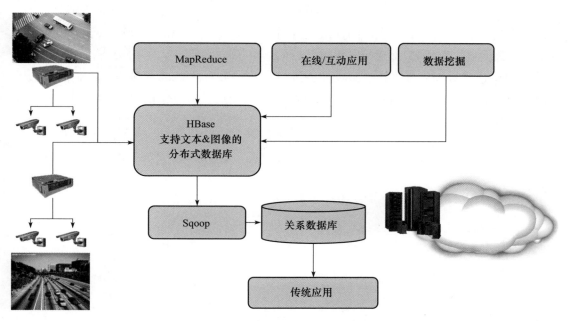

图 11-31　交通大数据处理系统解决方案的软件架构

11.9.2　案例一：交通事件检测

需要能够支持用 MapReduce 和 HBase 完成实时数据统计，生成各种统计数据，并且需要能够在某个交通事件导致某数据发生异常时，可对该交通事件进行监测和报警。

针对这个需求，我们需要使用到所有的交通实时数据信息。假设现在有一张主表，如表 11-5 所示，记录了所需要的实时交通数据信息。

表 11-5　交通实时数据表

通行时间	车辆状态	车 牌 号	号牌种类	车　　速	车牌颜色
PASSTIME	CARSTATE	CAEPLATE	PLATETYPE	SPEED	PLATECOLOR
地点编号	车道编码	行驶方向	车身颜色	车辆品牌	卡口编号	车牌坐标
LOCATIONID	DRIVEWAY	CAPTUREDIR	CARCOLOR	CARBRAND	TGSID	PLATECOORD

为了尽快鉴定出交通事故，我们需要提取出与交通事故相关的条目，而其他条目的数据将不会被取出。可以确定，以下的数据项将与鉴定事故有重要联系：

通行时间，地点编号，车道编码，行驶方向，地点编号，车道编码，行驶方向

由于这些数据对鉴定事故有重要作用，可能会需要持续输出到数据挖掘系统进行离线事故分析。

MapReduce 将从 HBase 中获得这几列数据，并将每一行都作为 Map 的一次 key/value 的输入。由于平均通行时间可能反映出事故的存在与否，而其他数据项（例如地点编号、车道编码、行驶方向、卡口编号）则用于确定这个存在的事故地点的位置。所以，这里我们将后面的四列数据项作为 key，而通行时间作为 value。

在 Map 阶段处理完接收到的 key/value 对后，我们将通过 Reduce 阶段完成对相同地点、也就是相同的 key 下面的 value 进行求平均或是其他计算，以此来判断车辆的通行畅通率 p，并据此进行交通事故检测。

该案例下 MapReduce 的实现代码如下：

```java
public class TrafficEvent
{
public static class Map extends Mapper<Text, Text, Text, Long>
{
    privatelong passTime;
    public void map(Text key, Text value, Context context)
                throwsIOException, InterruptedException
    {
        longpassTime= Long.praseLong(value.toString());
        context.write(key, passTime);
    }
}
public static class Reduce extends Reducer<Text, Long, Text, Long>
{
    @Override
    public void reduce(Text key, Iterable<Long> values, Context context)
                throwsIOException, InterruptedException
    {
        Long sum = 0;
        int counts = 0;
        for (Long val : values){
            sum += val.get();
            counts++;
        }
        longpass = sum/counts;
        context.write(key, pass);
    } // end of reduce()
}// end of Reduce class
}  // end of TrafficEvent class
```

通过以上代码，可以获得每一个地点上的平均车辆通行速度，进而可以判断交通事故的发生。

11.9.3　案例二：交通流统计分析功能

交通管理中需要能够每天运行离线的 MapReduce 统计任务，对流量、车速、车型等进行统计，最后把结果交给上层应用以图表展示出统计结果。

这是一个统计分析的离线任务分析需求，所以将使用 MapReduce 完成数据分析任务。统计的结果集将需要包含流量、车速以及车型等统计信息。这里的统计显然是需要按照不同的维度来完成的。例如流量，需要按照时间和地点来进行分析，那么对流量进行统计时，则需要输入 MapReduce 的 key 将包含以下四列数据项：

地点编号，车道编码，行驶方向，卡口编号

然后，Map 输出的键值对将是：

```
<(LOCATIONID,DRIVEWAY,CAPTUREDIR,TGSID), count>
```

其中，count 对应于由这四个属性确定的地点的流量值。

以上的中间结果数据到达 Reduce 端时，则会将所有 key 相同的（也就是地点相同的）流量值相加，那么得出的结果就是针对于各地的流量信息，最终 Reduce 将输出如下形式的最终结果：

```
<(LOCATIONID,DRIVEWAY,CAPTUREDIR,TGSID), SUM(count)>
```

车速和车型的统计则类似于以上的分析过程，最终写出类似的 MapReduce 程序即可完成。

另外也可以通过 Hive 来完成统计，用户通过与 SQL 类似的 HiveQL 进行统计和查询操作，Hive 客户端会翻译成对应的 MapReduce 程序加以执行以完成查询任务。以统计 2013 年 10 月 17 日 8:00 至 8:30 这一时间段某一个卡口车流量为例，使用 HiveQL 查询示例如下：

```
SELECT count(*) FROM PassRecordTable
WHERE time<201310170830 AND time>201310170800 AND locationId=30070;
```

11.9.4　案例三：道路旅行时间分析

可以通过 MapReduce 程序周期性地完成数据统计任务，比如每 30 分钟统计一次相邻卡口间的旅行时间，再进一步分析综合，用以发布道路交通状态。

这个分析任务比较复杂。因为涉及到不同卡口信息的综合利用，所以需要对每个卡口、卡口与卡口之间的数据进行分析对比，才能得出结果。这里的算法需要使用两个 MapReduce 任务，在独立的 30 分钟内，统计出全市相邻的卡口与卡口之间的车辆通过时间。具体算法如下：

（1）首先针对全市的卡口在某一 30 分钟时间段进行 Map，统计出所有车辆轨迹。

例如一条道路上依次有 TGSID1，TGSID2，TGSID3，TGSID4 这四个卡口编号。通过一个 MapReduce 找出所有这几个卡口的过车信息，每一个 Map 输出的 key 是车牌号码，对应的 value 是其所经过的所有卡口的编号、时间和车速。

（2）对所有车辆轨迹进行第二次 Map，统计出所有相邻卡口过车时间。

这里我们需要扫描所有车辆轨迹信息，以每次通过的两个相邻卡口作为 Map 输出的 key，例如一辆车通过 TGSID1，TGSID2 两个卡口，则 Map 输出的 key 是 :TGSID1-TGSID2，value 就是通过两个卡口之间的时间差。扫描完成所有的车辆后，可以得到 TGSID1-TGSID2 这两个卡口之间所有通行的车辆的旅行时间列表。

（3）Reduce 阶段统计所有相邻卡口过车时间，得出所有路段平均旅行时间。

Reduce 输出的 key 是每两个相邻卡口，value 是统计出的两个相邻卡口所有过车记录的平均旅行时间。

（4）周期性运行任务。

这样的统计分析每 30 分钟启动一次，并且输入是在启动前的 30 分钟内的交通状况信息。这样我们就可以基本准实时地获得道路交通状况信息。

11.9.5　案例四：HBase 实时查询

一个基本的操作是用户输入时间范围、卡口范围等过滤条件，查询过车信息；或者指定车牌号码查询过车轨迹，这里可以通过调用 HBase 的 API 完成对应查询操作。

1. 按照指定时间范围和卡口查找所有车牌

（1）首先查找时间索引表，按照时间范围和卡口确定扫描范围。

（2）时间索引表以倒序排列，因此顺序扫描结果可以直接分页返回给用户。

实现代码如下：

```
List<Result>Search(string startTime, string stopTime, string cameraId)
{
    ......
    Scan scan = new Scan(Bytes.toBytes("TimeIndex"));
    scan.setStartRow(Bytes.toBytes(startTime));
    scan.setStopRow(Bytes.toBytes(stopTime));
    ResultScanner scanner = htable.getScanner(scan);
    Result result = scanner.next();
    while(result!=null){
        byte[] locationId = result.getValue(cf, timeQualifier);
        if(Bytes.equals(srcLocationId, locationId)){
            results.add(result);
        }
        result = scanner.next();
    }
    return results;
}
```

2. 按照指定车牌查询车辆最近轨迹

1）首先查找车牌索引表，按照指定车牌确定扫描范围。

2）由于相同车牌按时间倒序排列，因此顺序扫描结果可以直接分页返回给用户。

实现代码如下：

```
......
Scan scan = new Scan(Bytes.toBytes("CarPlateIndex"));
scan.setStartRow(Bytes.toBytes(carPlate));
scan.setStopRow(Bytes.toBytes(carPlate+(char)0));
ResultScanner scanner = htable.getScanner(scan);
Result result = scanner.next();
while(result!=null){
    results.add(result);
    result = scanner.next();
}
return results;
```

11.9.6 案例五：HBase Endpoint 快速统计

利用 Intel Hadoop 的 HBaseAggregation 功能快速统计

HBase 提供了 Endpoint 框架并行处理各 Region 的数据，在 Intel Hadoop 中利用 HBase Endpoint 实现了 HBase 快速聚合功能，很适合实现本地化快速统计功能。

以下是 HBaseAggregation 代码示例：

```
// IDH endpoint aggregation example; perform several aggregation
// functions according to property file.
@Override
public void run()
{
    props = new Properties();
    try {
        // configFileName means property file name URL
        InputStream in = new BufferedInputStream(
                                new FileInputStream(configFileName));
        props.load(in);
    } catch (Exception e) {
        e.printStackTrace();
        System.out.println("File " + configFileName
                    + " is NOT valid. Please have a check first.");
    }

    byte[] table = Bytes.toBytes(props.getProperty("table"));
    String action = props.getProperty("action");
    String timeoutValue = props.getProperty("hbase.rpc.timeout", "120000");

    Configuration conf = HBaseConfiguration.create();
```

```java
try {
    long timeout = Long.parseLong(timeoutValue);
    conf.setLong("hbase.rpc.timeout", timeout);
    // create IDH HBaseAggregationClient object.
    AggregationClientaClient = newAggregationClient(conf);
    Scan scan = new Scan();
    scan.addColumn(Bytes.toBytes("columnFamily"),
                    Bytes.toBytes("qualifier"));
    final ColumnInterpreter<Long, Long>columnInterpreter =
                            getColumnInterpreter();
    if (columnInterpreter == null) {
        System.out.println("The value of 'interpreter'"
                    +" set in configuration file configFileNameseems "
                    + "wrong.Please have a check .");
        return;
    }
    try {
        long timeBegin = System.currentTimeMillis();
        if (action.equalsIgnoreCase("rowcount")) {
            long rowCount = aClient.rowCount(table, columnInterpreter,scan);
            System.out.println("The result of the rowCount is "+ rowCount);
        } else if (action.equalsIgnoreCase("max")) {
        long max = aClient.max(table, columnInterpreter, scan);
            System.out.println("The result of the max is " + max);
        } else if (action.equalsIgnoreCase("min")) {
        long min = aClient.min(table, columnInterpreter, scan);
            System.out.println("The result of the min is " + min);
        } else if (action.equalsIgnoreCase("sum")) {
        long sum = aClient.sum(table, columnInterpreter, scan);
            System.out.println("The result of the sum is " + sum);
        } else if (action.equalsIgnoreCase("std")) {
        double std = aClient.std(table, columnInterpreter, scan);
            System.out.println("The result of the std is " + std);
        } else if (action.equalsIgnoreCase("median")) {
        long median = aClient.median(table, columnInterpreter, scan);
            System.out.println("The result of the median is " + median);
        } else if (action.equalsIgnoreCase("avg")) {
        double avg = aClient.avg(table, columnInterpreter, scan);
            System.out.println("The result of the avg is " + avg);
        } else {
            System.out.println("The action '" + action
                            + "' set in configuration file " +configFileName
                            + " doesn't exist.");
            return;
        }
        longinteval = System.currentTimeMillis() - timeBegin;
        System.out.println("++ Time cost for Aggregation [config -> "
                        + configFileName + "]: " +interval);
    } catch (Throwable e) {e.printStackTrace(); }
} catch (NumberFormatException e) {
```

```
        System.out.println("Invalid argument!");
    } catch (IOException e1) {e1.printStackTrace(); }
}
```

11.9.7　案例六：利用 Hive 高速统计

Hive 是一个基于 Hadoop 的大数据分布式数据仓库软件。它可以将数据存放在分布式文件系统或分布式数据库中，并提供大数据统计、查询和分析操作。它使用 MapReduce 来执行操作，使用 HDFS 或 HBase 来存储数据。Hive 由 metaStore 和 Hive 引擎组成。metaStore 负责存储元数据信息并提供存储数据的一个结构体。查询处理、编译、优化、执行均由 Hive 引擎完成。为了读取/写入数据到表格中，Hive 使用 SerDe。SerDe 提供将数据转化为存储格式、并且从一系列字节中提取数据结构的方法。

Hive 提供了 SerDe 工具可以直接读写 HBase 的数据，但是 Hive 默认会把 HiveQL 翻译成 MapReduce 程序，性能会比较慢。为了做到实时 HiveQL 的处理，Intel Hadoop 提供了 Hive Over HBase，将 HiveQL 脚本翻译成 HBaseCoprocessor 操作，大大减少延迟，达到实时响应的目的。除了 Intel Hadoop 的 Hive Over HBase 之外，Apache Phoenix 也采用类似的办法达到实时响应 SQL 操作的效果。

下面是一个关于利用 Hive 处理 HBase 数据的例子：

```
// create table and load data
CREATE TABLE pokes (foo INT, bar STRING);
LOAD DATA LOCAL INPATH './data/files/kv1.txt'
                OVERWRITE INTO TABLE pokes;
// create table
DROP TABLE t_hbase;
CREATE TABLE t_hbase
    (key STRING,
    tinyint_col TINYINT,
    smallint_col SMALLINT,
    int_col INT,
    bigint_col BIGINT,
    float_col FLOAT,
    double_col DOUBLE,
    boolean_col BOOLEAN)
STORED BY 'org.apache.hadoop.hive.hbase.HBaseStorageHandler'
WITH SERDEPROPERTIES ("hbase.columns.mapping" = ":key#-,
        cf:binarybyte#-,cf:binaryshort#-,cf:binaryint#-,
        cf:binarylong#-,cf:binaryfloat#-,cf:binarydouble#-,
        cf:binaryboolean#-")
TBLPROPERTIES ("hbase.table.name" = "t_hive",
                "hbase.table.default.storage.type" = "binary");
// sql execute
// set the following parameter,
// then you can use hive over hbase feature.
```

```
sethive.exec.storagehandler.local=true;

select count(0) from t_hbase;
select * from t_hbase where key='val_201' limit 5;
select * from t_hbase where key>'val_201' and key<'val_301'
                          andbigint_col=209 limit 5;
select smallint_col, count(tinyint_col) as cnt from t_hbase
group by smallint_col having cnt>100 limit 5;
select * from t_hbase order by int_col limit 5;

// fuzzyfilter
// if you need to user fuzzyfilter,
// you must set the following parameter.
sethive.exec.hbase.fuzzyfilter=true;
select * from t_hbase where key='val_20?' limit 10;
```

附　录

附录 **A**

OpenMP 并行程序设计简介

A.1 OpenMP 简介

OpenMP 是一种面向共享内存及分布式共享内存的多线程并行编程语言的扩展，或者说是一种能够实现共享内存并行计算的应用程序编程接口（API）。OpenMP 为多线程并行编程提供了简单的实现方法，OpenMP 的规范由 SGI 发起，由一些计算机硬件和软件厂商共同制定，起初是一个基于 Fortran 的标准，诞生于 1997 年，后来提供了对 C 和 C++ 的支持。OpenMP 最新的版本是 4.0，提供了与平台无关的编译指导语句（pragma，用于 C\C++）和编译指导命令（directive，用于 Fortran）。可从 www.openmp.org 官方网站看到关于 OpenMP 最新的发展，并能够下载到最新标准。

A.2 OpenMP 编程模型

OpenMP 是基于共享内存多处理器系统的并行编程方法，它与消息传递并行编程模型有很大不同。在 OpenMP 编程模型中，所有处理器连接到共享内存单元，访问相同的内存地址空间。常见的对称多处理系统 SMP 就是一种共享内存的体系结构，即在一个计算机上汇集了一组处理器，各个处理器之间共享内存子系统及总线结构。

OpenMP 程序执行采用 Fork-Join 模型，在开始执行时，只运行主线程，遇到需要并行计算时，派生出线程（Fork，创建新线程或从线程池唤醒已有线程）来执行并行任务。并行执行时，主线程和派生线程共同工作。并行代码结束后，派生线程退出或者挂起，控制流程回到主线程（Join，即多线程的汇合）。图 A-1 所示是共享内存多线程编程的 Fork-Join 模型。

OpenMP 是显式并行的，即需要程序员显式控制并行代码，并行方式可预见，但是数据依赖性需要程序员处理。

图 A-1　OpenMP 的 Fork-Join 执行模型

A.3　OpenMP 基本语法

OpenMP 采用引语方式对程序进行并行化，使得程序简单易懂，方便读写。

1. Hello World 并行化程序示例

首先以 "Hello World" 进行最直观的介绍，代码如下所示：

```
# include "omp.h"
int main(int argc, char * argv[])
{
    printf("Hello World from serial.\n");
    printf("Thread number = %d\n", omp_get_thread_num());    // 串行执行
#pragma omp parallel
{
    printf("Hello World from parallel. Thread number = %d\n",omp_get_thread_num());
}
        printf("Hello World from serial again.\n");
    return 0;
}
```

程序运行结果如下：

```
Hello World from serial.
Thread number = 0
Hello World from parallel. Thread number = 0
Hello World from parallel. Thread number = 2
Hello World from parallel. Thread number = 1
Hello World from serial again.
```

源程序非常简单，程序从串行开始执行，然后分成 3 个线程并行执行。#pragma omp parallel 标志着一个并行区域的开始，在支持 OpenMP 的编译器中，根据线程数目，随后程序块被分配到不同线程中执行；相反，对于不支持 OpenMP 的编译器，该语句被忽略。由此发现，从串行程序到其并行程序的转化不会带来太多负担。omp_get_thread_num() 是一个

OpenMP 库函数，用来获得当前线程编号。每个线程都会被 OpenMP 赋予一个唯一的线程编号，用以标注不同的线程。另外，由于多线程并行执行，每个线程运行速度不一致，所以多次运行可能出现不同结果，即并行区域线程的结束顺序会有所不同。本章后续会对更多关键的 OpenMP 编程语法进行简要介绍。

2. 循环语句并行化示例

其实，最为常用的并行化方式之一是对循环进行并行化（C/C++ 的 for 循环，Fortran 的 do 循环）。以下给出一个用 OpenMP 进行并行化设计的示例。原始代码是一段典型的用来求解 PI 的串行代码，如下所示：

```
 1  #include <sys/time.h>
 2
 3  #include <iostream>
 4  long longnum_steps = 1000000000;
 5  double step;
 6  intmain(intargc, char* argv[])
 7  {
 8          structtimevalst, et;
 9          gettimeofday(&st, NULL );
10          double x, pi, sum=0.0;
11          int i;
12          step = 1./(double)num_steps;
13
14          for (i=0; i<num_steps; i++)
15          {
16                  x = (i + .5)*step;
17                  sum = sum + 4.0/(1.+ x*x);
18          }
19          pi = sum*step;
20          gettimeofday(&et, NULL );
21  std::cout<<"PI: "<<pi<<std::endl;
22  std::cout<<"used time:"<<((et.tv_sec*1000000+et.tv_usec)-
    (st.tv_sec*1000000+st.tv_usec))<<"useconds"<<std::endl;
23          return 0;
24  }
```

代码中使用 gettimeofday 来统计串行运行时所耗费的总时间，运行结果如下：

```
PI: 3.14159
used time: 4246614 useconds
```

采用 openmp 对程序进行并行化，从原始代码不难发现，程序的热点集中在第 14 行的 for 循环，于是对程序热点进行并行化处理，原始代码进行如下修改，分别在第 2 行添加头文件 #include<omp.h>，第 13 行加入 openmp 的指导性语句 *#pragma omp parallel for private(x) reduction(+:sum) num_threads(16)*。其中"pragma omp parallel for"是常用的

openmp 循环并行化的语句，private 是子句，用于说明对于每个并行线程而言 x 是私有的，代码中对 sum 变量进行了归约操作，因此同时添加了 reduction 子句，本章后续会介绍这些常用的子句。num_threads 用来设置并行的线程数，修改 num_threads 的值，从运行结果能够明显地得到运行不同线程数时的加速比。当然，还可以通过环境变量和 Openmp 提供的 API 函数来设定，后面的章节将详细介绍。在 Linux 系统中，进行如下测试，当 num_threads 值设置为 2 时，运行结果如下：

```
PI: 3.14159
used time: 2129399 useconds
```

当 num_thread 值设为 4 时，运行结果如下：

```
PI: 3.14159
used time: 1065769 useconds
```

从运行结果不难发现，随着线程数的增加，运行时间几乎呈线性减少，从而实现了较好的并行化加速比。从该示例可以发现，openmp 的循环并行化实现非常简单易学，对代码的改动量也很小，并且可获得较为明显的性能提升，很适合用来实现程序的并行化。

3. OpenMP 基本用法及常用语句

OpenMP 的基本用法如下：

- C/C++

```
#pragma omp parallel
{ 代码段 }
```

- Fortran

```
!$OMP PARALLEL
代码段
!$OMP END PARALLEL
```

其中，parallel 内的代码是并行区域，在 parallel 语句后可加 private、firstprivate、lastprivate、num_threads、schedule 等常用子句控制数据和并行区域属性，其中：

- private（list）：属性为参数列表，逗号隔开，指定并行区域内的变量是每个线程私有的。
- firstprivate(list)：与 private 类似，但并行区域的相应变量被继承主线程中的初值。
- lastprivate(list)：与 private 类似，主要用来指定线程中的私有变量值在并行处理结束后复制回主线程的对应变量。
- reduction(operator:list)：和其他的数据属性子句不一样的是多了一个 operator 参数。

reduction 子句为变量指定一个操作符，每个线程都会创建 reduction 变量的私有拷贝，在 OpenMP 区域结束处，将使用各个线程的私有拷贝的值通过制定的操作符进行迭代运算，并赋值给原来的变量。

- num_threads(num)：指定并行区域的线程个数为 num。
- schedule(flag)：指定线程调度方式，支持四种调度方式：dynamic[,n]、static[,n]、guided[,n] 和 runtime[,n] 调度方式，不特殊指定 n 时，n 为 1。其中，
  - static：静态调度，当 parallel for 编译指导语句没有带 schedule 语句时，大部分系统默认采用静态调度方式。每 n 次迭代分为一个任务，采用静态分配方式，每个线程平均执行 m 个任务，然后将前 m 个任务分配给第 1 个线程，m+1 ~ 2m 个任务分配给第 2 个线程，依次类推，最后一个线程执行最后剩下的任务，可能为 m 个或不足 m 个。这种情况下可能造成负载不均衡，但是任务量平均的情况下减少了任务分配的开销。
  - dynamic：动态调度，将迭代按顺序，每 n 次迭代分为一个任务，采用先到先得方式，为每个线程分配任务。每次迭代被哪个线程执行是不一定的，除第 1 次分配之外。
  - guided：指导分配，采用动态划分方式，开始时每个线程会分配到较多的迭代任务，之后逐渐递减。假设启动 m 个线程，第 1 个线程分配到全部任务的 1/m，第 2 个线程分配到剩下迭代数的 1/m。以此类推，最小分配单位为 n 次迭代，任务分配时依然是先到先得，减少了分配任务的开销，但又具有动态性，在动态和静态间取得了平衡。
  - runtime：这种调度并非真实的调度方式，它是运行时根据环境变量 OMP_SCHEDULE 来确定调度类型的，最终使用的调度类型仍然是上述三种方式之一。例如程序运行时可设置 setenv OMP_SCHEDULE "dynamic 10"。

4. OpenMP 常用库函数

OpenMP 的库函数 API 主要包括运行环境函数、锁操作函数和时间操作函数等。这里仅给出最常用的几个运行环境函数。

- void omp_set_num_threads(int num_threads)：设置并行执行代码时的线程数目为 num_threads，优先级高于环境变量设置。
- int omp_get_num_threads(void)：返回并行区域内当前使用的线程个数。
- int omp_get_thread_num(void)：获取当前线程编号，线程号从 0 开始编号。
- int omp_get_num_procs(void)：获取可用的处理器核心个数（逻辑线程，超线程打开算双倍）。

5. OpenMP 常用环境变量

OpenMP 提供了主要的 4 个环境变量:

- OMP_NUM_THREADS : 用来设置并行区域的默认线程数量, 优先级低于使用 omp_set_num_threads() 或 num_threads 子句设置线程数量。

- OMP_SCHEDULE: 控制循环调度方式, 即上文中提到的几种线程调度方式。

- OMP_NESTED: 设置是否启动嵌套并行。

- KMP_AFFINITY : 用来设置 OpenMP 与计算核心之间的绑定方式, 减少可能的线程迁移开销。

OMP_SCHEDULE 和 KMP_AFFINITY 都是实现负载均衡和性能优化的方式。一个是逻辑分配, 一个是物理绑定, 二者相辅相成, 共同用来提升性能。

MPI 并行程序设计简介

B.1　MPI 功能简介

MPI（Message Passing Interface）是一种基于消息传递的高性能并行计算编程接口。MPI 在处理器间以消息传递方式进行数据通信和同步，以库函数形式为程序员提供了一组易于使用的编程接口。

MPI 于 1993 年开始由一组来自大学、国家实验室、高性能计算厂商的机构发起组织和研究，1994 年公布了最早的版本 MPI 1.0，经过 MPI1.1 ~ MPI1.3，目前版本 MPI 2.2，MPI 3 版本正在设计中。

MPI 的主要技术特点是：提供可靠的、面向消息的通信；它在高性能科学计算领域得到广泛使用，适合于处理计算密集型的科学计算；提供了一种独立于语言的编程规范，可移植性好。

MPI 使用常规语言编程方式，所有节点运行同一个程序，但处理不同的数据。它提供了点对点通信（Point-Point Communication）能力，可提供同步通信功能（阻塞通信）和异步通信功能（非阻塞通信）。同时，它也能提供节点集合通信（Collective Communication）能力，包括一对多的广播通信、多节点计算同步控制以及对结果的规约 (Reduce) 计算功能。此外，MPI 还可以提供用户自定义的复合数据类型传输。

B.2　MPI 的基本程序结构和编程接口

1. MPI 的基本程序结构和程序示例

MPI 基本程序结构如下：

```
#include <mpi.h>                              //MPI 程序头文件
main(int argc, char **argv)
{
    int numtasks, rank;
    MPI_Init(&argc, &argv);                  // 初始化 MPI 环境

    ......                                   // 并行计算程序体

    MPI_Finalize();                          // 关闭 MPI 环境
    exit(0);
}
```

以下是一个简单输出"Hello parallel world"信息的并行化程序示例：

```
#include <mpi.h>
#include <stdio.h>
main(int argc, char **argv)
{
    int numtasks, rank;
    MPI_Init(&argc, &argv);
        printf("Hello parallel world!\n");   // 并行化执行程序体
    MPI_Finalize();
    exit(0);
}
```

与普通程序执行结果不同的是，由于打印输出的语句在中间部分的并行化程序体内，因此实际结果是每个节点都会打印输出一个同样的信息。在一个有 5 个处理器的系统中，该程序输出为：

```
Hello parallel world!
Hello parallel world!
Hello parallel world!
Hello parallel world!
Hello parallel world!
```

2. MPI 的基本并行化编程接口

（1）基本编程接口

MPI 提供了以下 6 个最基本的编程接口，理论上任何并行程序都可以通过这 6 个基本 API 实现：

1）MPI_Init(argc, argv)：初始化 MPI，开始 MPI 并行计算程序体。

2）MPI_Finalize()：终止 MPI 并行计算。

3）MPI_Comm_Size(comm, size)：确定指定范围内处理器 / 进程数目。

4）MPI_Comm_Rank(comm, rank)：确定一个处理器 / 进程的标识号。

5）MPI_Send (buf, count, datatype, dest, tag, comm)：发送一个消息。

6）MPI_Recv (buf, count, datatype, source, tag, comm, status)：接收消息。

其中，size 表示进程数，rank 表示指定进程的 ID，comm 指定一个通信组 (communicator)，dest 指定目标进程号，source 指定源进程标识号，tag 表示消息标签。

任何一个 MPI 程序都要用 MPI-Init() 和 MPI-Finalize() 来指定并行计算开始和结束的地方；同时在运行时，这两个函数将完成 MPI 计算环境的初始化设置以及结束清理工作。处于两者之间的程序即被认为是并行化的，将在每个机器上被执行。

（2）通信组

为了在指定的范围内进行通信，可以将系统中的处理器划分为不同的通信组；一个处理器可以同时参加多个通信组；MPI 定义了一个最大的缺省通信组：MPI_COMM_WORLD，指明系统中所有的进程都参与通信。一个通信组中的总进程数可以由 MPI_Comm_Size 调用来确定。

（3）进程标识

为了在通信时能准确指定一个特定的进程，需要为每个进程分配一个进程标识，一个通信组中每个进程标识号由系统自动编号（从 0 开始）；进程标识号可以由 MPI_Comm_Rank 调用来确定。

（4）点对点通信

MPI 提供以下两个同步通信功能：

MPI_Send (buf, count, datatype, dest, tag, comm)：发送消息

MPI_Recv (buf, count, datatype, source, tag, comm, status)：接收消息

这是一种阻塞式通信，函数调用后等待通信操作完成后才返回。同步通信时一定要等到通信操作完成，这会造成处理器空闲，因而可能导致系统效率下降，为此 MPI 还提供异步通信功能。

MPI 提供了以下四个异步通信功能：

MPI_ISend (buf, count, datatype, dest, tag, comm, request)：异步发送

MPI_IRecv (buf, count, datatype, source, tag, comm, status, request)：异步接收消息

MPI_Wait (request, status)：等待非阻塞数据传输完成

MPI_Test (request, flag, status)：检查是否异步数据传输确实完成

异步通信是一种非阻塞式通信，不等待通信操作完成即返回。

3. 简单 MPI 编程示例

```
#include <mpi.h>
#include <stdio.h>
main(int argc, char **argv)
{
    int num, rk;
    MPI_Init(&argc, &argv);
```

```
    MPI_Comm_size(MPI_COMM_WORLD, & num);          // 获取总的进程数量
    MPI_Comm_rank(MPI_COMM_WORLD, &rk);            // 获取本机的进程号
    printf("Hello world from Process %d of %d\n",rk,num);
    MPI_Finalize();
}
```

该程序输出为：

```
Hello world from Process 0 of 5
Hello world from Process 1 of 5
Hello world from Process 2 of 5
Hello world from Process 3 of 5
Hello world from Process 4 of 5
```

B.3   MPI 的编程示例

为了让读者体会 MPI 的实际编程，以下由简到难列举几个实际的 MPI 编程示例。

1. 消息传递 MPI 编程示例 1

```
#include <stdio.h>
#include <mpi.h>
int main(int argc, char** argv)
{
    int myid,numprocs, source;
    MPI_Status status;    char message[100];
    MPI_Init(&argc, &argv);
    MPI_Comm_rank(MPI_COMM_WORLD, &myid);
    MPI_Comm_size(MPI_COMM_WORLD,&numprocs);
    if (myid ! = 0)   /* 其他进程, 向 0 号进程发送 HelloWorld 信息 */
    {   strcpy(message, "Hello World!");
        MPI_Send(message,strlen(message)+1, MPI_CHAR, 0,99,MPI_COMM_WORLD);
    }
    else   /* 0 号进程负责从其他进程接收信息并输出 */
    {
        for (source = 1; source < numprocs; source++)
        {
            MPI_Recv(message, 100, MPI_CHAR, source, 99,MPI_COMM_WORLD, &status);
            printf("I am process %d. I recv string '%s' from process %d.\n",
                                                  myid,message,source);
        }
    }
    MPI_Finalize();
}
```

假定使用了 3 个计算节点，程序执行输出结果如下：

```
I am process 0. I recv string 'Hello World' from process 1.
I am process 0. I recv string 'Hello World' from process 2.
I am process 0. I recv string 'Hello World' from process 3.
```

2. 消息传递 MPI 编程示例 2——计算大数组元素的开平方之和

设系统中共有 5 个进程，进程号分别为：0，1，2，3，4。其中，0 号进程作主节点，负责分发数据，不参加子任务计算；而 1–4 号进程作为子节点从主进程接收以下数组元素：

```
#1: data[0,4,8,…]
#2: data[1,5,9,…]
#3: data[2,6,10,…]
#4: data[3,7,11,…]
```

各个进程各自对所接收的数据元素求开平方后累加，最后存放到本地的 SqrtSum 变量中，然后 0 号进程最后负责收集来自各个节点的累加结果：

```
#0: SqrtSum = ∑ 各子进程的 SqrtSum
```

程序实现如下：

```c
#include <stdio.h>
#include <mpi.h>
#include<math.h>
#define N=1002
int main(int argc, char** argv)
{
    int myid, P, source, C=0; double  data[N],  SqrtSum=0.0;
    MPI_Status status;   char message[100];
    MPI_Init(&argc, &argv);
    MPI_Comm_rank(MPI_COMM_WORLD, &myid);
    MPI_Comm_size(MPI_COMM_WORLD,&numprocs);
    --numprocs;        /* 数据分配时除去 0 号主节点 */
    if (myid== 0)    /* 0 号主节点，主要负责数据分发和结果收集 */
    {
        for (int  i = 0;  i < N; ++i; ) )   /* 数据分发 */
                MPI_Send(data[i], 1, MPI_DOUBLE, N%numprocs+1, 1 ,MPI_COMM_WORLD);
            for (int  source = 1;  source <= numprocs;  ++source; )   /* 结果收集 */
            {
                MPI_Recv(&d, 1, MPI_DOUBLE, source, 99,MPI_COMM_WORLD, &status);
                SqrtSum += d;
            }
    } else
    {
        for ( i = 0; i < N; i=i+numprocs ; ) /* 各节点接收数据计算开平方并本地累加 */
        {
            MPI_Recv(&d, 1, MPI_DOUBLE, 0, 1,MPI_COMM_WORLD, &status);
            SqrtSum+=sqrt(d);   ++C;
        }
        MPI_Send(SqrtSum, 1, MPI_DOUBLE, 0, 99,MPI_COMM_WORLD);
        /* 本地累加结果送回主节点 */
    }
    printf("I am process %d. I recv total %d from process 0, and SqrtSum=%f.\n",
                                        myid, C, SqrtSum);
```

```
    MPI_Finalize();
}
```

程序输出结果如下：

```
I am process 1. I recv total 251 data items from process 0, and SqrtSum=111.11
I am process 2. I recv total 251 data items from process 0, and SqrtSum=222.22
I am process 3. I recv total 250 data items from process 0, and SqrtSum=333.33
I am process 4. I recv total 250 data items from process 0, and SqrtSum=444.44
I am process 0. I recv total 0 data items from process 0, and SqrtSum=1111.10
```

3. 消息传递 MPI 编程示例 3——Monte Carlo 方法计算圆周率

Monte Carlo 方法是一种随机抽样统计方法，可用于解决难以用数学公式计算结果的复杂问题的近似求解。

如图 B-1 所示，作一个直径为 2r 的圆及其外切正方形，在其中随机产生 n 个点，落在圆内的点数记为 m。根据概率理论，当随机点数足够大时，m 与 n 的比值可近似看成是圆与正方形面积之比。故有：$m/n \approx \pi \times r^2/(2r)^2$，$\pi \approx 4m/n$。

设 r 取值为 0.5，为了提高 π 计算精度，需要计算尽量大的随机点数，我们考虑在一个并行系统中让每台机器都各自算一个 π，然后汇总求一个平均值。

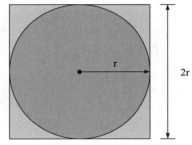

图 B-1　半径为 r 的圆及其外切正方形

设每个节点计算的点数为 N=1000000，程序实现代码如下：

```
#include"mpi.h"
#include <stdio.h>
#include <stdlib.h>
main(int argc,char **argv)
{
    int myid, numprocs;
    int namelen,source;
    long count=1000000;
    MPI_Status status;
    MPI_Init(&argc,&argv);
    MPI_Comm_rank(MPI_COMM_WORLD,&myid);
    MPI_Comm_size(MPI_COMM_WORLD,&numprocs);
    srand((int)time(0));    /* 设置随机种子 */
    double y, x, pi=0.0, n=count;
    long m=0,m1=0,i=0,p=0;
    for(i=0;i<count;i++) /* 随机产生一个点 (x, y)，判断并计算落在圆内的次数 */
    {
        x=(double)rand()/(double)RAND_MAX;
        y=(double)rand()/(double)RAND_MAX;
        if((x-0.5)*(x-0.5)+(y-0.5)*(y-0.5)<0.25)    ++m;
```

```
        }
        pi=4.0*m/n;
        printf("Process %d of % pi= %f\n", myid, numprocs, pi);
        if(myid!=0)      /* 从节点将本地计算的圆内计数值发送到主节点 */
        {
            MPI_Send(&m,1,MPI_DOUBLE,0,1,MPI_COMM_WORLD);
        } else           /* 主节点接收各从节点的圆内计数值并累加 */
        {
            p=m;
            for(source=1;source<numprocs;source++)
            {
                MPI_Recv(&m1,1,MPI_DOUBLE,source,1,MPI_COMM_WORLD,&status);
                p=p+m1;
            }
            printf("pi= %f\n",4.0*p/(n*numprocs)); /* 各节点输出结果 */
        }
        MPI_Finalize();
}
```

程序输出结果如下：

```
Process 0 of 3 pi=3.14135
Process 1 of 3 pi=3.14312
Process 2 of 3 pi=3.14203
pi=3.14216
```

pi 即为汇总后的 π 平均值。

B.4 节点集合通信接口和编程示例

1. 节点集合通信接口

MPI 提供了以下三种类型的集合通信功能：

（1）同步障（Barrier）

MPI_Barrier：设置同步障使所有进程的执行同时完成。

（2）数据移动（Data Movement）

MPI_BCAST：一对多的广播式发送。

MPI_GATHER：多个进程的消息以某种次序收集到一个进程。

MPI_SCATTER：将一个信息划分为等长的段依次发送给其他进程。

（3）数据规约（Reduction）

MPI_Reduce：将一组进程的数据按照指定的操作方式规约到一起并传送给一个进程。

其中，数据规约操作接口定义如下：

MPI_Reduce(sendbuf, recvbuf, count, datatype, op, root, comm)

其中规约操作 op 可设为以下定义的操作之一：

MPI_MAX	求最大值	MPI_MIN	求最小值
MPI_SUM	求和	MPI_PROD	求积
MPI_LAND	逻辑与	MPI_BAND	按位与
MPI_LOR	逻辑或	MPI_BOR	按位或
MPI_LXOR	逻辑异或	MPI_BXOR	按位异或
MPI_MAXLOC	最大值和位置	MPI_MINLOC	最小值和位置

2. 规约操作编程示例——计算积分

根据微积分原理，任一函数 f(x) 在区间 [a,b] 上的积分是由各个 x 处的 y 值为高构成的 N 个小矩形（当 N 趋向无穷大时的）面积之和构成。因此，选取足够大的 N 可近似计算积分。

设函数为 $y=x^2$，求其在 [0,10] 区间的积分。先把 [0,10] 分为 N 个小区间，则对每个 x 取值对应小矩形面积为：y*10/N。求和所有矩形面积，当 N 足够大时即为近似积分值。

我们用 n 个节点来分工计算 N 个区间的面积。如图 B-2 所示，根据总节点数目，每个节点将求和一个不同颜色的小矩形块。

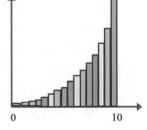

图 B-2 通过小矩形块求积分

设共计划分为一亿个小矩形块（N=100000000），程序实现代码如下：

```
#define N 100000000
#defined  a 0
#defined  b 10
#include <stdio.h>
#include <stdlib.h>
#include <time.h>
#include "mpi.h"
int main(int argc, char** argv)
{
    int myid,numprocs;
    int i;
    double local=0.0, dx=(b-a)/N; /*  小矩形宽度  */
    double inte, x;
    MPI_Init(&argc, &argv);
    MPI_Comm_rank(MPI_COMM_WORLD, &myid);
    MPI_Comm_size(MPI_COMM_WORLD,&numprocs);
    for(i=myid;i<N;i=i+numprocs)
    { /* 根据节点数目将 N 个矩形分为图示的多个颜色组 */
        /* 每个节点计算一个颜色组的矩形面积并累加 */
        x = a + i*dx +dx/2; /* 以每个矩形的中心点 x 值计算矩形高度  */
        local +=x*x*dx;        /* 矩形面积 = 高度 x 宽度 =y*dx  */
    }
```

```
        MPI_Reduce(&local,&inte,1,MPI_DOUBLE,MPI_SUM, 0, MPI_COMM_WORLD);
        if(myid==0)            /* 规约所有节点上的累加和并送到主节点 0 */
        { /* 主节点打印累加和 */
            printf("The integal of x*x in region [%d,%d] =%16.15f\n", a, b, inte);
        }
        MPI_Finalize();
}
```

程序输出结果为：

```
The integal of x*x in region[0, 10] = 333.33345
```

B.5　MPI 的特点和不足

MPI 具有以下主要特点：

1）灵活性好，适合于各种计算密集型的并行计算任务。

2）独立于语言的编程规范，可移植性好。

3）有很多开放机构或厂商实现并支持。

但与此同时，MPI 也存在以下不足：

1）无良好的数据和任务划分支持。

2）缺少分布文件系统支持分布数据存储管理。

3）通信开销大，当计算问题复杂、节点数量很大时，难以处理，性能大幅下降。

4）无节点失效恢复机制，一旦有节点失效，可能导致计算过程无效。

5）缺少良好的构架支撑，程序员需要考虑以上所有细节问题，程序设计较为繁琐复杂。

英特尔 Apache Hadoop*
系统安装手册
（版本 2.5.1）

1.0 简介

Apache Hadoop* 是一个开源软件框架，用于在大型集群中运行海量数据的、分布式的应用程序。Intel Manager for Apache Hadoop* 是一个 Hadoop 的中央管理控制平台，它能处理集群的安装设置、Hadoop 服务的配置变更、集群监控、事件和警报的发送、资源优化、以及安全访问。

本文档介绍如何安装 Intel Manager 并使用 Intel Manager 来创建 Apache Hadoop 的Hadoop 集群。

1.1 什么是管理节点

管理节点是安装了 Intel Manager for Apache Hadoop 的节点，同时也是 Intel Manager 运行的网络服务器。

2.0 设计 Hadoop 集群的要求和推荐

在创建 Hadoop 集群前，你必须阅读并理解集群创建和管理的要求和推荐。这包括对集群中的每个节点的网络连接及软硬件配置作出决定。

2.1　支持的操作系统

所有集群中的节点，包括 Intel Manager，必须运行同一操作系统。表 1 列出了英特尔 Apache Hadoop* 系统支持的操作系统：

表 1　Hadoop 支持的操作系统

操作系统	版　　本
Red Hat Enterprise Linux*	• 6.3 • 6.4
CentOS*	• 6.3 • 6.4
SUSE Linux Enterprise Server* SP1/SP2	• 11

只支持 64 位架构。

2.2　硬件要求

集群中的每个节点必须符合以下硬件要求：

- 每个节点必须配备至少 1GB 的网卡。
- 每个节点必须至少有 2 个支持超线程技术的四核芯片（8 个核，2 个接口）。
- 除了 JobTracker 和 PrimaryNameNode，其他所有节点都不能安装在磁盘冗余阵列上。这表示 DataNode 使用的逻辑盘分区不能被用于阵列。

2.3　软件要求

在安装 Intel Manager 或创建 Hadoop 集群之前，确认所有被加入到集群的节点都符合以下软件要求。

- 在每个节点上，OpenSSH*5.3 或更高版本必须已安装并正常运行。sshddaemon 服务器的侦听端口必须为 22。
- JavaRuntimeEnvironment* 版本 1.6.0_31 必须已安装。
- sudo 必须已安装并正常运行，这样 root 用户可以通过 su 命令切换到一个或多个无窗口（faceless）账户。
- yum 或 zypper 必须已安装。
- 确认集群的任何节点都没有安装 MySQL。
- 集群中的所有节点必须可访问用于安装 RPM 包的某个操作系统软件库（repository）。集群中的所有节点必须使用相同的操作系统软件库。

  在英特尔 Apache Hadoop* 系统的安装配置过程中，脚本必须能从此软件库安装 RPM 包。对于 OEL 和 RHEL 操作系统，这即为 yum 软件库。对于 SLES 操作系统，这即为 zypper 软件库。
- 确认 MySQL 的 RPM 包已包含在操作系统软件库中。
- SELinux 必须在集群中的所有节点上被允许或被禁用。

2.4 内存要求

每个节点必须至少有 16GB 的 RAM。根据节点所安装的 Hadoop 服务，节点可能需要超过 16GB 的 RAM。表 2 列出在节点上运行不同 Hadoop 服务时，该节点所需的额外内存。

表 2 Hadoop 服务的内存要求

服　　务	内存要求
Management Server	8GB
MapReduce JobTracker	2GB
MapReduce TaskTracker	2GB
TaskTracker 上的 MapReduce Slots 总数（包括 map 和 reduce 插槽）	512MB* 插槽数
HDFS NameNode	16GB
HDFS SecondaryNameNode	16GB
HDFS DataNode	2GB
ZooKeeper	4GB
HBase MasterServer	2GB
HBase RegionServer	16GB
Hive Server	2GB
Clients	8GB

注释：SLES 操作系统仅允许最多 80% 内存用于单个进程。因此，SLES 操作系统需要更多的内存用于运行 Hadoop 服务。你可根据上述内容计算出内存要求，然后在此基础上增加 20% 以获得 SLES 操作系统所需内存大小。要了解关于此限定的更多信息，参见 SUSE Linux Enterprise Server 用户文档。

2.5 磁盘分区要求

对 Hadoop 集群中的每个节点，磁盘必须按以下方法分区：
- 以下逻辑分区必须已存在：
  - 系统或根分区，挂载在根区 / 下。
  - 数据分区，用于存储所有 HDFS 和 MapReduce 数据。可以有多个数据分区。
- 除了 HDFS 和 MapReduce 数据，其他数据不能存储在数据分区。
- 如果磁盘分区之前被 Apache Hadoop* 集群使用过，则在其他集群使用该磁盘前，磁盘必须被格式化。

- 如果你将节点作为 DataNode 加入到 HDFS 集群中，并且这一节点曾是另一 HDFS 集群的 DataNode，则你必须在启动这一 DataNode 前对它格式化。
- 在 RHEL 和 CentOS 操作系统中，每个逻辑分区应使用 ext4 文件系统。在 SLES 操作系统中，每个逻辑分区应使用 XFS 文件系统。
- 根分区的磁盘大小，用于存放操作系统的根目录，必须至少有 30GB。
- 如果 /var/ 不属于根分区，则必须至少分配 10GB 给 /var/ 所属的磁盘分区。
- 在 PrimaryNameNode 和 Secondary NameNode 上，服务被安装后将创建一个名为 /hadoop 的目录。这一目录包含 fs_image。/hadoop 目录必须挂载在单独的逻辑分区上，且分区大小必须大于或等于机器的内存数量。
- 如果 /usr/ 不属于根分区，则必须至少分配 10GB 给 /var/ 所属的磁盘分区。
- 每个物理磁盘必须在不同的挂载点。
- 除了根分区，你不可将物理磁盘分成多个挂载点。
- 对每个数据分区，逻辑磁盘分区应有一个符合以下格式的挂载名称：/mnt/disk[number]。比如，如果你有两个逻辑磁盘分区，分区的挂载名称应为：/mnt/disk1 和 /mnt/disk2。
- HDFS DataNode 的目录不能放在系统分区上，只能放在数据分区上。
- /var/log 不应放在根分区，而应放在没有数据存储的单独分区上。

警告：如果 /Var/Log 位于根分区，则可能会因为 Apache Hadoop* 日志填满整个根分区而导致节点启动失败。

- 应分配至少 30GB 的磁盘空间给 /var/log 目录所在分区。

2.6　集群和网络拓扑要求

- PrimaryNameNode 会被自动配置为 Hadoop 集群的 NTP 服务器，它将同步集群中所有机器的时间。在 NameNode 加入到 Hadoop 集群之前，你必须确保 PrimaryNameNode 的时钟和正确的 NTP 服务器同步。
- 决定节点是否可通过 DNS 服务器访问。如果使用 DNS 服务器，服务器必须在 Hadoop 集群创建前，分配主机名给集群中所有机器。
- 在集群的网络环境中，不能存在只有部分机器可通过 DNS 访问的情况。
- 一旦主机名分配给 PrimaryNameNode，主机名永不再更改。
- 确保 Intel Manager 所在机器成为 Hadoop 集群中的节点。这一节点称为管理节点。
- 管理节点必须和集群中的其他节点属于同一子网。
- 如果节点上已安装 Red Hat、Oracle Enterprise Linux 或 CentOS 操作系统，则在每个节点上确认以下文件都已指定同样的值。

- /proc/sys/kernel/hostname
- /etc/sysconfig/network
- 如果节点上安装了 SUSE Linux Enterprise Server 操作系统，则在每个节点上确认以下文件都已指定同样的值。
  - /proc/sys/kernel/hostname
  - /etc/HOSTNAME

2.7 端口和防火墙要求

以下章节列出了当 Apache Hadoop* 集群中的机器启用了防火墙后必须符合的要求：

2.7.1 防火墙总体要求

Apache Hadoop* 中的每个机器都必须符合以下要求：
- 机器的防火墙必须没有阻挡环回口（loopback network interface）的通信。
- 机器的防火墙必须没有阻挡 ICMP type 0 的通信。
- 取决于服务类型以及它在机群中是如何配置的，你可能需要打开 TCP 或 UDP 端口，或者二者都打开。
- 如果对外的 HTTP 通信必须经过代理服务器，则你必须配置机器使之能使用 HTTP 代理服务器。
- 如果高可用性被启用，且高可用性采用多播模式，则机器的防火墙不能阻挡多播通信。
- 必须允许集群中所有节点之间的 SSH 和 HTTP 通信。
- 如果 Apache Hadoop* 的 RPM 包是从远程 HTTP 软件库中安装，则防火墙不能阻挡对以下 URL 的 HTTP 通信：
  - http://repo1.intelhadoop.com:3424
  - http://repo2.intelhadoop.com:80
  - http://repo3.intelhadoop.com:80
- 在管理节点上，防火墙不能阻挡对以下 URL 的 HTTP 通信：
  - https://registration.intelhadoop.com
  - https://registration2.intelhadoop.com

2.7.2 管理节点的端口要求

管理节点对端口有一些特定的要求，而其他节点则没有。表 3 列出了这些要求。表中的端口号码必须为可用状态，相关服务可使用这些端口侦听，而且端口不能被机器的防火墙阻止。

表 3　管理节点的端口要求

服务名称	端口
intel-manager	9443
	50050
sshd	22
gmond	8649(TCP)
	8649(UDP)
gmetad	8651
	8652
httpd	80
	443
puppetmasterd	18140
	18141
	18142
	18143
corosync 注释：服务仅运行于高可用性配置中 注释：如果采用组播通信，则端口为 UDP。如果采用单播通信，则端口为 TCP	5404(UDP 或 TCP)
	5405(UDP 或 TCP)
smart-tuner	10503
nginx	8140
DNS	53(UDP)
ntpd	123(UDP)

注释：除非特别注明，所有端口为 TCP 端口。

2.7.3　Apache Hadoop* 服务的端口要求

在一个 Hadoop 集群中，各种服务可能会在许多不同的节点上运行。要正常工作，这些服务必须能侦听一个或多个端口。某些服务只能在管理节点上运行，其他服务则只能当该节点被分配正确角色时运行。

根据你要分配给 Hadoop 集群中节点的服务角色，确认每个节点的所需端口为可用状态。如果管理节点被分配了一个或多个服务角色，该管理节点不仅需要符合这些服务的端口要求，而且需要符合管理节点的端口要求。表 4 列出了当你添加节点到 Hadoop 集群时你必须考虑的端口要求。表中的端口号码必须为可用状态，相关服务可使用这些端口侦听，而且端口不能被机器的防火墙阻止。

表 4　Hadoop 集群的端口要求

服务名称	端口	角色
	所有	
gmond	8649(TCP)	没有分配角色。服务运行在所有节点上。
	8649(UDP)	

（续）

服务名称	端　　口	角　　色
DNS	53(UDP)	没有分配角色。服务运行在所有节点上
sshd	22	没有分配角色。服务运行在所有节点上
ntpd	123(UDP)	没有分配角色。服务运行在所有节点上
httpd	80	没有分配角色。服务运行在所有节点上
	443	
HDFS		
hadoop-NameNode	50070	PrimaryNameNode
	8020	
	50470	
hadoop-DataNode	50075	DataNode
	50010	
	50020	
	50475	
hadoop-SecondaryNameNode	50090	SecondaryNameNode
ftpoverhdfs	2222	在安装和运行服务的节点上，相应的服务端口必须已打开
	2220	
	990(SSL)	
	889(SSL)	
MapReduce		
hadoop-jobtracker	50030	JobTracker
	10503	
	54311	
	9290	
hadoop-tasktracker	50060	TaskTracker
HBase		
zookeeper-server	3888	ZooKeeper
	2181	
	2888	
hbase-master	60010	HMaster
	60000	
	10101	
hbase-regionserver	60030	RegionServer
	60020	
	10102	
hbase-thrift	8080	HBase Thrift
Hive		
mysqld	3306	PrimaryNameNode
hive-metastore	9083	PrimaryNameNode
hive-server	10000	HiveServer

（续）

服务名称	端　口	角　色
Oozie		
oozie	11000	Oozieserver
高可用性		
DRBD	7789	● PrimaryNameNode, ● StandbyNameNode
corosync 注释：服务仅运行于高可用性配置中 注释：如果采用组播通信，则端口为 UDP。 如果采用单播通信，则端口为 TCP	5404(UDP 或 TCP)	● PrimaryNameNode ● StandbyNameNode
	5405(UDP 或 TCP)	● JobTracker ● Backup JobTracker

注释：除非特别注明，所有端口为 TCP 端口。

3.0　设置对英特尔 Hadoop 软件库的访问

要在集群中安装英特尔 Apache Hadoop* 软件，要加入集群的机器必须能够访问 Apache Hadoop*RPM 包。这些文件通过 tarball 提供。以下章节解释了如何在 Linux 机器上设置对英特尔 Hadoop 软件库的访问。

3.1　通过 tarball 设置英特尔 Hadoop 软件库

以下章节解释了如何在 Linux 机器上通过 tarball 创建英特尔 Hadoop 软件库并设置对它的访问。

3.1.1　先决条件

要在机器上设置对公共软件库的访问，你必须了解或操作以下事项：

● 如果机器上安装了 SLES 操作系统，则 zypper 必须已安装且正常工作。
● 如果机器上安装了 RHEL 或 CentOS 操作系统，则 yum 必须已安装且正常工作。
● 你必须对管理节点有 root 访问权限。
● 你必须已在机器上安装 HTTP Apache 服务器。
● 机器上必须已安装 createrepo。
● 从客户支持或销售人员处获得包含所有英特尔 Hadoop RPM 的 tarball。
● 在每个节点上，英特尔 Hadoop repo 文件的 ID 必须是 idh。

3.1.2　在 RHEL 上创建英特尔 Hadoop 软件库

要从 tarball 创建英特尔 Hadoop 软件库，在你希望创建软件库的机器上执行以下步骤。

1. 将 tarball 解压到 /tmp。完成后，/tmp/intelhadoop 已创建，它包含英特尔 Hadoop 的所有 RPM 包。

2. 使用 cd 命令进入 Apache HTTP 服务器存储文件的本地文件系统目录。默认目录为 /var/www/html。

3. 在服务器存储文件的目录下，创建一个名为 inteldistro 的文件夹。

4. 递归复制以下文件夹到 inteldistro 文件夹下。

- /tmp/intelhadoop/manager
- /tmp/intelhadoop/os_related
- /tmp/intelhadoop/idh

5. 使用 cd 命令进入 inteldistro 文件夹。

6. 执行以下命令，在 HTTP 目录下创建 repo 数据：

```
createrepo.
```

7. 确认 HTTP Apache* 服务器在运行中，且能被要加入到集群的所有节点访问。

8. 在 /etc/yum.repos.d 中，创建一个名为 idh.repo 的文件，用于指向你创建的新软件库。以下为 repo 文件的内容示例：

```
[idh]
name=Intel-Distribution-for-Apache-Hadoop
baseurl=http://[HOSTNAME]/inteldistro
gpgcheck=0
enabled=1
```

9. 在 repo 文件中，确保 baseurl 属性的值指向 HTTP 服务器的 inteldistro 目录。比如，如果机器主机名是 acme.com，且 HTTP 服务器侦听端口为 9090，则 baseurl 的值应为：http://acme.com:9090/inteldistro。

10. 执行以下命令：

```
yum cleanall
```

11. 执行以下命令：

```
yum repolist
```

12. 确认在运行 repolist 命令的过程中没有出错消息。

如果有出错消息，则表明机器和存放 RPM 包的 HTTP 服务器通信受到干扰。这些网络通信问题通常由防火墙或代理服务器引起。

13. 要让另一台机器能访问此软件库，使用 scp 命令将 /etc/yum.repos.d/idh.repo 复制到远程机器的 /etc/yum.repos.d/ 目录。

3.1.3 在 SLES 上创建英特尔 Hadoop 软件库

要从 tarball 创建英特尔 Hadoop 软件库，在你希望创建软件库的机器上执行以下步骤。

1. 将 tarball 解压到 /tmp。

2. 执行 cd 命令进入到 /tmp/intelhadoop。

3. 执行以下命令，在要存放英特尔 Hadoop RPM 的 HTTP 服务器上创建目录：

```
mkdir -p/srv/www/htdocs/inteldistro
```

4. 执行以下命令，将英特尔 Hadoop RPM 复制到 /srv/www/htdocs/inteldistro-r2.4 目录。

- cp-a/tmp/intelhadoop/manager/var/www/html/inteldistro
- cp-a/tmp/intelhadoop/os_related/srv/www/htdocs/inteldistro
- cp-a/tmp/intelhadoop/idh/srv/www/htdocs/inteldistro

5. 执行以下命令，在 HTTP 目录下创建 repo 数据：

```
createrepo /srv/www/htdocs/inteldistro
```

6. 确认 HTTP Apache* 服务器在运行中，且能被要加入到集群的所有节点访问。

7. 在 /etc/yum.repos.d 中，创建一个名为 idh.repo 的文件，用于指向你创建的新软件库。以下为 repo 文件的内容示例：

```
[idh]
name=Intel-Distribution-for-Apache-Hadoop
baseurl=http://[HOSTNAME]/inteldistro
gpgcheck=0
enabled=1
```

8. 在 repo 文件中，确保 baseurl 属性的值指向 HTTP 服务器的 inteldistro 目录。比如，如果机器主机名是 acme.com，且 HTTP 服务器侦听端口为 9090，则 baseurl 的值应为：http://acme.com:9090/inteldistro。

9. 执行以下命令：

```
zypper clean
```

10. 执行以下命令：

```
zypper refresh
```

11. 确保在运行 refresh 命令的过程中没有出错消息。

如果有出错消息，则表明机器和存放 RPM 包的 HTTP 服务器通信受到干扰。这些网络通信问题通常由防火墙或代理服务器引起。

12. 要让另一台机器能访问本地镜像软件库，使用 scp 命令将 /etc/zypp/repos.d/idh.repo 复制到远程机器的 /etc/zypp/repos.d 目录。

4.0 安装 Intel Manager for Apache Hadoop*

以下章节描述如何安装 Intel Manager for Apache Hadoop*。

4.1 先决条件

在安装 Intel Manager 前，你必须了解或操作以下事项：

- 如果你安装的 Intel Manager 版本需要进行产品注册，你必须将以下其中一个安装包复制到需要安装 Intel Manager 的节点上。
- 如果你安装的 Intel Manager 版本不需要进行产品注册，你必须将包含所有英特尔 Hadoop RPM 的安装包复制到需要安装 Intel Manager 的节点上。
- 确认管理节点已配置且能够从英特尔 Hadoop 软件库安装 RPM 包。要了解访问设置的详细信息，参见章节 3.0 设置对英特尔 Hadoop 软件库的访问。
- 确保 Intel Manager 成为 Hadoop 集群中的节点。这一节点称为管理节点。
- 确认管理节点上没有安装 gnuplot*。
- 决定管理节点是否通过 DNS 服务器访问。推荐机器可通过 DNS 服务器访问。
- 确认你知道管理节点的 root 密码。
- 管理节点必须和集群中的其他节点属于同一子网。
- 管理节点被正确的 NTP 服务器同步。
- 确认管理节点可通过 SSH 访问要加入集群的所有其他节点。
- 你必须能够登录 Intel Manager for Apache Hadoop*。你使用的登录用户名必须已被分配管理员的角色。默认的管理员登录账户如下：
  - 用户名：admin
  - 密码：admin
- 集群中的所有节点运行的操作系统必须和 Intel Manager 所安装的操作系统一样。
- Intel Manager 支持以下网页浏览器：
  - Firefox17 或更高版本
  - Chrome20 或更高版本
- 确认要加入集群的所有节点可访问同一操作系统软件库。
- 在你运行安装文件的终端窗口时，确认客户端使用的字符集不是 UTF-8，而是 ISO-8859 字符集之一。如果客户端使用 UTF-8 字符集，安装文件可能不会在终端窗口正确呈现。如果你使用 Putty*SSH 进程，建议你将 Putty 客户端的字符集设置为 Use FontEncoding 选项。
- Intel Manager for Apache Hadoop* 对芯片和内存有以下最低要求：
  - 8GB 内存。

- 2 个四核芯片（8 核，2 个接口）。
- 30GB 可用磁盘空间。
- 1GB 网卡。推荐管理节点使用 10GB 网卡。

4.2 安装 Intel Manager

Intel Manager 可通过以下方式安装：

- 快速安装——在此安装模式下，你只需要通过一些命令行运行安装脚本，脚本将自动完成 Intel Manager 的安装过程，此模式要求最小程度的用户输入。
- 交互安装——根据向导逐步安装 Intel Manager。此模式要求用户对每一步都进行输入。

以下章节解释了如何执行交互安装。

4.2.1 执行 Intel Manager 交互式安装

要安装 Intel Manager for Apache Hadoop*，执行以下步骤。

1. 确认管理节点符合章节 4.1 先决条件中的要求。

2. 使用 root 账户登录管理节点。

3. 解压包含 Intel Manager 安装文件的安装包。

4. 确认管理节点已配置且能够从英特尔 Hadoop 软件库安装 RPM 包。要了解访问设置的详细信息，参见章节 3.0 设置对英特尔 Hadoop 软件库的访问。

5. 进入安装包解压后的目录，执行以下命令：

```
sh install.sh -m=dialog
```

6. 安装文件将显示 Apache Hadoop* 集群使用的日期、时间和时区，并询问这些数据是否正确。

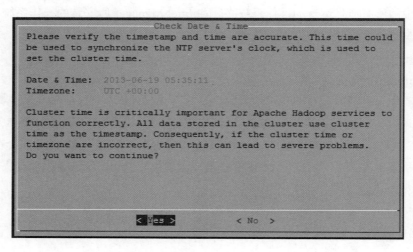

如果日期信息正确，按下键盘上的 Y 键。然后，AcceptJavaLicense 页面出现。

7. 如果你接受 Java 许可协议，则按下键盘上的 A 键。

8. 安装向导将显示管理节点的主机名和全称域名。

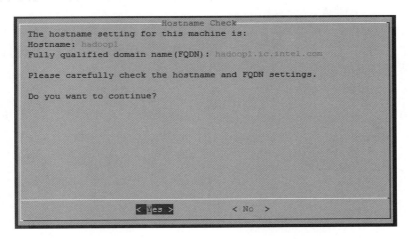

9. 确认此信息是否正确，如果是，则按下键盘上的 Y 键。然后，DisableFirewall 页面出现。

10. 在 DisableFirewall 页面中，按下箭头键直至 Do nothing 选项被选中，然后按下键盘上的 Enter 键。

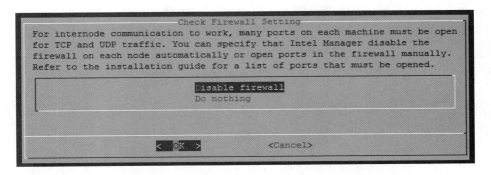

然后，Ports need to be opened 页面出现。

11. 在 Ports need to be opened 页面中，按下键盘上的 O 键。按下后，访问操作系统软件库的设置页面出现。

12. 在访问操作系统软件库的设置页面，确认 Do nothing because access to the repository has already been configured 选项被选中。然后按下键盘上的 Enter 键。

13. 在 Clean Repository Cache 页面中，按下键盘上的 O 键。按下后，访问英特尔 Hadoop 软件库的设置页面出现。

14. 在访问英特尔 Hadoop 软件库的设置页面中，确认 Create are pofile for an existing repository 选项被选中，然后按下键盘上的 Enter 键。

15. 在 Base URL 栏中，输入英特尔 Hadoop 软件库的 URL。

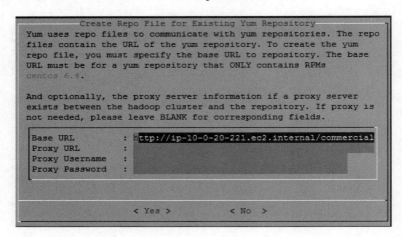

16. 如果节点必须通过 HTTP 代理服务器访问软件库，则执行以下步骤。

　　a. 在 Proxy URL 栏内，输入 HTTP 代理服务器的 URL。

　　b. 如果代理服务器要求 HTTP 客户端验证，则在 Proxy Username 栏和 Proxy Password 栏内输入正确的用户名和密码。

17. 按下 tab 键直至 Yes 选项被选中，然后按下 Enter 键。

18. 安装向导将显示安装 RPM 包的进程。如果进程结束，则按下键盘上的 C 键。

19. 如果安装 Intel Manager 的机器被分配了多个 IP 地址，则以下信息会显示：

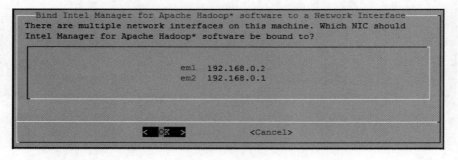

使用上下箭头键来选择可访问 Intel Manager for Apache Hadoop* 的 IP 地址。一旦你将 Intel Manager 和某个 IP 地址绑定，使用键盘上的左右箭头选择 OK 选项，然后按下 Enter 键。

20. 如果管理节点上仅有一个正在使用的网卡，则 Intel Manager 将自动和该网卡绑定。在此情形下，选中 Yes 选项，然后按下 Enter 键。

21. 在 RPM 包开始安装的页面，等待软件安装，然后按下 Enter 键。

22. 安装过程中将出现数个页面。在每个页面中，按下 Enter 键直至安装完成。

4.3 第一次登录 Intel Manager

第一次登录 Intel Manager for Apache Hadoop*，执行以下步骤：

1. 获取 Intel Manager 的 IP 地址或全限定域名。

2. 打开网页浏览器。

3. 在网页浏览器的地址栏中，输入以下地址：https://[Intel Manager IP 地址或主机名]:9443。然后，按下 Enter 键。

4. 在 Intel Manager 登录页面，执行以下步骤。

    a. 在用户名栏内，输入 admin。

    b. 在密码栏内，输入 admin。

    c. 点击登录按钮。

5.0 创建 Apache Hadoop* 集群

以下内容解释如何使用 Intel Manager for Apache Hadoop* 来创建一个 Apache Hadoop* 集群。

5.1 使用 Intel Manager 向导来创建一个集群

参考以下情形：

- 创建一个包含四个节点的 Apache Hadoop* 集群。
- 每个节点有两个逻辑分区，并挂载如下：
  - 系统分区为根区 /
  - /media/ephemeral0
- 节点在同一子网内。子网是 10.0.20.0/24。
- SSH 密码验证已在节点上被禁用。
- 所有节点都不允许 root 用户通过 SSH 登录到该节点。
- 要通过 SSH 登录到任一节点，用户必须提供有效的 SSH 私钥用于验证。
- 所有节点都有 Unix 账户 ec2-user。
- 在每个节点上，sudo 程序已安装，且 /etc/sudoers 已修改以使 ec2-user 用户能以任何用户身份执行任何命令。而且，当 ec2-user 执行 sudo 程序时，程序不要求用户输入密码。
- 节点可通过 DNS 访问。

- 节点的主机名为：ip-10-0-20-221.ec2.internal、ip-10-0-20-223.ec2.internal 和 ip-10-0-20-224.ec2.internal。
- ip-10-0-20-221.ec2.internal 为管理节点，且没有被分配任何服务角色。
- 集群上已安装以下 Apache Hadoop* 服务：HDFS、HBase、MapReduce、ZooKeeper 和 Hive。
- HDFS 角色已分配给以下节点。
  - ip-10-0-20-222.ec2.internal 已被分配 PrimaryNameNode 角色。
  - ip-10-0-20-222.ec2.internal、ip-10-0-20-223.ec2.internal 和 ip-10-0-20-224.ec2.internal 已被分配 DataNode 角色。
- MapReduce 角色已分配给以下节点。
  - ip-10-0-20-223.ec2.internal 已被分配 JobTracker 角色。
  - ip-10-0-20-222.ec2.internal、ip-10-0-20-223.ec2.internal 和 ip-10-0-20-224.ec2.internal 已被分配 TaskTracker 角色。
- HiveServer 角色已分配给 ip-10-0-20-222.ec2.internal、ip-10-0-20-223.ec2.internal 和 ip-10-0-20-224.ec2.internal。
- HBase 角色已分配给以下节点。
  - HMaster 角色已分配给 ip-10-0-20-222.ec2.internal、ip-10-0-20-223.ec2.internal 和 ip-10-0-20-224.ec2.internal。
  - RegionServer 角色已分配给 ip-10-0-20-222.ec2.internal、ip-10-0-20-223.ec2.internal 和 ip-10-0-20-224.ec2.internal。
  - ZooKeeper 角色已分配给 ip-10-0-20-222.ec2.internal、ip-10-0-20-223.ec2.internal 和 ip-10-0-20-224.ec2.internal。

以下步骤演示了如何使用 Intel Manager 在上述情形中创建一个集群。

1. 登录到 Intel Manager for Apache Hadoop*。

2. 如果这是你第一次登录，你需要阅读商业或试用许可协议。如果你接受许可协议，则点击"接受"按钮。

3. 如果 Intel Manager 不能和产品注册服务器通信，屏幕将显示以下信息：

访问以下产品注册 URL 的对外 HTTP 通信必须被允许：https://registration.intelhadoop.com 和 https://registration2.intelhadoop.com。如果管理节点必须通过代理服务器和这些外部的 HTTP 服务器通信，则在 ContactRegistrationServer 页面中执行以下步骤。

　　a. 在代理服务器栏内，输入 HTTP 代理服务器的 IP 地址或 FQDN。

　　b. 在端口栏内，输入代理服务器侦听 HTTP 通信的端口号。

　　c. 如果代理服务器要求客户端验证，则在用户名和密码栏内输入正确的验证信息。

d. 点击"重试"按钮。

4. 如果你已经创建一个 Apache Hadoop* 集群，则一个或多个组件可能仍在运行。你必须在创建集群前停止这些组件的运行。要停止某个组件，参见英特尔 Apache Hadoop* 系统操作管理手册。

5. 如果向导没有自动出现，选择页面右上角的配置向导链接。

6. 在第 1 步页面，确认以下选项框已被勾选。

● HDFS

- MapReduce
- ZooKeeper
- HBase
- Hive

7. 在第 1 步页面，你可能还希望安装一些其他的组件。要安装某个组件，选中该组件的选项框。你可以安装以下服务：

- Sqoop
- Pig
- Flume
- Oozie

8. 点击"下一步"按钮。

9. 在网络环境下拉菜单中，选择"通过配置好的 DNS 服务器"选项。

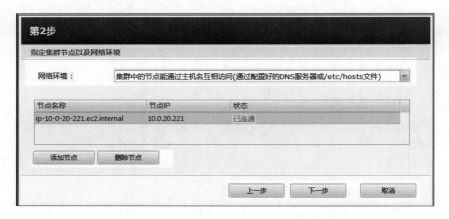

警告：如果 DNS 服务器可用，不要使用"通过 IP 地址来访问"这一选项。

10. 点击"添加节点"按钮。

11. 在添加方式下拉菜单中，你需要选择批量添加或单个添加选项。如果管理节点用来登录远程节点的 SSH 认证信息和别的节点不同，你必须选择单个添加来一次添加一个节点到集群中。如果管理节点用来登录远程节点的 SSH 认证信息和别的节点都相同，你可通过批量添加的方法来一次添加所有节点到集群中。在此情形下，你可选择批量添加选项。

12. 在认证方式下拉菜单中，选择管理节点通过 SSH 登录到远程节点的验证类型。使用密码方法表示管理节点在通过 SSH 登录到远程节点时使用密码来验证。使用 SSH 公钥方法表示管理节点在通过 SSH 登录到远程节点时使用 SSH 公钥来验证。

在此情形下，你可选择使用 SSH 公钥选项。

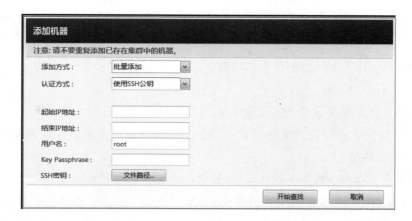

13. 在起始 IP 地址栏内，输入你想要 Intel Manager 搜索的节点的 IP 地址范围起始地址。比如，如果节点位于以下子网 10.0.20.0/32 并且每个节点的第四个字节在 10 和 20 之间，则你可在此栏内输入 192.168.10.0。

14. 在结束 IP 地址栏内，输入你想要 Intel Manager 搜索的节点的 IP 地址范围结束地址。比如，如果节点位于以下子网 10.0.20.0/32 并且每个节点的第四个字节在 10 和 20 之间，则你可在此栏内输入 192.168.10.20。

15. 在用户名栏内，输入管理节点用来登录到所有符合 IP 地址范围的节点的 Unix 账户名。在此情形中，Unix 账户名为 ec2-user。

16. 如果管理节点通过 SSH 登录到远程节点所使用的 SSH 私钥被加密，则在 Key Passphrase 栏中输入密钥口令。

17. 点击 SSH 公钥标签旁的"文件路径"按钮。

18. 在打开对话框，浏览并双击"SSH 公钥"。

19. 在消息对话框，点击"确定"按钮。

20. 点击"开始查找"按钮。点击后，查找结果对话框出现，显示 Intel Manager 正在搜索指定 IP 地址范围内的节点。

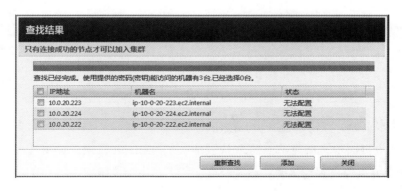

注释：如果状态栏中出现无法配置字符串，则表示管理节点不能设置对该节点的无密码 SSH 访问。你可将鼠标移动到状态栏内查看 SSH 配置失败的可能原因的提示。

21. 选择你想要加入到集群的节点的选项框。

22. 点击"添加"按钮。

23. 当问你是否想要在节点上安装软件时，点击"确定"按钮。

24. 在为添加的节点配置无密码登录对话框，等待直至每个节点的状态都变为已连通。然后点击"完成"按钮。

25. 如果管理节点尚未被加入到 Apache Hadoop* 集群，请现在添加。

注意：如果管理节点不属于 Apache Hadoop 集群，则管理功能将不能正常使用。

26. 在第 2 步页面中，确认每个节点的状态为已连通。然后，点击"下一步"按钮。

注释：指定外部 NTP 服务器不是必需的。如果外部 NTP 服务器未指定，管理节点将安装并配置 NTP 服务器，然后将集群中的所有节点与该服务器同步。

27. 如果你已有一个你想要让集群与之同步的外部 NTP 服务器，执行以下步骤：

　　a. 在 NTP 服务器地址栏内，输入 NTP 服务器的主机名。

　　b. 点击"添加"按钮。

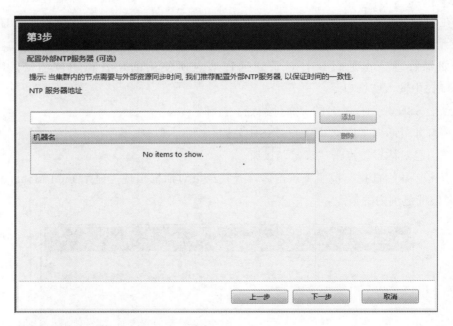

28. 在第 3 步页面，点击"下一步"按钮。

29. 在第 4 步页面中，所有节点将默认被加入到 /Default 机架。你可在此页面创建一个新的机架，并将节点加入到该机架。然后，点击"下一步"按钮。

30. 在第 4 步页面，确认已在安全策略下拉菜单中选择集群使用简单安全策略，然后点击 "下一步" 按钮。点击后，出现一个对话框，显示每个被分配了 MapReduce 角色的节点上停止 MapReduce 服务的进度。

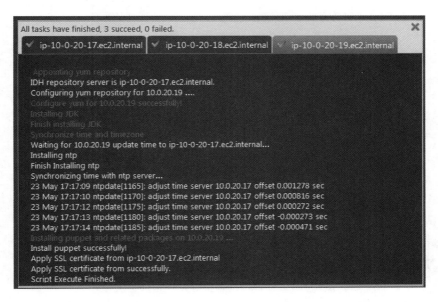

31. 在消息对话框，点击 "确定" 按钮。如果某个节点的状态是不成功，则你需要重试软件安装直至状态变为成功。

32. 在显示所有节点安装进程的页面，点击右上角的 X 关闭。

33. 在第 6 步页面，等待直至每个节点的状态都变为成功，然后点击"下一步"按钮。

34. 在第 7 步页面，执行以下步骤分配 PrimaryNameNode 角色给节点：

　　a. 在 PrimaryNameNode 下拉菜单中，选择将会运行 PrimaryNameNode 服务的节点。

　　b. 点击"下一步"按钮。

35. 在第 8 步页面，集群中的所有节点将默认被分配 DataNode 角色。执行以下步骤，删除管理节点上的角色。

　　a. 在已有节点表中，选择管理节点。

　　b. 选择"减少"按钮。

　　c. 点击"下一步"按钮。

36. 在第 9 步页面，执行以下步骤分配 JobTracker 角色给节点：

　　a. 在 JobTracker 下拉菜单中，选择将会运行 JobTracker 服务的节点。

　　b. 点击"下一步"按钮。

37. 在第 10 步页面，集群中的所有节点将默认被分配 TaskTracker 角色。执行以下步骤，删除管理节点上的角色：

　　a. 在已有节点表中，选择管理节点。

　　b. 选择"减少"按钮。

　　c. 点击"下一步"按钮。

38. 在第 11 步页面，执行以下步骤，指定集群中每个节点的本地文件系统上的 DataNode 目录和 MapReduce 本地目录。

a. 确定 DataNode 目录和 MapReduce 本地目录。这些目录在每个节点上的位置必须相同。

b. 勾选 Override default directories 选项框。

c. 在 Datanode 目录栏内，输入以逗号分隔的存储 HDFS 数据的本地文件系统目录。

d. 在 MapReduce 本地目录栏内，输入以逗号分隔的存储 MapReduce 数据的本地文件系统目录。

e. 点击"下一步"按钮。

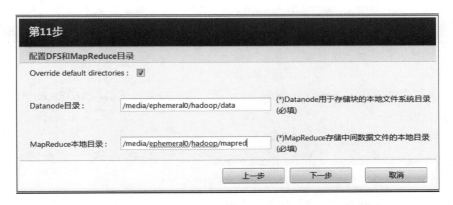

39. 在第 12 步页面，执行以下步骤，使至少三个节点成为 ZooKeeper Server。

    a. 在未分配节点列中，双击你希望运行 Zookeeper 服务的节点。双击后，节点将从未分配节点列中消失，出现在已有节点列中。

    b. 重复以上步骤，直至三个节点加入到表中。节点的数目必须为奇数。

    c. 点击"下一步"按钮。

40. 在第 13 步页面，你可分配 HBaseMaster 角色给集群中的一个或多个节点。默认情况下，所有分配了 ZooKeeper Server 角色的节点默认也被分配了 HBaseMaster 角色。判断这些角色分配是否正确。如果不正确，将节点从已有节点表中删除；如果正确，则添加该节点到已有节点表中。

41. 一旦你确定了 HBaseMaster 的角色分配，点击"下一步"按钮。

42. 在第 14 步页面，执行以下步骤，处理 HBase 的 Region Server 角色分配。

    a. 如果你不想让节点被分配此角色，则从已有节点表中将之移除。

    b. 如果你想让节点被分配此角色但节点目前不在已有节点表中，则添加该节点到已有节点表中。

43. 一旦你确定了 Region Server 的角色分配，点击"下一步"按钮。

44. 在第 15 步页面，执行以下步骤，使至少三个节点成为 Hive Srver。

a. 在未分配节点列中，双击你希望运行 Hive 服务的节点。双击后，节点将从未分配节点列中消失，出现在已有节点列中。

b. 重复以上步骤，直至三个节点加入到表中。节点的数目必须为奇数。

c. 点击"下一步"按钮。

45. 在第 16 步页面，点击"完成"按钮。

46. 在确认对话框，点击"确定"按钮。点击后，服务将安装在每个节点上，配置文件将被复制到集群中的每个节点，并且 HDFS 将被重新格式化。

警告：根据集群大小，这一过程可能持续数分钟。请等待直至这一过程完成。

47. 一旦配置集群节点和 HDFS 格式化完成，系统将出现一个消息对话框。在消息对话框，点击"确认"按钮。

48. 在 TaskConsole 对话框，点击右上角的 X 关闭。

49. 如果你之前创建了 Apache Hadoop* 集群，则你必须手工启动 HDFS 的格式化。要做到这点，执行以下步骤：

a. 在集群配置菜单，点击集群节点选项。

b. 在集群节点页面，点击节点配置子页面。

c. 在节点配置子页面，点击格式化集群链接。

d. 在警告对话框，二次点击"确定"按钮。

5.2　在 Apache Hadoop* 集群中分配角色给每个节点

要让 Apache Hadoop* 集群正常工作，每个 Apache Hadoop* 服务要求集群中的一个或多个节点履行一个或多个角色。以下步骤演示了如何分配角色给这些节点。以下步骤假设你使用章节 5.1 创建 Apache Hadoop* 集群情形中的节点。

1. 确认你已执行章节 5.1 创建 Apache Hadoop* 集群中的步骤。

2. 确认你理解每个服务的角色含义。关于这些角色的信息，参见章节 2.7.3 了解 Hadoop 服务的角色。

3. 在角色配置子页面，执行以下步骤分配 HDFS 角色。

a. 在选择需要配置的组件下拉菜单中，选择 HDFS 配置。

选择需要配置的组件	：HDFS 配置 ▾			
节点	IP地址	机柜	Primary NameNode	DataNode
ip-10-0-20-17.ec2.internal	10.0.20.17	/Default		✓
ip-10-0-20-18.ec2.internal	10.0.20.18	/Default	✓	✓
ip-10-0-20-19.ec2.internal	10.0.20.19	/Default		✓

b. 在 DataNode 栏内，确认该节点是否显示打勾。打勾则表示该节点是一个 DataNode。

c. 如果 DataNode 栏内没有打勾，而你希望这一节点成为 DataNode，在此节点的行上点击。点击后，该节点将显示打勾。

d. 如果你不希望该节点成为 DataNode，而该节点当前显示打勾，在此节点的行上点击。点击后，该节点显示的打勾将消失。

e. 在 Secondary NameNode 栏内，确认该节点是否显示打勾。打勾则表示该节点是一个 Secondary NameNode。如果你不希望该节点成为 Secondary NameNode，则在此节点的行上点击。点击后，该节点将显示打勾。

f. 如果你不想要任何节点成为 Secondary NameNode，则在 Secondary NameNode 栏中点击勾选框前的勾。之后，勾选框中的勾将消失。

警告：如果通过集群向导，你只能更改那些节点分配了 Primary NameNode 的角色。如果你更改这一角色，你必须重新格式化 HDFS。

4. 在角色配置子页面，执行以下步骤分配 MapReduce 角色。

a. 在选择需要配置的组件下拉菜单中，选择 MapReduce 配置。

b. 在 TaskTracker 栏内，确认该节点是否显示打勾。打勾则表示该节点是一个 TaskTracker。

c. 如果 TaskTracker 栏内没有打勾，而你希望这一节点成为 TaskTracker，在此节点的行上点击。点击后，该节点将显示打勾。

d. 如果你不希望该节点成为 TaskTracker，而该节点当前显示打勾，在此节点的行上点击。点击后，该节点显示的打勾将消失。

e. 在 JobTracker 栏内，确认该节点是否显示打勾。打勾则表示该节点是一个 JobTracker。如果你希望其他节点成为 JobTracker，则在其他节点的行上点击。点击后，该节点将显示打勾。

5. 在角色配置子页面，执行以下步骤分配 ZooKeeper 角色。

a. 在选择需要配置的组件下拉菜单中，选择 ZooKeeper 配置。

b. 在 ZooKeeper 栏内，确认该节点是否显示打勾。打勾则表示该节点是一个 ZooKeeper 服务器。

c. 如果 ZooKeeper 栏内没有打勾，而你希望这一节点成为 ZooKeeper 服务器，在此节点的行上点击。点击后，该节点将显示打勾。

d. 如果你不希望该节点成为 ZooKeeper 服务器，而该节点当前显示打勾，在此节点的行上点击。点击后，该节点显示的打勾将消失。

6. 在角色配置子页面，执行以下步骤分配 HBase 角色。

a. 在选择需要配置的组件下拉菜单中，选择 HBase 配置。

　　b. 在 HMaster 和 RegionServer 栏内，确认该节点是否显示打勾。HMaster 栏打勾，则表示该节点是一个 HBase Master 节点。RegionServer 栏打勾则表示该节点是一个 Region Server 节点。

　　c. 如果 HMaster 或 Region Server 栏内没有打勾，而你希望这一节点成为 HBase Master 节点或 Region Server 节点，在对应栏的此节点的行上点击。点击后，该节点将显示打勾。

　　d. 如果你不希望该节点成为 HBase Master 节点或 Region Server 节点而该节点当前显示打勾，在对应栏的此节点的行上点击。点击后，该节点显示的打勾将消失。

7. 在角色配置子页面，执行以下步骤分配 Hive 角色。

　　a. 在选择需要配置的组件下拉菜单中，选择 Hive 配置。

　　b. 在 HiveServer 栏内，确认该节点是否显示打勾。打勾则表示该节点是一个 Hive 服务器。

　　c. 如果 HiveServer 栏内没有打勾，而你希望这一节点成为 Hive 服务器，在此节点的行上点击。点击后，该节点将显示打勾。

　　d. 如果你不希望该节点成为 Hive 服务器，而该节点当前显示打勾，在此节点的行上点击。点击后，该节点显示的打勾将消失。

8. 在角色配置子页面，执行以下步骤分配 Oozie 角色。

　　a. 在选择需要配置的组件下拉菜单中，选择 Oozie 配置。

　　b. 在 Oozie 栏内，确认该节点是否显示打勾。打勾则表示该节点是一个 Oozie 服务器。

　　c. 如果 OozieServer 栏内没有打勾，而你希望这一节点成为 Oozie 服务器，在此节点的行上点击。点击后，该节点将显示打勾。

　　d. 如果你不希望该节点成为 Oozie 服务器，而该节点当前显示打勾，在此节点的行上点击。点击后，该节点显示的打勾将消失。

9. 在角色配置页面，点击右上角的存储链接。

5.3　通过 Intel Hadoop 安装 Hive

　　在开源的 Hadoop 和 Hive 系统安装过程中，管理员需要手动配置几乎所有的操作（包括解压缩文件、修改 Hive 配置文件、配置环境变量等，在较大规模的环境下还会涉及到整个集群 Hive 的派发），而这些操作均繁琐复杂，工作量大，只要有一个配置文件配置不正确，整个组件功能均不能使用，还可能会影响其他组件的正常运行。

　　利用 Intel Hadoop 提供的交互式管理器 Intel Hadoop Manager 可方便快速地完成 Hive 的安装。安装过程中管理器提供基于浏览器的图形化安装界面，避免了人工参与解压缩操作、配置文件的修改以及环境变量的配置等操作。

在安装 Hive 时只需要将 Hive 组件前面的对勾勾选上即可，如图 1 所示。勾选后，点击"下一步"按钮执行后续的相关操作。

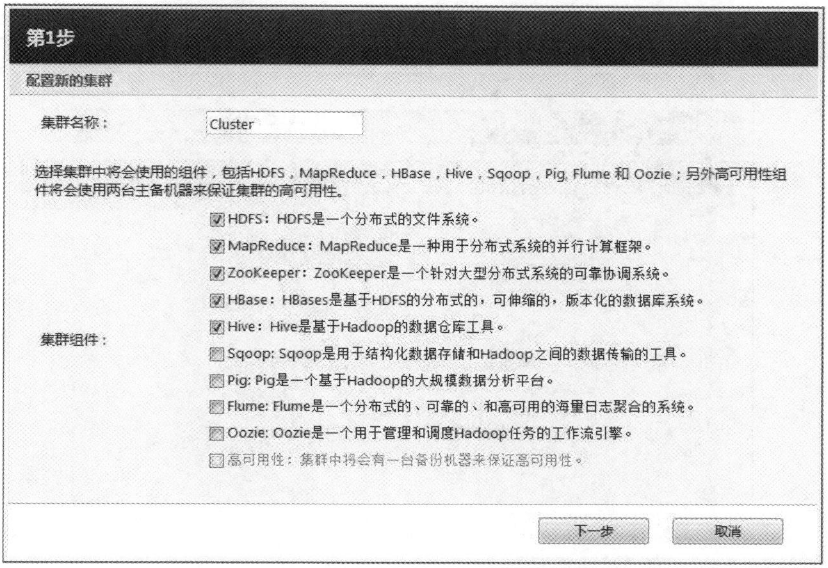

图 1 Intel Hadoop 安装组件选择

在安装集群前需要确定为哪些节点分配 Hive Thrift 角色，部署过程中选择相应的节点。可以配置多个节点作为 Hive Thrift Server，IDH 推荐 3 台 ~ 5 台，如图 2 所示。

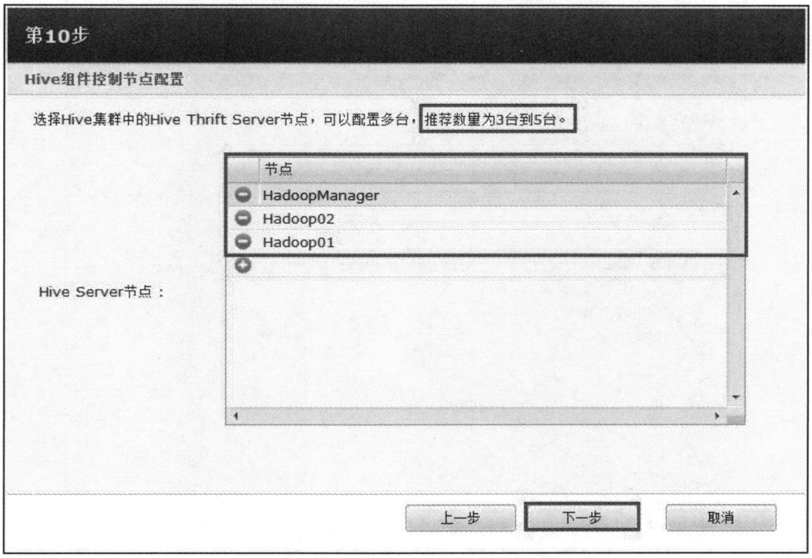

图 2 通过 Intel Hadoop 安装和配置 Hive Thrift Server

待安装完成以后，可以通过 https://<HadoopManager IP>:9443/ 或 https:// <hostname>:9443/ 查看集群安装了那些组件，如图 3 所示的控制界面。此时可以看到 Hive 组件尚未开启，因此尚无法工作。

图 3　英特尔 Hadoop 管理平台（服务未运行）

由于 Hive 的运行依赖于 MapReduce 和 HDFS，所以在启动 Hive 之前必须先启动 MapReduce 与 HDFS。当相关组件都处于"运行中"的状态时便可对外提供服务，如图 4 所示。

图 4　Intel Hadoop 管理平台（启动 HDFS、MapReduce、Hive）

Intel Hadoop 对于 Hive 相关属性的设置同样提供了图形化的界面，如图 5 所示。

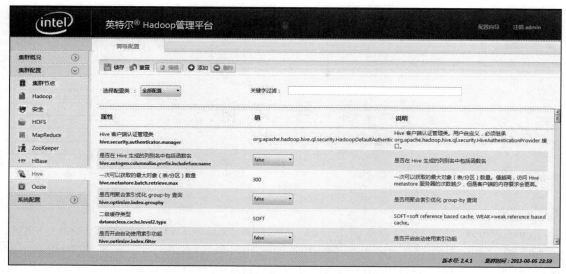

图 5　Intel Hadoop 管理平台—Hive 配置管理页面

参 考 文 献

[1] Boris Lublinsky, Mike Segel. 揭秘 InputFormat：掌控 MapReduce 任务执行的利器. [EB/OL]. 曹如进译，2012. http://www.infoq.com/cn/articles/HadoopInputFormat

[2] 蔡斌，陈湘萍. Hadoop 技术内幕—深入解析 Hadoop Common 和 HDFS 架构设计与实现原理 [M]. 北京：机械工业出版社，2013.

[3] 陈国良. 并行计算—结构、算法、编程 [M]. 北京：高等教育出版社，2004.

[4] 陈康.《基于集群的大规模海量数据处理》课件，清华大学，2009.

[5] 黄立勤，柳燕煌. 基于 MapReduce 并行的 Apriori 算法改进研究 [J]. 福州大学学报. Vol.39, No.5, 2011.

[6] 黄宜华.《MapReduce 大规模数据并行处理》课程课件，南京大学计算机系，2013.

[7] 陆嘉恒. Hadoop 实战 [M]. 2 版. 北京：机械工业出版社，2012：214-246.

[8] 刘鹏，黄宜华，陈卫卫. 实战 Hadoop[M]. 北京：电子工业出版社，2011.

[9] 钱网伟. 基于 MapReduce 的 ID3 决策树分类算法研究 [J]. 计算机与现代化. 2012 年第 2 期.

[10] 戎翔，李玲娟. 基于 MapReduce 的频繁项集挖掘方法 [J]. 西安邮电学院学报. 2011(7)：37-39.

[11] Shammeem Akhter, Jason Roberts. 多核多线程技术 [M]. 李宝峰，富弘毅，等译. 北京：电子工业出版社，2007.

[12] Tom White. Hadoop 权威指南（中文版）［M］. 周傲英，等译，北京：清华大学出版社，2010.

[13] 王恩东，张清，沈铂等. MIC 高性能计算编程指南 [M]. 北京：中国水利水电出版社，2012.

[14] 维克托·迈尔 – 舍恩伯格，肯尼思·库克耶. 大数据时代 [M]. 盛杨燕，等译. 杭州：浙江人民出版社，2013.

[15] 王鹏. 云计算的关键技术与应用实例 [M]，北京：人民邮电出版社，2010.

[16] 王小捷，常宝宝. 自然语言处理技术基础 [M]. 北京：北京邮电大学出版社，2002.

[17] 余楚礼，肖迎元，尹波. 一种基于 Hadoop 的并行关联规则算法 [J]. 天津理工大学学报. Vol27,No.1, 2011.

[18] 严金双. 基于资源环境和作业开销感知的 Hadoop MapReduce 作业调度优化研究 [D]. 南京：南京大学，2013.

[19] 英特尔亚太研发有限公司，北京并行科技. 释放多核潜能 [M]. 北京：清华大学出版社，2010.

[20] 英特尔亚太研发有限公司软件学院 . 多核多线程技术 [M]. 上海：上海交通大学出版社，2011.

[21] 杨晓亮 . MapReduce 并行计算应用案例及其执行框架性能优化研究 [D]. 南京：南京大学，2012.

[22] 中国计算机学会大数据专家委员会 .《2013 年中国大数据技术与产业发展白皮书》，2013.

[23] 周伟明 . 多核计算与程序设计 [M]. 武汉：华中科技大学出版社，2009.

[24] 2012 年 "中国云·移动互联网创新大奖赛" 赛题 2：多快好省的速递员，2012. http://2012.icome.org.cn/subjects/2

[25] 2012 年 "中国云·移动互联网创新大奖赛" 赛题 4：难舍难分（短文本分类），2012. http://2012.icome.org.cn/subjects/4

[26] Alfred V. Aho and Margaret J. Corasick. Efficient String Matching: An Aid to Bibliographic Search[J]. Communications of the ACM, 1975, 18(6): 333-340.

[27] Alham N. K, Li Maozhen, Liu Yang. A MapReduce-based distributed SVM algorithm for automatic image annotation[J]. Computers & Mathematics with Applications, 2011.

[28] Anand Rajaraman, Jeffrey D. Ullman. Mining of Massive Datasets[M], Cambridge University Press, 2011.

[29] Andrew McCallum, et. al, Efficient Clustering of High-Dimensional Data Sets with Application to Reference Matching[C], KDD '00,2000.

[30] Apache Hadoop. balancer. https://issues.apache.org/jira/browse/HADOOP-1652

[31] Apache Hadoop. File System Shell Guide. http://hadoop.apache.org/docs/r1.0.4/file_system_shell.html

[32] Apache Hadoop. Hadoop Architecture Guide. http://hadoop.apache.org/docs/r1.0.4/hdfs_design.html

[33] Apache Hadoop. Hadoop Commands Guide. http://hadoop.apache.org/docs/r1.0.4/commands_manual.html

[34] Apache Hadoop. Hadoop Docs API. http://hadoop.apache.org/docs/r1.0.4/api/

[35] Apache Hadoop. HDFS source code: http://hadoop.apache.org/hdfs/version_control.html

[36] Apache Hadoop.HDFS User Guide.http://hadoop.apache.org/docs/r1.0.4/hdfs_user_guide.html

[37] Apache Hadoop Project. http://hadoop.apache.org/

[38] Bawa, M., Condie, T., et. al. LSH forest: self-tuning indexes for similarity search[C]. In Proc.WWW, 2005：651-660.

[39] Broder, A. Z. Identifying and Filtering Near-Duplicate Documents[C]. In Proc. CPM.2000：1-10.

[40] Charikar, M. Similarity estimation techniques from rounding algorithms[C]. In Proc. STOC. 2002：380-388.

[41] Chowdhury, A., Frieder, O. et. al. Collection statistics for fast duplicate document detection.[C]. ACM Trans. Inf. Syst. 2002：171-191.

[42] Chu C T, Kim S, Lin Y A, et al. MapReduce for machine learning on multicore[C]. InProcNIPS. 2006：281-288.

[43] ChuckLam. Hadoop In Action[M]. Greenwich：Manning Publications，2010.

[44] Hajishirzi, H., Yih, W., Kolcz, A. Adaptive near-duplicate detection via similarity learning[C]. In Proc. SIGIR, 2010：419-426.

[45] Jeffrey Dean and Sanjay Ghemawat, MapReduce: Simplied Data Processing on Large Clusters[C], OSDI'04, 2004.

[46] Jeffrey Shafer, Scott Rixner, and Alan L. Cox, "The Hadoop distributed filesystem: balancing portability and performance" [J]. ISPASS2010, 2010：122-133.

[47] Jimmy Lin, Chris Dyer. Data-Intensive Text Processing with MapReduce[M]：Morgan & Claypool Publisher. 2010.

[48] Jimmy Lin. "Data-Intensive Information Processing Applications" courseware, University of Maryland, 2010.

[49] Lin, M.-Y., Lee, P.-Y., Hsueh, S.-C.: Apriori-based frequent itemset mining algorithms on MapReduce[C]. In: ICUIMC 2012.

[50] Li N., Zeng L., He Q., Shi Z. Parallel Implementation of Apriori Algorithm Based on MapReduce[C]. SNPD'12, 2012：236-241.

[51] Liu Yang, Li Maozhen, Alham N.K. HSim:A MapReduce simulator in enabling cloud computing[J]. Future Generation Computer Systems, 2013：300-308.

[52] Quinlan J R. Induction of decision tree[J]. Machine Learning, 1986,1(1)：81-106.

[53] Rao B. T.,Reddy L. S. Survey on improved scheduling in hadoop mapreduce in cloud environments[J]. arXiv preprint arXiv:1207.0780, 2012.

[54] Sanjay Ghemawat,et. al,The Google File System[C],SOSP'03, 2003.

[55] S. Brin and L. Page. The anatomy of a large-scale hypertextual web search engine[C]. In Proceedings of the Seventh International World Wide Web Conference, 1998.

[56] Sergey Brin ,Lawrence Page. The Anatomy of a Large-Scale Hypertextual Web Search Engine[C]. WWW7, 1998：107-117.

[57] Stephen F. Altschul,Thomas L. Madden,Alejandro A. Schäffer,et al. Gapped BLAST and PSI-BLAST: a new generation of protein database search programs[J]. Nucleic Acids Research, 1997, 25(17): 3389-3402.

[58] Stephen F. Altschul, Warren Gish, Webb Miler, et al. Basic Local Alignment Search Tool[J]. Mol. Biol, 1990(215): 403-410.

[59] Tao Xiao, Shuai Wang, Chunfeng Yuan, Yihua Huang. PSON: A Parallelized SON Algorithm with MapReduce for Mining Frequent Sets[C]. PAAP 2011, 2011：252-257.

[60] X.Yang, Z.Liu, and Y.Fu, MapReduce as a Programming Model for Association Rules Algorithm on Hadoop[C]. ICIS, 2010：99-102.

推荐阅读

机器学习与R语言实战

作者：丘祐玮（Yu-Wei Chiu） 译者：潘怡 等
ISBN：978-7-111-53595-9 定价：69.00元

机器学习与R语言

作者：Brett Lantz 译者：李洪成 等
ISBN：978-7-111-49157-6 定价：69.00元

机器学习导论（原书第3版）

作者：埃塞姆·阿培丁 译者：范明
ISBN：978-7-111-52194-5 定价：79.00元

机器学习：实用案例解析

作者：Drew Conway 等 译者：陈开江 等
ISBN：978-7-111-41731-6 定价：69.00元

推荐阅读

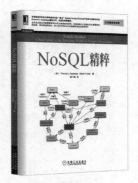